国家林业和草原局干部学习培训系列教材

林业科技知识读本

《林业科技知识读本》编写组组织编写

铁铮　主编

中国林业出版社
·北京·

图书在版编目(CIP)数据

林业科技知识读本/《林业科技知识读本》编写组组织编写；铁铮主编.
—北京：中国林业出版社，2020.4
国家林业和草原局干部学习培训系列教材
ISBN 978-7-5219-0580-9

Ⅰ.①林…　Ⅱ.①林…②铁…　Ⅲ.①林业-技术-干部培训-教材
Ⅳ.①S7

中国版本图书馆CIP数据核字(2020)第085455号

中国林业出版社·教育分社

责任编辑：曹鑫茹　高红岩　　　　责任校对：苏　梅
电话：(010)83143560　　　　　　传真：(010)83143516

出版发行　中国林业出版社(100009　北京市西城区德内大街刘海胡同7号)
　　　　　E-mail：jiaocaipublic@163.com　电话：(010)83143500
　　　　　http：//www.forestry.gov.cn/lycb.html
经　　销　新华书店
印　　刷　北京中科印刷有限公司
版　　次　2020年4月第1版
印　　次　2020年4月第1次
开　　本　710mm×1000mm　1/16
印　　张　25.5
字　　数　450千字
定　　价　62.00元

国家林业和草原局干部学习培训系列教材
编撰工作委员会

《林业科技知识读本》编写组

组　　　长：郝育军

副　组　长：丁立新　　张利明　　铁　铮

成　　　员：邹庆浩　　吴红军　　张绍敏　　张英帅
　　　　　　李俊魁　　陈立俊　　聂金山　　苏立娟

执 行 主 编：铁　铮

执行副主编：田　阳　　徐迎寿　　廖爱军

参 编 人 员：（按姓氏拼音排序）

陈若漪	高广磊	耿金光	巩前文
关颖慧	郭丽萍	郭　涛	郭志文
韩子烨	贾宜松	赖宗锐	李　鹏
李学敏	廖爱军	林龙圳	刘金成
南海龙	庞瑀锡	秦国伟	赛江涛
苏晓慧	孙　楠	田　阳	田振坤
铁　铮	万　龙	王　博	王宏腾
王　乐	王铭婕	王晓旭	王中泽
王　壮	徐迎寿	杨　丹	杨金融
姚　迪	姚　莉	游婷婷	于辉辉
于明含	云　雷	张黎明	张曦月
张玉钧	张志丹	赵同军	赵玉泽
郑　勇	周金星	周隆斌	周雪菲

序

"玉不琢，不成器；人不学，不知道。"①重视学习、善于学习，是我们党的优良传统和政治优势，是我们党保持和发展先进性、始终走在时代前列的重要保证，也是领导干部提高素质、增强本领、健康成长、不断进步的重要途径。在历史上每一个重大转折时期，我们党总是把加强学习和教育干部突出地摆到全党面前，而每次这样的学习热潮，都能推动党和人民事业实现大发展、大进步。

"中国共产党人依靠学习走到今天，也必然要依靠学习走向未来。"进入新时代，党的十九大胜利召开，确立了习近平新时代中国特色社会主义思想，明确了新时代中国特色社会主义发展的基本方略，绘就了中华民族伟大复兴的宏伟蓝图，为今后我国发展提供了总的遵循和大政方针。实现新时代发展目标，干部人才是关键，教育培训是基础。党的十九大报告明确提出，要全面增强干部的"八种本领"，并进而强调要"建设高素质专业化干部队伍""注重培养专业能力、专业精神，增强干部队伍适应新时代中国特色社会主义发展要求的能力"。面对一系列新形势、新要求，我们学习的任务不是轻了，而是更加重了。正如习近平总书记指出的："全党同志特别是各级领导干部要有本领不够的危机感，以时不我待的精神，一刻不停增强本领。只有全党本领不断增强了，'两个一百年'奋斗目标才能实现，中华民族伟大复兴的中国梦才能梦想成真。"当前，随着机构改革以及林草治理体系和治理

---

① 出自欧阳修《诲学说》。

能力现代化的深入推进，林草行业担负的使命更加光荣，任务更加艰巨，迫切需要建设一支信念坚定、素质过硬、特别能吃苦、特别能奉献的高素质专业化林草干部队伍。林草干部教育培训工作必须立足这一根本大局，坚持高质量教育培训林草干部、高水平服务林草现代化建设和生态文明建设。

"工欲善其事，必先利其器。"①抓好全党大学习、干部大培训，要有好教材。教材是干部学习培训的关键工具，关系到用什么培养党和人民需要的好干部的问题。好的教材对于丰富知识、提高能力，对于提升教学水平和培训质量都具有非常重要的意义。中央高度重视干部学习培训教材建设。习近平总书记要求，广大干部要"学好用好教材""不断增强中国特色社会主义道路自信、理论自信、制度自信，不断提高知识化、专业化水平，不断提高履职尽责的素质和能力"。《干部教育培训工作条例》规定："适应不同类别干部教育培训的需要，着眼于提高干部综合素质和能力，逐步建立开放的、形式多样的、具有时代特色的干部教育培训教材体系。"《2018—2022 年全国干部教育培训规划》提出："加强教材建设，开发一批适应干部履职需要和学习特点的培训教材和基础性知识读本""各地区各部门各单位结合实际，开发各具特色、务实管用的培训课程和教材"。

近年来，各级林草主管部门不断加强干部学习培训教材建设，取得了较大成绩。但相对于日益增强的林草干部培训需求，教材建设工作仍相对滞后，突出表现为教材建设缺乏规划和统一标准、内容陈旧、特色不明显、实践教材严重不足等。

为深入贯彻落实中央要求，服务干部健康成长，国家林业和草原局适时启动了重点教材建设工作，成立了国家林业和草原局教材建设工作领导小组，下设干部学习培训教材建设办公室和院校林科教育教材建设办公室，分别负责组织实施干部学习培训教

---

① 出自孔子《论语·卫灵公》。

材和林科教育教材建设工作。

　　干部学习培训系列教材以林草党政干部、专业技术人员、企业经营管理者等为主要服务对象，坚持以下编写原则：通识性，以干部必须掌握的基础知识或专业技能为主要编写内容；实用性，紧贴培训对象的工作实际；科学性，尊重林草发展规律和科学规律，突出行业特色；前瞻性，既要注重认识和破解当前林草改革发展面临的难题与挑战，又要关注未来林草发展趋势；创新性，注意吸取林草改革发展的新知识、新领域、新方法、新技术和新成果。干部学习培训系列教材的应用，将为提升广大林草干部特别是基层林草干部的综合素质、专业素养和履职尽责能力提供有力工具。

　　各级林草主管部门要以教材建设为契机，深入贯彻习近平新时代中国特色社会主义思想和党的十九大精神，围绕建设高素质专业化干部队伍要求，把局重点教材建设与本土教材结合起来，把干部学习与工作实际结合起来，认真做好本地区教材建设工作。要把学好用好教材作为干部教育培训的重要任务，融入到推动本地区林草建设的生动实践中，着力提升广大干部推动科学发展和改革创新的能力，更好地服务林草现代化建设。

2020 年 1 月

前　言

　　科技创新是推动人类文明可持续发展的根本要求，是实现我国新时代高质量发展的强大动力。习近平总书记在给首届世界科技与发展论坛的贺信中指出："新一轮科技革命和产业变革不断推进，科技同经济、社会、文化、生态深入协同发展，对人类文明演进和全球治理体系发展产生深刻影响。以科技创新推动可持续发展成为破解各国关心的一些重要全球性问题的必由之路。"

　　中华人民共和国成立70多年来，科技创新取得了举世瞩目的成绩，成为世界科技大国，基础研究和前沿技术创新能力持续增强，产业技术创新取得显著突破，科技投入规模和强度持续提高。进入新时代，我国科技事业更是蓬勃发展，一系列重大创新成果喷涌而出，呈现出欣欣向荣的大好局面。

　　就林草行业而言，科技创新是引领现代化建设的第一动力。经过几代科技工作者的不懈努力，我国已构建形成具有中国特色的林草科技工作体系。目前，林业科技进步贡献率达到53%，为兴林富民提供了强有力的支撑。未来林草行业将进一步坚持创新驱动发展战略，坚持"三个面向"战略方向，深化改革，完善政策，夯实基础，优化管理，加快建设林草科技创新体系，全面提升林草科技工作水平，推动我国早日跨入林草科技创新强国行列。

　　为适应科技创新发展要求，加强林业科技知识教育普及，提升广大干部科技素养，更好地服务林草事业发展，根据局重点教材建设工作部署，国家林业和草原局及时启动并完成《林业科技知识读本》编写。

本读本从宏观、中观、微观等多个层面，深入介绍了林业科技发展的概况、内涵、特点和整体走向，并结合林业科技创新的重点领域分章节进行专题介绍，确保内容完整、重点突出、简明扼要、科学合理。总体上体现了以下特点：全面性，充分考虑了林业本身的内涵和外延，基本涵盖了林业科技的方方面面；科学性，力求准确、完整，体现林业科技的性质；新颖性，在介绍林业科技基础知识的同时，重点介绍了林业科技的新进展、新成果；前瞻性，对林业科技的发展前景进行了展望；实践性，编写内容尽量与国家林业和草原局职责范围和工作内容相吻合；通俗性，文字通俗易懂，以适应多种教育背景的读者阅读。

国家林业和草原局人事司、科技司、管理干部学院对本读本的编写工作给予了高度重视和大力支持。为顺利完成编写工作，成立了《林业科技知识读本》编写工作组，由科技司司长郝育军担任工作组组长。读本的具体编写由北京林业大学牵头负责，组成了由北京林业大学、国家林业和草原局管理干部学院 40 多位科技专家和管理骨干参加的编写团队。编写人员克服困难，广泛收集资料，共同有序推进，历经 2 年，数易其稿，完成了读本编写任务。局干部学习培训教材建设办公室为读本编写提供了全程支持，中国林业出版社为读本的顺利出版提供了有力保障。

本读本的出版，弥补了同类干部学习培训教材的不足，为提升干部林草科技知识提供了有利工具，也为高校、科研机构、社会的各界人士了解中国林草科技提供了有价值的参考。

受多方面因素的约束，本书还有诸多不足，敬请广大读者提出宝贵意见。

《林业科技知识读本》编写组
2020 年 1 月

目　录

第一章

林业科技发展概况

第一节　林业科技发展历史

一、中华人民共和国成立前（1949 年以前）

中国古代，人们通过生产实践创造了适时种植树木、留宿土植树、林木修枝和间伐、树木病虫识别和防治、适时伐木等林业技术，逐步构建了包括森林性质、林木栽培、森林采伐利用的系统理论，即中国古代林业科学。1840 年以后，在政治、经济不稳定的宏观背景下，我国林业科技发展较为迟缓。但是，受到西方林业科技传入的影响，逐渐形成了中西交融的中国近代林业科技，并在一些领域取得了成就与进展。

（一）中国古代林业科技发展（1840 年以前）

在距今大约 1 万年前，中国进入新石器时代，原始农业和畜牧业开始出现。据《史记》记载，当时黄帝（新石器时代中期）提出"时播百谷草木""节用水火材物"，即认为人们要适时播种谷类、其他草本植物和果树，应当按时节开发利用山林川泽资源。这就是中国最早的指导植树和采伐森林的理论。据说，他还建成了中国最早的园林——平圃（也称悬圃、玄圃）。从春秋战国到秦汉时期，我国古代林业科技知识不仅积累的数量增多，而且深度和科学性明显增强。到魏晋南北朝时期，在此前基础上又有发展，在森林性质、林木栽培、森林利用等方面已有比较系统的理论和一系列技术措施，标志着中国古代林业科技体系基本形成。

从隋朝至元代是中国封建社会的兴盛期，也是农业、手工业、商业和科技繁荣发展的时期。这一时期在树木分类方面，较之前一时期有了很大进步和提高。宋代《尔雅翼》的《释木》部分收录树种 60 种，对树木和野生动物做了考证，纠正了前人一些谬误。宋代陈咏编纂的《全芳备祖》对果树品种记载十分详细，并把杨、柽、柳等并在一起列入杨柳条目，表明已有类似现代划分杨柳科的思想。虽然中国近代林业科学技术的发展十分缓慢，但在一些领域仍取得了许多成就与进展。宋代陈翥撰《桐谱》记载了6种桐树，将白花桐与紫花桐归为一类，与目前划分泡桐属相似，又将此二种与取油用桐（油桐）、刺桐、梧桐、贞桐相区别。

这一时期，在植树技术方面也有明显发展。唐代柳宗元在《种树郭橐驼传》中提出植树要"顺木之天，以致其性"，做到"其本欲舒，其培欲平，其土欲故，其筑欲密，其莳也若子，其置也若弃"。这是一套合乎科学道理的植树造林技术原则，是对长期以来植树实践经验的宝贵总结。在唐宋以前的古农书中，鲜见关于针叶树类栽培技术的详细记载，而宋代的《东坡杂记》、元代的《农桑辑要》和《王祯农书》填补了这一空白。其中，所记松柏苗的播种、扦插、灌溉、遮阴、防寒等技术细致而完善，几乎与目前的育苗措施并无二致。在此期间，蔡襄的《荔枝谱》、韩彦直的《橘录》等果树专著问世。此外，桑树栽培技术也有很大发展，除培养树桑（高干桑）外，地桑（矮干桑）得到推广。各种果树在这一时期发展较快，栽培果树的技术已达纯熟程度，繁育了大量果树品种。桑树和果树的嫁接技术得到推广和发展。

唐宋时期在木材采运方面也有突破性进展，如金代在山崖沟壑间架长桥运木，宋代采取"联巨筏"水运，使关中木材安全通过黄河砥柱山急流，创造了在交通险要地区陆运和水运木材的成功经验。与此同时，木工技术得到高度发展，木材用途更加广泛，应州木塔、汴京木拱桥、木雕板和木活字印刷术都闻名于世；胶合板的雏形——襞叠板出现；松脂、五倍子、白蜡、紫铆等加工和利用都达到了新的高度。

明清时期中国封建社会由鼎盛走向衰落，社会经济发展缓慢。这一时期林业科技无突破性发展，许多学者只是致力于总结并考证前代成果，所撰写的著作大多是汇集前人资料，加以考订，并做若干补充。在树木和野生动物分类方面，《本草纲目》收录果类104种，木类138种，禽类76种，兽类78种。《康熙字典》收录果树43种，树木394种，竹子210种，兽类236种，鸟类439种。尽管有一物多名重复的，但两书所收树木和野生动物种类比以前任何书籍所记更为齐全，几乎包括了中国树木和鸟兽的全部重要种类，并且做了考订。《尔雅义疏》作者郝懿行广征博引，并证以目验的实物，对《尔雅》做了认真的考订，因此，《尔雅义疏》被认为是最完备的

《尔雅》注释书。

明清造园技术有很大提高和发展。南北各地出现了许多具有独特风格的大小园林。北京的皇家园林、江南和岭南的私家园林都蜚声海内外。著名的避暑山庄、颐和园、拙政园等都在这一时期建成。由于许多造园家本是诗人、画家，他们把造园技艺和诗情画意糅合在一起，使园林富有自然美，"虽由人作，宛自天开"。《园冶》和《长物志》等书籍既有造园理论，又有施工技法，并有附图，已流传到日本等国家。同时，这一时期竹木采伐和运输技术也有所提高，出现了集材滑道（"溜子"）和架空索道（"天车"）。明末清初发明了计量杉木材积的"龙泉码"，"龙泉码"比德国学者休伯（Huber）应用树干中央断面积推算树干材积的方法早了 100 年。这一时期，制造楮皮纸、竹纸的技术已达成熟阶段；榨制桐油，放养白蜡虫和槲蚕，制取樟脑和树木染料等技术都已趋于完善。

由此可见，历经千年的沧桑变化与积累沉淀，随着社会经济和科学技术的演变发展，我国历代对林木的分类、栽培、管理与利用等多种技术逐步深入，已成体系，并在某些方面领先于世界其他国家。

（二）中国近代林业科技发展（1840—1949 年）

1840 年以后，随着中国社会体制从封建社会转变为半殖民地半封建社会，中国古代林业科技到封建社会后期已近尾声。外国侵略者用武力打开中国大门的同时，也为国外先进的林业科技传入中国开辟了道路。此后，陆续有青年学生赴日本和欧美攻读林学，也有来华的外国传教士、商人和学者带来林业科学技术知识，出现了中西林业科技交融的趋势，逐渐形成了中国近代林业科学技术。

1. 森林培育科技

清末民初，中国传统的森林培育科技向纵深发展，并有西方造林学知识引入。在植树造林技术方面，清末民初有较大发展。1846 年（道光二十六年），包世成（字慎伯，号倦翁，安徽泾县人，1775—1855 年）撰《齐民四术》，以较多篇幅记述了树木栽培技术。《齐民四术》记述的关于育苗造林技术，大部分合乎林木生长发育规律，有现实参考价值。民国初年，从日本留学归来的陈嵘编撰了《造林学各论讲义》，将中国传统的造林科学技术、民间的生产经验和日本等国的造林科学技术熔于一炉，详细论述了杉木、柳杉、二叶松类、白皮松、白杨类、核桃、白桦、白榆、桦树等中国主要树木的造林法。1921 年（民国十年）10 月，云南省实业厅编撰并分发了《种树浅说》。《种树浅说》全面讲述了采种、选种、播种、育苗、分秧

（移植）、栽苗造林、播种造林、插条造林等方法，不仅继承了古农书所记造林技术，也有若干从西方引入的内容。

在经营保安林技术方面，已经有了成熟的植造防风固沙林技术。民国初年，陈嵘提到系统的松树防风固沙林的植造方法。在内陆或海岸有飞沙潮风为害处，植造松林，可以固沙和防风。在沙地造林，因沙被风吹刮而移动，所植苗木容易枯死。陈嵘提出先掘取附近所生杂草、灌木、藤蔓等植于沙地。其根系逐渐蔓延，能固定飞沙，然后栽植松苗，栽植时必须用大苗，因其抵抗力较强。1945 年（民国三十四年），张含英根据美国人鄂礼士（Q. C. Ayres）所著 *Soil Erosion and Its Control* 编译的《土壤之冲刷与控制》一书出版。张含英在书中补充了一些中国资料。此书有绪论、冲刷之因素、防护之方法、雨量与径流、阶田之设计、阶田定线之理论及实施、阶田之修筑、阶田修筑之费用及其维护、阶田之排水出路、沟壑之控制、临时性及半永久性节制坝、永久性节制坝或保壤坝、植物之特殊效能、土壤之保持及田地之应用等章，主要论述土壤冲刷的基本原理和防治措施，造林种草为防治土壤冲刷的重要措施之一。

在桑树栽培技术方面，实现了中国古代栽培技术与西方有关科技的充分融合。1892 年（光绪十八年），直隶（今河北）蚕桑局卫杰从四川采购桑树种子，于保定西关试种，1893 年（光绪十九年）产桑苗 100 多万株，1894 年（光绪二十年）产桑苗 400 多万株。于是蚕桑事业在华北一带有所发展。为指导民间植桑养蚕，1899 年（光绪二十五年），卫杰编著的《蚕桑萃编》刊刻出版。此书是中国近代较完整的桑树栽培学著作之一。1935 年（民国二十四年），顾青虹调查研究了浙江的桑树品种，发表了《浙江省桑树品种之研究》一文（载于《中华农学会报》）。戴礼澄总结中国植桑经验，并引用部分日本资料，题写了《桑树栽培学》一书，于 1934 年（民国二十三年）由上海商务印书馆出版。此书被作为农业职业学校和蚕业职业学校教科书，在 20 世纪三四十年代广泛流传。

2. 森林保护科技

（1）火灾预防技术。为防范火灾，清政府对帝后陵墓林特别保护，在直隶（今河北）遵化马兰峪东陵（包括顺治、康熙、乾隆、咸丰、同治等帝陵和慈禧等后陵）打了 20 丈①宽的防火道。民国初年，防止森林火灾受到重视，已有一套较完善措施。1914 年（民国三年）5 月，云南行政公署拟定

———————
① 1 丈 = 3.33m。

了《森林火灾预防消防及处理单行法》。这部单行法将森林火灾分为地表火、树梢火(亦称树冠火)、土火(今称地下火)三类,指出了引起森林火灾的主要火源、火势蔓延规律、扑灭各类森林火灾的方法,并强调造林时多造针阔混交林,设置一定宽度的防火线等。民国初年对森林火灾有这样全面的认识,并有科学的防火、扑灭方法,表明森林防火技术较以前有长足进步。1948年(民国三十七年)3月,台湾省林产管理局提出了预防森林火灾的综合措施。禁止在林内引火。如因作业需要必须引火,则必须有人在旁监视,多人一同引火时,要有一人负责,必须等火种完全熄灭,监视人才能离开。在森林内通过的火车车头和集材机,其烟囱都应安装防火网。铁路沿线和集材机附近的枯立木应彻底清除。在林内适当地点设置贮水箱,以备灭火时应用。气候干燥时应加强林内巡逻。平时对林业职工和附近居民进行救火训练,并准备救火器具,万一失火即协力抢救。还要加强防火宣传,在林区设置防火牌,散发防火传单,放映防火电影。此外,劝导高山族居民打猎时注意防火。对救火有功人员给予奖励。

(2)防治森林病虫害技术。1922—1923年(民国十一至十二年),林刚在山东农业专门学校林科讲授《造林学通论》,其中,讲到苗圃的一些病虫害。自民国以后,很多学者对林木病虫害及林木的其他灾害进行了较为深入和系统的研究,取得一批成果。1928年(民国十七年),姜苏民在《中大农学》发表《松毛虫》一文;1929年(民国十八年),傅定坤发表《松蛄蜥的研究》(载于《中大农学院旬刊》);1930年(民国十九年),楼人杰发表《松毛虫初步研究报告》(载于《浙江省昆虫局丛刊》);祝汝佐研究了松毛虫的各种寄生蜂,于1937年(民国二十六年)发表《中国松毛虫寄生蜂志》(载于《昆虫与植病》),为松毛虫的生物防治提供了参考资料;李寅恭等人于1943年(民国三十二年)发表《南京及其附近松毛虫之研究》一文(载于《林学》),详细报道了他们多年研究松毛虫各期形态及生活史的成果;同年,《林学》又刊出李寅恭的《川康森林病虫害拾零》等。

(3)野生动物保护。中国古代就有不准捕猎幼兽、雏鸟的禁令,但规定不详细。1908年(光绪三十四年),德国人在胶澳(今青岛)划分了7个狩猎区,曾放入豹、熊、雉等动物,促其繁殖,对禁猎的动物做了规定。随着树木的增加和保护,林内鹿、兔、雉、鸽、鹌等野生动物繁殖显著增多。1914年(民国三年),北洋政府农商部制定和公布了中国第一部《狩猎法》,加强了狩猎管理。1932年(民国二十一年),国民党政府规定,鸟兽分为四类:第一类为伤害人类的鸟兽,可以随时狩猎;第二类为有害牲畜、禾稼、林木的鸟兽，在规定的狩猎期内准许狩猎；第三类为有益于禾稼、林木的鸟兽，除供学术研究，经特许的以外，不准狩猎；第四类为可供食品和用品的鸟兽，在规定狩猎期内也准许狩猎。每年 11 月 1 日至翌年 2 月末为狩猎期。对不准许狩猎的鸟兽种类和地区也有规定。

3. 测树和森林经理科技

日本在 1882 年(明治十五年)前后引入了德国的测树学和森林经理学。中国学者又从日本将其引入中国。1929 年(民国十八年)，张海秋(原名福延)在中央大学森林系任教，先后开设"测树学"和"森林经理学"等课程。他进一步引入西方国家测树学和森林经理学知识，使之与中国的有关理论和技术交融。他编撰的《测树学讲义》，体系完整，材料翔实。仅测树高一项，介绍了 20 多种中西方法，如测杆或照尺测定法、投影测高法、长边直角三角形测高法、曲距尺测高法、迈尔(Mayer)测高器测高法、浮士特曼(Faustman)测高器测高法、普勒司纳(Pressler)测高器测高法等。张海秋编撰的《森林经理学讲义》既全面阐述了森林经理的基本原理，又详细介绍了从森林测量、区划、调查到编制施业案、检定施业案全过程的具体技术，既有理论，又有实例，内容丰富。尤其是张海秋将一些中国资料糅合入内。

民国时期，我国已经引入树干解析法用于林木生长研究。1934 年(民国二十三年)，严宙耕在江苏江浦老山选定标准地，采标准木做树干解析，研究人工林木生长情况。共做了马尾松、黑松、柳杉、麻栎、刺槐、南京白杨和美国白杨 7 个树种。树干解析表明，在 15 年内，当地针叶树以马尾松生长最快，阔叶树则首推麻栎。1937—1945 年间，苏甲熏采集了川西、黔东、赣南、湘西、闽西、浙南所产杉木，分别测定其树高、胸高直径、材积的连年生长量、总平均生长量、生长率和胸高形数，绘制了比较曲线图。经过研究，苏甲熏发现杉木的高生长在 20 年内颇为迅速，黔、湘、闽、浙所产生长最快，赣、川次之。苏甲熏将其研究成果写成《杉木生长之检讨》一文，发表于《林学》杂志第 10 号(1943 年)。周重光在 1943 年(民国三十二年)发表《拉子里河重要林木之树干解析》一文。此文记载了作者所作甘肃白龙江上游拉子里河地区主要林木树干解析的成果。

随着木材交易的发展，"龙泉码"材积计量法日臻完善。采用此方法量木材时，用滩尺量其周围。滩尺也是十进位，其寸、分用漆标记在篾尺上，滩尺的尺码比市尺稍大，1 滩尺约合 1.02~1.03 市尺(各地不同)。通常，量杉木量其眉高处周围，即在距离杉木根端扎排孔眼 5 尺(实际是

5.12 尺，因按惯例要"放三指"，所以增加 0.12 尺）处量杉木的周围，根据周围的尺寸分为：不登、分码、小钱码、中钱码、大钱码、七八九码、单两码、双两码、飞码。以上九码是正常杉木计量的规定。但是，有的杉木可能不够长或有其他缺陷，在计算材积时须让篾或让码。

4. 木材采伐运输科技

民国初年，北洋政府和地方政府对伐木有所管理。1914 年（民国三年），北洋政府农商部规定已发放给木商采伐的东三省国有林，如有关系国土保安的，应收回不准采伐，木商承领东三省国有林采伐时，每亩林地需存留直径 33.34cm 以上、树干正直的树木 2~3 株，其目的是留作母树。民国三年，黑龙江省林业局规定，采伐森林应实行分年轮伐，禁止滥刈芽木。1923 年（民国十二年），黑龙江省实业厅又规定，木商承领国有林采伐时，成片的直径 10cm 以下的树木不准采伐。各林区伐木以后，每亩补植适宜树秧 10 株以上。1919 年（民国八年），山西省规定，采伐公私有林，林龄须在 30 年以上，采伐面积不得超过森林总面积的 1/30，采伐时期应在冬季，采伐迹地必须在 1 年以内完成补造。

抗日战争期间，西南地区经济繁荣，木材业兴旺，但木材采伐运输仍大多沿用土法。1943 年（民国三十二年），为解决铁路枕木问题，有关部门在广西南丹伐木时试用新的集材方法。主要是用铁轨铺筑轨道，将土斗车改装成小平车，装载木材运行。有的山坡则用绞车（相当于今绞盘机）集材。这两种集材方法比人力和畜力集材是一大进步。西南地区多阔叶材，木荷、丝栗等木材比重都大于 1，入水即沉，不便水运。有鉴于此，徐永椿于 1938 年（民国二十七年）做了木材浮水度试验，探索将竹子与木荷、丝栗木材混合编排水运的可能性。试验结果显示，木荷木材不去皮气干与同等体积的竹材混合编排，丝栗气干材（不论去皮与否）与按体积比 1/2 的竹材混合编排，都能保持 1 个月不下沉。也就是说，在水运路程不超过一个月的条件下，木荷、丝栗气干材都可以与竹材混合编排水运。

5. 木材加工科技

（1）锯木工业技术。光绪年间，中国机器锯木工业开始起步。1878 年（光绪四年），华商张子尚等数人鉴于上海租界房屋建筑甚多，需用大量木材，于是在上海董家渡开设小型锯木厂。该厂在浦东、苏州河也有场地，面积共 190 亩①，有锯木机 1 套，这是中国机器锯木工业的发端。1906 年（光绪三十二年），华商林应祥投资 28 万银元在上海创办晋昌机器锯木厂。在哈尔滨还有华商经营的同茂东锯木厂和集成锯木厂等，生产能力每日每厂为数千立方英尺②。1919 年（民国八年），福州较大的锯木厂有 8 家，其中半数为华资经营，每厂每日锯制木材 100~300 根。1931 年以前，上海有木材行号 100 多家，大多兼营锯木。1945 年以后，因建筑业发展，锯木工业也随着兴旺起来，木材行号发展到 1000 多家，其中，锯木厂达 117 家，华中重镇武汉从 2~3 家发展到 35 家，广州共有锯木厂 50~70 家。

（2）胶合板制造技术。20 世纪 20 年代以后，上海等沿海城市相继有胶合板厂成立，但规模较小，生产设备和技术落后。在上海，华商办的工厂较小而数量较多，外商办的工厂规模较大而数量较少。1945 年（民国三十四年），朱惠方在《林讯》第 2 卷第 2 期发表的《胶板工业》一文中，简要地介绍了胶合板的制造工艺。倪观格于 1946 年（民国三十五年）在《木业界》杂志发表《胶合板工业》一文，进一步介绍了胶合板制造程序。

6. 林产化学和加工科技

1927 年（民国十六年），梁希（1883—1958 年）从海外学成回国，先后任北京农业大学、浙江大学、中央大学森林系教授，长期从事林产化学及木材学的教学和科学研究，并创建了浙江大学和中央大学的森林化学实验室。他将西方国家的林产制造化学资料结合中国的有关资料，以及自己的科学研究成果编撰成《林产制造学讲义》，以供教学之用。此讲义系统地介绍了林产制造学的理论和技术，其理论部分和实验资料虽然大多取自德国、日本和美国，但在选材时梁希考虑从中国国情出发，因而对中国是适用的或可供借鉴。梁希从 20 年代后期到 40 年代，每年讲授林产制造学，不断修改讲义，充实教学内容。他编撰的《林产制造学讲义》已形成一部中西交融、理论与技术并重、体系完整、文图并茂的教材。他结合教学，做了大量试验研究工作，许多工作是独创性的，取得了有科学意义的成果。他引进外国林产制造化学的理论和技术，使之与中国传统的知识和生产经验交融，为形成中国林产制造化学做出了巨大贡献。他是中国林产制造化学的先驱者和奠基人。

（1）造纸技术。造纸原料中，木浆使用增多，已能自制木浆。有些造

---

① 1 亩 = 666.67m²。

② 1 立方米 = 35.315 立方英尺。

纸厂已掌握机械制浆和化学制浆技术。1945 年(民国三十四年)建于四川宜宾鸳洲坝的中国造纸厂，以马尾松木材为原料，日产机械木浆 4t、化学木浆 1t。机械木浆用于制造白报纸，化学木浆用于制造牛皮纸。各地早期所建造纸厂多使用长网抄纸机抄纸。民国二十六年至民国三十四年间建成的造纸厂则大多使用圆网抄纸机抄纸。各厂的抄纸机大多是从外国进口的。1929 年(民国十八年)上海建成宝山造纸厂。该厂的主要机器一网宽 152.4cm 的圆网抄纸机就是本厂经理张仁寿自行设计并指导上海永盛、公益、兴华机器厂制造。这是中国制造的首台圆网抄纸机，投产后运转正常，性能良好，符合生产要求。

(2)生漆采割和加工技术。20 世纪 20 年代以后，学者们更全面地总结了中国各地的采漆技术，并介绍了日本等国的采漆技术。日本的采漆法有杀搔法和生搔法两种。杀搔法为漆液一次采尽法，采漆后即将漆树采伐更新。生搔法为陆续采漆法，漆树的雌株多采用此法。采漆一次后要隔 1 年甚至 3~4 年，等树势恢复后才能再次采漆。采收的生漆可盛于容器中，搅拌数小时，使其黏稠致密。然后盛于浅盆中，放日光下暴晒，除去水分。或在漆盆上放炭火盆，利用火力烘烤，并经常搅拌。生漆失水后加入油脂(桐油、荏油、菜油都可)调匀，即普通熟漆。除油脂外，再加铁粉、木醋等，可调制成黑漆。除油脂外，再加雄黄或银朱，可调制成朱红漆。除油脂外，再加饴糖或其他树脂，调匀，即成透明漆。

二、中华人民共和国成立后社会主义建设时期(1949—1966 年)

1949 年中华人民共和国成立后，中国林业科技有了新的发展。生物工程科学、航测遥感技术、电算技术等被应用到林业科技方面。中国现代林业科技有了更多分支，形成了更完善的体系。

(一)社会主义建设初期林业科技发展(1949—1957 年)

1. 森林培育科技

(1)华北、西北防风固沙林。1949 年 2 月，华北人民政府农业部成立冀西沙荒造林局(中华人民共和国成立后改由林垦部领导)，在河北省西部京广铁路沿线 53 万余亩的风沙区(其中，纯沙荒面积 14 万亩，其余为半利用沙荒)，与正定、新乐等 6 县密切配合，组织群众合作造林。1952 年年底，冀西沙荒造林计划基本完成，共造林 10.6 万亩，受益面积约 50 万亩。1950 年，河北省陆续于永定河、沙河和漳河地区成立沙荒造林局，在主要风沙区开展防护林营造，规划防护总面积约 500 万亩。1952 年春季组织施工，1953年基本完成，营造林带总长度2806km，4个县的风沙地大部分得到了防护。从1950—1953年，豫东（郑州、商丘、许昌）群众在人民政府领导下，营造防风固沙林22.8万亩，建成5条大型防护林带，总长520km，宽1~2.5km。西北的陕西、甘肃、宁夏、新疆等地区的沙漠边缘地带常受风沙与干旱危害。1950年春，西北军政委员会农林部规划营造陕北防沙林带，在整个沙区设计3条大型基干林带，总长约950km，计划造林总面积171万亩，从1953年开始施工。

（2）橡胶生产基地开垦。20世纪50年代初期，一些资本主义国家对中国实行经济封锁，外国天然橡胶不能进口。当时国内仅有华侨在华南种植的橡胶树约4.2万亩，年产干胶200多t，远远不能适应生产建设需要。1950年春，中国接受苏联建议，在海南岛开辟植胶基地，由政务院副总理陈云、林垦部部长梁希等亲自领导。1951年在广东湛江成立了华南垦殖局，由叶剑英兼任局长。1952年完成了海南岛种植橡胶的规划设计任务。1952年3月，政务院和中央军委决定，抽调中国人民解放军两个师共2万多名指挥员与战士，组建林业工程建设一、二师和独立团，分赴海南岛和雷州半岛等地，开拓橡胶事业。至年底，在海南、雷州和钦州地区，共开荒140余万亩，定植橡胶树近90万亩。

2. 林业调查设计科技

（1）森林航空测量调查开创。1951年，林垦部着手筹备引用航空摄影与航空测量制图技术。1951—1952年，培训了技术干部，配备一批航空摄影、航空制图、图像处理及普通测量、制图仪器。1953年在松江省东南部大海林林业局进行航空测量试点。这次试点，在中国民用航空局机组人员的配合下，完成2700km^{2}航空摄影，并应用航空摄影照片进行森林资源调查、试验区范围内的地面控制测量、制图等工作。1953年，中国政府与苏联政府签订合同，由苏联援助中国建设113个项目，其中包括大兴安岭的森林航空测量。1955年，中、苏森林航测队协作完成了长白山、老爷岭与金沙江、雅砻江等主要林区1763.9万hm^{2}航空摄影。1954年以后，我国主要国有林区逐年进行大面积的1:25万比例尺航空摄影、航空调查、综合调查业务，建立起一套以目测为基础的森林资源调查方法。利用航摄像片划分林班、小班，在现地目测林木组成、林龄、直径、树高、疏密度。根据综合调查编制的标准表、材种出材量表确定每公顷蓄积量和过熟林的出材等级。

（2）机械造林林场设计。机械造林是我国20世纪50年代发展起来的一项造林新技术。机械造林是指用拖拉机牵引机具进行造林作业。1953年，我国在吉林省开通县（今通榆县）建立第一个国营机械林场，又在黑龙江、内蒙古等省（自治区）建立一批国营机械林场。由于机械造林生产过程比较复杂，设计要求比手工造林严格。调查设计人员通过实际摸索，掌握了机械性能、机械造林特点和设计要领，在林业机具合理配套、各项作业机械化标准、合理确定林场造林期限和正常年造林任务量等方面积累了经验，因而各机械林场的设计方案切实可行，质量较高。但也出现了一些问题，如早期设计片面强调造林地宽阔平坦，便于机耕，忽视立地质量要求，未避开或改造阻碍林木生长的白干土，以致有些机植幼树形成小老树、生长不良。

3. 森林保护科技

（1）森林火灾预防。为防止森林火灾，我国在建国伊始就把森林保护作为林业建设的一项重要任务，采取了一系列措施。第一，依靠群众防火灭火。从 20 世纪 50 年代初期起，防止森林火灾主要依靠林区及林区附近的居民群众。各地人民政府和林业部门向林区广大群众宣传保护森林的重要性和护林防火的知识。组织群众确定护林防火制度，各家各户互相监督检查。第二，建立专业队伍。东北、内蒙古林区是国家的重要林业基地，也是森林火灾多发林区。1950 年 10 月，东北人民政府批准组建了武装护林大队，约 1000 人，布防在黑龙江、松江①、吉林和内蒙古重点林区，担负瞭望、巡逻和灭火任务。以后逐步发展为武装森林警察。第三，开辟防火线。铁路机车喷火、漏火是当时东北、内蒙古林区的主要火源之一。为控制这一火源，政务院财经委员会于 1951 年 10 月发布了《东北及内蒙古铁路沿线林区防火办法》，规定机车要安装防火安全罩，在火险高的铁路沿线开设防火线，以及在防火期加强巡护等。第四，实行航空护林，即利用飞机巡护和灭火，是现代森林防火的重要方法之一。1952 年，林业部在东北、内蒙古林区的嫩江、博克图和呼玛建立三处航空护林基地，配置爱罗-54 型和 C-47 型飞机 5 架，担负部分林区的巡护报警任务。第五，配备基础设施。截至 1958 年，全国共修建防火林道 1.05 万 km，架设林区防火通信线路 1.36 万 km，建立瞭望台（哨）1610 座。在东北、内蒙古林区建立森林火险天气预报站（点）73 处。

（2）森林病害的防治。20 世纪 50 年代，林业学者对森林病害的研究较

---

① 松江省于 1954 年撤销，并入黑龙江省。

少。1954年林业部森林综合调查队开始对东北大、小兴安岭，云南西北部，四川西部，新疆阿尔泰山、天山，甘肃白龙江，海南岛尖峰岭等地的天然林进行了综合性调查，其中包括森林病害调查，并取得了一些调查资料。这是中华人民共和国成立后最早的一次森林病害调查活动。50年代，苗圃中发生了松杉幼苗立枯病（猝倒病），林业科技人员曾对此病的发病规律及防治技术做过一些试验研究。具体的预防和防治技术措施是：圃地选择、轮换茬口、填垫黄土、土壤消毒、精选良种、适时早播等。幼苗立枯病是由丝核菌、镰刀菌、腐霉菌危害引起。在幼苗期喷洒1%~3%硫酸亚铁液，对减免幼苗立枯病的发生与危害有很好的作用。

4. 森林采伐更新科技

（1）木材生产机械化。1952年，东北、内蒙古林区开始试用民主德国的哈林-100和苏联的瓦克勃电锯，同时引进英国的马克林和苏联的派司-12移动电站作为电源。但由于电锯重和电站电缆等移动不便，未能推广。1954年又引进单人操纵的采尼麦-克5型电锯，虽较前两种电锯先进，亦因电源问题未能推广。与此同时，还引进了哈林-100油锯，也由于锯重、震动大而被淘汰。1956年从苏联引进友谊牌油锯，在黑龙江省带岭林业实验局试用后，认为此种油锯较轻、携带方便、效率高、伐木安全。1957年由广西柳州林业机械厂开始仿制。在集材环节，1950年从苏联引进KT-12、斯大林80和阿特兹三种型号的拖拉机，在黑龙江省伊春林区试用于集材，其中，KT-12拖拉机较为适用，而斯大林80和阿特兹拖拉机不久就被淘汰。1954年，伊春林区的双子河、带岭、友好、翠峦等林业局通过生产实践，总结出夏季集材、铺设木杆道、拖拉机集短材、使用防火罩和集材捆木方法（包括兜底法、旁吊法、连串法、横吊法、兜头法、后吊法、串段法）等集材作业技术。50年代后期，伴随原条集运材工艺的产生，机械装车逐步发展起来。按原动力的不同可分三种类型：拖拉机装车、绞盘机装车、汽车起重机装车。

（2）木材技术标准统一化。为了统一木材规格与计量单位，林业部于1952年着手制定《木材规格》《木材检尺办法》《木材材积表》三个技术标准，1953年征求各方面意见后做了修订，经政务院财政经济委员会批准于1954年颁布执行。这是我国在木材生产上走向标准化的第一步。《木材规格》将木材分为原条、原木、板方材、枕木四大类，其中，原条包括杉条和交手杆，原木包括直接使用原木（建筑用原木、电柱、桩木、车立柱）、锯材原木（分针叶树锯材、阔叶树锯材、枕资、车辆材、造船材）、化学加工用原木和旋刨切加工用原木等。质量标准都分为一、二、三、四等。质量评定包括边材和心材腐朽、圆蜷及花蜷、虫眼、弯曲、纵裂、环裂、扭转纹、节子等项目。《木材检尺办法》对原条和原木的尺码检量、检尺部位、材积计算、检尺工具、等级评定等都做了规定。计量单位统一采用国际通用的米制。《木材材积表》分为原木材积表和原条材积表，参考苏联国家标准，结合我国木材具体情况编制而成。

（3）森林采更新方式。1949 年东北林务总局颁发的《东北国有林暂行伐木条例》规定：为使采伐迹地及时更新，一律采用择伐作业，择伐径级从 30cm 开始。每公顷林地按适当距离，保留生长良好的母树 10 株。生长在险坡、陡坡的森林和采伐后不易造林的地方禁止采伐。为了给森林更新创造条件，1950 年 11 月东北林务总局又对清理林场做了规定：直径 3cm 的枝桠要均匀散铺林内，3~6cm 的堆积林地或劈开散置林内。有利用价值的风倒木造材利用，无利用价值的则不动。1950 年 11 月，华东军政委员会颁发的《华东区森林采伐管理办法》规定：杉木林采用皆伐作业，采后两年内进行更新。其他树种只准进行择伐作业。未成年的树木和生长在陡坡的森林严禁采伐利用。同年 12 月，西南军政委员会也颁发了《西南区森林采伐暂行办法》，除规定实行择伐，留好母树外，还提出了"森林之采伐量，以不超过全林生长量"的原则，这是非常可贵的。

5. 木材加工科技

（1）制材工业与技术。1949 年以前，我国的制材工业基础薄弱，技术落后。制材厂主要分布在东北林区，沿海大中城市有一些中小型工厂。1952 年，东北人民政府农林部成立东北制材工业管理局。在东北制材工业管理局领导下，对制材厂进行调整和改造。整修或更换锯机，调整工艺设备，增添保护装置和防火设施，扩建厂房、改善了生产作业条件。车间经过改造以后，加强了工序与工序之间、机台与机台之间的联系和配合，形成了比较完整的生产流水线，提高了机械化水平，降低了劳动强度，减少了伤亡事故，成为以后东北林区改造旧制材厂的样板。1954 年在四川省重庆市茄子溪建成一个机械化程度较高的制材样板厂，采用带锯为主，带锯与排锯联合制材的生产工艺。在工厂设计上，针对水运原木夹带泥沙较多的特点，在车间前面增设一个洗木池，先将原木上的泥沙洗去，再送入车间加工，以免损伤锯条。原木进入车间，车间内部半成品、成品的传递和搬运，以及成品、废料的输出，都是采用链子、辊筒和皮带等传送机械设备。1955 年仿照同样规模、同样生产工艺，又在四川省成都市建设了一个新的制材厂。

(2)胶合板生产工艺。1949年以前，全国有胶合板厂17个，每年总生产能力不足2万 m³。50年代，原有的旧胶合板厂恢复生产，不断提高生产能力。同时在哈尔滨市、北京市、上海市各新建一个胶合板厂，工厂的生产规模5000~10 000m³，设备配套比较完整，工艺安排比较合理，主要设备如旋切机、热压机是从外国引进的，生产技术水平比旧厂有较明显的提高。这些胶合板厂都在第一个五年计划期间建成投产。50年代，林业部林业科学研究所设立胶合板组，开展胶合板制造工艺和胶合剂的研究。根据国防工业需要，林业部林业科学研究所和北京市光华木材厂合作试制成用作滑翔教练机蒙皮材料的航空胶合板，用于扫雷艇制造的船舶胶合板，以及用于飞机螺旋桨的胶合木等比较高级的新产品，并批量生产。配合新产品试制，研究出醇溶性酚醛树脂胶，在开拓利用合成树脂胶方面前进了一步。1956年，林业部派出技术人员援助柬埔寨建设胶合板厂，并试制成包括原木旋切、单板剪切、单板干燥、涂胶、热压、砂光和锯边等全套胶合板机械，初步实现胶合板设备国产化，为以后国内发展胶合板生产打下了基础。

(3)木材防腐技术。在20世纪50年代初期，铁道部着手开发枕木防腐技术，加强枕木防腐研究，扩大枕木防腐厂的生产能力。除了恢复和扩建辽宁省沈阳苏家屯枕木防腐厂外，又陆续在湖北汉阳、江西鹰潭、广西柳州等地建设新的枕木防腐厂。1953年，林业部林业科学研究所设置木材防腐组(后改室)，研究木材防腐技术。当时木材生产方式是冬采春运，贮运时间较长，木材在贮运过程中常常腐朽变质，林业部从木材保存问题入手，于1954年组织科研人员在黑龙江省带岭林业实验局蹲点，摸清木材病虫害发生规律和为害情况，研究防治方法。在此基础上，制定了《东北、内蒙古地区木材保管条例》。南方生产木材的省份和一些积存木材较多的大城市也纷纷采取一些保管木材的措施。煤炭部门从1956年起，曾一度在些矿井建立木材防腐车间，用冷热槽法对坑木进行防腐处理。

6. 林产化学加工科技

(1)松脂采集加工新技术。1949年以前，松脂采割与加工都用土法，产品色泽深、杂质多，因此，所需高级松香都依赖进口。1949年以后，为了提高生产技术水平，从采脂与松脂加工两个方面进行改进。1951年6月，林垦部组织人员在浙江省临安县余杭林场改进采脂方法试验。从工具的选择，各种采脂工艺的比较，到影响松脂产量的诸因子进行了全面的探索。选定浙江省松阳等地采用的割刀作为推广工具。经过对鱼骨形下降式、鱼骨形上升式、浙江松阳斜沟式及台湾斜沟式四种采脂方法对比试验，证明前两种方法比后两种方法所得松脂品质好，采脂年限较长；而鱼骨形下降式与鱼骨形上升式产量相当，但下降式较容易掌握，因此，确定推广下降式。同时就树径、侧沟深度和宽度、采割间隔期、气温等与产脂量的关系进行了研究，在此基础上制定了一整套下降式采脂方法。

（2）栲胶生产技术。栲胶是鞣制皮革的一项主要原料。50 年代初期只有陕西石泉一个工厂，以槲树皮为原料生产栲胶，产量只有全国需要量的 1%。为了解决栲胶的供应问题，一方面改进和提高石泉栲胶厂的生产，通过对槲树皮和橡椀的浸提试验，改进生产工艺，并增加橡椀粉醉工序，从而缩短了浸提时间，提高了产品质量，增加了产量；另一方面积极开发新资源，建立新工厂。1952 年，内蒙古浸膏厂（后来改为牙克石木材加工栲胶联合厂）开始筹建。这是中华人民共和国成立以后建设的第一个栲胶厂。根据对牙克石林区兴安落叶松产树皮量的调查测定，每立方米兴安落叶松木材可产树皮 50kg。在此期间，一些地方也为扩大栲胶资源利用做了调查和试验。四川省曾于 1953 年试用冷杉、云杉、铁杉和丝栗的树皮制造栲胶，并用所产栲胶做鞣革试验。1955 年，林业部组织各省（区）调查栲胶资源，共发现含单宁植物 300 多种，编印了《我国植物鞣料资源》一书，供全国有关单位参考。

（3）木材干馏工业。中华人民共和国成立初期，全国有吉林靖宇木精厂和私营上海新中国化学厂两个木材干馏厂，此外，黑龙江省苇河、牡丹江和吉林省临江等地有松根干馏厂。当时的产品有木炭、木焦油、甲醇、丙酮、松焦油和选矿油。随着原料状况的变化，上海新中国化学厂不久即停止木材干馏生产，改产活性炭。吉林省靖宇木精厂采用卧式干馏釜间歇生产，其木醋液经蒸馏提取甲醇后用石灰中和得醋石，再制成丙酮。该厂后迁往吉林省通化市，改称通化林业化工厂。1949 年以后，沈阳东北制药总厂用木炭为原料，以立式管炉生产少量粉状脱色活性炭供自用。1951 年，青岛中东化工厂用闷烧法制造粉状活性炭。1953 年，上海新中国化学厂与享顺化工厂以锯末为原料用平板炉氯化锌法生产活性炭。同期上海南开化工原料厂以木炭为原料用铸铁炉以电加热活化生产粉状活性炭供药用。不久上海三家工厂合并为上海活性炭厂，其平板炉氯化锌法推广到全国各地，成为生产活性炭的主要方法之一。

(二)社会主义探索时期林业科技发展(1958—1966 年)

1. 森林培育科技

(1)林木速生丰产技术。1958 年春季,在全民造林、绿化祖国的高潮中,黔东南各林区县,在林农精心栽培的小片用材林中,连续发现了多片 10 多年成材的杉木林,比一般杉木林成材期提前 10 多年,产材量增加一倍左右。该州锦屏县随即总结其经验,在全县开展营造杉木速生丰产林的活动。其后,南方各省份也开展了这一活动,掀起了力争实现林木速生丰产的热潮。同年 8~9 月,林业部召开了全国林木丰产现场会,由各省份林业厅(局)长与主要科技人员参加。会后,林业部进一步调查总结各地营造速生丰产林的技术经验,制定了造林六项技术措施,即适地适树、良种壮苗、细致整地、适当密植(后改为适当密度)、抚育保护、工具改革(后改为精心栽植)。多年以来推广应用六项措施的实践表明,这是提高造林质量,使林业从粗放经营转向集约经营的基本措施。提倡林木速生丰产,还促进了杉、杨、桉、泡桐、落叶松等速生用材树种和油茶、油桐、板栗等经济林木的良种选育与栽培技术的科学研究工作。在杉木人工林生长发育规律、育苗造林技术、林木经营管理、病虫害防治等方面,都有一些有价值的研究成果。其中,如适用于浅山丘陵区的"三深栽杉法"(即深垦整地、深埋栽植、深挖抚育),对提高造林成活率和促进林木速生有良好效果。

(2)飞机播种造林。为了加快绿化大面积荒山,1956 年 3 月,广东省在吴川县进行首次飞机播种造林试验,没有成功。1959 年雨季前,四川省在凉山彝族自治州东西河山上用飞机播种云南松 10.3 万亩,由于播期适当,出苗整齐,幼林生长苗壮,成效显著。这次大面积飞机播种成功,促进了多雨、高温的南方山区飞机播种造林工作。1961—1964 年,广东、广西、浙江、江西、安徽、福建、贵州等省(自治区),都积极组织飞机播种试验。有的省从 1965 年开始转入扩大试验或推广阶段,其中,四川省一年完成飞机播种 130 万亩。当年 11 月,林业部在四川省西昌县召开飞机播种造林经验交流会。次年,林业部、民航总局和贵州省林业厅联合在贵州省独山县进行 8 万亩科研性飞机播种,就播区设计、飞播高度、作业质量和生产成本等课题进行试验研究,探索最佳方案。经过几年试验,终于摸清了一些飞机播种造林的规律。1967 年以后,南方各省份飞机播种面积逐年扩大,在自然条件优越的山区出现了一片片飞机播种形成的新林。到 20 世纪 70 年代中期,郁闭成林的飞播林已达 3000 万亩,每年飞机播种造林面积在 1000 万亩以上。

（3）树木引种与良种选育。在引种国外树种方面，20 世纪 50 年代，各地对过去引进的树种进行调查研究，选出了一些优良树种，推广种植，如桉类、木麻黄、刺槐、紫穗槐、法国梧桐、池柏、加杨、雪松、柚木、非洲桃花心木、橡胶树等。50 年代中期以后，从外国引进了许多优良的杨树品种和无性系，如欧美杨系的‘意大利 214’，美洲黑杨系的‘63 号’（I-63/51）、‘69 号’（I-69/55），经过试种和推广，已成为华北平原以及长江中下游一些平原地区的重要用材树种，表现出速生高产的性能。60 年代引进多种国外松种子，在华南及华东试种。1956 年开始从阿尔巴尼亚引入油橄榄。1964 年大规模引种‘米扎’‘佛奥’‘爱桑’‘卡林’‘贝拉’等品种。从 50 年代后期开始引种和推广国内优良树种。一些速生树种，效果更为显著。例如，水杉已由鄂西狭小的自然分布区，广泛地引种推广到南方各省（自治区），而且成为平原湖区的主要造林树种。60 年代以来，泡桐也从河南、山东两省部分地区向黄淮海平原以及其他适生地区发展。杉木与竹类向自然分布区以外的引种试验和推广种植，在不少地方也取得了成效。

2. 林业调查设计科技

（1）森林资源清查。20 世纪 50 年代后期，全国范围内的摸底性森林资源调查继续进行。1964 年，林业部整理分析了各省（自治区、直辖市）的林野调查资料。各省（自治区、直辖市）林野调查总面积为 29 499 万 hm^2，其中，地面资源调查 6271 万 hm^2，占 21.3%；森林经理调查 10 690 万 hm^2，占 36.2%；航空资源调查 1312 万 hm^2，占 4.4%；航空目视调查和地面踏查 11 226 万 hm^2，占 38.1%。经汇总，全国森林总面积 8549 万 hm^2，森林总蓄积量 70.2 亿 m^3，森林覆盖率 8.9%。

（2）森林调查设计改进。50 年代，林业部门曾对主要国有林区进行森林经理调查，编制"森林施业案"或"森林经营区划"。50 年代末，林业部将全国划分为 240 片，考察其土壤、植被、现有森林面积和蓄积量，提出每片森林经营发展方向。而森林工业部门以局或场为单位做综合调查，编制总体规划。为解决实际操作中工作的重叠问题，60 年代初，林业部决定将林业部门和森林工业部门所做森林调查设计统一称"国有林调查设计"，所编制的文件统一称"林业局（场）经营利用设计"。并发布了《国有林调查设计规程》，要求根据各地区的经济条件、林区特点、森林经营利用强度和以往的调查设计情况，进行调查设计。60 年代初，林业部发布《公社林调查设计办法》，要求提出森林资源数字、图表材料和规划意见。对于重点林业县则要求参照《国有林调查设计规程》进行调查设计。从 1963 年开始，林业部直属森林调查第六大队在浙江丽水和福建政和两县，直属森林调查第九大队在湖南江华、资兴两县，直属森林综合调查队在江西宜丰县进行森林调查设计。各省份林业调查队在本省份范围内重点林业县进行森林调查设计。

（3）森林航空测量。1957 年，林业部组建的航测队划归中国民用航空管理局领导。1957 年以后，先后完成大小兴安岭边缘地区、天山、阿尔泰山、云南、甘肃、湖南、江西、广西等林区的部分地区航空摄影共计301 191.48km²，金沙江、雅砻江及其支流河道摄影 3100km。至 1964 年，全国主要林区第一轮航空摄影结束。总计完成 1:2.5 万比例尺摄影面积711 270.71km²，河道带状摄影 7805km，航空视察带状摄影 29 187km，减少了地面测量劳动，提高了工作效率，节省了人力、物力。

3. 森林保护科技

（1）森林警察与防火基础设施建设。20 世纪 50 年代后期，武装护林队改建为森林警察，到 1963 年扩编为 4500 人，成为东北、内蒙古林区森林防火、灭火的一支主力军。1964 年，林业部制定了《关于大小兴安岭林区护林防火设施建设规划方案》，经国家计划委员会批准从 1965 年开始实施。根据这一方案，在森林火险大的偏远林区，建立地面防火站 18 处，修建瞭望台 67 座，修筑防火公路 4000km。南起嫩江北至漠河，纵贯大兴安岭林区逾 700km 的嫩漠防火公路，就是这个时期修筑的。同时购置了一大批供防火灭火用的机具和无线电通信设备。此外，1961 年 1 月 29 日，中国政府与苏联政府签订了《关于护林防火联防协定》（以下简称《协定》）。规定沿两国国境线（中方东起图们江，苏方东起哈山湖，西至双方与蒙古人民共和国交界处）的各自境内纵深 50km 地区为双方联防区，各自在联防区内相对应地建立 8 处护林防火联络站。《协定》有效期为 5 年。在此期间，双方均认真履行协定，做好联防联救，中方还在边境线内侧开设了宽60~100m 的防火隔离带 2100 余 km，有效地阻隔了双方火灾的蔓延。以后因中苏关系发生变化，此《协定》名存实废。

（2）航空护林基地扩建。1966 年，林业部在黑龙江省嫩江县设立东北航空护林局，下辖嫩江、伊春、黑河、加格达奇、塔河、根河、海拉尔、敦化 8 处航空护林站，以及乌兰浩特和佳木斯 2 处季节性航空护林站。局、站职工增至 250 余人。我国于 1962 年在东北、内蒙古航空护林总站组建跳伞灭火大队，到 1964 年共有跳伞队员 308 人。1963 年春季，首次使用国产'运-5 型'飞机，载跳伞队员 6 人，在内蒙古大黑山林区火场跳伞灭火获得成功。此后，跳伞灭火在大兴安岭林区广泛展开。据统计，1965—1966年，共向偏远林区 32 处火场出动飞机 78 架（次），跳伞灭火 331 人（次）。跳伞队员单独扑灭的林火占 90%，其中，大部分是在当日扑灭的。在森林火险高的季节，跳伞灭火队员随机巡护，比接到火情报告后由基地出发更能赢得扑火有利时机。1966 年，用于航空护林的固定翼飞机增至 27 架，林业部又购买国产直-5 型直升机 7 架（由民航部门管理），投入东北、内蒙古林区航空护林，合计用于护林的飞机已达 34 架。开辟巡护航线 21 条，巡护控制面积达 2600 余万 hm^2。1960—1966 年，护林飞机共飞行 1200 小时，巡护飞机发现林火 215 起。

（3）森林害虫的生物防治。生物防治是利用自然界的有益生物或其产生的活性物质，来控制害虫。我国在生物防治技术的研究和应用上处于世界前列，主要有四种常用技术。第一，以虫治虫。以虫治虫是利用自然界的捕食性和寄生性昆虫来防治害虫。第二，以菌治虫。1958 年，福建省林业科学研究所首先开展了白僵菌治虫技术的研究。此后，全国很多省份都开展了这项技术的研究和应用。白僵菌是一种虫生真菌，生产原料丰富，工艺技术简单，价格便宜，使用方便，杀虫率可以达到 80% 以上。第三，以病毒治虫。利用害虫在自然界中感染病毒病后的虫尸，经过人工复制成病毒制剂，再喷洒于林间，造成病毒病的扩散流行，达到杀灭害虫目的。第四，以鸟治虫。利用鸟类捕捉昆虫为食的特性治虫。一只杜鹃一天可吃 300 余条松毛虫，大山雀在落叶松林中的招引率可达 70%。在林中挂鸟巢，招引鸟类定居，或人工驯化鸟类，定期在林中放飞，都能达到以鸟治虫的目的。

4. 森林采伐更新科技

（1）木材生产机械化。1958—1959 年，木材生产部门广泛开展了技术革新运动。1960 年 2 月，林业部在黑龙江省穆棱林业局召开现场会，推广该局利用新工具代替畜力集材，实现生产连续化的经验。为适应机械化生产发展的需要，1958 年在北京建立了林业机械研究所。各林业高等院校相继开展了林业机械的研究和设计工作。1959—1963 年改建和扩建了哈尔滨、牡丹江、苏州、常州、镇江、泰州等 9 个林业机械厂，建立了林业机械制造基地。1963 年，林业部提出了"林业生产机械化，机械设备国产化、标准化"的发展方针。在木材采运机械设备更新方面，1958—1965 年，木材采伐运输机械化作业范围逐步扩大，所用机械设备不断更新，除继续从苏联等国进口外，国内已开始仿制、研制。这一时期，机械化作业技术水平不断提高。50年代后期，石家庄动力机械厂和哈尔滨林业机械厂都仿制苏联 KII-4 型 28t 蒸汽机车，两厂于 1959 年同时成批生产。1960 年，常州内燃机厂和石家庄动力机械厂先后生产 60kW 和 90kW 柴油内燃机车，于1964 年开始投入森铁支、岔钱的调车作业。至此，森铁所需蒸汽、内燃机车已基本实现国产化。1965 年和 1955 年相比，蒸汽机车由 241 台增至 439台，增加 82%，其中，28t 机车由 87 台增至 290 台，增加 2.3 倍；内燃机车由 36 台增至 166 台，增加 3.6 倍。

（2）木材采运技术规范化。为了保证木材采运作业质量，提高劳动生产率和安全生产，林业部借鉴苏联等国家的经验，结合我国实际情况制定了一系列规程、条例，使木材采运技术规范化。1958 年，林业部对 1953年颁布的《木材规格》和《木材检尺办法》进行修订，并颁布《直接使用原木》《加工用原木》《原木检验规则》等国家标准。1959 年又颁布国家标准《木材缺陷》。1960—1965 年，根据不同行业对木材使用的要求，相继制定了专用材标准 13 项。1959 年和 1961 年，林业部制定了《森林铁路线路工程及验收暂行技术规范》和《森林窄轨铁路设计技术规程》，以后又几经修订，使森林铁路的设计、施工、验收等都有章可循。在采运机械设备管理方面，1961 年前后颁布了《东北、内蒙古地区木材采运机械设备管理试行办法》和《森林工业采运机械设备利用年限与报废规定》。

5. 木材加工科技

（1）制材机械化。1958 年，总结"一五计划"期间黑龙江省佳木斯制材厂改造和四川省重庆茄子溪制材厂建厂的经验，结合原料供应和锯材生产的实际情况，做了制材厂的定型设计。按此定型设计，制材厂分为 5 万 m³、10 万 m³ 和 20 万 m³ 三种规模。60 年代着手锯机改进。当时老制材厂所使用的带锯机已陈旧。50 年代新建制材厂使用的带锯机是仿照日本 40 年代锯机制造的，技术也很落后，机械化程度很低，手工操作的比重很大。为了解决这个问题，1964 年从日本、英国引进几台跑车带锯机，其上原木、翻原木和摇尺都是机械作业。一台旧式跑车大带锯需用操作工和辅助工11~13 人，新式跑车大带锯减少至 2~3 人。这种新式带锯机比较适用，在国内推广很快。

（2）人造板生产技术。1956 年冬季，林业部派专家考察团到瑞典、挪威、芬兰三国考察木材综合利用情况。考察团建议利用木材采伐和木材加工的剩余物发展人造板生产，并从瑞典引进纤维板设备。1957 年 8 月，国家经济委员会提出大力发展人造板工业的意见。同年，决定从瑞典引进成套纤维板设备。1958 年，林业部强调发展木材综合利用，并明确以发展人造板为主，人造板中以纤维板为主的方针。1965 年 12 月，在南京召开的木材综合利用技术会议强调建立样板厂，提高人造板的生产技术水平。并决定在上海市建设三个项目，即上海人造板厂的干法硬质纤维板车间和建设人造板厂的软质纤维板车间及扬子木材厂的塑料贴面板车间。另外，在上海市改造一个项目，即上海木材一厂湿法硬质纤维板车间。在北京市建设一个项目，即北京光华木材厂塑料贴面板车间；改造两个项目，即北京市木材厂胶合板车间和刨花板车间。

6. 林产化学加工科技

（1）松香生产技术提高。林业部在试验研究和总结生产经验的基础上，于 1963 年制定了《松脂采集规程》。规定采割松脂的松树胸径须在 20cm 以上，采脂的负荷率按采脂利用的年限确定，10 年以上要小于 40%，6～9年为 40%～60%，3～5 年为 60%～70%，1～2 年可达到 70%～80%。采脂采用有中沟的鱼骨形下降式，长期采脂的割面由离地 2m 处开始，逐步往下采割。这样，松脂生产逐步走向规范化。1958 年以后，由于工业发展，松香的需要量增加，化学采脂开始受到重视。中国林业科学研究院林产化学工业研究所和四川、贵州、浙江等省林业科学研究所相继开展研究。为了选择最佳化学刺激剂，曾试用食盐、碱、硫酸、氯化钙、漂白粉等溶液，同时还对硫酸软膏的配制做了研究。1965 年，林业部组织林产工业设计院、林产化学工业研究所在广西梧州松脂厂进行松脂加工连续化工艺和设备的研究。1966 年，完成了松脂蒸馏的连续化。

（2）栲胶加工技术提高。50 年代初期以来，栲胶生产加工一直是以木桶常压浸提，此法只适于易浸提的原料，且木桶使用寿命短；干燥多用烘箱，产品为块状，使用时不易溶解。1960 年，从德意志民主共和国引进成套设备，建立牙克石栲胶厂。该厂采用金属浸提设备和喷雾干燥，效果较好。此后，借鉴牙克石栲胶厂技术，对全国栲胶厂进行技术改造。为了促进栲胶质量的稳定与提高，1963 年 8 月，林业部制定了橡椀栲胶和落叶松树皮栲胶标准（LY202—63，LY203—63），并统一了栲胶分析方法（LY201—63）。

（3）木材热解工业技术。在木材干馏厂建设方面，为了供应工业所需木焦油和醋酸等化工产品，1956 年林业部决定在黑龙江省铁力建立木材干馏厂，从波兰引进技术，规模为年处理木材 11 万层积立方米。1958 年，安徽省林业厅在芜湖市建立木材干馏厂，由中国林业科学研究院设计，规模为年处理枝桠材 3 万层积立方米。由于耐酸设备采用陶瓷制品，质量不过关，又因原料供应问题，结果此厂转为以甲醇为原料生产甲醛。在活性炭生产方面，据农林部 1975 年调查，全国共有活性炭厂（车间）100 多个，分布在 22 个省份，生产能力 15 200t/年，年产量为 9600t，其中，木质活性炭 8300t，占 86.5%，煤质活性炭 1300t，占 13.5%。1960 年，山西省新华活性炭厂从苏联引进的斯列普炉投入生产。同年，上海市活性炭厂将化学法生产活性炭的平板炉改为回转式内热连续炭化活化炉。1965 年，该厂又与林产化学工业研究所共同研究建立叠杯式连续活化炉。1966 年，黑龙江省铁力木材干馏厂建成短形管式炉和回转活化炉。这些成果为我国活性炭生产机械化创造了条件。

三、"文化大革命"期间（1967—1976 年）

1966 年爆发了"文化大革命"，中国国民经济遭到巨大损失。这一时期，中国林业随着全国形势的变化而曲折发展。一方面，部分林业科技的连续性研究被破坏，如木材生产机械化停滞不前，松脂加工连续化研究及栲胶加工技术的研究被迫中止。另一方面，森林生态研究取得初步成果，航空技术的进步促进了森林培育、林业调查设计、森林保护等林业科技的进一步发展。

（一）基础林业科学技术

（1）发现中国特产的稀有珍稀树种。1975 年，在云南省西双版纳林区发现我国最大的阔叶乔木望天树（*Parashorea chinensis* Wang Hsie）；翌年，在广西龙州、都安、巴马又发现其变种擎天树（*P. chinensis* var. *kwangsiensis* Lin Chi）。望天树生长于云南、广西南部海拔 700～1100m 的热带季雨林中，属于国家一级重点保护植物。

（2）森林生态研究进一步发展。20 世纪 70 年代开始，中国林业科学研究院分别对华北地区油松生态学和黄淮海平原及长江中游平原地区土壤条件与林木生长的关系做了较为系统的研究，关于 10 种杨树苗木蒸腾速率与光合速率的比值和 5 种杨树无性系的冬季水分状况等研究，以及核桃、油橄榄、泡桐、梭梭及干旱地区造林树种生态学研究，都取得了初步成果。

（二）森林培育科学技术

林木速生丰产与造林六项技术措施得到大面积推广。20 世纪 70 年代初，由于推广兰考经验以及大规模农田基本建设的开展，在华北、中原地区掀起了一个农桐间作的高潮。1973 年以后，一个由中国林业科学研究院主持的全国性泡桐科技协作网迅速形成，进行了良种选育、生长规律、栽培技术、农桐间作、病虫害防治、加工利用等方面的试验研究，取得了不少成果，对科学种桐和农桐间作的大面积推广起了积极作用。

平原绿化历经曲折向更高水平发展。"文化大革命"前期，平原绿化受到了挫折。1970 年 8 月，在周恩来总理领导下，国务院召开北方地区农业会议，推动各地大力开展农田基本建设，"四旁"植树又有起色。河南省博爱县、陕西省夏县、山东省兖州县等在农田基本建设中，实行路、田、渠、林统一规划，营造方田林网，成为平原绿化与农田基本建设相结合的典型经验，其在农林部的推动下向各省（自治区、直辖市）得以推广。与此同时，各地科研单位结合平原绿化建设，对防护林的规划设计、营造技术、病虫害防治、效益观测等方面，进行了大量的调查研究和定位试验观测工作，取得了一批成果，为防护林的设计与建设提供了科学依据。如新疆"窄林带，小网格，通风结构，沿渠路设置"的防护林模式，为其重要研究成果。

飞机播种造林南方规模扩大，北方打开局面。1967 年以后，南方各省份飞机播种面积逐年扩大，在自然条件优越的山区出现了一片片飞机播种形成的新林。到 70 年代中期，郁闭成林的飞播林已达 3000 万亩；每年播种的造林面积在 1000 万亩以上。在北方，1974 年，河北省在隆化等县干旱瘠薄的石质山地飞机播种油松获得成功，为北方山区飞机播种造林打开局面。1976 年，陕西省在延安地区的黄土高原造林工程上实现飞机播种，成果显著。

营林机械得以推广。20 世纪 70 年代以来，超低容量喷雾机和林业专用喷头的研制成功，使静电喷雾开始用于林业，飞机喷药防治病虫害面积逐渐扩大。1974 年，摆线针齿行星传动的手提穴状整地机研制成功，便携式造林整地机械进一步发展。70 年代中期制成人工降雨机，在国内 20 多个省（自治区）推广使用。1976 年，中国林业科学研究院林业机械研究所研制成功 ZC-1.25 型苗圃筑床机，效率达每小时 6.5 亩，相当于 250 个人的手工劳动量。1976 年试制成并投产 2B-5 型挖坑机，各项指标接近国外同期水平。

（三）林业调查设计科学技术

森林资源清查取得显著成果。继 20 世纪 60 年代全国林野调查以后，1973—1976 年进行了森林资源清查（"四五"清查）。该清查以县、旗、林业局为单位进行，采用抽样调查为主、小班调查为辅的方法；调查对象包括 3 亩以上的片林、疏林、符合经营目的的灌木林、"四旁"树、散生木以及大部分适于发展乔木林的宜林地。清查结果基本上反映了我国森林资源全貌。1977 年，林业部汇总了清查资料，描述了我国森林资源概况：全国林业用地中，林地面积 12 186 万 hm^2，占 47.4%，疏林地 1563 万 hm^2，占 6.1%，灌木林 2957 万 hm^2，占 11.5%；总结了我国森林资源量少、分布不均、防护林体系不完整、后备基地建设速度慢四个主要特征。

森林航空测量和电子计算机的发展，促使森林调查设计获得进一步改进。一方面，我国森林调查的分层抽样调查方法有了森林航空测量技术的支持，70 年代以后普遍应用地面与航空相结合的分层双重抽样调查方法。另一方面，测树用表编制工作在电子计算机发展的支持下取得了新进展，1971 年黑龙江省森林资源管理局应用'DJS-121 型'电子计算机完成了林木生长率分析与数量化林分蓄积量表，并利用中国科学院数学研究所'DJS-121型'电子计算机编制了全国二元立木材积表。

（四）森林保护科学技术

（1）航空护林和森林防火灭火工作得到发展和提高。1973 年，航空化学灭火被列为国家重点科研项目。东北航空护林局、黑龙江省森林保护研究所与民航部门协作，对运-5 型飞机的贮药、喷药以及地面加药等装置进行了研制和改装，并进行了一系列喷洒灭火试验。1976 年以后还对一些火场试行航空化学灭火。

（2）森林害虫的生物防治得以开展。在以虫治虫方面：20 世纪 70 年代以后，我国主要研究了寄生性天敌昆虫的治虫技术，其中以赤眼蜂治虫技术的研究和应用最为广泛。在以菌治虫方面：1970 年，全国各地普遍开展土法生产白僵菌用于治虫工作；同时，苏云金杆菌、青虫菌、杀螟杆菌、松毛虫杆菌等细菌治虫技术的研究也陆续开展。在以病毒治虫方面：1972 年，我国开展了病毒资源调查和毒力、毒效试验。在以鸟治虫方面：70 年代初，辽宁省阜新蒙古族自治县周家店林场通过悬挂人工鸟巢使林中鸟类增加 70 余种，从而控制了松毛虫的危害，山东省日照县、安徽省定远县和北京市密云水库通过人工驯化鸟类有效减少了虫害。

（3）野生动物资源被破坏，珍稀野生动物发现及野生动物饲养业有进一步发展。"文化大革命"期间，各地大量森林受到乱砍滥伐，破坏了野生动物栖息的环境，乱捕滥猎野生动物的情况也很严重，破坏了野生动物资源。然而，在珍稀野生动物的发现和养鹿业为代表的野生动物饲养业有了进一步发展。70 年代，林业部专门召开了重点省（自治区）珍稀野生动物保护与调查座谈会，并在重点省（自治区）开展了珍稀动物和候鸟资源的调查。先后发现四川梅花鹿、广西白头叶猴、云南黑鹿、西藏斑羚等新种或亚种。野生动物饲养业有了进一步发展，其中，以养鹿业发展为最快，先后建立起百余处养鹿场，鹿的存栏数最高年份达30万~40万头。

（五）木材加工科学技术

该时期木材加工科学技术的研究推广进展主要体现在人造板生产技术的发展。第一，纤维板工业持续发展，上海建设人造板厂软质纤维板车间和上海人造板厂硬质纤维板车间与1971年建成投产；纤维板制造工艺设备在1976年技术得到新突破，76型纤维板得到定型，年产量达4000 ~ 5000m^3。第二，塑料贴面板样板厂建设取得进展，上海扬子木材厂塑料贴面板车间于1971年建成，有效提升了生产效率和产品质量。

（六）林产化学加工科学技术

（1）松香生产技术继续提高。主要体现在化学采脂的试验研究未中断，1973年，亚硝酸盐造纸废液作为化学采脂刺激剂的最优性能被长期试验所发现并验证；1975年，广东省林业科学研究所利用乙烯利对马尾松进行化学采脂试验，使化学采脂比常法采脂产量提高了30%~200%。

（2）林区造纸工业持续发展。20世纪70年代，为减少纸浆进口，国务院提出利用林区木材剩余物建设一批纸浆厂。前期由于污染问题难以解决，纸浆厂建设停滞。直至1974年吉林省松江河林业局等五处碱回收和污水处理试验取得成功，并于1976年通过小型纸浆厂适用性鉴定，林区纸浆厂得以继续发展。

四、改革开放四十年（1978—2018年）

1977年举行的中国共产党第十一次全国代表大会宣告"文化大革命"结束，重申在20世纪内把中国建设成社会主义现代化强国。1978年以来，林业发展迅速。绿化祖国被确定为基本国策，1984年颁布的《中华人民共和国森林法》（以下简称《森林法》）规定每年3月12日为全国植树节，植树造林、经营林业成为全面事业。此后，全国范围内逐渐形成了以建设"一个基地""五大防护林体系"为重点，积极发展经济林、薪炭林和特用林，大力开展全面义务植树和部门造林的格局。森林利用由"重采轻造"转向"永续利用"，不断革新工艺，重视森林更新和抚育。改革开放四十年来，我国林业科学技术得到了前所未有的发展。

（一）基础林业科学技术

（1）树木学研究全面发展。林学家郑万钧在树木学上做了大量研究，在 20 世纪 80 年代前后，先后命名、发表树木新种 100 余个和 3 个新属。1978 年，郑万钧编著《中国植物志》第 7 卷（裸子植物门）由科学出版社出版；《中国树木志》第 1 卷、第 2 卷分别于 1983、1985 年由中国林业出版社出版。吴中伦等编著《华北树木志》由中国林业出版社于 1984 年出版。周以良等编著《黑龙江树木志》，魏士贤主编《山东树木志》，徐永椿主编《云南树木志（上卷）》，刘业经等著《台湾树木志》。80 年代林业部组织编写《中国森林》，介绍了中国森林状况，分全国本和分省本两个部分。80 年代以来，林学界在总结科学研究成果与群众实践经验的基础上，陆续编写了一批单个重要树种的专著，如南京林产工业学院竹类研究室编著《竹林培育》（1974 年）、中国林业科学研究院林业土壤研究所编著《红松林》（1980年）、吴中伦主编《杉木》（1984 年）、徐纬英主编《杨树》（1988 年）、庄瑞林主编《中国油茶》（1988 年）、祁述雄主编《中国桉树》（1989 年）、蒋建平主编《泡桐栽培学》（1990 年）。

（2）树木生理生化研究全面启动。20 世纪 70 年代后期，中国林业科学研究院 3 个营林研究所和一些省级林业科学研究所已设立树木生理生化研究室或实验室，全国 10 多所高等林业院校都设有树木生理生化教研室、实验室或分析中心。研究内容上，初期主要集中在激素应用、水分生理、营养生理等几个领域，后来逐步发展到光合作用、代谢生理、种子生理、环境生理、生长发育、组织培养、实验技术等方面。期间，研究成果较为丰硕，包括杨树丰产生理基础、树木解剖生理、赤霉素和同位素的应用，以及抗性生理、代谢生理、生理活性物质等方面的研究成果，部分应用于生产。

（3）森林土壤学研究逐步启动。20 世纪 80 年代以来，中国林学会和中国土壤学会召开了三次全国性森林土壤学术讨论会，并将会议论文选编出版了《森林与土壤》三册，推动了森林土壤学研究的发展。罗汝英《森林土壤学（问题和方法）》（1983 年），对森林土壤分类和生产力评价、森林生态系统中矿质营养元素和水分循环、土壤诊断、试验设计与数据处理、根—土关系的研究做了系统论述。中国林业科学研究院林业研究所主编的《中国森林土壤》（1986 年）一书，内容包括中国各大林区森林土壤类型、分布及其基本性质，森林土壤分区，森林与土壤的相互关系等。改革开放到 20 世纪末，我国森林土壤学工作者着重研究森林土壤的基本特性，探索提高森林土壤生产力的措施。

（4）森林生态系统功能定位监测的长期建设与发展。改革开放至 80 年代末，林业研究机构与林业高等院校通过对我国多种森林类型的观测研究，证实森林生态系统比其他陆地生态系统具有较高的物种多样性、层次结构复杂性、生物量和生产力稳定性，并不同程度地具有较高的水源涵养、水土保持与改良土壤、改善小气候等生态效益。研究结果表明：在黄土高原森林覆盖率达 30% 的流域，较无林地流域减少河流泥沙量 60%；岷江上游原始森林的采伐，导致河流年平均含沙量增加 1～3 倍。1990 年起，全国性强大的各类型生态系统定位观测研究站网逐步建立，森林长期观测资料和数据形成。其后，2003 年 8 月发布实施《森林生态系统定位观测指标体系》；2005 年 8 月发布实施《森林生态系统定位研究站建设技术要求》，应用于全国近 30 个森林生态站的建设中。

21 世纪以来，森林生态学成为全面研究森林生态系统的一门科学。随着全球对生态环境关注度的日益提升，森林生态学研究得到迅速发展，在森林生态多个领域建立了深入的研究体系。①个体、种群的分子生态学的发展。2000 年以来，PAPD 分析等先进的分标记技术已成为我国开展分子生态学研究的主要手段并迅速普及。其后，我国对极濒危的一些树种进行了分子生物学的研究。②在森林群落分类与群落结构研究的基础上进行森林生物多样性与林隙动态研究。林隙动态研究作为 2000 年以后生态研究开展的新领域，其以森林的格局与过程理论及森林循环动态理论为基础，已成为森林动态建模的主要方法和当代森林生态学研究中的重要方向。其后，我国森林生物多样性研究方面向纵深发展，研究重点在生物多样性编目、监测与信息系统的建立与完善。③从森林生态系统养分循环到森林退化与森林恢复的研究。森林生态系统养分循环包括生物循环与生物地球化学大循环。该领域的研究是生态系统研究最重要的一个方面，国外在 20 世纪 70 年代就已大力开展，我国也在 80 年代以来陆续建立生态定位站进行研究，取得了不少成果。它不仅在维持森林生态系统稳定性与生产力等的理论上提供了有力支持，而且为森林经营生产实践提供了科学依据。随着对杉木、落叶松等人工林的地力衰退的研究以及多类天然林的破坏导致群落退化，从而对森林生态系统恢复的研究得到普遍的重视，发展到 21 世纪，对恢复机能与有效的恢复途径的研究进一步深入开展。

（二）森林培育科学技术

1. 种苗生产、树木改良工作与林木遗传育种

由于许多林木种苗生产与管理机构在"文化大革命"中遭受破坏和损失，使种苗产量少、质量低，不能适应造林的需要，因此，从 1978 年开始，农林部恢复了林木种子公司等组织机构，召开了一系列种苗工作会议，总结交流经验，研究制定了《林木种子经营管理试行办法》《林木种子发展规划》《林木种子检验方法》《林木种子等级标准》《林木种子采集与加工技术规程》《国营苗圃经营管理办法》等重要文件，明确规定了种苗生产的主要任务、经营管理制度和技术要求。同时，采取相应的措施，推动了各地提高种苗经营管理水平，并将种苗工作重点逐步转向良种的繁育与推广，建立良种繁育推广体系，加强母树林、采穗圃、种子园的建设，实行以选为主，选、育、引、繁相结合，积极开展我国林木良种化工作。

随着中央与各地林业科研、教育机构的恢复和加强，推动树木改良的科研工作同样得到新发展。首先，种源研究取得重要进展。由中国林业科学研究院主持，有 14 个省份参加的全国杉木种源试验，系统地揭示了杉木的地理变异，确认杉木有一个生产力较高和适应性较广的种源区，并为各杉木造林区选定了一批优良种源。其次，进一步引入新树种。在改革开放政策的指引下，为充分利用外国树种资源为我国林业建设服务，引种工作进一步展开。20 世纪 80 年代加强了与各国的树种交换，对于桉树等重要造林树种，还在清查过去成果的基础上，提出了新的引种名录，并选派科技人员到原产地考察，使引种工作有计划地向更高的阶段发展。再次，杉、松的良种繁育。70 年代后期以来，林业科研、教育部门，积极参与良种繁育体系的研究和建设，如南京林业大学与中国林业科学研究院共同主持的"全国杉马尾松种子园营建技术研究"的课题协作组，全面系统地进行了优树选择的方法和标准、子代测定、1～2 代种子园营建技术等方面的研究，选出了一批优树和优良无性系，为杉、松的良种化做出了新贡献。此外，容器育苗等新技术的研究和应用也在 80 年代前后取得了新成果，如松针叶束嫁接技术、油茶芽苗嫁接技术、泡桐壮苗速培技术、组织培养技术的试验成功与应用等。进入 90 年代以后，苗木培育更加重视技术含量，且苗木质量评价从单纯形态指标评价基础上，建立了生理指标和形态指标结合的综合性评价体系。

进入 21 世纪，林木遗传育种研究成为热门。在林木基因组研究方面，到 2017 年，林木基因组研究已经完成胡杨、簸箕柳、毛竹、白桦等树种的

全基因组测序。林木性状调控机制研究方面，对木材等重要性状形成分子基础解析取得了重要突破。林木分子技术的发展方面，创建了林木染色质免疫共沉淀技术、木质部原生质体转化系统，可以解析基因调控关系。林木分子育种方面，构建了杨树、柳树、白桦等树种的高密度遗传图谱，对生长、材性抗逆、养分和光能利用等重要性状进行了精确定位。

2. 用材林基地建设与速生丰产技术

1978 年以来，面对森林资源危机日益严重的情况，国家不断加强用材林基地建设，强调依靠科学技术，集约经营，逐年扩大速生丰产林营造面积。1978 年，中国农林科学院《中国树木志》编委会组织全国 27 个省份的林业科研、教育、生产部门 200 多个单位的科技人员，编写了《中国主要树种造林技术》并出版。作为一部比较全面系统介绍速生树种和珍贵造林树种及其抚育技术的著作，该书为提高我国造林技术水平起了积极作用。

改革开放前 10 年，"工程造林"基地建设同林木速生丰产技术、森林抚育技术研究同步推进。1980 年，林业部指导各地营造速生丰产林，并在 20 个省份进行了造林试点。在速生丰产林基地建设的探索中，全国普遍推行了按工程项目管理办法，推行"工程造林"，并通过试点经验初步拟定了中国主要用材树种的产材标准。1988 年林业部制定的《建设一亿亩速生丰产商品用材林基地规划》经国家批准实施，以此为节点，国家通过推行"工程造林"完成了用材林基地的试点和初步建设。在科学技术研究方面，通过与用材林基地建设紧密结合，林木速生丰产的科研工作也有很大进展。1978 年"林木速生丰产技术的研究"被全国科学大会确定为全国科学技术研究重点项目之一。期间，包括对杉木、杨树、泡桐、桉树和竹类等主要速生树种的造林技术的研究，均取得了较系统的研究成果，并逐步在生产中推广使用。森林抚育技术进一步发展，主要成果集中在林分密度和林木生长的关系方面的研究。其中，吉林省林业科学研究所编制了吉林省中部和东部地区落叶松人工林和杨桦等天然次生林的林分密度控制图；中国林业科学院林业研究所编制了杉木实生林和插条林的林分密度管理图。其对提高森林生产力，发展森林抚育间伐技术有重要意义。

2000 年以后，我国开展了两个用材林基地建设重点工程，分别为重点地区速生丰产用材林基地建设工程(2002—2015 年)和全国木材战略储备生产基地建设工程(2013—2020 年)。构建了落叶松遗传改良、良种繁育及定向培育一体化的技术支撑体系，分区提出了落叶松纸浆材速生丰产培育配套技术，提出了大中径材空间结构优化的优质干形培育配套技术。创建了良种与良法配套同步推广应用新模式，实现了杨树主栽区良种普遍升级换代。构建了竹资源高效培育关键技术体系，创新了经济和生态效益兼顾的林地耕作制度、配置模式和高抗性经营模式等竹林生态经营技术。同时，突破了马尾松纸浆材和建筑材林的培育技术体系。

3. 防护林体系建设

防护林建设一直是我国生态建设的重点，如三北防护林、长江中上游地区防护林、平原农区防护林等，也是我国科技攻关和推广示范的重点。防护林类型包括防风固沙林、水土保持林、水源涵养林、海岸防护林及农田防护林等。

1978—2007年，防护林的研究主要集中在对各种防护林类型的树种品种的选择、营建技术、林分结构、更新、农林复合经营及生态经济效益等方面，并取得了显著成果，为我国防护林的成功营建发挥了重要作用。随着人工纯林病虫害日渐严重、地力衰退加剧等人工林稳定性问题的出现，混交造林日益受到重视。特别是进入90年代以后，国家自然科学基金重点资助研究混交林树种间相互作用机理，使混交林研究达到了一个新的高度，从简单的混交组合筛选及混交技术研究，开始向树种间相互作用机理的探索，从营造纯林为主向营造以提高人工林稳定性、保护生物多样性为主要目的的混交林发展，体现出我国森林培育向定向、高效、集约化迈进。

2008年以来，防护林培育理论与技术的进展主要集中在基于微地形分类的植被精准构建及配置技术、防护林衰退机制及改造模式、退耕还林技术及模式、碳汇林碳计量方法学及营造技术等方面。中国科学院沈阳应用生态研究所朱教君研究员等在北方防护林经营理论、技术与应用方面取得突破，形成了以高效持续发挥防护效能为目标的防护林经营理论和技术体系。北京林业大学朱清科教授在黄土高原微地形划分及基于微地形立地精准开展植被配置及恢复技术上取得积极进展。

4. 经济林培育研究：从个体水平向细胞水平深入

1978年以后，随着改革开放和商品生产的发展，经济林生产逐步得到全面发展。各地积极发展干鲜果品、木本油料与开发野生食用植物资源；并由单纯生产原料开始向生产、加工、销售一体化的方向发展，不仅扩大了经济林生产领域，而且推广应用先进技术，使主要产品的产量稳步上升。

"六五"期间，全国主要经济林产品油茶、核桃、红枣、板栗、生漆、八角、棕片等，产量都超过历史最高水平。1986年年初，林业部发出《关于调整林业结构大力发展经济林的通知》，明确规定经济林发展的主要方向是抓好名、特、优商品基地建设，实行集约化经营，产、供、销、加工统一经营。1987 年，林业部又编制了《1988—2000 年全国名特优商品生产基地建设规划》，确定在全国重点建设 500 个基地县，发展经济效益高、市场需求量大的名、特、优林果生产，南方以木本油料为主，北方以干鲜果品为主。为加快基地建设，国家与各省还安排了专项贷款，同时，加强了科学研究和技术推广工作，从而促进了经济林的全面发展。

改革开放到 90 年代末，油茶低产林的更新改造、果树的发展和野生林果的开发利用是该期间发展经济林的三个重要发展成果。其一，油茶低产林更新改造 80 年代启动，90 年代开始全面发展。1984 年，世界粮食计划署无偿援助中国油茶低产林更新改造，通过更新改造，开始改变经营落后状况，为推动各地提高油茶经营水平取得了经验；1990 年，油茶低产林改造项目纳入了国家农业综合开发计划，通过推广先进技术增强了农业开发后劲；随后，林业部制定了《油茶低产林改造项目技术管理办法（试行）》，通过各油茶主要产区因地制宜地组装配套，首先创造区域性的高产稳产样板，然后以点带面，推动油茶低产林的改造工作全面开展。其二，果树生产从 70 年代末开始蓬勃发展，不少地区把发展果品作为振兴经济的突破口，积极推广先进科学技术，使主要干鲜果品的产量逐年上升。发展到 1985 年，全国水果总产量已达到 1193 万 t，比 1978 年增长 77.2%。其三，野生林果从 70 年代后期开始，逐步开发利用。沙棘加工产业从 1984 年开始发展，兴起了沙棘饮料、露酒、汽酒、果酱、油脂、药品等加工热潮，而以往沙棘林的作用主要是保持水土和提供薪柴；此外，中国猕猴桃种类占全世界猕猴桃种类的 96.4%，1978 年中国开始研发猕猴桃栽培和加工技术，充分利用了中国猕猴桃的种质资源优势。

进入 21 世纪以来，经济林培育已在栽培管理、品种选育等方面发生了深刻变化，研究工作从个体水平向细胞和分子水平，从数量性状和质量性状上，都为经济林木遗传改良提供了有效的保障。

5. 从薪炭林到能源林的营造

改革开放初期，能源林主要以薪炭林为主。改革开放以前，薪炭林的发展十分缓慢，其科学研究基本上处于空白状态。1980—1981 年，国家农委与林业部组织了全国薪炭林资源区划，初步摸清了各地薪材资源基本情况。1981 年中共中央、国务院颁布的《关于保护森林发展林业若干问题的决定》指出："在烧柴困难的地方，要把发展薪炭林作为植树造林的首要任务。"同时，建立了全国薪炭林发展统计制度。1982 年，又将薪炭林列入"六五"国家农村能源发展计划（指导性的），贯彻"因地制宜，多能互补，综合利用，讲求效益"的农村能源建设方针，以及农村能源立足当地、自建为主、民办公助的政策。从此，薪炭林建设纳入了国家计划，加快了发展步伐。从 1985 年开始，国家每年拨出经费，在 21 个省份的 43 个县开展薪炭林营造的试点工作，通过建立示范林，推广适用技术，总结交流经验，推动了各地薪炭林的发展。为解决薪炭林发展中的关键性技术问题，自 1984 年开始，国家把薪炭林研究作为重点科技专题安排。"七五"期间又列入国家重点科技攻关项目，该项研究覆盖面大，包括中国主要自然类型区，具有广泛的代表性和适用性。研究工作从生产实际出发，把现代科技与传统经验结合起来，并于技术推广紧密结合，通过 1.7 万亩试验林的示范，已在全国各省份辐射推广 80 余万亩，投入与产出之比，一般为 1.3~5，取得了明显的综合效益。

进入 21 世纪，面对化石能源短缺以及利用化石能源而产生的环境问题，我国十分重视能源林树种选育及高产培育技术研究，并把开发可再生能源作为国家战略。《全国林业生物质能发展规划（2011—2020 年）》的出台，推动了能源林基地建设进入多目标发展时期。目前，我国各地通过培育能源林、发展林业生物质能源产业，初步确立了原料林基地建设—生物质能源产品生产—林源高值化产品生产的"林能一体化"多联产产业链体系。截至 2012 年 12 月，我国已建立并在国家备案了 13 个原料基地，规划面积共计 0.37 万 km^2，造林面积达 0.14 万 km^2。且在几类重要能源树种的良种选育、苗木生产、高效培育等方面取得积极进展。

（三）林业调查设计科学技术

在森林资源调查监测技术方面。20 世纪 70 年代引入了森林资源连续清查系统，建立了国家、地方森林资源监测体系。80 年代以后开始加强了一些新技术的应用，如遥感（RS）、地理信息系统（GIS）、全球定位系统（GPS）的应用等。21 世纪初开始筹划建立我国森林资源及生态综合监测体系。在调查分析仪器方面，引进了一些国外先进的野外调查仪器和室内分析系统。

在森林资源信息管理系统方面。从 20 世纪 80 年代开始，我国林业调查设计部门逐步推广使用电子计算机。林业部林业调查规划设计院与电子工业部第 15 研究所于 1982 年建成我国森林资源数据库系统。1983 年以后，我国林业调查规划系统普遍使用电子计算机技术。1983—1985 年，林业调查设计部门研制了森林调查统计分析与资源管理方面的软件，如"森林资源连续清查数据处理软件""森林资源数据处理系统""一、二类调查资源数据处理系统"等。从 1985 年开始，为实现数据采集自动化及数据通信与数据共享，开展了野外数据采集电算化及计算机通信技术的研究。1987年，在全国各省份建立了森林资源数据库。前期的信息化管理的探索，使我国森林资源调查数据处理技术大为提高，为今后建立森林资源信息管理系统打下了基础。近几年，随着计算机和信息技术的发展，我国研制了很多森林资源信息管理系统，比较有代表性的有北京林业大学董乃钧主持完成的"森林资源经营管理系统"，中国林业科学研究院鞠洪波主持研制的"广西国营林场资源经营管理辅助决策信息系统"，中国林业科学研究院唐守正院士主持研制的"林业局(场)森林资源现代化经营管理的理论、方法和技术系统"等。实现了图面数据和属性数据的一体化管理和同步更新。森林资源管理信息管理系统，已广泛应用于各级林业部门的日常工作中。

(四)森林保护科学技术

1. 森林防火综合模式

进入 20 世纪 80 年代，我国森林防火事业经过多年停滞后得到迅速发展。特别是 1987 年春季大兴安岭林区发生特大森林火灾之后，森林防火引起从中央到地方各级政府的高度重视，以及全社会的关注和支持。为了强化森林防火的统一指挥，1987 年 7 月，成立了中央森林防火总指挥部，在林业部下设办公室，并成立了地方各级森林防火指挥部和办事机构。1988年 1 月，国务院发布《森林防火条例》，规定在全国实行森林防火工作各级政府行政首长负责制度；主要林区的各级森林防火指挥部，在总结过去森林火灾的规律、特点的基础上，普遍制定了森林火灾扑救办法。2008 年，国务院对 1988 年施行的《森林防火条例》进行了修改，进一步强化地方人民政府行政首长负责制，完善联防制度，进一步明确森林防火指挥机构、林业主管部门和其他有关部门在森林防火工作中的职责，增加森林防火规划和森林火灾应急预案的编制要求。

改革开放四十多年来，通过吸收国外先进林火管理思想和科学技术，结合我国实际提出了综合森林防火模式，在林火预防、林火监测和扑救等方面取得了很大进步。其一，建立了适合当地的林火预报方法，并由简单的火险天气预报发展为多指标综合的森林火险等级预报方法，如综合指标法、双指标法、火险尺法、福建省火险预报方法、广东省森林火险预测方法。其二，多种卫星资源包括 NOAA、EOS、FY 等在林火监测上得到应用，卫星热点判别技术也得到不断改进。其三，多种新型灭火工具得到应用和改进，灭火方法和技术不断创新，水灭火技术得到迅速发展。林火对森林生态系统影响方面的研究取得一定的进展，计划烧除技术在一定范围内得到应用，防火林带技术得到广泛应用，深入开展了森林抗火性、火后植被恢复、林火与全球变化和对碳循环的影响等方面的研究。

2. 从森林病虫害综合防治到森林病理研究

20 世纪 80 年代，森林病害防控理念以综合治理为主。首先，开展了全国森林病虫害普查。1979—1983 年在全国(除西藏地区)范围内开展了森林病虫害普查。其次，通过森林植物检疫，达到控制和防止危险性的病虫害威胁到森林资源的目的。再次，1981 年开展了较大规模的综合防治松毛虫和杨树天牛的试点工作。经过 5 年的综合治理，基本上扭转了受害林区松毛虫和天牛年年大发生的局面，在经济、生态、社会效益等方面都取得了明显效果。

20 世纪末以来，森林病害防控理念更加注重可持续治理与生态调控，并强调森林健康、依法监管。针对森林生态系统的特点，提出了林业有害生物生态调控理念，强调通过调控森林生态环境实现森林生态系统高生产力、高生态效益以及可持续控制林业有害生物和保持生态系统平衡的目标。在森林病理学基础研究方面，其研究重点转为基因层面的微观研究，同时继续深入发展森林昆虫分类学和森林害虫的生物学和生态学研究。

3. 自然保护区建设加快

进入 20 世纪 80 年代，我国自然保护区建设步伐加快。1983 年 8 月在乌鲁木齐召开了全国林业系统自然保护区工作会议，讨论通过了《自然保护区区划方案》。这个方案是在 26 个省份报告的基础上，经过综合平衡编制而成。全国按自然地理、生物资源、社会经济情况，以及应采取的保护对策，划分为东北山地平原区、蒙新高原荒漠区、华北平原黄土高原区、青藏高原寒漠区、西南高山峡谷区、中南西部山地丘陵区、华东丘陵平原区和华南低山丘陵区，共设自然保护区 481 处，面积 1717.2 万 hm^2。截至 1989 年，全国林业系统已建立自然保护区 381 处，面积 1600 多万 hm^2，占国土面积的 1.7%，遍及全国各省(自治区、直辖市)，其中，经国务院批准的国家级自然保护区 52 处，纳入国际人与生物圈保护区网的 4 处。

1983 年，林业部与农牧渔业部共同着手起草《野生动物保护管理条例(草案)》，后改为《中华人民共和国野生动物保护法》(以下简称《野生动物保护法》)。1988 年 11 月，第 7 届全国人民代表大会常务委员会第 4 次会议通过这部关于野生动物的大法，决定自 1989 年 3 月 1 日起施行。《野生动物保护法》的公布，为各级政府对野生动物资源实行有效的保护管理提供了法律依据。同时本法也是宣传、组织和动员全民保护、发展和合理开发利用野生动物资源的强有力武器。

80 年代以后，我国进行了较大规模的野生动物资源考察和科学研究，取得了令人瞩目的成果。例如，林业部与世界野生生物基金会签订保护大熊猫协议，1986—1988 年联合在四川、甘肃、陕西三省大熊猫栖息地，对其种群数量、分布范围以及竹林开花枯死、森林采伐等情况进行全面调查，针对拯救这一珍稀濒危物种存在的问题，制定了《中国保护大熊猫及其栖息地管理计划》。有关的科研单位、大专院校生物系、动物园和自然保护区，对大熊猫的野外生态、人工饲养和繁殖、生理、生化和疾病防治等进行了广泛的研究，为抢救大熊猫提出了许多宝贵建议。截至 2010 年年底，林业系统管理的自然保护区已达 2035 处，总面积 1.24 亿 hm^2，占全国国土面积的 12.89%。党的十八大以来，国家将生态文明建设提高到"五位一体"的新高度，要求树立尊重自然、顺应自然、保护自然的生态文明理念，加强生物多样性保护。当前，自然保护区增长速度变缓，正处于由抢救性保护向系统性保护转变的全新阶段。

（五）森林采伐更新科学技术

1978 年，为扭转"文化大革命"期间许多规章制度被废除、管理混乱、伐区作业质量低下的局面，林业部在东北、内蒙古林区开展了伐区作业、人工更造造林质量检查评比活动，取得很好效果。1981 年，在总结经验的基础上，林业部颁发了《国有林伐区作业质量检查评比标准》。其内容包括三个方面，一是采伐方式、采伐面积、采伐强度等是否符合《森林采伐规程》的规定；二是伐后是否及时进行了伐区清理；三是伐区有无丢失木材现象。检查时对每项指标打分，进行评比，该评价伐区作业质量的方式使伐区作业管理科学化。

20 世纪 70 年代后期实施改革开放政策以来，引进国外先进机械设备为推动木材采运的现代化做出了突出贡献。通过加强中外合作与交流，引进了数批先进机械设备与技术。如 1988 年从芬兰引进一批采集联合机；1980 年从美国引进一批具有 70 年代水平的木材生产机械；1985—1986 年从美国、奥地利等国引进成套木材采运设备等，尽管引进的国外机械设备由于适用范围有限或价格高等原因多数未能在国内推广使用，但仍对国内相关技术的研究起到较大作用。1978 年以来，通过科学研究和消化吸收外国先进技术，我国林业科技研究机构制成了一系列国产木材采运机械设备，水平不断提高。1988 年，常州林业机械厂与日本小松制作所合作，制造'WA300 型'装载机 63 台，技术质量达到日本设计要求，在国内投入使用并有部分出口。国内机械设备研究发展到 80 年代，除重型运材汽车外，木材采运所用机械设备已基本立足于国内。在提高机械设备技术的同时，为提升质量和适应国际交流需要，木材和采运机械设备标准化工作同步推行。1984 年公布新的木材标准，其中多数采纳了国际标准；80 年代相继制定了各类机械设备的标准，截至 1989 年，采运机械的有关标准达到了76 项。

改革开放以来，木材水运技术有了新的发展和提高。一是高流速河川收漂工程得到了发展，如 80 年代初期云南省勘察设计院设计的腰绳式斜河缫，提高了在高流速河川中河缫收贮漂木的效果；1985 年，四川省雅砻江瀑布沟设置了变位式缆绳河缫，适应了河川水文条件的变化。二是漂木诱导设施的改进，包括 1978 年雅砻江木材水运局设计的箱型承水挡诱导漂子和 1985 年制成的翼型分水漂子。三是托运杂木橡胶浮筒的改进，主要为1978 年福建省林业厅组织设计并由林业部于 1980 推广的橡胶浮筒。四是港口木材水上贮运工程，典型的为 1988 年 6 月在青岛建成的大型海上贮木场。五是平型木排模静水阻力测试，即 80 年代后期张大中、韩宽成等研制成功的平型木排模静水阻力自动测试系统。

（六）木材加工科学技术

1. 木材学研究迅速进展

改革开放至今，我国木材学的科学研究随着国家建设和经济发展的需要而得到迅速、全面的发展。全国有关木材科学研究的机构和高等林业院校在木材构造、性质、加工利用、保护、改性及测试和研究方法等方面都取得了很大成绩，研究内容逐渐拓展外延，研究工作更加深入，取得了新进展。第一，出版了一系列木材科学著作，包括《木材学》（1985 年）、《木材学》（1996 年新版）、《木质资源材料学》（2004 年）等。其中，《木材学》（1985 年）由中国林业科学研究院组织撰写，1987 年获得中国林学会首届梁希奖。第二，近年来，国外采用遗传法、化学法等新技术分别应用于木材树种和产地的识别，我国在木材 DNA 鉴定上突破了从干木材及心材中提取 DNA 的技术难题，构建了重要濒危与珍贵木材标本 DNA 条形码数据库，推进了木材分子鉴定技术的迅速发展，巩固了在国际木材识别研究领域的领先优势。第三，在木质纳米纤维素研究方面，我国从跟踪研究发展至目前的与国外合作研究，取得显著进步，但与国外还有一定差距。第四，在扩展木材功能性研究范畴，尤其在赋予木材疏水、自洁、耐光、耐腐、抑菌、耐磨、阻燃等特性方面，我国处于世界领先地位。

2. 带锯机的更新和制材工艺的改进

20 世纪 50~60 年代，我国制材工业着重抓提高生产过程的机械化水平和搞好工厂的定型设计。到 70 年代，制材生产技术上的主要问题，一是带锯机的锯木精度差，不能保证锯材的规格质量；二是制材工艺不合理，劳动生产率低，能耗高，成本高。为解决上述问题，一方面需要促进带锯机的更新。1981—1987 年，林业部和其他部门从外国引进 10 多条制材生产线，包括单机在内，共计引进制材设备 209 台，主要来自日本。通过从国外引进设备和技术，更新制材设备，为解决带锯机的锯木精度问题创造了条件。另一方面需改进制材工艺。70 年代，工艺改革的研究启动，对比曾试验过的"长""短"两种工艺的对比，最终工艺改革方向为：在天然林区制材厂，采用跑车带锯和台式小带锯互相配合的加工工艺，以适应我国天然林区的复杂情况；在人工林区制材厂，借鉴国外经验，采用新式圆锯制材或制材削片联合机制材。

3. 外国人造板技术引进和消化吸收

20 世纪 80 年代，在改革开放的形势下加快技术引进，在此期间，国产刨花板设备的技术水平也得到提高。一是刨花板生产技术的提高。改革开放 10 年内，我国共引进刨花板设备 40 多套，除了从罗马尼亚引进的 9 套小型刨花板设备较落后外，其余绝大部分从联邦德国引进，达到国际上 70 年代末期到 80 年代中前期的水平。80 年代末，引进刨花板设备的生产能力约占全国刨花板总生产能力的 70%，当时我国刨花板工业的技术装备已接近国际水平。有了这些引进设备，对于我国发展刨花板生产和设备选型定型提供了有利条件。1989 年，中国林业机械公司组织林业机械厂和林业机械研究所重新成功设计制造了国内的 1.5 万 m^3 的刨花板设备，基本实现正常生产。二是胶合板生产技术的改进及新产品的开发。80 年代初，改造了一批规模较大的老胶合板厂，从国外引进机械设备对其进行技术装备升级；同时，由国家投资或中外合资新建了一批大、中型胶合板厂，具有优良的技术装备条件；改善了技术装备条件的胶合板厂多采用薄表板厚芯板的加工工艺，降低了生产成本。90 年代前后，胶合板新产品的开发达到一个高峰。1989—1990 年，中国铁道科学研究院和中国林业科学研究院合作为北京亚运村康乐宫研制提供了大型结构材料，采用了新工艺；山东省青岛华林胶合板厂生产了新型胶合板水泥模板,质量达到出口要求;1987 年,中国林业科学研究院试制的落叶松和马尾松小径材压制单板层积材在工厂中试验,积累了初步经验。

4. 木材防腐技术的发展

从 20 世纪 70 年代后期起,木材防腐的机械化水平有了提高,作业条件有了改善,加压注油的自动控制技术有了发展,装置了一些机械启闭阀门和自记温度压力仪,还试用自动调压和超压超温警报装置,向作业自动化迈进了一步。80 年代从国外引进了几套自动化加压防腐设备,有助于我国木材防腐工业的自动化进程。伴随着木材防腐工艺的改进,我国木材防腐范围开始扩大。改革开放以前,木材防腐仅限于枕木和电杆,到 80 年代,福建省已有 4 个矿务局建立木材防腐厂,开展坑木防腐,并推行门框、窗框和特种包装箱的防腐处理。与此同时,木材防腐剂的研究快速推进,80 年代国产的煤杂酚油、煤焦油等矿物油、五氯酚及其钠盐已大量应用,水溶性防腐剂(如氟砷剂)已应用在原木保管上。1989 年,南京林业大学研制成功的 ACB 和 CCB-M 两种木材防腐剂,有较好的防腐、防虫、防变色性能,应用范围广泛。

5. 木材干燥技术的发展

20 世纪 70 年代中期,我国开始重视木材干燥新方法、新技术的研究。70 年代中期以前,我国木材干燥以窑干为主,采用常规蒸汽干燥法,干燥工艺和设备多仿制苏联的。70 年代后期起,木材干燥技术的研究有了初步成果。其一,开始推广和改进侧风机干燥窑和端风机干燥窑。1977 年,南京林产工业学院设计了单堆端风机干燥窑;1983 年东北林学院设计了双堆端风机干燥窑,并于 1987 年获得林业部科技进步二等奖。其二,微电子技术开始应用于木材干燥中,80 年代末,北京林业大学研制成功 BMGK-型微型计算机干燥监测系统,实现了一套系统对多个干燥窑的控制,并用于实际生产。其三,木材快速干燥方法综合性增强,从高温干燥、微波干燥、真空干燥,到除湿干燥和太阳能除湿联合干燥,再到不同干燥方法的联合应用,使木材干燥效率不断提升。

(七)林产化学加工科学技术

造纸工业迅速发展。1979 年,国家林业总局在北京召开小纸浆厂座谈会,清理了一批在建的小纸浆厂,确定进一步开展废水治理工作,提出有条件的小纸浆厂可改建为造纸厂。到 1990 年,全国林业系统共有 25 个造纸厂,其中,年产万吨以上的 4 个,总生产能力 11.38 万 t。1986 年,中国林学会林产化学化工学会在黑龙江省柴河纸板厂召开林业系统第二届纸和纸板学术讨论会，会上讨论了"林纸联合"问题。1987年，中国林学会和中国造纸学会共同在北京召开林纸联合论证会后，向国务院提出了"林纸联合"的建议。国务院确定，从"林业办纸"和"纸办林业"两个方面走向林纸一体化，与此同时，配合林业系统造纸工业的发展，南京林业大学、林产化学工业研究所等单位对以桉树、杨树等阔叶树为原料造纸进行了研究。进入21世纪，林区造纸科技的研究集中在高得率制浆、化学机械浆和生物制浆技术等方面的研发，开展了传统的材性和纤维形态等木材化学分析与高效化学机械法制浆工艺技术研究。

松脂采集加工、栲胶工艺、紫胶加工工艺等技术进一步提高。改革开放以后，林业部及相关研究机构通过对高产脂树种的选育、开展化学采脂研究、扩大松脂连续化生产比重以及广泛开展松香深度加工，促进松脂采集加工技术的提高。1987年，发布了《栲胶原料与产品的检验方法》和8种栲胶的国家标准，增加栲胶浸提设备的类型，革新栲胶生产工艺，促进了栲胶用途进一步扩大，其作为锅炉除垢剂得到广泛推广。80年代以来，为了提高紫胶原胶的产量和质量，中国林业科学研究院资源昆虫研究所对引进的优良紫胶虫种进行了试放和扩大培养，对紫胶虫寄主树的良种选育、紫胶虫天敌白虫的防治技术和紫胶虫采种期的测报技术等做了研究，取得了良好成绩；在紫胶的加工方面，已推广利用活性炭从原胶直接制取紫胶片方法，浅化和稳定了紫胶的色泽。发展到2017年，国内对木材生物质资源的化学改性研究进行了深入研究，形成了如全降解生物基塑料、生物质热固性树脂、木塑复合材料、生物质增塑剂等一大批具有自主知识产权的技术；并在松香松节油深加工利用上，开发出浅色松香、松节油增黏树脂系列产品、耐候性环氧树脂高分子材料、松节油高得率制备高附加值加工产品、松香－丙烯酸酯复合高分子乳液技术。以天然油脂为原料，着重研究油脂定向聚合、选择性加成、酰胺化及水性化等关键技术，实现了木本油脂替代石化资源制备生物基精细化学品和高分子材料，并开发出系列油脂精深加工产品。

五、新时代（2018年以后）

中国特色社会主义进入新时代，随着社会阶段的变化，林业科技的发展方向进入创新阶段。党的十九大报告指出，坚定实施科教兴国战略，加快建设创新型国家。新时代林业科技发展方向更加注重创新，对科技创新需求更加迫切、依赖更加强烈。森林生态学的综合性研究、森林培育与林木遗传育种可持续性研究、林业调查设计科学技术体系优化、航空遥感与现代生物技术融入森林保护科学技术的研究、木材科学与林产化工等领域的深入研究，是新时代林业科技创新和发展的重点。

(一)森林生态学的综合性研究

(1)新技术、新方法的应用更加广泛。当前，各种现代实验手段和方法及计算机技术正不断应用于森林生态学研究，特别是现代分析测试技术、高通量测序技术和空间技术在森林生态学研究中的应用明显加快，并已成为现代森林生态学研究的重要方法。

(2)研究领域的交叉融合日益深入。森林生态学是一个多过程、多尺度的深入研究，要想进一步深入研究森林生态科学，特别是生态学过程和机理研究、生态系统服务功能的形成机制、尺度效应及科学评价体系等迫切需要与生物学、气象学、土壤学、地学、经济学和社会科学等学科有机融合。

(3)长期研究平台建设和网络化管理。基于长期研究平台开展系统研究越来越重要，必须建立长期的规范化、标准化研究平台，监测森林生态系统过程和功能的时空变化规律及其对环境变化的响应和适应。研究平台的网络化、自动化、信息化的开放管理和数据共享有助于从不同尺度、不同角度综合分析和评价我国多种森林生态系统类型的演变规律及其生态服务功能。

(4)人工林生态学研究。我国人工林面积居世界首位，在林业生产和生态服务中发挥了重要作用，应该给予人工林造林、抚育、采伐等经营管理过程中的生态学研究越来越多的重视。

(二)森林培育与林木遗传育种可持续性研究

(1)森林质量精准提升和生产力大幅提高是森林培育的根本途径和当前主要任务。从我国宜林地的数量和布局来看，进一步的数量扩张潜力有限，而森林质量的提高由于起点较低而潜力巨大。

(2)森林的保护和培育都是森林可持续经营的重要内涵，两者相辅相成，不可偏废。处理好森林保护和森林培育的关系，树立起通过森林培育措施显著提高森林质量的目标才能迎接未来森林多种功能重大需求的挑战。

(3)天然林与人工林同为森林培育对象，培育理论与技术应协同均衡发展。低效的天然次生林具有很大的产量和质量提升潜力，完全可以通过各种抚育、改造、更新等培育措施加以挖掘。

（4）"适地适树＋良种良法"是森林培育的基本原则，根据区域气候和立地特点，对于在森林营造和植被恢复中正确处理对立地多样性认识不足和处置失当的问题的研究是长期的、持续性的。

（5）近年来，我国经济林产业发展势头强劲，已经成为我国林业的主导产业和精准扶贫的最佳产业。经济林产业的良种化水平、栽培技术水平、产品综合开发利用水平是当前经济林产业科技研究的侧重点，截至当前，其基础研究水平、信息化水平和装备水平还比较低，需要综合采用现代生物技术、信息技术、装备技术等技术手段，开展经济林遗传改良、资源培育、生态经营、机械作业、精深加工、综合利用和前沿基础等方面研究，全面提升经济林科技水平和对产业的支撑能力，推动经济林产业技术和发展方式的重大变革。

（三）林业调查设计科学技术体系优化

（1）森林资源监测体系优化、年度监测和提高监测效率和精度等方面的研究。包括研究建立监测内容全面、适应不同层次的抽样调查体系，实现全国森林资源一体化监测；研究森林资源年度监测的方法和技术，实现森林资源年度出数；研究利用多源遥感、GIS、PDA 野外数据采集技术、激光和超声波探测技术、物联网、大数据、人工智能、虚拟现实和可视化、网络与通信等现代新技术，提高森林资源监测效率和监测精度的方法。

（2）森林资源信息管理体系优化研究。主要研究天、空、地一体化森林资源、生态和环境海量数据的存储、交换、处理和表达方法以及分析评价技术，森林资源信息流的智能关系和交换机制，森林空间数据信息系统和集成的数字化方法、基于"3S"技术的森林资源和环境监测的管理信息系统及服务平台，基于 WebGIS 构建网络化、智能化的森林资源信息管理框架及辅助决策的优化算法，林业三维仿真虚拟技术与三维可视化系统。

（四）航空遥感与现代生物技术融入森林保护科学技术的研究

（1）利用"3S"技术进行森林有害生物的监测与预报。应用高分辨率航天遥感影像动态监测有害生物将成为今后的研究热点。随着遥感图像的时空分辨率的进一步提高及对高分辨率、高光谱和高时间分辨率的遥感数据的进一步应用研究，对于有害生物动态监测的研究将会突破传统大尺度的定性研究，而开始走向小尺度的定量研究。

（2）现代生物技术对森林保护起到巨大推动作用。随着分子生物技术的飞速进展及突破，可以催生森林有害生物系统分类的新方法、新技术，带动分类学的进步；加速检疫性有害生物的准确鉴别；分子标记技术可以用来寻找抗病虫的植物种类和品种。现代生物技术还可促进化学防治技术的进步，如利用分子技术研究杀虫(菌)剂的分子毒理学，可知道昆虫或病原菌体内的酶系、受体、抗药性机理，从而改善药物配方，精准防治；转基因技术研究，将抗虫(病)基因转入作物，产生理想的工程品种，使目的基因能在工程植物中有效地发挥抗虫(病)作用。

(五)木材科学与林产化工

(1)木材科学与技术研究侧重于从木质材料的解剖、物理、化学和力学等特性入手，进一步系统研究木材细胞壁构造与化学组成及其对物理力学性能的影响，构建木材细胞壁物理力学模型，阐明外部环境激励条件下木材结构的变化规律及其对物理力学性能的响应机制；深入剖析木质材料细胞壁结构和功能、木基复合材料界面调控方法和木基复合结构材料设计理论等；创新改性方法和转基因生物技术，对木材细胞壁进行功能性改良处理，研究不同改性处理和转基因技术对细胞壁结构、化学组成以及力学性能的影响及湿热条件下木材内部热质规律及传热特性等，在细胞水平阐明木材改性机理。

(2)生物质利用是伴随21世纪新能源、新材料、资源高效利用和生物技术等战略性新兴产业发展起来的新兴交叉技术领域。生物质化学利用，即利用作物秸秆或林业剩余物等有机资源、种植的能源植物以及非木质资源(淀粉、天然树脂油脂)等为原料，生产生物基产品(包括生物质能源、生物基材料、生物基化学品等)，是国际生物质利用突破和多学科技术创新竞争的制高点，也是我国推动生物质产业可持续发展的资源利用长期发展战略和重要方向。

第二节 林业科技发展规划

一、中长期发展规划

为了更好贯彻落实《中共中央 国务院关于加快林业发展的决定》《中共中央 国务院关于实施科技规划纲要 增强自主创新能力的决定》和《国家中长期科学和技术发展规划纲要(2006—2020年)》，根据《林业发展"十一五"及中长期规划》和《国家林业局关于进一步加强林业科技工作的决定》，国家林业局制定了《林业科学和技术中长期发展规划（2006—2020 年）》，并于 2006 年 9 月 12 日颁布实施。

中长期发展规划重点是研究提出未来 15 年内林业科技发展的远景目标，突出宏观性、指导性和前瞻性，内容上在兼顾全部科技工作的同时，更侧重于科学研究。规划指出，改革开放以来，经过广大林业科技工作者的刻苦攻关、大胆创新，我国林业科技事业发展取得了显著成就，但从总体上看，我国林业科技创新能力和整体水平还不适应林业发展的要求，与世界林业发达国家相比还存在较大差距。当前，我国林业发展进入了一个关键时期，林业的发展面临着前所未有的机遇和挑战，对林业科学技术提出了新的更高的要求。

（一）指导思想

以邓小平理论和"三个代表"重要思想为指导，全面落实科学发展观，紧紧围绕全面建设小康社会和社会主义新农村对科技的迫切要求，深入贯彻落实《中共中央 国务院关于加快林业发展的决定》，坚持把科技进步和创新作为林业生态体系和产业体系建设的首要推动力量，走中国特色林业自主创新之路，建设国家林业科技创新体系，全面提升林业科技整体水平，支撑林业又快又好发展，加快林业现代化进程。

（二）指导方针

强化创新，重点突破，优化配置，支撑发展。强化创新，就是通过加强林业原始创新、集成创新和引进消化吸收再创新，提高林业核心竞争力，坚持走中国特色林业自主创新之路。重点突破，就是坚持有所为、有所不为，集中力量，在具有一定基础和优势、事关林业长远发展的关键领域实现突破。优化配置，就是进一步深化林业科技体制改革，实现科技资源效能的最大化，逐步建成布局合理、功能完备、运行高效、支撑有力的国家林业科技创新体系。支撑发展，就是从林业发展的迫切需求出发，选择一批具有带动性和突破性的重大项目，加大林业科学研究力度，加快科技成果的推广应用，支撑和引领林业又快又好发展。

（三）发展目标

总体上，到 2010 年，初步建立起基本满足林业发展需求、符合林业科技自身发展规律的国家林业科技创新体系，部分研究领域达到世界先进水平，科技进步贡献率达到 40%。到 2020 年，建立起布局合理、功能完备、运行高效、支撑有力的国家林业科技创新体系，主要研究领域跨入世界先进行列，科技进步对林业发展的贡献率提高到 50% 以上。经过 15 年的努力，在我国林业科学技术的主要方面，实现以下目标：在若干重大基础理论研究与高技术研究领域取得实质性突破；重点培育出一批满足不同生态区域和重点工程需要的高产、优质、高抗优良品种和转基因新品种；增强林业生态体系构建技术的研发能力，为我国生态建设提供比较完备的技术体系；建成功能完备的国家数字林业体系；提高产业技术的研发水平，主要工业用材林单位面积产量提高 30% 以上，林业生物高技术研发取得突破，生物技术产值的比重提高 20%，木材综合利用率达到 80% 以上，获得自主知识产权的专利技术翻两番；显著提升林业科技创新能力，重点建设 3~5 个国家级重点实验室，3~5 个国家工程实验室，建成布局合理、类型齐全的陆地生态系统野外科学观测与研究台站网络，建成完善的林业生物种质资源保存体系，建成林业科学数据与科技信息共享网络；建设一支高水平的创新团队和科技队伍，实施"312"人才培养计划，培养和吸引 30 名左右在国内外具有重要影响的学术带头人，培养和吸引 1000 名左右在本领域具有较大影响和发展潜力的科技新秀，培养和稳定 20 000 名左右基层技术骨干。

中长期发展规划提出，为适应林业生态建设和产业发展对科学技术的需求，跟踪世界林业科技发展前沿，抢占新兴领域的制高点，我国林业科学和技术的发展，要在统筹安排、整体推进的基础上，对重点领域进行规划和布局，引导我国林业科技资源围绕 11 个重点领域，集中开展科学研究和技术创新，为促进林业又快又好发展提供强有力支撑。这 11 个领域是：生物技术与良种培育、森林与环境关系研究、生态体系构建与退化生态系统修复、荒漠化防治、森林灾害防治、森林定向培育与可持续经营、林业生物质材料与资源高效利用、林业生物质能源、信息技术与数字林业、现代林业装备技术、宏观战略与林业政策。

中长期发展规划提出，根据未来 15 年林业科学技术发展的重点领域，整合资源，集中优势力量，组织实施一批重大林业科技工程，以此为载体，选择一批对经济社会发展和全行业科技进步有带动性、标志性、突破性的重大科技项目，组织多学科、跨地域的科技协作与攻关，通过加强原始创新、集成创新、引进消化吸收再创新，着力突破影响林业发展的重大关键、共性技术，获得拥有自主知识产权的核心成果和专利技术，尽快提升林业科技整体实力。这些工程包括：生态建设与生态安全科技工程、林业生物技术与良种培育科技工程、森林生物种质资源保护与利用科技工程、林业生物产业发展科技工程、数字林业科技工程、林业创新能力建设科技工程。

中长期发展规划还提出，全面推进国家林业科技创新体系建设是提高林业自主创新能力的关键，是实施六项科技工程的基础平台，是实现规划目标的重要载体。必须以国家目标为先导，以行业需求为动力，按照科学布局、优化配置、完善机制、提升能力的指导思想，逐步建立起布局合理、功能完备、运行高效、支撑有力的国家林业科技创新体系。实现林业科学和技术中长期发展规划目标，必须深化改革，创新机制，采取更加有效的政策措施，营造良好的创新环境，全面提高林业自主创新能力。

二、"十三五"发展规划

2016 年 9 月 23 日，国家林业局颁布实施《林业科技创新"十三五"规划》。规划指出，当今世界，科技创新创造日新月异。分子育种、数字林业、生态功能修复、多功能经营、绿色制造等新技术应用更加广泛，科技对未来林业发展的支撑引领作用日趋显著。"十三五"是我国全面建成小康社会的决胜阶段，也是林业改革发展的关键时期，全面推进林业现代化建设，迫切需要强化林业科技改革与创新，提升林业科技支撑能力；建设生态文明，保障生态安全，迫切需要突破生态保护与修复技术瓶颈；全面建成小康，实现共享发展，迫切需要加快扶贫富民实用技术集成转化；适应经济新常态，实现绿色发展，迫切需要攻克产业升级转型关键技术；提升森林质量，保障木材安全，迫切需要创新森林资源高效培育技术；全面深化改革，创新治理体系，迫切需要加强林业重大战略和政策研究；实施创新驱动，推进科技进步，迫切需要加强林业科技条件能力建设。

（一）指导思想

坚持创新、协调、绿色、开放、共享发展理念，按照"四个着力"明确要求，落实创新驱动发展战略，深化科技体制改革，推动自主创新、协同创新、制度创新，增强科技供给能力，加快成果转化推广，促进科学技术普及，充分发挥科技第一生产力和创新第一驱动力的作用，支撑生态建设，引领产业升级，服务社会民生，为推进林业现代化、全面建成小康社会和建设生态文明提供强有力的科技支撑。

（二）基本原则

坚持需求导向，准确把握经济社会发展和林业现代化建设的科技需求，找准主攻方向，强化科技创新，突破关键技术，力争在重点领域取得重大进展。坚持协同推进，统筹中央、地方、企业和社会科技资源，推动产学研紧密结合，强化基础研究、应用开发、成果转化协同发展，实现创新链、产业链和资金链的有效对接。坚持继承发展。发挥传统优势，继承创新成果，稳定支持长周期研究，聚焦科技前沿，拓展新兴领域，加强集成融合，推动创新发展，全面提高林业科技供给能力。坚持人才为先，实施人才强林战略，把人才作为创新的第一资源，强化激励机制，营造用好人才、吸引人才的良好环境，支持科技人员创新创业，激发林业科技创新活力。坚持开放合作，坚持"引进来"与"走出去"相结合，加强国际科技合作交流，主动融入全球林业创新网络，吸纳全球创新资源，推动技术和标准输出，以全球视野谋划和推动林业科技创新。

(三)主要目标

到 2020 年，基本建成布局合理、功能完备、运行高效、支撑有力的国家林业科技创新体系。创新能力大幅提升，创新平台日趋完善，创新环境更加优化，重点研究领域跨入世界先进行列，科技进步贡献率达到 55%，科技成果转化率达到 65%，为林业现代化建设提供有力支撑。

(四)重点任务

"十三五"期间，林业科技实施六项重点任务，着力全面提升科技创新水平，支撑引领林业现代化发展。

任务一：前瞻布局基础前沿及战略研究。针对事关林业长远发展的重大基础理论和关键科学问题开展研究；瞄准生物、信息、新能源、新材料等国际前沿领域，重点研究催生引领行业变革的颠覆性技术；着力推进京津冀生态率先突破、长江经济带生态保护、"一带一路"互惠互通、林业现代化发展路径、应对气候变化等林业重大战略研究等，完善林业决策支撑体系。

任务二：重点攻克林业发展关键技术。突破林业生态保护与修复关键技术，森林培育与可持续经营关键技术，为保障国家木材安全、粮油安全，实施森林质量精准提升科技行动；创新林业资源高效利用关键技术，以支撑林业产业绿色低碳发展；研发集成精准扶贫实用技术，通过技术集成、组装配套和试验示范，构建服务精准扶贫的林业实用技术体系。

任务三：加快推进成果转化推广。构建成果信息及交易平台，建立林业科技成果网上对接和交易市场，提供符合行业、地方和企业发展需求的精准科技成果信息；创新成果转化推广服务模式，构建多种形式的林业产业技术创新联盟，促进科技成果转化推广。加强林业科学技术普及，营造浓厚的林业科普文化氛围。

任务四：着力提升林业标准化水平。整合精简林业强制性标准，实施

"标准化+"现代林业行动，构建布局合理、职能明确、专业齐全、运行高效的林业质检体系，建立林产品质量安全监测制度，积极推进竹藤、木制品、荒漠化防治等我国优势领域标准向国际标准转化，推动中国林业标准"走出去"。

任务五：深入推进体制机制创新。优化林业科技管理机制，完善科技评价机制，强化协同创新机制，优化创新力量布局，建立科研院所、高校、涉林企业高效协同的研发组织体系，培育企业技术创新主体，健全技术创新的市场导向机制和政府引导机制，建设面向中小微企业的公共科技服务平台，促进科技成果工程化和市场化开发，提高企业自主创新能力。

任务六：全面加强创新能力建设。加快创新型人才队伍建设，设立青年科技人才培养专项基金；优化创新平台布局，强化重点实验室、生态定位站、长期科研试验基地、区域科技创新中心等平台的规划布局和条件能力建设，优化布局林业工程（技术）研究中心，加强技术服务；推进林业科技国际合作，布局建设一批聚集创新要素的国际林业科技合作基地，提升"走出去"水平。

（五）十大工程

（1）林业种业科技工程。重点开展林木种质资源保存与评价研究，完善全国林木种质资源信息系统和收集保存平台；开展主要抗逆生态树种、速生用材树种、珍贵树种、经济林树种、竹类植物、主要观赏植物的育种研究，形成各种技术集成示范。

（2）林业生态建设科技工程。重点开展天然林保育与恢复研究、重要湿地保护与修复、生物多样性保护、重点区域防护林体系构建与调控、退耕还林建设和功能提升、荒漠化综合治理、城市林业与美丽乡村建设、林业灾害防控、林业应对气候变化、生态系统服务功能监测与评估，形成各种技术集成与示范。

（3）森林资源高效培育与质量精准提升科技工程。重点开展以杉木、杨树、马尾松、落叶松、桉树为主的速生用材林，以降香黄檀、柚木、楠木、红松、栎树、桦树和水曲柳等珍贵树种为对象的珍贵用材林，以油茶、核桃、板栗、杜仲、柿子、花椒、仁用杏、油桐等主要经济林树种为对象的经济林，以及竹藤资源、林业特色资源高效培育以及国家储备林建设、森林质量精准提升等关键技术的研究。

（4）林业产业升级转型科技工程。重点针对节能降耗、清洁生产和产品增值等绿色制造技术难题，开展木竹高效加工利用研究；针对林产资源利用效率低、清洁生产程度低等瓶颈问题，开展林产化工绿色生产研究；围绕资源有效供给不足、加工转化成本高等瓶颈问题，开展林业生物质能源和材料开发研究；针对经济林和特色资源开发利用程度低、高价值产品少、产业链短等问题，开展经济林和特色资源高值化利用研究；针对标准缺乏、功能不足和效益不高等林业休闲康养发展难题，开展森林旅游与休闲康养产业发展等关键技术研究与示范。

（5）林业装备与信息化科技工程。针对林业生产机械化程度低、先进装备缺乏等问题，重点攻克营造林抚育、林果采收、木竹材高效利用、林副产品加工、森林灾害防控等装备制造关键技术；针对林业数据挖掘程度低、智能化决策水平不高、林业资源精准预测和监测亟须强化等问题，重点突破智能化林业资源监测、森林三维遥感信息反演及海量林业资源空间信息智能管理等关键技术。

（6）林业科技成果转化推广工程。重点转化和示范推广先进、成熟、实用的科技成果2000项以上，集中优选建立林业科技成果推广示范基地500个；帮扶指导和发展林业科技精准扶贫示范户1万户，使示范户农民增收20%以上；优选建设100个具有显著窗口效应的林业科技示范企业；建立林业科技成果网上对接和交易市场，发布年度重点推广林业科技成果100项，并开展科学普及行动和推广体系建设。

（7）林业标准化提升工程。建立标准化示范区200个，培育和认定国家林业标准化示范企业100家；围绕我国林业"走出去"优先领域，制定我国林业标准"走出去"名录；完善林产品质量监督工作机制，整合构建林业强制性标准体系。

（8）林业知识产权保护工程。健全林业植物新品种分享机制，建立公益性授权植物新品种转化应用的政府补贴制度；建立林业生物物种资源优先保护和分级制度，构建珍稀林业生物遗传资源空间地理信息系统和林业生物遗传资源信息共享平台；形成林业核心技术专利群和重点领域专利池，提高涉林专利数量和质量；建立林产品地理标志保护制度和林产品地理标志产品示范基地。

（9）林业科技条件平台建设工程。创新平台，加强重点实验室、生态定位站、长期科研试验基地、区域科技创新中心等创新平台的建设；转化平台，构建产学研相结合的成果转化平台；服务平台，加强林业科学数据、林木种质资源、森林生物标本、质检中心、林业知识产权、林业转基因生物测试、新品种测试等技术服务平台建设。

（10）现代林业治理体系支撑工程。开展强化林业发展战略研究，科学谋划林业发展的战略目标和实现路径；开展林业重大理论问题研究，为建设生态文明、推进林业现代化提供理论支撑；开展林业重大政策与法律体系研究，构建符合林业可持续发展的政策体系和法律法规体系；开展林业管理体系研究，深化国有林区改革、国有林场改革、集体林区改革；开展生态文明制度体系研究，在管理制度、评价制度、考核制度、公众参与制度等方面进行突破。

第三节　林业科技创新战略与政策

一、科技创新思想在中国林业科技创新的体现与要求

党的十八大以来，习近平总书记针对科技创新提出了一系列新思想、新论断、新要求。他在十八届中央政治局第九次集体学习时的讲话中指出：创新驱动是形势所迫，我们必须及早转入创新驱动发展轨道，把科技创新潜力更好释放出来。

做好林草科技工作是深入学习贯彻习近平总书记科技创新思想的重大举措，是推进生态文明建设的迫切需要，是打赢脱贫攻坚战推动乡村振兴的重要抓手，是实现林草事业现代化的有效途径。

国家林业和草原局局长张建龙在 2019 年全国林业和草原科技工作会议上明确指出，新时代林草科技工作的指导思想是以习近平新时代中国特色社会主义思想为指导，紧紧围绕高质量发展和现代化建设这个主题，坚持践行新发展理念，坚持创新驱动发展战略，坚持"三个面向"战略方向，深化改革，完善政策，夯实基础，优化管理，加快建设林草科技创新体系，全面提升林草科技工作水平，为推进林草事业高质量发展和现代化建设提供有力支撑。力争到 2025 年，科技进步贡献率达到 60%、科技成果转化率达到 70%；到 2035 年，科技进步贡献率达到 65%、科技成果转化率达到 75%。

林业科技创新目标多围绕转变林业经济增长方式，提高我国林业产业的国际竞争力，协调好经济、社会和生态三大效益。目前，林业对科技创新的需求体现在多个方面。

1. **助力科技强国的需要**

在新的科技体制下，林业要面向未来国家战略，研究形成综合性的林业科技创新体系。2017 年 10 月，全国政协副主席、科技部部长万钢，科

技部副部长徐南平在中国林业科学研究院、北京林业大学的林业科技创新工作调研中指出，推进科技创新，建设科技强国，要抓住基础研究的这个牛鼻子。要面向建设生态文明和美丽中国，发挥林业科技在国土绿化、城市美化、美丽乡村建设中的引领作用。要面向绿色发展，发挥林业科技在应对气候变化及荒漠化、石漠化、盐碱地治理上的支撑作用。

2. 加快生态系统的治理修复进程的需要

习近平总书记曾在对《中共中央关于全面深化改革若干重大问题的决定》做说明时指出"山水林田湖草是一个生命共同体"，秉持这一理念，就要从系统工程和全局角度寻求治理修复之道，要按照生态系统的整体性、系统性及其内在规律，整体施策、多措并举，统筹考虑自然生态各要素，这就对林业领域的科技创新提出了更高的要求。

3. 加快林业现代化建设发展的需要

新的历史条件下加快林业建设发展，必须深入实施创新驱动发展战略，切实转变林业发展方式。2016 年 9 月，国务院副总理汪洋在林业科技创新大会上指出，林业建设是事关经济社会可持续发展的根本性问题，科技创新是提升林业发展水平的重大举措。要掌握林业科技竞争的战略主动权，要增加生态建设和林业产业发展的科技供给，以生产实践和市场需求为导向，加快突破林业发展关键领域的核心技术，积极推进林业实用技术研究开发，促进科技成果转化和推广应用。要深化林业科技体制机制改革，促进科技资源共享，加强科研院所、企业和社会科研力量之间的协作，着力构建以企业为主体、市场为导向、产学研相结合的林业技术创新体系。要加强林业科技人才队伍建设，尊重科学规律，改善科研管理，为科技创新营造良好环境。

4. 助力林业产业高质量发展的需要

习近平总书记提出必须树立和践行"绿水青山就是金山银山"的理念，积极探索推广"绿水青山"转化为"金山银山"的路径。2018 年，我国林业产业总值已达到 7.63 万亿元，我国已是世界上最大的木质林产品消费国和贸易国。为进一步加大林产品供给以便满足广大人民对美好生态产品与服务的需要，国家林业和草原局于 2019 年年初提出林业产业高质量发展战略。而科技创新则是林业产业高质量发展的源动力，通过引导企业加快技术创新和技术改造升级、支持一批重大科技攻关项目、积极推进建设一批林业创新联盟等途径，为林业产业高质量发展提供坚实保障。

二、实现林业科技创新的战略及政策

"创新是引领发展的第一动力。"《国家中长期科学和技术发展规划纲要（2006—2020 年）》确立了提高自主创新能力、建设创新型国家的发展战略。《国家创新驱动发展战略纲要》（2016 年）提出，实现创新驱动是一个系统性的变革，要按照"坚持双轮驱动、构建一个体系、推动六大转变"进行布局，构建新的发展动力系统。此外，生态文明建设、美丽中国建设、乡村振兴战略等国家大政方针的落实都将科技创新发展作为源动力。

"科技兴则民族兴，科技强则国家强。"林业科技创新是促进我国林业可持续发展的内在动力。面对我国林业科技发展的现状，依据林业科技创新的特征，国家政府层面提出并实施了多项林业科技创新的政策及战略部署。

1. 进一步增强林业科技创新能力、释放创新活力、提高创新效率

2016 年 10 月，国家林业局出台《关于加快实施创新驱动发展战略支撑林业现代化建设的意见》（以下简称《意见》）。《意见》提出了增强科技创新有效供给，加快科技成果转化推广，提升林业标准化水平，加强科技人才队伍建设，完善林业科技体制机制，加强科技条件能力建设，强化科技创新保障措施七大方面 23 条措施。《意见》指出，全面支撑引领中国林业现代化建设，将以实施创新驱动发展战略为主线，以支撑生态建设、引领产业升级、服务社会民生为重点，深化林业科技体制改革，激发科技创新活力，营造创新驱动发展氛围，增强林业自主创新能力。

2. 人才是科技创新驱动的核心和基础

2019 年 4 月，国家林业和草原局党组出台《中共国家林业和草原局党组关于激励科技创新人才的若干措施》（以下简称《措施》）。国家林业和草原局党组对科技人才工作高度重视，认真贯彻落实中央有关科技创新决策部署和习近平总书记关于科技创新重要论述要求，准确把握科技创新发展规律，立足林草科技高端人才匮乏这一严峻现实，着眼厚植未来林草事业发展人才和动力基础，制定出台《措施》。《措施》围绕充分用好现有人才、引进急需人才、加强科技创新人才梯队建设等，提出了定向激励高端创新人才、用好科技成果转化政策激励人才、重奖业绩突出的创新人才、充分激励主体业务实践中的创新人才、激活研发单位创新内生动力、加强对创新人才的情感关怀六方面 20 条意见。

3. 实现林业草原产业高质量发展

森林和草原是重要的可再生资源，但利用森林和草原生产的产品与人民生活幸福指数息息相关。林业草原产业的高质量发展对林业草原的科技创新提出了新要求。2019 年 2 月，国家林业和草原局颁布《关于促进林草产业高质量发展的指导意见》。该意见明确强化科技支撑是实现林草产业高质量发展的重要保障。要加强用材林、经济林、林下经济、竹藤、花卉、特种养殖、牧草良种培育等关键技术研究，推广先进适用技术。集成创新木质、非木质资源高效利用技术和草原资源高效利用技术。推动林区网络和信息基础设施基本全覆盖，加快促进智慧林业发展。推进国家级林草业先进装备生产基地建设，提升先进装备研发和制造能力。开展林业和草原科技特派员科技创业行动，鼓励企业与科研院所合作，培养科技领军人才、青年科技人才和高水平创新团队。

三、实现林业科技创新的人才及团队

1. 林业科技人才队伍的现状

人才是一个国家发展最重要的资源，林业科技人才是我国生态文明建设和林草业高质量发展的重要保障。依据《中国林业统计年鉴》统计数据，截至"十二五"期末，系统内林业职工总数约 122.78 万，含各类人才 86.33 万，占林业职工总数的 70.31%。其中，有大专以上学历人才 50.36 万，占林业职工总数的 41%，高级专业技术职称人才 4.07 万，占林业专业技术人才总数的 12.91%。

在林业人才队伍行业类型分布上，事业单位的林业专业技术人才分布较为集中，林草类企业、林区农村人才拥有量较低；在人才层次分布上，林业高层次创新人才、复合型林业领先人才、高技能人才紧缺，林草基层单位专业技术人才不足，尤其体现在林业科技推广人才上，我国基层林业科技推广人才严重不足；在学历分布上，福建、浙江、广东、湖南和吉林等地林业专业技术从业人才的学历相对较高，主要以本科及本科以上学历为主，而地处边远的部分经济欠发达地区，如云南、新疆、广西等地林业专业技术人才的学历普遍较低，主要以本科以下学历为主；在不同专业领域人才构成上，森林抚育经营、林业重点生态工程、林业种苗建设、林业规划设计、林业科技、林业产业、森林有害生物防治和湿地保护技术等专业领域人才分布较为集中，林业应对气候变化、植被恢复技术、自然保护区建设、森林资源监测管理和林业信息化领域人才相对较少，林业改革、林业政策法规、野生动物疫源疫病和林业经济等领域的专业技术人才缺乏较为严重。

从统计数据可以看出，我国的林业科技人才队伍存在总量不足、结构不尽合理、基层单位林业专业技术人才及林业"两高"人才紧缺、不同地区及专业领域间人才结构差异较大的现状。

2. 林业科技创新人才和团队建设

为持续提高我国林业科技创新和服务国家生态文明建设的能力，国家林业和草原局启动了林草科技创新人才建设计划。经申报推荐、形式审查、专家评议和公示等环节，国家林业和草原局研究确定符利勇等 17 名林业和草原科技创新青年拔尖人才、徐俊明等 17 名林业和草原科技创新领军人才和中国林业科学研究院生物质能源与炭材料创新团队等 30 个林业和草原科技创新团队入选 2019 年林草科技创新人才建设计划。

国家林业和草原局要求入选的创新人才和团队，发扬成绩，再接再厉，在今后的工作中继续创造新业绩，取得新突破，为实现林草事业高质量发展和林草事业现代化不断做出新的更大贡献。各地各单位要高度重视创新人才队伍建设工作，对入选的创新人才和团队，要专门制订培养计划，优化放活管理措施，加大科研经费投入力度，创造良好工作和生活条件，为林草科技创新人才成长发展提供有力保障。

3. 林业领域人才队伍的建设

新时期背景下，我国的林业产业发展、生态环境建设有着更高的要求，这使我们必须重视林业科技创新人才的选拔和培养，首先要坚定不移地实施科教兴林、人才强林战略，从林业高科技人才发展规划的出台，到一系列鼓励科技创新人才的措施，无不彰显着国家对林业高科技人才的重视，对我国的林业事业繁荣发展寄予厚望。国家相继出台了《国家中长期人才发展规划纲要(2010—2020 年)》《全国林业人才"十二五"及中长期发展规划》《林业发展"十三五"规划》、全国林业"百千万人才"工程和《高端人才引进行动计划》《中共国家林业和草原局党组关于激励科技创新人才的若干措施》等相关政策，也提出激活林业科技人才创新动力；完善人才激励和保障机制，奖励突出贡献创新人才，完善梁希林业科学技术奖评审办法，争取申请增加自然科学、技术发明等奖励种类；加强人才教育培养力度，培养造就具备高层次、高技能复合型人才的高质量林业人才队伍等具体举措，为助力我国林业科技人才培养提供后盾。

四、我国林业科技创新的发展

认真贯彻习近平总书记讲话精神，大幅度增强和发挥林业科技在建设现代林业、促进绿色增长中的创造力和支撑力，必须加强统筹，优化环境，形成合力，为林业科技创新创造更好的条件。

1. 进一步加强林业科技工作的组织领导

用科技的力量支撑好、引领好现代林业发展，是实施科教兴林战略和破解绿色增长难题的当务之急、核心所在。必须进一步提高科技对现代林业建设作用的再认识，加强对全行业科技工作组织领导和统筹协调，把科技创新与应用列为提升全行业科学发展水平的中心环节，切实落实到生态建设工程和林业生产的全过程。

林业科技投入的力度，决定着科技创新的能力和水平。积极争取各级财政加大林业科技投入，切实落实林业重大工程3%的科技支撑经费，形成以国家财政长期稳定投入为主，多元化、社会化的林业科技投入机制。

2. 进一步健全林业科技创新体系

组建国家林业科学中心和区域林业科技中心，完善国家林业科技创新体系。建立健全以林业科技推广站(中心)、乡镇林业站为主，以林业科研院所、高校和涉林企业为辅的多层次林业科技推广体系。深入贯彻林业标准战略，完善林业标准化体系，建立健全林业质量监督体系。推进林业植物新品种权保护、生物安全管理、林业认证和知识产权保护等工作，优化完善林业科技发展保障服务体系。

3. 进一步优化林业科技发展环境

良好的政策环境是激励科技创新的核心要素之一。从政策层面上积极探索并形成林业科技工作在激励创新、鼓励研发和加快转化等各个环节中的新机制、新举措，形成重视科技、依靠科技、应用科技的良好环境。

4. 进一步加强科技队伍建设

要全力实施"3211"林业科技人才培养计划，造就一批林业科技战略科学家、领军人才和基层林业科技骨干。继续健全和完善人才引进政策，吸引海外高层次优秀科技人才回国工作，加快培养具有国际视野的科技创新人才。

第四节　林业科技发展展望

一、林业科技发展前沿

从全球范围来看，林业科学技术呈现出加速发展趋势。进入 21 世纪以来，随着经济全球化进程的加快，新的林业科技革命正在全球兴起，在信息技术、生物技术、新材料技术、航天育种技术等高新技术领域有了新突破，对森林资源管理、林木育种、林产工业、湿地保护、灾害控制及资源利用的方式和成效等方面产生了重大影响。随着多学科交叉融合、新理论相互渗透、多区域乃至全球科技合作等不断涌现，科技对未来林业发展的支撑引领作用日趋显著。中国农业科学研究院在 2019 年 11 月发布了《2019全球农业研究热点前沿》报告，该报告遴选出 2019 年度农业领域 62 个研究热点，其中，林业科技发展前沿包括了干扰对森林生态系统的影响、森林植物多样性的驱动和作用机制等。值得注意的是，我国的作物与食品研究在全球处于优势地位，而林业领域研究仍处于追赶者。

在新的历史时期，随着集体林业产权制度改革的逐步深入和社会主义市场经济体制的逐步完善，在非国有林业经济迅猛发展的新形势下，尤其是随着林权制度改革的不断深入，我国林业发展的宏观环境发生了根本性变化，林业发展的新形势、新趋势对林业科技提出了更高的要求，林业科技所承担的任务也发生了较大的变化。在全国林业科技创新大会上，汪洋副总理强调，新的历史条件下加快林业建设发展，必须深入实施创新驱动发展战略，切实转变林业发展方式。要瞄准国际前沿领域，围绕涉及生态安全、资源安全的重大基础理论，深入开展林业科学基础研究，掌握林业科技竞争的战略主动权。要增加生态建设和林业产业发展的科技供给，以生产实践和市场需求为导向，加快突破林业发展关键领域的核心技术，积极推进林业实用技术研究开发，促进科技成果转化和推广应用。要深化林业科技体制机制改革，促进科技资源共享，加强科研院所、企业和社会科研力量之间的协作，着力构建以企业为主体、市场为导向、产学研相结合的林业技术创新体系。要加强林业科技人才队伍建设，尊重科学规律，改善科研管理，为科技创新营造良好环境。

二、发展展望

21 世纪的世界林业，在绿色发展和林业可持续发展的大背景下，仍将继续面对和着力解决四个方面问题：一是森林资源培育；二是生态环境保护；三是森林资源的高效利用；四是森林与人类和谐发展。在新科技革命浪潮席卷全球的大背景下，科学技术对林业发展将发挥更加重要的支撑和引领作用，世界林业科技发展也围绕这四大主题呈现出新的发展态势。归纳起来，世界林业科技发展主要有以下几大趋势。

一是林业应对气候变化及低碳林业成为世界林业科学研究的新热点。林业是绿色循环经济的重要组成部分，在低碳减排、清洁低耗生产、争取国际话语权等方面，具有重要作用。大力发展碳汇林业，增加森林碳汇，减少毁林排放，得到国际社会的广泛认同，已成为气候变化谈判的核心议题。低碳发展的理念也正在促使人们重新思考和检验传统的林业概念。

二是森林多目标经营和多功能林业发展的理论与技术将成为森林经营研究的主流。建立多功能林业技术体系，已经成为世界主要林业国家提高森林经营水平和效益的重要手段。森林经营转向以建立健康、稳定、高效的森林生态系统为目标，景观管理、森林功能区划、多功能经营规划、异龄混交林经营、森林生长模拟和优化决策及工具研发等核心技术持续深入，适应性经营监测和评价技术得到加强，森林健康和生物多样性保护得到持续关注。

三是林业产业化研究的内涵和绿色制造技术的应用不断扩大。由于森林在解决环境问题中的突出地位，林业发展已从以木材生产为中心转向森林资源多功能利用，今后除加强木质林产品的精深加工和高效与节约利用、木质替代产品、林产化工的研究外，非木质林产品开发与利用研究将得到加强，林产工业的内涵不断扩大，如森林游憩资源的可持续开发与利用，森林生态系统野生动植物的保护、繁殖与利用研究，森林生态系统食品资源的开发与利用，生物医药和文化创意产品等新兴产业，将蓬勃兴起。

四是人工林的生态系统管理成为世界林业科学研究的重要内容。由于世界人口增长、可更新自然资源贫乏和天然林保护的需要，人工林仍是解决森林资源不足问题的关键，人工用材林的培育仍将受到世界各国的关注。针对人工林经营过程中出现的生态系统稳定性和服务功能差、生物多样性降低、地力衰退、水源涵养能力弱、易受森林火灾和病虫害威胁等一系列生态问题，新一代人工林更注重可持续经营，维护和提高人工林的生态系统完整性，最大限度发挥人工林的多重功能和多重效益。

五是退化生态系统和森林生态环境的修复与改善成为林业科学研究的迫切任务。目前，环境治理已成为世界性的紧迫任务。应对环境治理的迫切需要，退化生态系统的恢复与重建成为亟待解决的问题。在此基础上，生态系统修复及稳定性维护等核心技术将不断创新，林业应对气候变化技术得到进一步加强，区域安全生态屏障构建技术持续进步，集生物技术与工程技术为一体的生态修复体系不断融合、发展、完善。

六是生物技术和信息技术成为促进林业科技进步的重要手段。以功能基因组学为核心的林木分子育种、基因解析及基因芯片等技术，已经成为林木新品种创制的重要手段；同时，随着基因组编辑技术的不断发展，多国林木育种学家开始聚焦于林木基因编辑的研究，并呼吁相关机构修改对基因工程林木的管理规定。此外，发展林业生物资源高效培育和资源节约型、环境友好型林产品加工利用技术，将成为世界各国抢占 21 世纪国际经济技术竞争的制高点。遥感、全球定位、数字模拟等信息化技术，在林业资源管理、生态监测、灾害防控等领域发挥了日益重要的作用，开发具有林业特色的天地一体化林业空间信息采集、加工、分发、表达和决策支持系统，已成为世界林业发展的必然趋势。

七是绿色发展理论推动林业经济管理理论的新发展。2011 年 2 月，联合国环境规划署（UNEP）发布《迈向绿色经济——通向可持续发展和消除贫困之路》，将林业作为全球绿色经济发展 10 个至关重要的部门之一。在绿色发展的理论框架下，林业经济管理学科将取得新突破与发展，如森林和林业社会地位和作用的重新定位，现代林业的理论与实践，包含森林生态系统服务在内的绿色 GDP 核算和森林资源经济学的发展，林产品的绿色贸易，以森林与人类和谐发展为主题的森林文化、森林与健康、森林美学、森林福利、生态文明、城市林业的发展，森林经营目标的新拓展，林业宏观决策的支持以及林业政策的调整与发展等。

当前，林业发展对科技创新需求更加迫切、依赖更加强烈，相信未来林业科技的发展将成为国土绿化事业的"发动机"。我国林业科技发展需要围绕世界林业科技发展新趋势，围绕"一带一路"倡议以及京津冀协同发展、长江经济带建设等国家战略，促进林业生态建设、产业发展和兴林富民重大需求，深入实施创新驱动发展战略，前瞻布局基础前沿及战略研究，重点攻克林业发展关键技术，全面加强创新能力建设，使我国林业科技整体实力和水平得到明显提升，更好地支撑生态建设、引领产业升级、服务社会民生。

第二章

林业科技创新计划和管理

第一节　国家重点研发计划

当前，从"科学"到"技术"到"市场"演进周期大为缩短，各研发阶段边界模糊，技术更新和成果转化更加快捷。为适应这一新技术革命和产业变革的特征，新设立的国家重点研发计划，着力改变现有科技计划按不同研发阶段设置和部署的做法，按照基础前沿、重大共性关键技术到应用示范进行全链条设计，一体化组织实施。该计划下，将根据国民经济与社会发展的重大需求和科技发展优先领域，凝练设立一批重点专项，瞄准国民经济和社会发展各主要领域的重大、核心、关键科技问题，组织产学研优势力量协同攻关，提出整体解决方案。

一、出台背景与实施原则

国家重点研发计划由中央财政资金设立，面向世界科技前沿、面向经济主战场、面向国家重大需求，重点资助事关国计民生的农业、能源资源、生态环境、健康等领域中需要长期演进的重大社会公益性研究，事关产业核心竞争力、整体自主创新能力和国家安全的战略性、基础性、前瞻性重大科学问题，重大共性关键技术和产品研发，以及重大国际科技合作等，加强跨部门、跨行业、跨区域研发布局和协同创新，为国民经济和社会发展主要领域提供持续性的支撑和引领。

（一）计划出台背景

根据《关于深化中央财政科技计划（专项、基金等）管理改革的方案》（国发〔2014〕64号），国家重点研发计划是由原来科技部管理的国家重点基础研究发展计划、国家高技术研究发展计划、国家科技支撑计划、国际科技合作与交流专项，发展和改革委员会、工信部共同管理的产业技术研究与开发资金，农业部、卫计委等13个部门管理的公益性行业科研专项等整合而成。重点研发计划针对事关国计民生的重大社会公益性研究，以及事关产业核心竞争力、整体自主创新能力和国家安全的战略性、基础性、前瞻性重大科学问题、重大共性关键技术和产品，为国民经济和社会发展主要领域提供持续性的支撑和引领。

（二）组织实施原则

国家重点研发计划按照重点专项、项目分层次管理。重点专项是国家重点研发计划组织实施的载体，聚焦国家重大战略任务、以目标为导向，从基础前沿、重大共性关键技术到应用示范进行全链条创新设计、一体化组织实施。

项目是国家重点研发计划组织实施的基本单元。项目可根据需要下设一定数量的课题。课题是项目的组成部分，按照项目总体部署和要求完成相对独立的研究开发任务，服务于项目目标。

国家重点研发计划的组织实施遵循以下原则：

（1）战略导向，聚焦重大。瞄准国家目标，聚焦重大需求，优化配置科技资源，着力解决当前及未来发展面临的科技瓶颈和突出问题，发挥全局性、综合性带动作用。

（2）统筹布局，协同推进。充分发挥部门、行业、地方、各类创新主体在总体任务布局、重点专项设置、实施与监督评估等方面的作用，强化需求牵引、目标导向和协同联动，促进产学研结合，普及科学技术知识，支持社会力量积极参与。

（3）简政放权，竞争择优。建立决策、咨询和具体项目管理工作既相对分开又相互衔接的管理制度，主要通过公开竞争方式遴选资助优秀创新团队，发挥市场配置技术创新资源的决定性作用和企业技术创新主体作用，尊重科研规律，赋予科研人员充分的研发创新自主权。

（4）加强监督，突出绩效。建立全过程嵌入式的监督评估体系和动态调整机制，加强信息公开，注重关键节点目标考核和组织实施效果评估，着力提升科技创新绩效。

国家重点研发计划纳入公开统一的国家科技管理平台，充分发挥国家科技计划（专项、基金等）管理部际联席会议、战略咨询与综合评审委员会、项目管理专业机构、评估监管与动态调整机制、国家科技管理信息系统的作用，与国家自然科学基金、国家科技重大专项、技术创新引导专项

（基金）、基地和人才专项等加强统筹衔接。

二、组织管理与职责

国家科技计划（专项、基金等）管理部际联席会议（以下简称联席会议）负责审议国家重点研发计划的总体任务布局、重点专项设置、专业机构遴选择优等重大事项。

战略咨询与综合评审委员会（以下简称咨评委）负责对国家重点研发计划的总体任务布局、重点专项设置及其任务分解等提出咨询意见，为联席会议提供决策参考。

（一）科技部职责

科技部是国家重点研发计划的牵头组织部门，主要职责是会同相关部门和地方开展以下工作：

（1）研究制定国家重点研发计划管理制度。

（2）研究提出重大研发需求、总体任务布局及重点专项设置建议。

（3）编制重点专项实施方案，编制发布年度项目申报指南。

（4）提出承接重点专项具体项目管理工作的专业机构建议，代表联席会议与专业机构签署任务委托协议，并对其履职尽责情况进行监督检查。

（5）开展重点专项年度与中期管理、监督检查和绩效评估，提出重点专项优化调整建议。

（6）建立重点专项组织实施的协调保障机制，推动重点专项项目成果的转化应用和信息共享。

（7）组建各重点专项专家委员会，支撑重点专项的组织实施与管理工作。

（8）开展科技发展趋势的战略研究和政策研究，优化国家重点研发计划总体任务布局。

（二）相关部门和地方职责

相关部门和地方通过联席会议机制推动国家重点研发计划的组织实施，主要职责是：

（1）凝练形成相关领域重大研发需求，提出重点专项设置的相关建议。

（2）参与重点专项实施方案和年度项目申报指南编制。

（3）参与重点专项年度与中期管理、监督检查和绩效评估等。

（4）为相关重点专项组织实施提供协调保障支撑，加强对所属单位承担国家重点研发计划任务和资金使用情况的日常管理与监督。

（5）做好产业政策、规划、标准等与重点专项组织实施工作的衔接，协调推动重点专项项目成果在行业和地方的转移转化与应用示范。

（三）重点专项专家委员会

重点专项专家委员会由重点专项实施方案编制参与部门（含地方，以下简称专项参与部门）推荐的专家组成，主要职责是：

（1）开展重点专项的发展战略研究和政策研究。

（2）为重点专项实施方案和年度项目申报指南编制工作提供专业咨询。

（3）在项目立项的合规性审核环节提出咨询意见。

（4）参与重点专项年度和中期管理、监督检查、项目验收、绩效评估等，对重点专项的优化调整提出咨询意见。

（四）项目管理专业机构

项目管理专业机构（以下简称专业机构）根据国家重点研发计划相关管理规定和任务委托协议，开展具体项目管理工作，对实现任务目标负责，主要职责是：

（1）组织编报重点专项概算。

（2）参与编制重点专项年度项目申报指南。

（3）负责项目申报受理、形式审查、评审、公示、发布立项通知、与项目牵头单位签订项目任务书等立项工作。

（4）负责项目资金拨付、年度和中期检查、验收、按程序对项目进行动态调整等管理和服务工作。

（5）加强重点专项下设项目间的统筹协调，整体推进重点专项的组织实施。

（6）按要求报告重点专项及其项目实施情况和重大事项，接受监督。

（7）负责项目验收后的后续管理工作，对项目相关资料进行归档保存，促进项目成果的转化应用和信息共享。

（8）按照公开、公平、公正和利益回避的原则，充分发挥专家作用，支撑具体项目管理工作。

（五）项目牵头单位

项目牵头单位负责项目的具体组织实施工作，强化法人责任。主要职责是：

（1）按照签订的项目任务书组织实施项目，履行任务书各项条款，落实配套条件，完成项目研发任务和目标。

（2）严格执行国家重点研发计划各项管理规定，建立健全科研、财务、诚信等内部管理制度，落实国家激励科研人员的政策措施。

（3）按要求及时编报项目执行情况报告、信息报表、科技报告等。

（4）及时报告项目执行中出现的重大事项，按程序报批需要调整的事项。

（5）接受指导、检查并配合做好监督、评估和验收等工作。

（6）履行保密、知识产权保护等责任和义务，推动项目成果转化应用。

（六）其他

项目下设课题的，课题承担单位应强化法人责任，按照项目实施的总体要求完成课题任务目标；课题任务须接受项目牵头单位的指导、协调和监督，对项目牵头单位负责。

三、申报与立项

科技部围绕国家重大战略和相关规划的贯彻落实，牵头组织征集部门和地方的重大研发需求，根据"自下而上"和"自上而下"相结合的原则，会同相关部门和地方研究提出国家重点研发计划的总体任务布局，经咨评委咨询评议后，提交联席会议全体会议审议。根据联席会议审议通过的总体任务布局，科技部会同相关部门和地方凝练形成目标明确的重点专项，并组织编制重点专项实施方案，作为重点专项任务分解、概算编制、项目申报指南编制、项目安排、组织实施、监督检查、绩效评估的基本依据。

（一）重点专项

重点专项实施方案由咨评委咨询评议，并按照突出重点、区分轻重缓急的原则提出启动建议后，提交联席会议专题会议审议，并将审议结果向联席会议全体会议报告。联席会议审议通过的重点专项应按程序报批。

重点专项实行目标管理，执行期一般为五年，执行期间可根据需要优化调整。重点专项完成预期目标或达到设定时限的，应当自动终止；确有必要的，可延续实施。需要优化调整或延续实施的重点专项，由科技部、财政部商相关部门提出建议，经咨评委咨询评议后报联席会议专题会议审议，按程序报批。

拟启动实施的重点专项，应按规定明确承接具体项目管理工作的专业机构并签订任务委托协议，由专业机构组织编报重点专项概算，并与财政预算管理要求相衔接。

（二）项目

重点专项的年度项目申报指南，由科技部会同专项参与部门及专业机构编制。重点专项专家委员会为指南编制提供专业支撑。指南编制工作应充分遵循实施方案提出的总体目标和任务设置，细化分解形成重点专项年度项目安排。

项目应相对独立完整，体量适度，设立可考核可评估的具体指标。指南不得直接或变相限定项目的技术路线和研究方案。对于同一指南方向下不同技术路线的申报项目，可以择优同时支持。

项目申报指南应明确项目遴选方式，主要通过公开竞争择优确定项目承担单位。对于组织强度要求较高、行业内优势单位较为集中或典型应用示范区域特征明显的指南方向，也可采取定向择优等方式遴选项目承担单位，但须对申报单位的资质、与项目相关的研究基础以及配套资金等提出明确要求。

经公开征求意见与审核评估后，项目申报指南通过国家科技管理信息系统(以下简称信息系统)公开发布。发布指南时可公布重点专项年度拟立项项目数及相应的总概算。指南编制专家名单、形式审查条件要求等应与指南一并公布。保密项目采取非公开方式发布指南。自指南发布日到项目申报受理截止日，原则上不少于50天。

建立多元化的投入体系，鼓励地方、行业、企业与中央财政共同出资，组织实施重点专项，建立由出资各方共同管理、协同推进的组织实施模式，支持重点专项项目成果在地方、行业和企业推广应用、转化落地。

四、项目实施

(一)项目承担单位

项目承担单位(包括项目牵头单位、课题承担单位和参与单位等)应根据项目(课题)任务书确定的目标任务和分工安排，履行各自的责任和义务，按进度高质量完成相关研发任务。应按照一体化组织实施的要求，加强不同任务间的沟通、互动、衔接与集成，共同完成项目总体目标。

项目牵头单位和项目负责人应切实履行牵头责任，制定本项目一体化组织实施的工作方案，明确定期调度、节点控制、协同推进的具体方式，在项目实施中严格执行，全面掌握项目进展情况，并为各研究任务的顺利推进提供支持。对可能影响项目实施的重大事项和重大问题，应及时报告专业机构并研究提出对策建议。

课题承担单位和参与单位应积极配合项目牵头单位组织开展的督导、协调和调度工作，按要求参加集中交流、专题研讨、信息共享等沟通衔接安排，及时报告研究进展和重大事项，支持项目牵头单位加强研究成果的集成。

（二）专业机构

项目实施中，专业机构应安排专人负责项目管理、服务和协调保障工作，通过全程跟进、集中汇报、专题调研等方式全面了解项目进展和组织实施情况，及时研究处理项目牵头单位提出的有关重大事项和重大问题，及时判断项目执行情况、承担单位和人员的履约能力等。在项目实施的关键节点，及时向项目牵头单位提出有关意见和建议。

对于具有创新链上下游关系或关联性较强的相关项目，专业机构应当建立专门的统筹管理机制，督导相关项目牵头单位在项目实施中加强协调和联动，按照重点专项实施方案的部署和进度安排，共同完成研发任务。

（三）项目年报、中检

（1）实行项目年度报告制度。项目牵头单位应按照科技报告制度要求，于每年11月底前，通过信息系统向专业机构报送项目年度执行情况报告。项目执行不足3个月的，可在下一年度一并上报。

（2）实行项目中期检查制度。执行周期在3年及以上的项目，在项目实施中期，专业机构应对项目执行情况进行中期检查，对项目能否完成预定任务目标做出判断，并形成中期执行情况报告。具有明确应用示范目标的项目，专业机构应邀请有关部门和地方共同开展中期检查工作。

（四）项目调整、撤销或终止

1. 项目调整

项目实施中须对以下事项做出必要调整的，应按程序通过信息系统报批：变更项目牵头单位、课题承担单位、项目（含课题）负责人、项目实施周期、项目主要研究目标和考核指标等重大调整事项，由项目牵头单位提出书面申请，专业机构研究形成意见，或由专业机构直接提出意见，报科技部审核后，由专业机构批复调整；变更课题参与单位、研发骨干人员、课题实施周期、课题主要研究目标和考核指标等重要调整事项，由项目牵头单位提出书面申请，专业机构研究审核批复，并报科技部备案；其他一般性调整事项，专业机构可委托项目牵头单位负责，并做好指导和管理工作。

2. 项目撤销或终止

项目实施中遇到下列情况之一的，项目任务书签署方均可提出撤销或终止项目的建议：经实践证明，项目技术路线不合理、不可行，或项目无法实现任务书规定的进度且无改进办法；项目执行中出现严重的知识产权纠纷；完成项目任务所需的资金、原材料、人员、支撑条件等未落实或发生改变导致研究无法正常进行；组织管理不力或者发生重大问题导致项目无法进行；项目实施过程中出现严重违规违纪行为，严重科研不端行为，不按规定进行整改或拒绝整改；项目任务书规定其他可以撤销或终止的情况。专业机构应对撤销或终止建议研究提出意见，报科技部审核后，批复执行。

撤销或终止项目的，项目牵头单位应对已开展工作、经费使用、已购置设备仪器、阶段性成果、知识产权等情况做出书面报告，经专业机构核查批准后，依规完成后续相关工作。对于因非正当理由致使项目撤销或终止的，专业机构应通过调查核实或后评估明确责任人和责任单位，并纳入科研诚信记录。

五、项目验收与成果管理

项目执行期满后，专业机构应立即启动项目验收工作，要求项目牵头单位在3个月内完成验收准备并通过信息系统提交验收材料，在此基础上于6个月内完成项目验收，不得无故逾期。项目下设课题的，项目牵头单位应在项目验收前组织完成课题验收。

（一）项目验收

项目因故不能按期完成须申请延期的，项目牵头单位应于项目执行期结束前6个月提出延期申请，经专业机构提出意见报科技部审核后，由专业机构批复执行。项目延期原则上只能申请1次，延期时间原则上不超过1年。

未按要求提出延期申请的，专业机构应按照正常进度组织验收工作。

专业机构应根据不同项目类型，组织项目验收专家组，采用同行评议、第三方评估和测试、用户评价等方式，依据项目任务书所确定的任务目标和考核指标开展验收。

对于具有创新链上下游关系或关联性较强的相关项目，验收时应有整体设计，强化对一体化实施绩效的考核。

项目验收专家组一般由技术专家、管理专家和产业专家等共同组成。验收专家组构成应充分听取专项参与部门意见。验收专家执行回避制度。

项目验收专家组在审阅资料、听取汇报、实地考核、观看演示、提问质询的基础上，按照通过验收、不通过验收或结题三种情况形成验收结论：按期保质完成项目任务书确定的目标和任务，为通过验收；因非不可抗拒因素未完成项目任务书确定的主要目标和任务，按不通过验收处理；因不可抗拒因素未完成项目任务书确定的主要目标和任务的，按照结题处理。

提供的验收文件、资料、数据存在弄虚作假，或未按相关要求报批重大调整事项，或不配合验收工作的，按不通过验收处理。

专业机构应统筹做好项目验收和财务验收工作。验收工作结束后 3 个月内，专业机构应将项目验收结论与财务验收意见一并通知项目牵头单位，并报科技部备案；项目承担单位应按相关规定填写科技报告和成果信息，纳入国家科技报告系统和科技成果转化项目库。项目验收结论及成果除有保密要求外，应及时向社会公示。

（二）成果管理

项目形成的研究成果，包括论文、专著、样机、样品等，应标注"国家重点研发计划资助"字样及项目编号，英文标注："National Key R&D Program of China"。第一标注的成果作为验收或评估的确认依据。

项目形成的知识产权的归属、使用和转移，按照国家有关法律、法规和政策执行。相关单位应事先签署正式协议，约定成果和知识产权的归属及权益分配。为了国家安全、国家利益和重大社会公共利益的需要，国家可以许可他人有偿实施或者无偿实施项目形成的知识产权。

依法取得知识产权的单位应当积极应用和有序扩散项目成果，传播和普及科学知识，促进技术交易和成果转化，并落实支持成果转化的科研人员激励政策。专项参与部门应在协调推动项目成果转移转化和应用示范方面给予支持。

对涉及国家秘密的项目及取得的成果，按有关规定进行密级评定、确认和保密管理。

六、监督与评估

国家重点研发计划建立全过程嵌入式的监督评估机制，对重点专项及其项目管理和实施中指南编制、立项、专家选用、项目实施与验收等工作中相关主体的行为规范、工作纪律、履职尽责情况等进行监督，并对重点专项总体实施和资金使用情况及效果进行评估评价，创造公平、公开、公正的科研环境，提高创新绩效。

监督评估工作应以国家重点研发计划的相关制度规定、重点专项实施方案、项目申报指南、任务书、协议、诚信承诺书等为依据，按照责权一致的原则和放管服要求确定监督评估对象和重点。接受监督评估的单位应当建立健全内控制度和常态化的自查自纠机制，加强风险防控，强化管理人员、科研人员的责任意识、绩效意识、自律意识和科研诚信，积极配合监督评估工作。

监督评估工作由科技部、财政部会同其他专项参与部门组织开展，一般应先行制定年度工作方案，明确当年监督评估的范围、重点、时间、方式等，避免交叉重复，并注重发挥重点专项专家委员会专家的作用。涉及项目监督评估的，应主要针对事关重点专项总体实施效果的重大项目。

建立公众参与监督的工作机制。按照公开为常态，不公开为例外的原则，加大项目立项、验收、资金安排和专家选用等信息公开力度，主动接受公众和舆论监督，听取意见，推动和改进相关工作。收到投诉举报的，应当按有关规定登记、分类处理和反馈；投诉举报事项不在权限范围内的，应按有关规定移交相关部门和地方处理。

项目承担单位应当在单位内部公开项目立项、主要研究人员、科研资金使用、项目合作单位、大型仪器设备购置以及研究成果情况等信息，加强内部监督。

及时严肃处理违规行为，并实行逐级问责和责任倒查。对有违规行为的咨询评审专家，予以警告、责令限期改正、通报批评、阶段性或永久性取消咨询评审和申报参与项目资格等处理；对有违规行为的项目承担单位和科研人员，予以约谈、通报批评、暂停项目拨款、追回已拨项目资金、终止项目执行、阶段性或永久性取消申报参与项目资格等处理；对有违规行为的专业机构，予以约谈、通报批评、解除委托协议、阶段性或永久性取消项目管理资格等处理。处理结果应以适当方式向社会公布，并纳入科研诚信记录。违法、违纪的，应及时移交司法机关和纪检部门。

建立统一的信息系统，为重点专项及其项目管理和监督评估提供支撑。重点专项的形成、年度与中期管理、动态调整、监督评估，以及项目的立项、资金安排、过程管理、验收与跟踪管理等信息，统一纳入信息系统，全程留痕，可查询、可申诉、可追溯。

第二节　科技成果推广计划

林业科技成果推广计划是一项促进林业科技成果转化为现实生产力，促进行业技术进步和创新，为实施"科教兴林"基本方针和林业可持续发展战略而实施的国家林业和草原局重点林业科技计划。其宗旨是根据林业生产建设对科技成果的迫切需要，有组织、有计划地将大批先进、成熟、适用的科技成果，通过建立试验示范点、开展技术培训等多种形式，在林业生产中大面积地推广应用，以提高林业生产建设质量，促进林业又快又好发展。

林业科技推广成果主要是指通过地市级以上有关科技成果评价机构鉴定、认定、验收、评审、评估和登记的科技成果，以及经审(认)定的林木良种、有效发明专利等。

国家林业和草原局科技主管机构负责组织、管理和指导全国林业科技成果推广计划的实施工作。各省、自治区、直辖市林业厅(局)，各森工(林业)集团公司，新疆生产建设兵团林业和草原局与国家林业和草原局有关直属单位的科技推广管理机构，负责本地方、本单位推广计划项目的申报、组织实施等管理工作。

一、项目申报与审批

(一)发布指南
国家林业和草原局科技主管机构根据林业生态建设和产业建设的技术需求，每年发布《国家林业和草原局林业科技成果推广计划项目年度指南》(以下简称《指南》)。

(二)组织申报
各省、自治区、直辖市林业厅(局)、各森工(林业)集团公司、新疆生产建设兵团林业和草原局、国家林业和草原局有关直属单位，根据《指南》要求，组织本地方、本单位推广计划项目的申报。申报一般应具备三个条件：

(1)申报项目所依托的技术成果必须已通过鉴定或验收(或评审)，其技术成熟、适用、应用范围广，辐射力强，成果无权属异议。

(2)申报项目符合国家产业政策，技术先进，有助于带动和促进行业技术进步，有利于提升林业生态建设与产业建设中的技术水平，对社会、环境、资源没有危害。

(3)申报单位必须是从事林业科技推广、科学研究、生产的机构，并且具备实施项目所需的技术基础条件。

各省、自治区、直辖市林业厅(局)，各森工(林业)集团公司，新疆生产建设兵团林业和草原局和国家林业和草原局有关直属单位作为组织项目申报的单位，负责对本地方、本单位项目进行初步审查，并以厅(局)级正式文件将项目上报国家林业和草原局科技主管机构。

(三)成果库管理

国家林业和草原局科技主管部门负责组织和管理成果库建设。国家林业和草原局科技主管部门每年定期发布成果入库网上填报通知。

各省级林业主管部门，国家林业和草原局有关直属单位，北京林业大学、东北林业大学、南京林业大学、西南林业大学、中南林业科技大学、西北农林科技大学等(以下简称推荐单位)负责组织本地区(单位)成果的填报、审核和提交工作。国家林业和草原局科技主管部门组织专家对填报的成果进行网上评审，并将评审结果反馈各推荐单位。对林业和草原生态建设和产业发展有重大促进作用的先进、适用、成熟科技成果通过评审进入成果库。

入库成果需具备先进、适用、成熟、宜推广等特点，并符合下列条件：①成果需有利于林业生态体系和产业体系建设，有利于提升林业生产建设科技水平，有利于促进地方经济发展和增加林农收入。②成果应当符合国家相关政策和产业要求，必须对社会、资源、生态无危害和不良影响，应用范围广，辐射作用强，无知识产权纠纷。③成果需通过有关科技成果评价机构鉴定、审定、认定、验收、评审、评估或登记。

组织实施林业和草原科技推广示范补助项目所依托科技成果，必须来源于林业和草原科技推广成果库。成果库实行动态管理，国家林业和草原局科技主管部门不定期组织专家对已入库成果的时效性和适用性进行审核，不适宜的成果退出成果库，并反馈推荐单位。国家林业和草原局根据生态建设、产业发展和林业扶贫等重点工作对科学技术的需求，定期发布重点推广林业科技成果包。

(四)项目评审

国家林业和草原局科技主管机构组织专家对各地方、各单位按照《指南》要求申报的项目进行评审，同时提出林业科技成果重点推广计划项目年度计划。由委托单位(甲方)、保证单位(乙方)和承担单位(丙方)三方共同签订《林业科学技术推广计划项目合同》，其中，国家林业和草原局科技主管机构为项目委托单位(甲方)；各省、自治区、直辖市林业和草原厅(局)，各森工(林业)集团公司，新疆生产建设兵团林业和草原局和国家林业和草原局有关直属单位为项目保证单位(乙方)。

（五）项目管理与监督

为确保项目的顺利实施，国家林业和草原局科技主管机构对项目实行跟踪监督和管理。项目承担单位要自觉接受上级林业主管部门的检查、监督，并在每年年终将项目进展情况报上级林业主管部门。各项目保证单位要定期对项目的实施情况进行检查，检查情况报国家林业和草原局科技主管机构。国家林业和草原局科技主管机构对项目实施情况进行不定期检查。

项目承担单位不得擅自变更或调整项目实施任务、地点、规模和技术指标等合同内容，确需变更或调整的，由项目保证单位审查后向国家林业和草原局科技主管机构提出书面申请，由国家林业和草原局科技主管机构根据实际情况审核批复。

项目执行期间，如遇不可抗力或其他特殊原因，对项目造成较大影响的，项目保证单位要及时取证并书面报告国家林业和草原局科技主管机构，由国家林业和草原局科技主管机构做出中止或撤项的决定。

（六）经费管理

实施林业科技成果推广计划项目的经费由国家财政拨款以及地方配套或项目承担单位自筹。

项目经费实行专款专用，国家财政拨款主要用于与项目有关的试验费、检测费、仪器设备费、劳务费、差旅费、资料信息费、会议费、培训费等。任何部门、单位或个人不得以任何方式挤占、截留、滞留、挪用项目资金，不得擅自改变项目经费支出方向。

对挪用、挤占、截留、改变资金用途等违反有关财经纪律和财务制度的单位，将停止项目实施，并按照国家有关财经法律法规的规定进行严肃处理。同时，对于违规使用资金的项目承担单位，取消其下一年度林业科技成果推广计划项目申报资格。

（七）项目验收

项目承担单位（丙方）必须按期完成项目，并在项目完成后的三个月内提出验收申请。不能按期完成的项目，项目保证单位要提出延期申请，待国家林业和草原局科技主管机构批准后执行。国家林业和草原局科技主管机构负责对项目组织验收，或委托有关单位主持验收。

项目验收以合同规定的建设内容、考核目标和应达到的技术经济指标及批准调整后确定的内容为依据，对项目任务完成情况进行核查和综合评价。项目验收评价的主要内容包括：项目合同执行情况及评价；项目资金落实及使用情况；项目组织管理工作情况；项目取得的成果、效益、应用前景等。在推广过程中，技术有创新，需要进行成果鉴定（评审）的项目可与项目验收一并进行，成果鉴定（评审）按照国家有关科技项目鉴定管理办法的要求进行。

验收结论分为验收合格和验收不合格。对按期完成合同任务或基本完成合同任务的项目评定为验收合格；对没有按期完成合同任务，并且各项指标差距较大的项目评定为验收不合格。

验收不合格的项目，在一年内经整改完善后，可再次提出验收申请。二次验收仍不合格的项目将予以通报，并取消该项目承担单位两年内申报推广计划项目的资格。

验收合格的项目，须填写《国家林业和草原局科技成果（推广）计划项目验收证书》，报国家林业和草原局科技主管机构备案。

通过项目实施获得的成果，根据国家有关成果奖励的规定和办法，可以申报各类奖励。

第三节　林业标准化与质量管理

林业标准化工作是贯穿于林业改革发展全过程的一项基础性工作，是推进林业治理体系和治理能力现代化的重要内容。林业标准化工作，包括制定和修订林业标准，组织实施林业标准，对林业标准的实施进行监督。

一、林业标准化工作的组织机构

国家林业和草原局负责全国林业标准化工作的管理、监督和协调。省、自治区、直辖市人民政府林业行政主管部门负责本行政区域内的林业标准化管理工作。设区的市、自治州人民政府林业行政主管部门和县级人民政府林业行政主管部门按照省、自治区、直辖市人民政府规定的职责，管理本行政区域的标准化工作。

国家统一规划组建的全国林业专业标准化技术委员会，是专门从事林业标准化工作的技术组织，负责在林业专业范围内开展标准化技术工作。全国林业专业标准化技术委员会的组成人员应当有行政管理机构的科技管理人员参加。国家林业和草原局根据需要确定的林业标准化技术归口单位，参照全国林业专业标准化技术委员会的职责承担相应的标准化技术工作。

二、林业标准的计划管理

林业国家标准计划按照《国家标准管理办法》的规定进行编制。林业行业标准计划按照以下规定编制：

（1）国家林业和草原局按照国家标准计划项目的编制原则和要求，根据林业建设的实际情况，提出编制林业行业标准计划项目的原则和要求。

（2）林业专业标准化技术委员会或者林业标准化技术归口单位应当在林业标准体系框架内，根据林业建设实际以及企事业单位、社会中介组织和个人的意见，提出林业标准计划项目的建议报国家林业和草原局。

（3）国家林业和草原局经汇总、协调后，组织实施林业行业标准项目年度计划。

对于国家标准、行业标准未做规定的或者规定不全的技术要求，省、自治区、直辖市人民政府林业行政主管部门可依法向本省、自治区、直辖市人民政府标准化行政主管部门提出编制林业地方标准项目计划的建议。

没有林业国家标准、行业标准和地方标准的，企业应当制定企业标准。国家标准、行业标准、地方标准已有规定的，鼓励企业制定严于上述标准要求的企业标准。

先于国家标准、行业标准制定实施的林业地方标准、企业标准，在国家标准、行业标准正式发布后，应当做相应的修改或者终止执行。但严于国家标准、行业标准的企业标准除外。

林业标准计划项目承担单位对林业标准计划项目经费，必须专款专用。任何单位或者个人不得截留和挪用。

对已经下达的林业标准计划项目进行调整，需要符合下列情形之一：确属急需的林业标准项目可以申请增补；确属特殊情况，对林业标准计划项目的内容，包括项目名称、标准内容、主要起草单位和主要起草人等，可以申请调整；确属不宜制定林业标准的计划项目应当申请撤销。

需要调整的林业国家标准计划项目，由起草单位填写林业国家标准计划项目调整申请表报国家林业和草原局，经审查同意后，报国务院标准化行政主管部门批准；需要调整的林业行业标准计划项目由起草单位填写林业行业标准计划项目调整申请表，报国家林业和草原局批准。调整的林业标准计划项目未获批准时，应当按照原定计划执行。

三、林业标准的制定

国家林业和草原局主管标准化工作的机构应当按照林业标准计划与林业标准计划项目起草单位签订林业标准制(修)订项目合同。

全国林业专业标准化技术委员会或林业标准化技术归口单位应当按照国家林业和草原局下达的林业标准计划项目组织实施，定期检查林业标准计划项目的进展情况，并采取有效措施保证起草单位按计划完成任务。

起草单位应当成立标准起草小组。标准起草小组按照《标准化工作导则》的规定起草标准征求意见稿，编写编制说明及有关附件。起草单位应当征求生产、管理、科研、检验、质量监督、经销、使用等单位及大专院校对林业标准征求意见稿的意见。涉及人身安全和健康的林业标准应当公开征求公众意见。起草单位应当根据征集的意见对林业标准征求意见稿进行修改，提出林业标准送审稿、标准编制说明及其他附件送林业专业标准化技术委员会或林业标准化技术归口单位审查。

林业标准送审稿由林业专业标准化技术委员会按照国家有关规定组织审查；未成立林业专业标准化技术委员会的，由国家林业和草原局或其委托的林业标准化技术归口单位组织审查。审查时，应当有生产、设计、管理、科研、质量监督、检验、经销、使用等单位及大专院校的代表参加，其中，使用方面的代表不应少于参加审查人员总数的四分之一。审查可采用会议审查或函审，具体审查方式由组织者决定。对技术、经济影响大，涉及面广的林业标准应当采用会议审查。

起草单位应当根据审查会或函审专家的意见对送审稿进一步修改完善，形成下列林业标准报批材料，报送相应专业的林业专业标准化技术委员会或者林业标准化技术归口单位。

林业专业标准化技术委员会或林业标准化技术归口单位收到林业标准报批材料后应当进行审核；对于符合报批条件的林业标准报批稿，林业专业标准化技术委员会或林业标准化技术归口单位应当填写林业标准报批签署单后，报国家林业和草原局。

四、林业标准的审批与发布

林业国家标准由国务院标准化行政主管部门审批、编号、发布。

林业行业标准由国家林业和草原局审批、编号、发布，并报国务院标准化行政主管部门备案。

林业地方标准由地方标准化行政主管部门审批、编号、发布，并报国务院标准化行政主管部门和国家林业和草原局备案。

企业标准的编号、审批、发布由企业自定，并按省、自治区、直辖市人民政府的规定备案。

五、林业标准的实施与监督

县级人民政府林业行政主管部门应当按照《林业标准化管理办法》和有关规定开展林业标准化示范工作，并对标准的实施进行监督检查。

林业建设工程应当按标准设计、按标准施工、按标准验收。

林业标准发布后，林业企业、事业单位应当根据本单位科研、生产管理的需要组织培训，贯彻实施。

企业应当按标准组织生产，按标准进行检验。经检验符合标准的产品由企业质量检验部门签发合格证。产品或其说明书、包装物上应标注所执行标准的编号。

企业新产品的设计和鉴定、技术引进和设备进口均应当按有关标准或者参照相关标准进行标准化审查。

六、林业标准复审

林业标准实施后，应当根据科学技术的发展和经济建设的需要适时进行复审。林业标准的复审由国家林业和草原局组织有关单位进行。林业国家标准和林业行业标准的复审周期一般不超过五年；指导性技术文件发布三年内必须复审，以决定其继续有效、转化为标准或者撤销。

林业标准复审按下列情况分别处理：不需要修改的标准确认继续有效；需要修改的标准作为修订项目，列入计划；无存在必要的标准，予以废止。

第三章

林业科技创新与转化机构

第一节　林业科技创新决策咨询机构

一、科学技术委员会、专家咨询委员会

(一)科学技术委员会

为了充分发挥林业科技人员在林业建设中的重要作用，林业部于 1983 年 2 月 9 日成立林业部科学技术委员会(以下简称科技委)，旨在对我国林业科技长远规划、科技发展方向、科技攻关、重大技术规程，以及利用外资、新技术引进等方面进行技术论证，提出可行性的建议，以便为部领导决策提供科学依据。

林业部科学技术委员会是林业部实现决策科学化、民主化的审议咨询机构，按部领导要求对林业建设带全局性、战略性、综合性的重大问题经科技委审议后，提交部领导决策。每一届委员会都结合林业发展需要和工作实际进行《林业部科学技术委员会章程》修订。

第一届林业部科技委委员既有科技方面的老专家、学者、教授，也有管理方面的行家，既有经验丰富的老一代知识分子，也有年富力强的中青年知识分子，共计 69 位科技委员和 13 位常务委员。

第二届林业部科技委成立大会于 1983 年 7 月 15～20 日在安徽省滁县地区召开，参加会议的有本届科技委委员 54 人，代表 68 人，共 122 人。

第三届林业部科技委会议于 1986 年 12 月 20～23 日在武汉召开，讨论修改《林业部科学技术委员会章程》，明确规定，林业部科学技术委员会是林业部领导实行决策民主化、科学化为宗旨的科技问题审议机构，又是技术经济、管理方面的咨询部门。

第四届林业部科技委会议于 1993 年 5 月 28~29 日在福建省厦门市召开，组建了由 49 名委员组成的第四届科学技术委员会。其中，教授、研究员 40 名，占 82%，体现了人员少、层次高的特点，含第三届委员 19 名，保持了工作的连续性。委员分布于 26 个学科，具有广泛的代表性。徐有芳部长兼任科技委主任，蔡延松，董智勇、刘于鹤、吴博、顾锦章为副主任。

第五届国家林业局科技委会议于 1998 年 10 月 4 日在北京召开。会议讨论并通过了《国家林业局科学技术委员会第五届委员会章程》。本届委员会共 45 名成员。

第六届国家林业和草原局科技委会议于 2018 年 12 月 17 日成立。国家林业和草原局局长张建龙任第六届科技委主任，副局长彭有冬任副主任。中国科学院院士唐守正，中国工程院院士尹伟伦、李坚、南志标、曹福亮、张守攻、蒋剑春，国务院参事杨忠岐，北京林业大学校长安黎哲，南京林业大学校长王浩，北京师范大学教授葛剑平，中国林业科学研究院院长刘世荣，国家林业和草原局调查规划设计院院长刘国强，国际竹藤中心常务副主任费本华，中国林业科学研究院荒漠化所所长卢琦，中国林业科学研究院湿地研究所所长崔丽娟 16 位各学科领域知名专家担任第六届科技委常务委员。

（二）专家咨询委员会

根据 2004 年 3 月 18 日国家林业局下发的关于《国家林业局专家咨询委员会工作规则》的通知可知，国家林业局专家咨询委员会是国家林业局最高层次的决策咨询机构，是广泛依靠和充分发挥各方面专家优势的重要组织形式，是加强与广大专家联系的重要纽带。咨询委员会围绕我国新世纪加快林业发展的战略目标，在实施林业重点工程，加速推进林业历史性转变，实现林业跨越式发展的进程中，积极开展决策咨询服务工作，为加快林业发展，实现山川秀美，维护国家生态安全，全面建设小康社会做贡献。

专家咨询委员会的主要任务是根据《中共中央 国务院关于加快林业发展的决定》确定的加快林业发展的战略目标和战略重点，对林业重点工程建设、林业产业结构调整、林业体制改革、科教兴林、依法治林、林业信息化建设、林业国际交流与合作等林业可持续发展中的重大课题开展调查研究，向国家林业局提出意见和建议；对国家林业局制定和实施的重大政策、规章、重要规范及中长期发展规划与计划提出咨询建议；对全国林业重大技术攻关、开发、推广、改造和技术引进项目及重大工程项目的确定、实施提供咨询论证。

目前，国家林业和草原局专家咨询委员会主任由张建龙担任，全国政协人口资源环境委员会副主任江泽慧任专家咨询委员会常务副主任，国家林业和草原局副局长彭有冬任专家咨询委员会副主任。

二、林业院校和科研院所

（一）林业高等院校

根据教育部网站高等院校名录，名称涉林高等院校有 9 所，分别是西北农林科技大学、北京林业大学、东北林业大学、南京林业大学、浙江农林大学、福建农林大学、中南林业科技大学、西南林业大学、南京森林警察学院。名称含"林业"的仅有 5 所，分别是北京林业大学、东北林业大学、南京林业大学、中南林业科技大学、西南林业大学。5 所林业高校中，北京林业大学和东北林业大学是"211 工程"建设高校；北京林业大学、东北林业大学、南京林业大学是"双一流"建设学科高校。北京林业大学"双一流"建设学科是风景园林学和林学；东北林业大学"双一流"建设学科是林业工程和林学；南京林业大学"双一流"建设学科是林业工程。

1. 北京林业大学

北京林业大学是教育部直属、教育部与国家林业和草原局共建的全国重点大学。学校办学历史可追溯至 1902 年的京师大学堂农业科林学目。1952 年全国高校院系调整，北京农业大学森林系与河北农学院森林系合并，成立北京林学院。1956 年，北京农业大学造园系和清华大学建筑系部分并入学校。1960 年被列为全国重点高等院校，1981 年成为首批具有博士、硕士学位授予权的高校。1985 年更名为北京林业大学。1996 年被国家列为首批"211 工程"重点建设高校。2000 年经教育部批准试办研究生院，2004 年正式成立研究生院。2005 年获得本科自主选拔录取资格。2008 年，学校成为国家"优势学科创新平台"建设项目试点高校。2010 年获教育部和国家林业局共建支持。2011 年与其他 10 所行业特色高校参与组建北京高科大学联盟。2012 年，牵头成立中国第一个林业协同创新中心——"林木资源高效培育与利用"协同创新中心。2016 年，学校"林木分子设计育种高精尖创新中心"入选北京市第二批高精尖创新中心。2017 年，学校入选世界一流学科建设高校行列，林学和风景园林学两个学科入围"双一流"建设学科名单。2019 年，学校有 7 个 ESI 学科排名进入全球前 1%。

2. 东北林业大学

东北林业大学创建于 1952 年 7 月，原名东北林学院，是在浙江大学农学院森林系和东北农学院森林系基础上建立的，由原林业部直属管理。1985 年 8 月更名为东北林业大学。2000 年 3 月由国家林业局划归教育部直属管理。2005 年 10 月经国家发改委、财政部和教育部批准，成为"211 工程"重点建设学校。2011 年 6 月成为国家"优势学科创新平台"项目重点建设高校，2017 年 9 月经国务院批准被列入国家一流学科建设高校行列。2010 年 11 月教育部和国家林业局签署协议、2012 年 3 月教育部与黑龙江省人民政府签署协议，合作共建东北林业大学。

3. 南京林业大学

南京林业大学坐落于风景秀丽的紫金山麓、碧波荡漾的玄武湖畔，是中央与地方共建的省属重点高校，于 2017 年入选国家"双一流"建设高校名单。学校前身为中央大学（创建于 1902 年）森林系和金陵大学（创建于 1910 年）森林系，1952 年合并组建的南京林学院，是当时全国仅有的三所高等林业院校之一。1955 年华中农学院林学系（武汉大学、南昌大学和湖北农学院森林系合并组成）并入，1972 年更名为南京林产工业学院，1983 年恢复南京林学院名称，1985 年更名为南京林业大学。

南京林业大学作为一所以林科为特色，以资源、生态和环境类学科为优势的多科性大学，在百余年发展历程中，全面贯彻党的教育方针，坚持立德树人的根本任务，为实现"黄河流碧水、赤地变青山"的宏伟目标，不断深化教育教学改革，继承发扬了艰苦创业的光荣传统，形成了"团结、朴实、勤奋、进取"的校风和"诚朴雄伟，树木树人"的校训。毕业生遍布全国各地，深受用人单位欢迎。

4. 中南林业科技大学

中南林业科技大学成立于 1958 年，坐落于我国历史文化名城长沙，是湖南省人民政府与国家林业和草原局重点建设高校。2012 年入选国家中西部基础能力建设工程。

学校的前身之一为 1958 年成立的湖南林学院。1963 年，在老一辈无产阶级革命家陶铸同志的亲切关怀下，湖南林学院从长沙迁往广州与华南农学院（现华南农业大学）林学系合并组建中南林学院。陶铸同志亲自为学校确定校址，勾画蓝图，并题写了校名。1970 年，中南林学院与华南农学院合并，成立广东农林学院。1974 年，学校从广州搬迁到湖南省溆浦县并更名为湖南林学院。1978 年学校恢复中南林学院校名，直属林业部管理。

1981 年学校迁往湖南省株洲市。2000 年，学校转为省部共建。2003 年，学校办学主体迁往长沙，实现了历史性的回归。2005 年，教育部正式批准学校更名为中南林业科技大学。2006 年，学校与原湖南经济管理干部学院合并组建成新的中南林业科技大学。

5. 西南林业大学

西南林业大学是我国西部地区唯一独立设置的林业本科高校，办学起源于 1938 年的云南大学森林系，建校于 1958 年昆明农林学院。1973 年昆明农林学院林学系与南迁昆明的北京林学院合并办学，成立学校的前身云南林业学院，1978 年北京林学院迁回北京办学后，学校变更为云南林学院，直属林业部管理。1983 年更名为西南林学院，为林业部直属的 6 所区域性林业本科院校之一。2000 年学校由国家林业局直属高校调整为中央与地方共建以省为主管理。2010 年经教育部批准更名为西南林业大学。1981 年成为国务院批准的首批硕士学位授予单位，2013 年获批为博士学位授予单位，2017 年新增为推荐优秀应届本科毕业生免试攻读研究生普通高等学校。是国家卓越工程师教育培养计划、卓越农林人才教育培养计划高校，入选中西部高校基础能力建设工程支持院校行列。

6. 南京森林警察学院

南京森林警察学院是长江以南唯一的部属公安院校，濒江临海，交通便利，科教资源丰富，在我国公安高等教育布局中具有独特的地位和使命。学校独立办学始于 1953 年建立的江苏省南京林业学校，后几经汇流重组，数易校名；1994 年 9 月，改建为林业部南京人民警察学校；2000 年 3 月，升格为南京森林公安高等专科学校；2010 年 3 月，升格为本科院校。学校坐落在历史文化名城南京，校园占地总面积 1113 亩，总建筑面积 20 余万 m^2，设有仙林、花园路两个校区。

学校目前设置有治安学、消防工程、侦查学、刑事科学技术、公安管理学、网络安全与执法、公安情报学、警务指挥与战术 8 个本科专业。现有江苏省品牌专业、江苏省"十二五"重点建设专业以及公安部重点专业培育点各一个，林学、公安学、公安技术三个专业入选江苏省"十三五"重点建设学科。

(二)林业科研院所

1. 中国林业科学研究院

中国林业科学研究院(简称中国林科院)是国家林业和草原局直属的综合性、多学科、社会公益型的国家级科研机构，主要从事林业应用基础研究、战略高技术研究、社会重大公益性研究、技术开发研究和软科学研究，着重解决我国林业发展和生态建设中带有全局性、综合性、关键性和基础性的重大科技问题。

目前，全院设有 19 个独立法人研究所、中心，13 个非独立法人机构，22 个联合共建机构，分布在全国 24 个省（自治区、直辖市），构成了布局合理、体系完整、实力雄厚的国家级林业科技创新体系。按气候带部署有林业研究所、亚热带林业研究所、热带林业研究所三个研究所及热带、亚热带、沙漠和华北四个林业实验中心；设有森林生态环境与保护、资源信息、资源昆虫、新技术、科技信息、木材工业、林产化学工业、林业机械 9 个专门研究机构；针对泡桐及经济林、桉树、竹子等中国特有或重要树种建立了泡桐、桉树和竹子三个研究开发中心。根据三大系统、一个多样性的要求，组建了荒漠化研究所、湿地研究所和盐碱地研究开发中心。目前，拥有 12 个国家/局级重点实验室，21 个国家/局级野外观测台站，12 个国家/局级工程（技术）研究中心，7 个依托我院的国家（含国家林业和草原局）质量监督检验站机构，8 个植物、动物、昆虫、木材标本馆，10 个种质资源库，6 个部级自然保护区，4 个国家级林业实验基地。中国林科院图书馆为亚洲最大的林业图书文献资料库，藏书 40 万册，有中外文期刊 1200 多种，中国林科院主办、公开发行的 17 种科技学术期刊在国内外有广泛的影响。

2. 国际竹藤中心

国际竹藤中心是经科技部、财政部、中央机构编制委员会办公室批准成立的国家级非营利性科研事业单位，正式成立于 2000 年 7 月，隶属于国家林业和草原局。其成立的宗旨是通过建立一个国际性的竹藤科学研究平台，直接服务于第一个总部设在中国的政府间国际组织——国际竹藤组织（INBAR），支持和配合国际竹藤组织履行其使命和宗旨，以使我国更好地履行《国际竹藤组织东道国协定》，推动国际竹藤事业可持续发展。

（三）国家林业和草原局管理干部学院

国家林业和草原局管理干部学院是国家林业和草原局直属的干部教育培训专责机构。中共国家林业和草原局党校与学院一个机构两块牌子，国家林业和草原局干部教育培训研究中心、国家林业和草原局教育培训信息中心设在院内。学院也是国家级专业技术人员继续教育基地。

国家林业和草原局管理干部学院前身是成立于 1951 年的林业部干部学校，1979 年恢复建校，1983 年升格为学院。自 1951 年建院起，在长期风雨耕耘与不懈探索中，学院形成了自身的教育培训优势和特色，凝聚了一批具有较高学术水平的专兼职师资队伍，积累了丰富的办学、培训经验，是林业干部成长的摇篮。截至 2019 年 10 月，累计面授培训干部近 20 万人次。

三、林业科技社会团体

林业是生态建设和保护的主体，是建设生态文明、实现人与自然和谐的主阵地。林业科技社团是中国共产党领导下，自觉接受党的领导、团结服务所联系群众、依法依章程开展工作相统一的群团组织，在推动林业科技发展和公共服务中发挥着积极作用。林业科技社团具有显著的学术、经济、科普、人才培育、文化传承、社会服务等功能。

（一）中国林学会

中国林学会（以下简称学会，Chinese Society of Forestry，缩写 CSF），是中国科学技术协会的组成部分，是在中国共产党领导下，由林业和草原科技工作者及相关单位自愿组成的依法登记成立的全国性、学术性、科普性法人社会团体，是党和政府联系广大林业和草原科技工作者的桥梁和纽带，是国家发展林业和草原科技事业的重要社会力量。学会根据《中国共产党章程》的规定，设立中国共产党的组织，开展党的活动，为党组织的活动提供必要条件，接受国家林业和草原局党组织和中国科学技术协会科技社团党委的领导。

目前，中国林学会已从初创期的 50 名会员发展为拥有个人会员 9 万余名、团体会员近 200 家、二级分会（专业委员会）42 个、基金管理委员会1 个和 10 个工作委员会、2 个编委会的学科齐全、体系完备、有巨大社会影响力的社会团体。

（二）中国水土保持学会

中国水土保持学会（Chinese Society of Soil and Water Conservation）是由全国水土保持科技工作者自愿组成依法登记的全国性、学术性、科普性的非营利性社会法人团体。于 1985 年 3 月由国家经济体制改革委员会批准成立，同年加入中国科学技术协会成为其团体会员。

（三）中国花卉协会

中国花卉协会（China Flower Association，CFA），成立于 1984 年 11 月1 日，是在民政部登记成立的全国综合性的花卉园艺行业社会组织，业务主管部门是国家林业和草原局。协会秘书处下设办公室、展览部、联络部和信息部四个部门。全国各省、自治区、直辖市的花卉协会为协会常务理事单位。协会下设杜鹃花、月季、兰花、茶花、蕨类植物、梅花蜡梅、牡丹芍药、荷花、桂花、花文化、零售业、盆栽植物、绿化观赏苗木、盆景14 个分会。花卉协会是国际园艺生产者协会（International Association of Horticultural Producers，AIPH）、亚洲花店协会（Asia Florists' Association，AFA）、国际茶花协会（International Camellia Society，ICS）、世界月季联合会（World Rose Federation，WRF）等国际组织会员单位。

（四）中国野生动物保护协会

中国野生动物保护协会（China Wildlife Conservation Association，CWCA），于1983 年12 月在北京成立，是由从事野生动物保护管理、科研教育、人工繁育、自然保护的工作者和渔猎生产者、野生动物爱好者，以及相关单位自愿组成的全国性、科普性、学术性、具有独立法人资格的非营利性社会组织，是中国科学技术协会的组成部分，是中国野生动物保护事业的重要社会力量。

（五）中国绿化基金会

中国绿化基金会（China Green Foundation，CGF）是根据中共中央、国务院1984 年3 月1 日《关于深入扎实地开展绿化祖国运动的指示》中"为了满足国内外关心我国绿化事业、愿意提供捐赠的人士的意愿，成立中国绿化基金会"的决定，由乌兰夫等国家领导人支持，联合社会各界共同发起，经国务院常务会议批准，于1985 年9 月27 日召开第一届理事会宣告成立。属于全国性公募基金会，在民政部登记注册，业务主管单位是国家林业和草原局。

（六）中国林业产业联合会

中国林业产业联合会（以下简称中产联，China National Forestry Industry Federation，CNFIF），是经国务院同意，民政部批准，于2007 年8 月成立的全国性行业协会，业务由国家林业和草原局归口管理。宗旨是按照国家关于林业建设的方针政策，组织协调全国林产品生产、加工、贸易等企业单位，开展国内外林业产业相关技术、信息合作与交流，规范行业行为，维护行业利益，促进行业发展。

（七）中国林业工程建设协会

中国林业工程建设协会（China National Construction Association of Forestry Engineering，CFCA），是由国内各从事林业工程建设的勘查、设计、施工、监理、科研、教学等企事业单位、建设和管理部门自愿组成的全国性社会团体，宗旨是遵守各项法律、法规和国家政策，遵守社会道德风尚，遵循国家基本建设方针、政策、法规，为政府决策和会议单位服务，推动林业建设科学化管理和技术进步，促进林业建设事业发展，为我国社会主义现代化建设服务。1987 年 3 月 25 日成立，主管单位为国家林业和草原局。

（八）中国生态文化协会

中国生态文化协会（China Eco-Culture Association，CECA）是经民政部批准，于 2008 年 10 月 8 日成立，由从事生态环境建设、经营、管理、研究的企事业单位、科研院所、大专院校、新闻、出版单位，以及一切关心和有志于推动中国生态文化事业发展的社会各界人士，自愿组成的非营利性的全国性社会团体。业务主管部门是国家林业和草原局。

（九）中国绿色碳汇基金会

中国绿色碳汇基金会（China Green Carbon Foundation，CGCF），是经国务院批准，于 2010 年 7 月 19 日在民政部注册成立的全国性公募基金会，业务主管单位是国家林业和草原局。该基金会是中国第一家以增汇减排、应对气候变化为目的的全国性公募基金会。同时也是经民政部认定具有公开募捐资格的慈善组织。宗旨是致力于推进以应对气候变化为目的的植树造林、森林经营、减少毁林和其他相关的增汇减排活动，普及有关知识，提高公众应对气候变化意识和能力，支持和完善中国森林生态补偿机制。

（十）中国草学会

中国草学会（Chinese Grassland Society，CGS）原名为中国草原学会，成立于 1979 年 12 月，是中国草业科技工作者自愿结成的学术性群众团体，1991 年经中国科学技术协会和民政部批准成为全国学会。秘书处挂靠于中国农业大学。涉及方面包括：草原文化、经济和管理、草坪学、草育种、草种质资源、草地资源、草地生态、牧草病虫鼠害、草原灾害、草业经济与政策、饲料生产与加工、草业机械、能源草、草业生物技术、种子科学等。

（十一）中国野生植物保护协会

中国野生植物保护协会（China Wild Plant Conservation Association，CWPCA），是于 2003 年 10 月经国务院批准，在民政部注册成立的国家一级协会，主管部门是国家林业和草原局，协会的业务工作接受国家林业和草原局及农业农村部的共同指导。协会的业务范围是在国家林业和草原局的领导和民政部的业务工作的核定下，进行和开展全国野生植物保护行业管理、理论研究、国际合作、科普宣传。致力于团结组织社会各方面力量，宣传国家有关的保护政策，努力推进全国濒危野生植物分布调查工作，努力推进中国野生植物保护条例的修订，努力推进《国家重点保护野生植物名录》的发布，努力推进濒危野生植物就地和迁地保护工作，普及和推广野生植物知识，提高全国的野生植物保护意识。以科学为基础，以法制为保障，实现野生植物保护发展和可持续利用。

（十二）中国林业教育学会

中国林业教育学会（China Education Association of Forestry，CEAF），系国家一级学会，成立于 1996 年 12 月，是具有独立法人资格的学术性、科普性、公益性、全国性的社会团体。学会由教育部主管，业务挂靠国家林业和草原局。2010 年被民政部评为全国先进社会组织。

学会设有高等教育分会、职业教育分会、成人教育分会、基础教育分会、教育信息化研究分会、毕业生就业创业促进分会、自然教育分会 7 个二级分会，组织工作委员会、学术工作委员会、学科建设与研究生教育工作委员会、专业建设指导工作委员会、教材与图书资源建设委员会、交流与合作工作委员会 6 个专门工作委员会，团体会员单位总规模近 210 多个，覆盖全国设有林科专业的本科院校、科研机构和高职高专院校。会员单位类型多样，涵盖 70 余个各级政府主管部门、20 多家涉林企业、20 多个基层林业管理部门和部分林区中小学。

四、林业科技期刊

学术期刊是随着近代科学技术的发展而出现的。在不同的分类中，也有称"科技期刊"者。资料显示，学术期刊（或称科技期刊，下同）已有 300 多年的历史。目前，学术期刊被普遍认为是按照一定的编辑方针进行组稿，刊登对某一学科领域中的问题进行探讨、研究并形成成果的学术论文，并连续、定期出版的读物。其每期形式基本相同，有固定的名称，用卷、期或年、月等顺序编号出版。学术期刊在形式上与以文学性、生活性、知识性为主的期刊相同，但内容不同；因其往往具有定期性和连续性而有别于一般的书籍；它也不同于学术性报纸（出版周期短、散页、主要报道学术方面的新闻、评论等）。学术期刊是以专门学者为作者和读者对象，报道学术研究成果的期刊。

林业类科技期刊来源于林业高校、科研院所、行业学会或协会所办的学报、院刊、会刊及专业性科技期刊。按照北京大学图书馆"中文核心期刊要目总览（2017）"分类体系，林业类（S7）期刊有 97 种，其中，核心期刊有 15 种（表 3-1）；按照中国知网的期刊分类体系，林业类期刊有 99 种，其中，SCIE 收录 2 种（表 3-2），北大核心期刊有 17 种（表 3-3）。

表 3-1 北大图书馆"中文核心期刊要目总览（2017）"分类体系林业类（S7）核心期刊表

序号	期刊名	主办单位	创刊时间	出版周期
1	林业科学	中国林学会	1955 年	月刊
2	林业科学研究	中国林业科学研究院	1988 年	双月刊
3	北京林业大学学报	北京林业大学	1979 年	月刊
4	中南林业科技大学学报	中南林业科技大学	1981 年	月刊
5	南京林业大学学报（自然科学版）	南京林业大学	1958 年	双月刊
6	经济林研究	中南林业科技大学	1983 年	季刊
7	东北林业大学学报	东北林业大学	1957 年	月刊
8	西北林学院学报	西北农林科技大学	1984 年	双月刊
9	浙江农林大学学报	浙江农林大学	1984 年	双月刊
10	森林与环境学报	福建农林大学；中国林学会	1960 年	双月刊
11	世界林业研究	中国林业科学研究院林业信息所	1988 年	双月刊
12	林业资源管理	国家林业局调查规划设计院	1972 年	双月刊
13	西南林业大学学报（自然科学版）	西南林业大学	1981 年	双月刊
14	西部林业科学	云南林科院；云南林学会	1972 年	双月刊
15	林业工程学报	南京林业大学	1987 年	双月刊

表 3-2 中国知网分类体系的林业类期刊中被 SCIE 收录的期刊

序号	期刊名	主办单位	创刊时间	IF 2018	出版周期
1	*Forest Ecosystems*	北京林业大学	2014	1.852	季刊
2	*Journal of Forestry Research*	东北林业大学	1990	1.155	双月刊

表 3-3 中国知网分类体系的林业类期刊中被北大图书馆"中文核心期刊要目总览（2017）"核心期刊收录期刊列表

序号	期刊名	主办单位	创刊时间	复合 IF	出版周期
1	经济林研究	中南林业科技大学	1983 年	1.971	季刊

（续）

序号	期刊名	主办单位	创刊时间	复合 IF	出版周期
2	林业科学	中国林学会	1955 年	1.751	月刊
3	中南林业科技大学学报	中南林业科技大学	1981 年	1.703	月刊
4	北京林业大学学报	北京林业大学	1979 年	1.478	月刊
5	森林与环境学报	福建农林大学；中国林学会	1960 年	1.393	双月刊
6	西北林学院学报	西北农林科技大学	1984 年	1.359	双月刊
7	南京林业大学学报（自然科学版）	南京林业大学	1958 年	1.348	双月刊
8	林业科学研究	中国林业科学研究院	1988 年	1.236	双月刊
9	浙江农林大学学报	浙江农林大学	1984 年	1.17	双月刊
10	林业工程学报	南京林业大学	1987 年	1.14	双月刊
11	世界林业研究	中国林科院林业信息所	1988 年	1.054	双月刊
12	东北林业大学学报	东北林业大学	1957 年	0.987	月刊
13	西南林业大学学报（自然科学版）	西南林业大学	1981 年	0.876	双月刊
14	林业经济问题	中国林业经济学会；福建农林大学	1981 年	0.843	双月刊
15	林业资源管理	国家林业局调查规划设计院	1972 年	0.815	双月刊
16	西部林业科学	云南林科院；云南林学会	1972 年	0.707	双月刊
17	林业经济	中国林业经济学会	1979 年	0.705	月刊

五、科技创新型林业企业

（一）国家创新型企业

2008 年，为深入贯彻落实党的十七大精神，推进创新型企业建设，加快建立以企业为主体、市场为导向、产学研相结合的技术创新体系，科学技术部、国务院国有资产监督委员会和中华全国总工会（以下简称三部门）开展了创新型企业试点工作。按照《创新型企业试点工作实施方案》的部署，三部门制定了创新型企业评价指标体系，并联合组织专家开展了评价工作，根据评价结果确定"创新型企业"。各省（自治区、直辖市）又根据三部门制定的《创新型企业试点工作实施方案》制定了相应方案。福建省永安林业（集团）股份有限公司被福建省第一批核准为国家级创新型（试点）企业。

（二）国家林业重点龙头企业

国家林业重点龙头企业是林业供给侧结构性改革的引领者，是现代林业发展的示范者，是中国特色社会主义新时代发挥林业生态效益、社会效益和经济效益的重要微观经济主体，对于促进绿色发展和林业现代化建设，推动林业产业转型升级、区域经济发展和农民增收致富具有重要作用。根据《国家林业重点龙头企业推选和管理工作实施方案（试行）》（办规字〔2013〕164 号）和《国家林业局办公室关于做好 2013 年国家林业重点龙头企业推荐与选定工作的通知》（办规字〔2013〕165 号）的规定，在各省级林业主管部门及内蒙古、吉林、龙江、大兴安岭森工（林业）集团公司、新疆生产建设兵团林业局和有关中央企业推荐的基础上，经专家评审，开展国家林业重点龙头企业认定。

2014 年 5 月，国家林业局认定吉林森林工业股份有限公司、中国林产工业公司等 128 家首批国家林业重点龙头企业。

2016 年 5 月认定中国林产品公司、中国福马机械集团有限公司等 166 家企业为第二批国家林业重点龙头企业。2017 年 12 月认定北京绿冠生态园林工程股份有限公司、广西林业集团有限公司等 124 家企业为第三批国家林业重点龙头企业。第四批认定工作于 2019 年 3 月开始启动。

第二节　林业科技转化机构和建设

一、林业技术工作（推广）站

据国家林业局 2016 年 1 月颁布的《林业工作站管理办法》第六节规定，林业工作站承担政策宣传、资源管理、林政执法、生产组织、科技推广和社会化服务等职责，具体职责是：①宣传与贯彻执行森林法、野生动物植物资源保护法等法律法规和各项林业方针政策；②协助县林业主管部门和乡镇人民政府制定和落实各项林业规划；③配合县级林业主管部门开展资源调查、档案管理、造林检查验收和林业统计等工作；④协助县林业主管部门和乡镇人民政府开展林木采伐许可受理、审核和发证工作；⑤配合协助县林业主管部门和乡镇人民政府开展森林防火，林业有害生物的防治，陆生野生动物疫病疫情的防控、森林保险和林业重点工程建设等工作；⑥协助有关部门处理森林、林木、林地的所有权属纠纷或使用权争议，查处破坏森林和野生植物资源的案件；⑦配合乡镇人民政府建立健全乡护林网络和管理乡村护林队伍；⑧推广林业科学技术、开展林业技术培训、技术咨询、技术服务等林业社会化服务；⑨承担县林业主管部门和乡镇人民政府规定的其他职责。

林业技术推广的具体内容包括林木种苗生产技术、森林营造、森林经营、森林资源管理和林业有害生物控制技术等，林业技术推广是一项推动生态林业建设的重要工作，作为林业技术工作(推广)站，肩负着快速提高林业生产力，全面推广林业技术的责任和使命，在林业可持续发展战略中发挥着重大作用。

二、科技转化队伍(含林业科技特派员队伍建设)

(一)科技转化队伍建设

根据《国家林业局促进科技成果转移转化行动方案》(林科发〔2017〕46号)，针对科技转化队伍建设做了明确要求：

1. 培养专业化职业化成果转化人才

鼓励林业高校、科研院所组建成果转移转化服务中心并设立相关岗位，专职负责科技成果转移转化相关工作。通过培训、聘任或兼职等多种方式培养或引进一批既懂科研成果转化内在规律，又懂知识产权法律法规和市场运营模式的高端复合型人才，努力造就一批具有国际视野、通晓知识产权事务、服务能力突出的专业化科技成果转化经纪人，探索林业成果转化人才保障机制，提升林业科技成果转化能力。

2. 壮大林业科技成果转移转化队伍

不断强化省、市、县、乡等林业科技推广机构成果转化服务能力，继续实行科技特派员选派制度，鼓励林业高校、科研院所通过许可、转让、技术入股等方式转化科技成果，积极培育乡土专家，打造一支科技成果转化人才队伍。制定完善相关政策，支持涉林企业的科技人员到林区开展创业与服务，引导大学生、返乡农民工、退伍转业军人等积极参与林业创业，鼓励社会力量广泛参与林业科技成果转移转化。

截至2017年年底，全国林业站在岗职工，大专以上学历55 961人，占60.3%，比2016年增加了2%，在职参加林业本(专)科学习人数994人。同时，创新推动"全国林业工作站岗位培训在线学习平台"建设。通过学历提升、业务技能学习，大大提高了林业科技转化与推广队伍的素质和能力。

(二)林业科技特派员队伍建设

自 2002 年科技特派员制度试点以来，该工作已覆盖了全国 90% 的县（市、区），72.9 万名科技特派员长期活跃在农村基层，直接服务农户 1250 万户。2010 年 1 月，国家林业局启动了林业科技特派员科技创业行动。在调查研究的基础上，会同地方林业主管部门指导科技特派员深入基层和千家万户，开展调查研究，把可提供的技术与农户的需求对接，找准最实用、能致富的技术，传授给林农。以座谈会等方式听取基层意见建议，发现问题，及时解决。选派最优秀的、最受欢迎的科技特派员，做到"下得去、干得好、留得住"。

(三)林草乡土专家

为贯彻落实《中华人民共和国农业技术推广法》《中共中央 国务院关于坚持农业农村优先发展做好"三农"工作的若干意见》精神，科学指导全国林草科技推广体系建设和科技推广工作，进一步完善林草科技成果转化及乡村振兴科技支撑体系，促进林草"科技精准扶贫，破解科技推广最后一公里"难题，国家林业和草原局于 2019 年 4 月开展首届林草乡土专家遴选，经基层申报推荐、形式审查、专家评审和社会公示等环节，国家林业和草原局聘任贾尚等 100 人为全国第一批林草乡土专家。

三、林业生产企业

2017 年 5 月 26 日，国家林业局与国家发展改革委员会联合印发《林业产业发展"十三五"规划》(以下简称《规划》)，明确林业产业在今后一段时间的发展目标、指导思想、发展思路、坚持原则、主要任务、重点领域和保障体系等一系列重大问题。《规划》提出，到 2020 年实现林业总产值达到 8.7 万亿元的总体目标，林业第一、二、三产业结构比例调整到 27:52:21，林业就业人数达 6000 万人。

林业国有企业包括国有林场、国有苗圃、国有森工企业等。森工企业如中国林业集团有限公司(简称中林集团)、四大森工集团(龙江森工集团、吉林森工集团、大兴安岭森工集团和内蒙古森工集团)等。全国国有林场总数 4855 个，95% 的国有林场被定为公益性事业单位。

第四章

林业科技平台体系

第一节　国家林业和草原局重点实验室

国家林业和草原局重点实验室是国家林业和草原科技创新体系的重要组成部分，是组织林业和草原领域高水平科学研究、聚集和培养优秀人才、开展学术交流的重要基地。重点实验室的主要任务是开展林业和草原科学应用基础研究及高新技术研究，承担林业和草原科技基础性工作，解决制约林业和草原发展的重大、关键和共性科技问题，获取原始创新成果和自主知识产权，培养领导学科发展的创新型人才。

国家林业和草原局重点实验室按照学科领域、产业需求和区域特色进行规划布局，分为综合性重点实验室和专业性（区域性）重点实验室。综合性重点实验室突出针对世界林业科技发展前沿和国家经济社会与林业发展的科技需求，提出本学科领域重大科学问题，组织开展相关基础性、前沿性以及重大关键、共性技术研究，指导本学科群发展，培育和发展重点学科、新兴学科及交叉学科；专业性（区域性）重点实验室针对学科建设和区域发展的科技需求，组织开展区域共性问题研究、产业关键技术研发，在本学科群里培育和发展特色学科。

国家林业和草原局重点实验室实行"开放、流动、联合、竞争"的运行机制，按照科学规划、合理分工、稳定支持、定期评估、动态调整的原则进行管理。国家林业和草原局是重点实验室的主管部门，指导重点实验室建设、运行和协作；开展重点实验室评估和检查。

1995年，林业部首批挂牌建立成立了29个局重点实验室，此后，根据林业建设和学科发展的需要，陆续批准建立了46个局重点实验室，截至目前，共有重点实验室75个（其中7个为筹建）。所有重点实验室中，依托中国林业科学院建设的有 17 个，依托高等林业院校建设的有 38 个，依托其他科研机构及各省林业科研机构建设的有 20 个。

第二节　国家陆地生态系统定位观测研究站网

国家陆地生态系统定位观测研究站网（China Terrestrial Ecosystem Research Network，CTERN），是按照统筹山水林田湖草系统治理的理念，以森林、草原、湿地、荒漠、竹林、自然保护地、城市等不同陆地生态系统为主要观测研究对象，由分布在全国典型生态区的若干陆地生态系统国家定位观测研究站（以下简称生态站）构成的生态观测网络体系，开展生态系统结构与功能的长期、连续、定位野外科学观测和生态过程关键技术研究的网络体系，是国家林业科学试验基地，是国家林业科技创新体系的重要组成部分，也是国家野外科学观测与研究平台的主要组成部分。生态站是指按照国家林业和草原局规划布局，符合建站要求，按照相关程序加入生态站网的站点。

国家林业和草原局组织中国林业科学研究院和高等林业院校等单位，从 20 世纪 60 年代开始在全国陆续建立了森林生态定位研究站，并于 1992 年建立了中国森林生态系统研究网络（CFERN）。森林生态站的数量由网络成立之初的 11 个发展到现在的 190 个，基本覆盖了我国从北到南五大气候带的寒温带针叶林、温带针阔混交林、暖温带落叶阔叶林、亚热带常绿阔叶林热带季雨林、雨林，以及从东向西的森林、草原、荒漠三大植被区的典型地带性森林类型和最主要的次生林和人工林类型。

生态站网是准确掌握国家生态状况、开展生态效益评价和支撑生态文明建设等国家战略需求的重要科学与数据平台，主要承担数据积累、监测评估、科学研究等任务。对生态系统的基本生态要素进行长期连续观测，收集、保存并定期提供数据信息。同时，根据业务需求，开展专项数据观测。基于生态站观测数据，依据相关技术标准，开展生态效益评价和生态服务功能量化评估；根据业务需要，监测、评价国家林业重点工程生态效益，科学反映林业生态建设成效。开展生态基础理论和应用技术研究，支撑生态工程建设；分析研究观测数据，形成专项研究报告，为国家在生态文明建设等方面的决策及参与国际谈判与履约提供科学依据。

生态站网建设遵循"统筹规划，科学布局；突出重点，分步实施；统一标准，规范运行；整合资源，开放共享"的原则。生态站网依据相关技术标准，规范开展联网观测研究工作，推进信息化建设，提升生态站网数字化、自动化、网络化水平。

生态站须保证观测场所长期稳定，制定仪器设备管理、观测研究、档案管理等管理制度，加强人员技术培训，不断提高观测水平，保证生态站科学规范运行。生态站按照相关标准要求，完成观测任务，对观测数据进行规范化整理、保存和上报。生态站网观测数据归国家所有，各站不得擅自发布数据成果或相关报告，确需发布的，须报国家林业和草原局按有关规定批准。

国家林业和草原局负责生态站网的建设管理，负责组织开展生态站网规划建设、运行管理、观测研究、培训交流、标准制定等工作。具体工作由国家林业和草原局科技主管部门会同有关单位共同开展。生态站依托相关法人单位开展建设运行和观测研究。依托单位根据职责不同，分为技术依托单位、建设单位和归口管理单位。技术依托单位负责生态站的规划布局、观测研究和管理运行；建设单位负责具体基本建设和观测研究场所的保障；归口管理单位为各省级林业和草原主管部门。

国家林业和草原局对生态站网的条件建设、日常运行等方面给予长期稳定支持。生态站建设相关单位的科技主管部门及依托单位应多渠道争取建设和运行经费，并在人才队伍的职级、职称评定以及工作条件等方面予以重点支持。国家林业和草原局根据区位重要性、能力水平等条件，在典型生态区依托现有站筛选建设若干重点站，发挥辐射带动和标准示范作用。鼓励地方自筹资金建设或通过其他方式建设省级生态站和网络，优先支持运行良好、符合条件要求的省级站加入国家生态站网络。鼓励"一站多点"布局，扩大观测范围，提高生态站效能。

国家林业和草原局采取定量与定性相结合、现场检查与集中评议相结合的方式，定期对生态站进行考核。考核结果优秀的，在基建及科技项目、运行经费等方面给予重点支持。对于考核不合格或长期管理混乱、未按要求报送观测数据、不能保证数据质量且整改不力，或有重大弄虚作假、伪造或瞒报行为的，取消其生态站网成员资格，并视情按照国家有关规定追究依托单位及站长本人责任。

第三节　国家林业和草原长期科研基地

林业和草原科学研究具有显著的公益性、复杂性、长周期性等特点，需要系统建设一批水平较高、长期、稳定的科研基地。长期科研基地是林业和草原科技创新的重要平台，主要开展林草和濒危野生动植物遗传与种质资源收集、保存与利用，林草和濒危野生动植物育种，森林培育与经营，森林、草原、湿地、荒漠生态系统保护与修复，自然保护地和物种保护，森林草原灾害防控，野生动物疫源疫病监测防控等科学研究、技术开发利用、成果示范推广、科学普及教育，以及为产业发展提供服务和支撑。在新时代，建设长期科研基地是建设生态文明和美丽中国的重要要求；是保障种质资源和木材安全的重要手段；是服务精准脱贫和乡村振兴的重要措施；是促进科技创新和成果转化的重要平台。

依据《国家林业和草原长期科研基地规划（2018—2035 年）》，到 2020 年，选择基础条件好、具有技术优势、示范推广能力强的试验基地，优先建成国家林业和草原长期科研基地 50 个；到 2025 年，按照布局基本合理、类型多样、功能明确的要求，建立国家林业和草原长期科研基地 100 个以上；到 2035 年，建立布局合理、类型齐全、功能完善的林业和草原长期科研基地体系，国家林业和草原长期科研基地达到 260 个以上。林木良种、新品种创制水平显著提升，森林培育接近林业发达国家水平，形成符合中国国情的森林和草原可持续经营体系，显著提升森林、草原、湿地和荒漠生态系统监测能力，全面增强科技创新能力，强力支撑林业和草原现代化与美丽中国建设。

长期科研基地分为专题类和综合类两类。专题类指单一的科研领域，包括育种类、培育类、保护类、生态类等；综合类则涵盖两个以上领域和方向的类别。基地建设管理坚持面向需求、服务科研、长期运行、开放共享的原则，规范管理和完善基础设施建设。基地土地权属清晰，使用权须为国家所有，能够确保长期稳定使用，可连续开展相关领域科学研究工作；具备相应的仪器设备和场地设施；拥有学科配置合理、梯队层次分明、专业能力强、专兼结合的人才队伍，以及比较先进或者实用性强的科技成果。长期科研基地优先建在国家或省级科研单位、高校所属的科研基地、实验中心、教学林场。没有土地权属的单位应与拥有长期科研基地权属的单位签署长期使用协议，应选择具备条件的国有林场、国有苗圃、国家级种质资源库（圃）、国家级或省级重点林木良种基地、各级各类自然保护地等区域范围。生态类长期科研基地优先建在具有国家级生态系统定位观测研究站的区域。鼓励各省级林业和草原主管部门建立省级长期科研基地；鼓励符合条件的企业和社会力量加强科技创新，建立长期科研基地。

国家林业和草原局是负责长期科研基地建设管理部门，负责组织领导长期科研基地建设管理工作，研究解决相关重大问题。具体工作由国家林业和草原局科技司负责。各省、自治区、直辖市林业和草原主管部门，内蒙古、大兴安岭森工(林业)集团公司，新疆生产建设兵团林业和草原主管部门，国家林业和草原局有关直属单位及系统外涉林草的科研院所、高等学校作为归口管理单位，负责组织本地区、本单位长期科研基地的申报推荐工作，并给予相应条件保障。

长期科研基地建立管理委员会，负责长期科研基地重大事项决策和日常运行管理。管理委员会实行主任负责制，成员不少于 7 人。归口管理单位负责管理委员会的审批、人员变更调整等，并制定相应具体管理办法。管理委员会负责制定规章制度，规范人才队伍建设、实验材料和仪器设备使用、科研数据收集和资料档案管理等。

长期科研基地所属土地被征占用或者土地权属发生变更的，长期科研基地归口管理单位须在土地权属变更后一个月内正式报告国家林业和草原局。长期科研基地可根据科学研究需要适当自主调整森林资源，但需依法办理有关行政许可或者其他法定手续。

长期科研基地实行年度考核与定期评估相结合的考评制度，根据不同类型设立相应的考评指标体系。

第四节　林业和草原国家创新联盟

林业和草原国家创新联盟是由国家林业和草原局确定的国家创新联盟。

为全面贯彻党的十九大提出的"加强国家创新体系建设，深化科技体制改革，建立以企业为主体、市场为导向、产学研深度融合的技术创新体系"等任务要求，深化实施《"十三五"国家技术创新工程规划》和《林业科技创新"十三五"规划》，有效整合技术创新资源，构建产业技术创新链，着力解决林业和草原重大战略需求与共性关键技术，保障科研与生产紧密衔接，提升科技创新水平，推进林业和草原科技创新体系建设，2018 年 5 月国家林业和草原局启动了科技创新联盟创建工作。

创新联盟是实施国家科技创新工程的重要载体，有利于整合优势技术创新资源，开展协同攻关，着力解决林业和草原全局性重大战略与共性技术难题，以及区域性林业发展重大关键性技术问题；有利于保障科研与生产紧密衔接，加速创新成果的转移转化，提升科技创新水平，推进林业和草原科技创新体系建设，为乡村振兴战略和美丽中国建设提供有力支撑，促进我国林业现代化建设更好更快发展。

2018年9月，在各省份及有关单位组织申报的基础上，经研究，国家林业和草原局成立第一批林业和草原国家创新联盟110个。首批110家联盟包括生态、产业、区域三种类型，将重点围绕生态建设和产业技术创新的关键问题，开展技术合作，加速科技成果的转移转化，提升产业整体竞争力，为行业持续创新提供人才支撑。其中，生态类型联盟主要根据生态建设需求，整合优势技术创新资源，开展科技协同创新，提升乡村振兴和美丽中国的建设水平。产业类型联盟主要根据产业发展需求，围绕产业链组织创新链，开展产业技术协同创新，提升产业链整体创新能力和综合竞争实力。区域类型联盟主要根据区域林业发展需求，集聚优势科技资源，搭建区域林业科技和草原创新与交流平台，组织协同攻关，突破限制区域林业和草原发展的核心技术，推进区域林业和草原可持续发展。

2019年11月，为深入贯彻全国林业和草原科技工作会议精神，构建林草科技创新体系，进一步推动产学研深度融合，全面提升林草科技支撑水平，国家林业和草原局批准成立第二批139家国家创新联盟。批准成立的创新联盟分为生态类、产业类、区域类。生态类将根据生态建设需求，明确生态建设的重点方向和关键领域，开展科技协同创新。产业类将围绕产业链组织创新链，明确产业发展的重点方向和关键领域，开展产业技术协同创新。区域类将根据区域林草发展需求，搭建区域林草科技创新与交流平台，推进区域可持续协调发展。

第五节　国家林业和草原局林业工程研究中心

国家林业和草原局林业工程研究中心（以下简称工程中心）是面向林业现代化建设的重大战略需求，以提高林业自主创新能力、增强产业核心竞争力、促进产业转型升级为目标，开展共性关键技术研发、科技成果工程化验证、成果转移转化及应用示范，依托具有较强研发能力的科研院所、高校和企业等单位建设的研发平台。

工程中心是林业科技创新体系的重要组成部分。主要任务是针对林业发展重大战略需求，培养集聚高层次复合型人才，组建高水平研发团队和科研转化平台，研发新技术、新工艺、新产品和新装备，推进技术系统集成示范，加快重大科技成果工程化和产业化，提供技术服务与顾问咨询，扩大国际交流与合作。

工程中心具有相对固定的工程技术转化场所和设施设备；拥有一定数量的具有自主知识产权和良好市场前景、处于国内领先水平的科技成果和专利，且有1~2项行业领先的工程化技术成果。其依托单位是具有独立法人资格的科研院所、高等学院及企业，在某一林业领域具有较强的科研实力，承担过国家、行业重大科技项目；拥有一支国内一流水平、具备较强研发能力或技术集成能力的工程技术和管理人才队伍；具有承担技术研究、开发和中试任务的工程化研究验证环境和能力；拥有较强的科研资产和经济实力，有筹措资金的能力和信誉；具有良好的产学研结合基础，能够实现技术转移扩散和促进成果转化。

工程中心实行管理委员会领导下的主任负责制和技术委员会咨询制。管理委员会是工程中心的最高决策机构，由归口管理单位和依托单位的领导和专家共同组成。工程中心主要负责人（主任）应为依托单位在职人员，具备高级职称，具有良好的学术水平、市场意识和管理经验。技术委员会是工程中心的咨询机构，由依托单位聘任，负责为工程中心研究开发工作提供咨询，其成员可由科研机构、高等院校、企业、技术推广机构和依托单位的知名专家组成。管理委员会和技术委员会，人员结构合理，固定人员不少于20人，其中，专业技术人员不少于80%，高级职称人员不少于30%。

国家林业和草原局科技司是工程中心的主管部门，主要负责制定相关政策，确定建设方向，发布申报指南；组织评审认定，开展评估考核，负责日常管理；协调行业科技资源，对工程中心建设给予必要支持。省级林业主管部门、局直属单位、相关林业高校和森工（林业）集团公司是工程中心的归口管理单位，主要负责所辖地区或单位工程中心的组织申报，审核相关申报材料，组织评审遴选推荐；协调指导和监管日常运行，配合开展考核评估；给予所属中心创新政策、人才引进、条件能力等方面的优先支持。

工程中心实行动态调整的运行评价制度，五年为一个评估周期，主要对工程中心五年的整体运行状况进行综合评价。评价内容主要包括规划任务完成和目标实现情况；研发经费投入、人才队伍建设、基础设施建设等情况；运行机制、合作机制、开放交流、激励机制等；成果产出、成果转化数量和收入、直接经济效益、行业贡献等。

第六节　国家林业产业示范园区

国家林业产业示范园区是经国家林业和草原局认定，符合国家产业政策，林产品加工、贸易、服务规模大，集中度高，创新能力强，资源循环利用，服务优良，管理规范，物流高效快捷，具有重要的区域经济地位，在创新、协调、绿色、开放、共享方面发挥明显示范带动作用的林业产业园区。园区是集科技创新、技术示范、成果转化、产业孵化、产品展示、科普宣传、人才培训、信息服务、生态体验为一体的林业科技成果创新、转化平台。

国家林业产业示范园区认定和建设，目的是推动林业产业供给侧结构性改革，促进林业产业集聚融合发展，降低企业成本、发展循环利用、提高集群创新能力、提供社会化生产性服务，带动林业产业转型升级和提质增效。截至 2019 年，全国已认定和命名 11 个示范园区。

国家林业和草原局负责国家林业产业示范园区的认定命名。认定命名在公开、公平、公正的基础上，坚持促进林业产业与区域经济协调发展，坚持第一、二、三产业融合发展，坚持绿色发展，坚持提高和创新林产品供给等基本原则。

国家林业产业示范园区应当具备的条件包括：①产业园区以林产品加工、贸易、服务为主。园区内从事林产品加工贸易及相关服务的企业户数占总户数的 80% 以上，年林产品加工、贸易、服务额在 20 亿元以上。园区内林业主导产业符合当地经济社会发展和林业产业发展的总体要求，创新能力强。②产业园区在区域经济中地位突出，辐射带动能力强，有国家林业重点龙头企业 1 家以上或省级林业龙头企业 3 家以上。③产业园区规模与环境承载能力、生产技术条件和管理水平相适应。园区内水、电、路、通信、网络等基础设施配套齐全。加工、贸易、服务布局合理。④产业园区具有健全的社会化服务体系，技术、物流、信息、法律、金融等服务组织体系完备、运行顺畅，能满足园区企业发展的需要。⑤产业园区组织管理制度化、规范化、科学化。规章制度和组织机构健全，管理到位，服务优良。⑥建设规划已由当地建设用地规划主管部门、政府批复，选址科学，规划合理，配套完备，用地完成"三通一平"等基础设施建设的产业园区，规划产值不低于 100 亿元，具备一定的产业发展基础条件和重大创新条件，也可以申报。

各省级林业主管部门指导示范园区建设发展，协调解决与示范园区建设发展的相关事项，在林产品原材料供应、林地供给以及有关项目和资金安排上予以倾斜，同时争取地方人民政府对本地区内的国家林业产业示范园区加强监督管理，给予有效扶持，保障示范园区持续健康发展。

国家林业和草原局每三年对国家林业产业示范园区运行情况进行一次全面考核。全面考核采取材料考核与现场考评相结合的方式。重点考核示范园区在创新、协调、绿色、开放、共享以及管理、新供给、辐射能力、科技创新、设施装备水平、信息物流、产业发展与带动等方面的示范作用。

第七节　国家林业生物产业基地

国家林业生物产业基地是推动林业生物产业工作重要平台，目的是以基地为载体，以森林资源培育为基础，以森林生物产品精深加工为突破口，发挥林业生物先导作用，全面实施生物产业强林战略，加快形成我国林业生物产业发展新格局。

我国发展林业生物产业具有资源优势，具备良好的基础。森林是陆地生态系统中较典型、较有生物多样性的生态系统和生物资源库、基因资源库。中国是世界上生物多样性较丰富的国家之一，有高等植物 3 万多种，脊椎动物 4400 多种。人工林面积、蓄积 15.05 亿 m^3，位居世界前列；天然湿地涵盖了全球 39 个湿地类型；有不适宜农耕的宜林荒山荒地 5400 多万公顷。此外，还有丰富的林下植物和非木质森林资源以及大量的采伐、加工剩余物。尤其在可加工生物柴油的木本油料方面，据不完全统计，我国常见的能源木本油料植物有 600 多种，其中，种仁含油量超过 50% 的木本燃料油植物有数十种，总面积超过亿亩，年产果量 200 万 t 以上，而目前加工利用不足 1/4。

林业生物产业是以森林生物资源为基础，建立在生命科学和生物技术创新基础上的新兴高技术产业，是国家生物产业的重要组成部分。大力发展以森林资源为基础的林业生物产业，积极培植林业生物产业基地，对深化集体林权制度改革，加快推进现代林业建设，促进国民经济发展，加快社会主义新农村建设具有重要意义。

林业生物产业主要包括以生物技术为基础的林木（竹藤、中药材、花卉）新品种及森林资源培育产业、基于森林生物资源的生物质能源、生物质材料、生物制药、森林食品和绿色化学品产业，以国土生态安全为目标的生态生物治理产业，以提高资源利用水平和降低环境污染为目的的林业生物制造产业等。

在具有生物产业特色的县级区域，选择林业生物资源丰富，产业优势和特色明显，生物经济发展技术良好的地区，建立林业生物产业基地，辐射带动区域经济的发展。同时发挥孵化器的作用，促进产学研相结合，不断地孵化技术成果，为调整产业结构、促进行业科技进步发挥重要作用。

林业生物产业基地认定，符合国家林业生物产业发展目标，具有较强产业化、商品化开发能力，对所属产业和行业发展具有较大影响的企业（群）或者具有鲜明产业特色的区域。我国现认定林业生物产业基地16个，以种质创新与资源培育、林业生物质能源、生物生态治理、林业生物质新材料、生物制药、林源生物制剂6个领域为重点，带动林业生物产业健康、有序、高效地发展。

林业与生物产业基地以当地优势林业资源为基础，形成生物质能源、生物生态治理、生物质新材料、生物制药、林源生物制剂、林业绿色化学品和竹藤资源生物利用等一个或多个产业集聚，具有鲜明的区域产业特色。产业基地具有明确的区域性，包括核心区和一定的扩展区。核心区是指产业集聚度非常明显或者龙头企业较为集中的区域，扩展区是指核心区之外的具有相当生产规模的区域。产业聚集度是认定评价指标之一，包括产业基地内现有生物产业企业数量(已有企业数、近期拟建企业数)，企业销售总收入，核心企业数及销售收入等。

产业基地具备产业化、商品化的开发能力，具有资源供给优势，有一定规模和行业带动性，有较高的市场占有率和较强的盈利能力，具有高成长性和良好的声誉。创新能力是认定评价的重要指标，包括自主研发机构及人员数，合作研发机构数，研发经费情况，研发成果数量(包括成果鉴定或者认定数、专利申请数、专利授权数等)。

产业基地应具备良好的产业发展环境，产业基地所在地的地方人民政府和有关部门制定产业基地的发展规划和发展目标，有统筹安排和支持措施，有强有力的组织管理机构；地方人民政府要以一定的资金作为引导资金，吸引金融资本促进产业基地的发展壮大；在管理体制和运行机制上有利于产业基地发展。鼓励地方人民政府对产业基地建设给予资金支持，并吸引社会各种资本投入产业基地建设。

国家林业和草原局是产业基地认定的管理部门，负责进行审查、评议，专家评审通过后审批认定。对批准认定的产业基地，由国家林业和草原局颁发"国家林业生物产业基地"认定证书。在管理上实施归口管理，地方林业行政主管部门对产业基地的工作进行指导，产业基地所在地人民政府负责产业基地的管理工作。

第八节 林业标准化示范区

林业标准化示范区是由国家标准化管理委员会会同国家林业和草原局和地方共同组织实施的，以实施林业标准为主，具有一定规模、管理规范、标准化水平较高，对周边和其他相关产业生产起示范带动作用的标准化生产区域。开展林业标准化示范工作，对于促进林业标准化的实施具有重要作用。林业标准化示范区建设是林业标准化工作中的一项重要内容，其根本目的就是将先进的林业技术标准、整个生产运营模式大规模应用于实践，是把整个产前、产中、产后过程的标准体系实施大面积普及、宣传推广直至应用阶段的桥梁，是科学技术进入产业化生产的过渡形式。通过林业标准化示范区的示范和辐射带动作用，有利于加快用现代科学技术改造传统林业，提高林业发展与服务能力。

建设林业标准化示范区旨在明显改善森林生态环境，提高森林健康水平，增强林业总服务能力。林业管理与生产经营标准化水平和组织化程度有较大的提高，促进林业规模化、产业化、现代化的发展。普遍提高生产经营和管理者标准化意识，特别是林农标准化生产意识与技能明显增强，逐步形成相对稳定的技术服务和管理队伍。林业新品种、新技术、新方法等林业科技成果的转化和应用推广能力明显增强。林产品质量安全水平明显提高，形成基本的检测手段和监测能力，能够保障食品安全。林业生产效率、林民收入明显提高，示范带动作用显著，取得良好经济、社会和生态效益。

林业标准化示范区所在的地区、单位或企业，林业基础条件好、林业技术力量强、林业行政能力水平高，便于更高地领会要进行示范的林业标准的内涵和目标，在示范中能更好地发现问题、解决问题、总结经验，为进一步推广提供理论依据和实践经验。对于林产品标准示范区建设，要以当地优势、特色和经深加工附加值高的产品（或项目）为主，实施产前、产中、产后全过程质量控制的标准化管理，并尽量与其他部门或地方政府实施的无公害食品行动计划、食品药品放心工程、农产品生产基地、出口基地、科技园区等建设项目相结合，共同推进林业标准化示范区建设，以加大林业标准化示范区建设力度，减少不必要的重复投资，节约资金和人力。示范区应优先选择预期可取得较大经济效益、科技含量高的示范项目；示范区要地域连片，具有一定的生产规模，有集约化、产业化发展优势，产品商品化程度较高。示范区建设要与生态环境保护、营林造林工程、小流域综合治理等工程紧密结合，合理布局，让工程带动示范区建设，让示范区建设推动工程建设水平的提高。示范区建设应纳入当地的经济发展规划，对示范区建设有总体规划安排、具体目标要求、相应的政策措施和经费保证。组织龙头企业、行业（产业）协会和农民专业合作组织带头开山示范区建设，鼓励林农积极参与示范区建设，以扩大示范区的示范影响，加快示范区建设进程。

林业标准化示范区以林业生产实施产前、产中、产后全过程的标准化、规范化管理为主要任务，可食用林产品生产经营要强化从林间到餐桌的全过程的质量控制。主要任务包括：①在生态建设领域，加强林业行政管理能力建设，促进林业管理规范化；加强森林生态监测与审计，加大森林生态监察力度。②对于林产品生产与流通，在生产领域，重点抓产地环境标准、种质（包括种子、种苗、野生动物种畜种禽）标准、良好农业规范（GAP）的实施，强化农药、兽药、化肥等农业投入品合理使用和安全控制规范，以及动植物检疫防疫等标准的实施。在加工领域，重点抓加工场地环境、加工操作规范、产品包装材料、兽禽屠宰安全卫生要求、HACCP 和 ISO 22000 等标准的实施，严格加工全过程质量安全标准的实施，防止加工过程中的二次污染，严禁使用非法添加物。在流通领域，重点抓运输器具、仓储设备及场地环境卫生、市场准入要求、分等分级、林产品条形码、包装、标签标识等标准的实施。③建立健全的标准体系，使得林业生产各环节均有标准可依。建立林产品质量监测体系，明确林产品质量安全职责，强化对产地环境、林业投入品，以及种植、养殖、加工、流通过程的监控，依照标准开展监督检查。引导示范企业建立以技术标准为核心，管理标准和工作标准相配套的企业标准体系。鼓励企业积极采用国际标准和国外先进标准。④有计划地对林产品生产、经营和管理者进行标准化和质量安全培训。重视从林农中培养林业标准化工作的积极分子和带头人，逐步培育一支林业标准化的技术推广队伍。⑤积极推广"公司＋农户＋标准化""林农专业合作组织＋农户＋标准化"等模式，充分发挥龙头企业、行业（产业）协会和林农专业合作组织在标准化示范中的带头作用和辐射效应，探索多种形式的示范区建设经验。

第五章

林业科技重大行动与奖励

第一节　林业科技特色活动

进入 21 世纪，我国林业科技蓬勃发展。随着国家经济实力和人民生活水平的显著提高，人们越来越多的关注生态环境，对森林的重视程度也逐年提高。林业科技在深入发挥科学研究、成果推广等作用的基础上，逐步开展科普、科技帮扶等特色活动，取得了良好的效果和巨大的影响。

一、林业科技活动

（一）全国林业科技周活动

2001 年，经国务院批复同意，每年 5 月的第三周为科技活动周，在全国开展群众性科学技术活动。经过 18 年的发展，科技活动周已经成为全国范围的群众科技盛会，是科学普及的重要载体和平台。2009 年，国家林业局在全国科技周期间，在北京举办了首届林业科技周活动，至今已经连续举办 11 届。全国林业科技周活动得到了各级政府的大力支持和广大民众的广泛参与，收到了良好社会效果。

全国林业科技周活动主要呈现以下特点：

（1）主题突出与时俱进，具有鲜明的时代特征。

（2）主办地点分布广泛，具有突出的地域特征。

（3）形式多样成果显著，具有较强的实效特征。

（二）中国林业学术大会

中国林业学术大会自 2005 年起举办，成为我国林业科技领域的综合性、高层次、多学科的学术交流平台，是中国林学会的重要学术品牌活动。分别于 2005 年、2009 年、2013 年在杭州、南宁和北京成功召开了首届、第二届和第三届中国林业学术大会，产生了良好的社会影响，受到广大科技人员的普遍欢迎。自 2015 年起，由 4 年一次变为每年举办一次。2016 年、2017 年、2018 年、2019 年分别在浙江临安、北京、湖南长沙、江苏南京举办了第四届、第五届、第六届和第七届大会。参会人数、交流报告的数量和质量逐年增加，社会影响力逐步提升。大会紧盯国际前沿，围绕科技创新的关键领域核心问题开展学术交流，启迪创新思维，为推进林业自主创新奠定了基础，成为承载我国林业科技创新重任的重要平台。

1. 第一届（首届）中国林业学术大会

首届中国林业学术大会于 2005 年 11 月 10 日在浙江杭州召开，由国家林业局、浙江省人民政府和中国林学会联合举办。来自全国各地的 1500 余名林业专家、学者和科技管理人员参加大会。大会以"和谐社会与现代林业"为主题，围绕当代林业科技发展的前沿和交叉问题、现代林业建设的特点和需求以及社会日益关注的生态建设热点问题进行交流。

2. 第二届中国林业学术大会

第二届中国林业学术大会于 2009 年 11 月 8 日在广西南宁举行。主题是"创新，引领现代林业"，设立了"集体林权制度改革与科技支撑""林业与气候变化""木本粮油产业化"等 15 个分会场，与会代表就当前林业工作中的重点、热点和难题问题进行广泛的交流与研讨。

3. 第三届中国林业学术大会

第三届中国林业学术大会于 2013 年 1 月 16～17 日在北京召开，此次大会暨中国林学会第十一次全国会员代表大会，大会选举产生中国林学会第十一届理事会。会议颁发了第五届梁希林业科学技术奖、第四届梁希科普奖、第十二届林业青年科技奖，表彰了优秀学会干部、先进学会、先进挂靠单位。

4. 第四届中国林业学术大会

2016 年 9 月 27～29 日，第四届中国林业学术大会暨第十二届中国林业青年学术年会在浙江农林大学隆重举行。年会的主题是"创新引领绿色发展"，此次学术大会共设 12 个分会场，研讨内容涉及林木遗传育种、森林培育、森林生态学、森林碳汇、森林生态安全等众多学科领域，以及林业发展改革、林业扶贫攻坚等问题。

5. 第五届中国林业学术大会

2017 年 5 月 6～8 日，为纪念中国林学会成立 100 周年，以"林学百年、创新引领"为主题的第五届中国林业学术大会在北京林业大学隆重召开。

本次学术大会共设 29 个分会场，汇集 2600 余名林业科技专家、学者，收到论文 1390 篇，交流报告 590 余篇。会议研讨内容涉及森林培育、林木遗传育种研究、林产化工、森林经理、园林、木材科学、森林保护、森林生态、林业史、水土保持、湿地保护、森林生态、林业经济等众多学科领域。

6. 第六届中国林业学术大会

2018 年 11 月 15 日上午，第六届中国林业学术大会在中南林业科技大学隆重召开。本次大会以"创新引领：新时代林业新发展"为主题。

7. 第七届中国林业学术大会

2019 年 11 月 9 日，第七届中国林业学术大会在南京林业大学召开。大会以"创新引领林业和草原事业高质量发展"为主题。

（三）国际森林科学论坛

"国际森林科学论坛"是中国林学会 2010 年创立的国际会议，每两年举办一次，至今已经在北京举办了 5 届。论坛聚焦全球林业科技界共同关心的热点问题进行研讨交流。

1. 第一届森林科学论坛

第一届森林科学论坛——森林应对自然灾害国际学术研讨会于 2010 年 4 月 13 日在北京召开。会议主题为"尊重把握自然规律，防御减轻灾害损失"。来自美国、加拿大、芬兰、日本、印度、尼泊尔、巴基斯坦、孟加拉国等 13 个国家的专家，野生救援、森林趋势、世界自然保护联盟、世界自然基金会等国际组织官员，以及中国从事气象、水利和林业的学者近 200 人出席会议。

2. 第二届森林科学论坛

第二届森林科学论坛——森林可持续经营国际学术研讨会于 2012 年 10 月 14～16 日在北京召开，论坛主题为"气候变化下的森林可持续经营"。会议共包括森林可持续经营与森林多功能服务、森林可持续经营技术、森林可持续经营保障、城市森林的多功能服务四个议题。

3. 第三届森林科学论坛

第三届森林科学论坛暨第十二届泛太平洋地区生物质复合材料学术研讨会于 2014 年 6 月 5～8 日在北京召开。会议主题为"绿色材料美好生活"。来自中国、加拿大、美国等 11 个国家的 200 多名专家出席会议。各国专家就生物质复合材料的新工艺、新技术和新方法进行深入研讨。

4. 第四届森林科学论坛

第四届森林科学论坛于 2016 年 10 月 24 ~ 27 日在北京举办。本届论坛作为国际林联亚洲和大洋洲区域大会的一个分会场，与大会同期召开。论坛主题为"森林多目标服务"。

5. 第五届森林科学论坛

第五届森林科学论坛暨森林经营高端研讨会于 2018 年 4 月 24 日在北京林业大学召开。会议主题为"森林科学经营的理论实践与国际经验"。来自全国的森林经营权威专家、学者以及林业基层工作者、企业等共计 200 余人参加了大会。中外学者就欧洲森林经营经验及中国天然次生林的保护与经营问题进行主题报告及研讨交流。

(四)中国林业青年学术年会

中国林业青年学术年会是中国林学会的学术品牌活动，于 1989 年起举办，至今已经成功举办 14 届，中国林业青年学术年会为林业青年科技人才展示最新研究成果，激发创新创业热情，促进成长成才提供了舞台阵地，已成为学会知名的青年学术品牌。

(五)全国现代林业发展高层论坛

全国现代林业发展高层论坛是中国林学会发挥智库作用，着力打造的一个品牌活动，每两年举办一次，旨在围绕现代林业发展中的重大战略问题，汇集专家的意见和建议，搭建咨询平台，服务科学决策。

1. 2015 年现代林业发展高层论坛

2015 年 11 月 26 日，现代林业发展高层论坛在北京召开，论坛主题为"新常态新路径：'十三五'林业新发展"。

2. 2017 年现代林业发展高层论坛

2017 年 12 月 5 日，2017 现代林业发展高层论坛在北京举行，主题为"新时代：林业发展新机遇新使命新征程"。

3. 2019 年现代林业发展高层论坛

2019 年 11 月 25 日，2019 年现代林业发展高层论坛在北京举行，主题为"践行新发展理念，推进林草业高质量发展"。

二、林业科普

(一)林业科普基本概念

科普即科学技术普及，指以公众易于理解、接受、参与的方式，普及科学知识、倡导科学方法、传播科学思想、弘扬科学精神。林业科普工作是科普工作的重要内容。林业作为重要的基础产业和具有特殊功能的公益事业，在建设生态文明中居于首要位置。林业科普工作肩负着普及生态知识，传播生态文化，树立生态道德，弘扬生态文明的任务。推进林业科学普及，对于倡导、呼吁全社会关心重视林业，加强林业生态建设，维护生态安全，形成节约能源资源和保护生态环境的产业结构、增长方式和消费模式，在全社会牢固树立生态文明的观念具有重要意义。

（二）林业科普现状

一直以来，国家林业和草原局都非常重视科技兴林工作，积极利用林业科普资源优势，通过举办植树节、湿地日、环境日、荒漠化日、爱鸟周等重大节日进行林业科普宣传，通过创建全国林业科普基地、开展林业科技活动周、送林业科技下乡、举行大型科技兴林主题科普宣传等系列科普活动，传播林业科普知识，增强公众的科技意识和生态意识，同时为基层提供宝贵的科学技术，满足基层林业发展需要。截至目前，全国林业科普基地累计达 159 个，国家级林业自然保护区 376 处，国家森林公园 897 个，建成国家湿地公园 898 个。

1. 科普日林业科普活动

全国科普日由中国科学技术协会发起，全国各级科学技术协会组织和系统为纪念《中华人民共和国科学技术普及法》的颁布和实施而举办的各类科普活动，定在每年 9 月的第 3 个双休日。自 2004 年设立全国科普日活动以来，中国林学会每年都组织开展科普日活动，科普日活动已经成为中国林学会普及林业科学知识，倡导科学方法，传播科学思想，弘扬科学精神，促进生态林业和民生林业发展，建设生态文明和美丽中国的重要形式。

2. 科技周林业科普活动

全国林业科普活动周自 2001 年起，于每年 5 月的第 3 周举办，由中国林学会主办，在全国开展群众性科学技术活动。中国林学会每年组织各种形式的主题活动，通过开展专家科普报告会、科普知识展、科普互动体验、科技下乡、科技成果展播等活动，旨在普及林业知识和科学理念，提高公众科学素质和科学意识，促进林业科技与林业生态建设。

3. 林业科普基地建设

全国林业科普基地由中国林学会命名，经中国林学会组织专家通过评审并予以公示。2005 年中国林学会研究制定《全国林业科普示范基地评审与管理办法》和《全国林业科普基地标准》，召开首届全国林业科普基地建设研讨会。2016 年，中国林学会、国家林业局科技司联合制定《林业科普基地评选规范》，进一步规范全国林业科普基地评选标准，推动林业科普基地标准化建设，提升林业科普工作的能力和水平。截至 2019 年，中国林学会共启动四批科普基地评选活动，目前，科普基地数量已达 159 家，主要功能为林业科普宣传。

4. 林业科普队伍建设

林业科学技术普及是一项长期性工作，具有十分重要的意义，林业科普队伍担负着林业科普工作的责任和使命，需要有足够的人力资源做保障。但当前我国林业科普队伍人员数量总体较少，主要由林业主管单位联合行业学会、协会及企事业单位的有关人员组成，且多为兼职人员，各类队伍分工不明，缺乏专业性，尤其缺少专家型科普人才和创新型领军人才。应该加大林业科普人才培养力度，尽快建立规模适度、结构优化、素质优良的林业科普队伍。

三、林业科技扶贫

（一）林业科技扶贫相关政策

1.《林业科技扶贫行动方案》

国家林业局 2016 年印发《林业科技扶贫行动方案》，旨在充分发挥林业科技优势和作用，大力推进林业精准扶贫，加快实现贫困地区精准脱贫。

林业科技扶贫行动的总体目标："十三五"期间，在贫困地区推广重大林业科技成果 500 项、林木良种 500 个，扶持重大科技产业化项目 10 个；建立林业科技扶贫开发攻坚示范点 500 个，帮扶指导和发展林业科技精准扶贫示范户 1 万户，示范户户均增收 20% 以上；通过举办各级各类技术培训，培训林农和基层技术人员 500 万人次以上，每个贫困户掌握 1~2 项林业实用技术。通过推广实用技术、建立示范样板、选派扶贫专家、培养乡土专家、培育特色产业和构建服务平台"六个一"行动，打造科技扶贫精品模式，推动技术定向推广、项目精准落地、专家精准对接，实现生态保护脱贫、产业特色脱贫和科技精准脱贫。

2.《生态扶贫工作方案》

2018 年 1 月，国家发展和改革委员会、国家林业局、财政部、水利部、农业部、国务院扶贫办共同制定《生态扶贫工作方案》，发挥生态保护在精准扶贫、精准脱贫中的作用，实现脱贫攻坚与生态文明建设"双赢"，力争到 2020 年，组建 1.2 万个生态建设扶贫专业合作社，吸纳 10 万贫困人口参与生态工程建设，新增生态管护员岗位 40 万个，通过大力发展生态产业，带动约 1500 万贫困人口增收。

3. 其他有关林业扶贫的政策性文件

2016 年 4 月，国家林业局与农业部等九部门印发《贫困地区发展特色产业促进精准脱贫指导意见》。

2016 年 6 月，《国家林业局关于加强贫困地区生态保护和产业发展促进精准扶贫、精准脱贫的通知》，对今后一个时期林业精准扶贫、精准脱贫总体思路、工作重点进行部署。

2016 年 6 月，《国家林业局定点扶贫帮扶计划》，对定点帮扶任务进行部署、分工。

2016 年 8 月，《国家林业局办公室、财政部办公厅、国务院扶贫办行政人事司关于开展建档立卡贫困人口生态护林员选聘工作的通知》，部署各地开展生态护林员选聘工作。

2018 年 11 月，《国家林业和草原局办公室、国家发展改革委办公厅、国务院扶贫办综合司关于推广扶贫造林（种草）专业合作社脱贫模式的通知》。

2019 年 1 月，国家林业和草原局印发《关于进一步加强定点扶贫工作的意见》，提出加强定点扶贫工作的主要任务，包括完善林业定点扶贫机制、强化生态扶贫举措、购买和帮助销售农产品、加大金融支持力度、创新帮扶机制模式、加强督促检查指导 6 项。

2019 年 11 月，国家林业和草原局科学技术司与广西壮族自治区林业局、贵州省林业局交换了《林业定点帮扶县科技扶贫合作协议》。

（二）林业扶贫相关举措

1. 全国林业扶贫重点范围

全国林业扶贫范围重点在六盘山、秦巴山、武陵山、西藏、四川省藏区及新疆南疆三地州等 14 个片区，共 713 个县（市、区）。目前的林业重点工程已基本涵盖了扶贫范围，其中包括天然林资源保护工程、退耕还林工程、岩溶地区石漠化综合治理工程等八大工程（表 5-1）。

党的十八大以来，林业凭借其自身优势，通过实施重点林业生态工程、选聘生态护林员、发展林业特色产业和林下经济、开发森林旅游、加强科技支撑和人才交流等方式，实现了生态环境恶劣地区贫困人口增收致富，为打赢脱贫攻坚战贡献巨大正能量。

表 5-1　全国林业扶贫攻坚所涉及范围内林业重点工程情况表

序号	工程名称	县数合计	六盘山	秦巴山	武陵山	乌蒙山	滇桂黔石漠化	滇西边境	大兴安岭南麓	燕山太行山	吕梁山	大别山	罗霄山
1	退耕还林	538	66	79	71	38	91	61	20	33	20	36	23
2	京津风沙源治理	22	0	0	0	0	0	0	0	22	0	0	0
3	三北防护林体系建设五期	130	66	0	0	0	0	0	20	24	20	0	0
4	长江流域防护林体系建设	290	0	74	70	37	31	21	0	0	0	36	21
5	太行山绿化	7	0	0	0	0	0	0	0	7	0	0	0
6	长江上游、黄河上中游地区天然林资源保护二期	289	65	72	34	38	31	29	0	0	20	0	0
7	岩溶地区石漠化综合治理	213	0	13	69	35	81	0	0	0	0	2	5
8	珠江流域防护林体系建设三期	59	0	0	2	0	52	1	0	0	0	0	4

2. 全国林草科技扶贫工作

（1）全国林草科技扶贫工作现场会。2019 年 11 月 6 日，全国林草科技扶贫工作现场会在贵州荔波召开，近年来，我国加大科技扶贫工作力度，建立各类扶贫示范基地 1316 个、生产示范线 247 条，举办技术培训班 7000 期，培训技术人员及林农 80 多万人次，实施科技扶贫项目 784 个，有效助力了脱贫攻坚和乡村振兴。我国林草科技推广转化工作成效显著，目前成果转化率已达到 55%，科技进步贡献率达到 53%。同时，科技成果供给质量不断提高，建立完善了国家林草科技推广成果库管理信息系统。在林木良种等 14 个领域收集各类推广成果 9300 余项，2019 年在良种繁育等 6 个草原科技领域汇集成果 228 项。依托科技成果实施的林业推广项目达 2676 项。

（2）国家林业和草原局遴选确定了 100 位林草乡土专家。为不断推进林草科技成果推广转化工作体制机制创新，进一步强化乡村振兴和脱贫攻坚科技支撑体系，破解林草科技成果转移转化"最后一公里"瓶颈，国家林业和草原局科学技术司于 2019 年上半年启动了林草乡土专家遴选聘任工作。经基层申报推荐、形式审查、专家评审和社会公示等环节，国家林业和草原局决定聘任 100 人为全国第一批林草乡土专家，名单于 2019 年 10 月 18 日公布。

（3）国家林业和草原局交流定点扶贫工作。国家林业和草原局 2019 年印发《关于进一步加强定点扶贫工作的意见》，提出认真落实与中央签订的

《中央单位定点扶贫责任书》，统筹项目、资金、人才、技术、信息等扶贫举措，帮助广西壮族自治区龙胜县、广西壮族自治区罗城县、贵州省独山县、贵州省荔波县在 2019 年年底前全部实现脱贫摘帽。

第二节　林业科技重要奖励

一、国家科学技术进步奖

国家科学技术进步奖，是国务院设立的国家科学技术奖五大奖项（国家最高科学技术奖、国家自然科学奖、国家技术发明奖、国家科学技术进步奖、国际科学技术合作奖）之一。国家科学技术进步奖授予在技术研究、技术开发、技术创新、推广应用先进科学技术成果、促进高新技术产业化，以及完成重大科学技术工程、计划等过程中做出创造性贡献的中国公民和组织。国家科学技术进步奖的奖励范围涉及国民经济的各个行业，是一项覆盖面广泛的科学技术奖。国家科学技术进步奖设一、二两个奖励等级。国家科学技术进步奖的授奖等级根据候选人、候选单位所完成项目的创新程度、难易复杂程度、主要技术经济指标的先进程度、总体技术水平、已获经济或者社会效益、潜在应用前景、转化推广程度、对行业的发展和技术进步的作用等进行综合评定。

二、梁希科学技术奖

我国林业科技领域最高奖励为梁希科学技术奖，该奖是经科技部批准，由中国林学会申请设立的面向全国、代表我国林业行业最高科技水平的奖项。

早在 1985 年，由梁希先生的学生泰籍华人周光荣先生捐献 10 万元，设立了中国林学会梁希奖。此前，中国林学会梁希奖已评选过四次，在林业科技界产生了良好的影响。在国家取消政府部门科技进步奖的评选之后，民间科技奖励的地位和作用更加突出。为了扩大梁希奖的范围和规模，中国林学会在原中国林学会梁希奖的基础上扩大规模设立梁希科学技术奖。

梁希科学技术奖包括梁希林业科学技术奖、梁希青年论文奖、梁希优秀学子奖、梁希科普奖四个奖项。主要奖励优秀的林业科技成果、优秀的学术论文和科普作品，表彰在林业科研教学中做出突出贡献的科技工作者、表现突出的林业院校在校优秀学生和先进的林业科普工作者和集体，进一步调动广大林业科技工作者的积极性和创造性，促进林业科技后备人才的成长，推进林业科教事业的发展。

（一）梁希林业科学技术奖

梁希林业科学技术奖是经国家科技部批准面向全国的林科学技术奖，主要奖励在林业科学技术进步中做出突出贡献的集体和个人，其目的是鼓励林业科技创新，充分调动广大林业科技工作者的积极性，促进林业事业高质量发展。

梁希林业科学技术奖分为四类，即梁希林业科学技术奖自然科学奖；梁希林业科学技术奖技术发明奖；梁希林业科学技术奖科技进步奖；梁希林业科学技术奖国际科技合作奖。主要奖励范围包括基础研究及应用基础研究成果；实用新产品、新技术、新工艺；软科学成果；推广应用成果；为我国林业和草原事业做出突出贡献的国际科学家。

2005年起，首届梁希林业科学技术奖评比，每两年评比一次。自2016年第七届梁希林业科学技术奖开始，每年评比一次，至今已经评选10届。

（二）梁希科普奖

梁希科普奖是为表彰在林业和草原科学技术普及活动、创作中做出突出贡献的单位和个人，充分调动社会各界参与林业和草原科普工作的积极性，繁荣林业和草原科普创作，促进我国林业和草原科普事业的发展，提高我国林业和草原从业人员科学素质和全民生态意识，而设立的科普奖励。分为科普作品奖、科普活动奖和科普人物奖三类，每两年评选一次。

（三）梁希优秀学子奖

梁希优秀学子奖面向全国林业高等院校和设有林学院的农业大学、综合性大学林业及相关专业的本科生、在读硕士生和博士生及中国林业科学研究院研究生院的在读硕士生和博士生（注：不含已工作的在职研究生）和南京森林警察学院的在校生。旨在激励林业高校学生树立"献身、创新、求实、协作"的科学精神，促进林业高校学生全面发展。每两年评选一次，截至2019年，已经评选了8届。

（四）梁希青年论文奖

梁希青年论文奖面向近五年内在国内外科技期刊上公开发表，第一作者年龄在论文发表时40周岁以下（含40周岁）的所有与林业有关的学术论文以及在中国林学会及中国林学会各分会、专业委员会组织的学术研讨会上获得优秀论文奖的学术论文。旨在鼓励林业青年科技工作者求真务实、勇于创新的精神，加快青年科技人才的成长。

三、中国林业青年科技奖

为鼓励林业青年科技工作者奋发进取，促进林业青年专业技术人才迅速成长，设立中国林业青年科技奖。评选范围为在林业科技工作与活动中涌现出来的年龄在 40 周岁以下的优秀林业青年科技工作者。每两年评选一次，每次授奖人数不超过 20 人。目前已经评选了 14 届。

四、其他林业科技奖励

此外，其他林业科技奖励包括：中国林业产业创新奖，中国林业产业突出贡献奖；由中国林业工程建设协会设立的林业优秀工程勘察设计奖，林业优秀工程咨询成果奖；陕西省林业厅科学技术进步奖、林业技术推广奖获奖；青海省林业科学技术奖；辽宁林业科学技术奖；由吉林省森林休憩保育研究会设立的长白山林业科技奖励；由邵阳市人民政府设立邵阳林业突出贡献奖等。

第三节　林业科技创新人才和创新团队

一、我国林业科技人才队伍现状

人才是一个国家发展最重要的资源，林业科技人才是我国生态文明建设和林草事业高质量发展的重要保障。依据中国林业统计年鉴统计数据，截至"十二五"期末，系统内林业职工总数约 122.78 万，含各类人才 86.33 万，占林业职工总数的 70.31%。其中，有大专以上学历人才 50.36 万，占林业职工总数的 41%，高级专业技术职称人才 4.07 万，占林业专业技术人才总数的 12.91%。

在林业人才队伍行业类型分布上，事业单位的林业专业技术人才分布较为集中，林草类企业、林区农村人才拥有量较低；在人才层次分布上，林业高层次创新人才、复合型林业领先人才、高技能人才紧缺，林草基层单位专业技术人才不足，尤其体现在林业科技推广人才上，我国基层林业科技推广人才严重不足；在学历分布上，福建、浙江、广东、湖南和吉林等地区林业专业技术从业人才的学历相对较高，主要以本科及本科以上学历为主，而地处边远的部分经济欠发达地区，如云南、新疆、广西等地林业专业技术人才的学历普遍较低，主要以本科以下学历为主；在不同专业领域人才构成上，森林抚育经营、林业重点生态工程、林业种苗建设、林业规划设计、林业科技、林业产业、森林有害生物防治和湿地保护技术等专业领域人才分布较为集中，林业应对气候变化、植被恢复技术、自然保护区建设、森林资源监测管理和林业信息化领域人才相对较少，林业改革、林业政策法规、野生动物疫源疫病和林业经济等领域的专业技术人才缺乏较为严重。

从统计数据可以看出，我国的林业科技人才队伍存在总量不足、结构不尽合理、基层单位林业专业技术人才及林业"两高"人才紧缺、不同地区及专业领域间人才结构差异较大的现状。

二、林业科技创新人才和团队介绍

（一）林业领域院士（不含已故）

沈国舫，林学及生态学专家、中国工程院院士，北京林业大学教授，曾任北京林业大学校长、中国林学会理事长。长期从事森林培育学和森林生态学的教学和研究工作，是国家重点学科森林培育学的学科带头人。在立地分类和评价、适地适树、混交林营造及干旱地区造林方面做了许多研究工作。沈国舫院士致力于中国森林可持续发展及中国林业发展战略等宏观研究，对我国林业重大决策发挥了重要作用。

曹福亮，森林培育学家、中国工程院院士，森林培育学和经济林栽培学教授、博士生导师，曾任南京林业大学校长，兼任中国林学会副理事长。主要研究方向是银杏资源开发与利用、林木抗性机理、经济林栽培。重点开展银杏、落羽杉、杨树、毛竹等树种的良种选育、培育和加工利用等方面的研究，特别是银杏研究在国内外同行中有较大影响。先后获植物新品种保护权8项，授权专利22项，出版著作15部，发表学术论文300余篇，并获国家科技进步二等奖4项、部级科技进步一等奖和何梁何利科技进步奖各1项。研究成果在全国28个省份得到大力推广，为我国银杏产业发展和现代林业建设做出了重大贡献。

蒋剑春，林业工程专家、中国工程院院士，博士、研究员、博士生导师。作为我国林产化工学科带头人，蒋剑春30多年来共主持国家、省部级科研项目30余项。带领团队潜心于农林生物质热化学转化的基础理论和应用技术研究，突破了炭材料和生物燃料等高值产品制造关键技术，创制出连续化生产核心装备，打破了国外活性炭制造技术垄断，获得国家科技进步奖 4 项，省部级奖励 10 项，发表论文 318 篇，授权发明专利 69 件。研究成果提升了我国林产化工技术水平，推动了林化产业的发展。

李坚，中国工程院院士，教授，博士生导师，我国知名木材科学家，东北林业大学林业工程学科带头人。在长年从事的木材保护学研究领域取得重要创新性成果：主持木材阻燃与防护技术研究，获得具有自主知识产权、综合技术经济指标国际领先的新型木材阻燃剂系列技术，先后获省科学技术一等奖和国家技术发明二等奖。主持开发的大兴安岭火烧原木保存技术，在国际上首次突破过火林原木大规模保存技术难关，主持多学科参加的森林资源培育及生态环境恢复工作，效益显著，获省重大科技效益奖。在木材保护学、生物木材学、木质环境学和生物质复合材料学领域开展科学研究基础上，提出了"追寻木材的碳足迹""木材表面化学镀""纳米纤维素与气凝胶""木材仿生与智能响应"和"多元材料混合制造的 3D 打印"等新的研究方向和研究内涵。发表论文 300 余篇，出版著作 20 余部，授权发明专利 30 余项，获国家技术发明二等奖 1 项、国家科技进步二等奖 3 项、黑龙江省重大科技效益奖 1 项、黑龙江省科学技术一等奖 5 项。

宋湛谦，林业工程与林产化学加工专家、中国工程院院士，中国林业科学研究院首席科学家，林产化学工业研究所研究员、博士生导师。长期从事林产化学加工研究和工程化开发工作，是我国松脂化学利用及其工程化开发的开拓者之一。率先进行松脂化学深加工及系列化的研制和工程化开发，先后制成聚合松香和氢化松香等 30 多种产品。提出松脂深加工与精细化工相结合的新思路，创制 10 种精细化学品以代替石油原料不足。曾获国家科技进步二、三等奖 3 项，省部级科技进步一、二等奖多项。

尹伟伦，生物学家、森林培育学家、中国工程院院士，原北京林业大学校长，教授，博士生导师。具有林学和生物学交叉优势，围绕良种奇缺、生产力低的难题，创立快速可靠生理量化选育抗逆、速生良种和壮苗及丰产良种系列技术。获得国家发明三等奖 1 项，获国家科技进步二等奖 3 项，国家科技进步三等奖 1 项，国家级教学改革一等奖 1 项，以及省部级奖励 15 项。发表论文 200 余篇，著作 10 部，获国家发明奖、国家科技进步奖共 5 项，国家级教学成果奖 2 项，省部级科技进步奖 20 余项。

张守攻，森林生态学领域首席专家、中国工程院院士，研究员，博士生导师，主要从事森林生态学领域研究，包括森林生态系统结构与功能、退化天然林生态恢复、人工林地力衰退与长期生产力维持机制和多目标经营、森林生态水文学和森林对气候变化的响应与适应等方面的研究。曾取得过国家科技进步二等奖 3 项，梁希林业科学技术一等奖 1 项和省部级科技进步三等奖 3 项，获第四届中国林业青年科技奖和全国优秀科技工作者，主编或参编的学术专著有 10 部，在国内外发表学术论文 300 余篇，其中 SCI 收录论文 100 多篇。

李文华，中国工程院院士、生态学和森林学家，中国科学院地理科学与资源研究所研究员。长期致力于森林生态和资源生态工程的研究：专著《西藏森林》填补了地区空白，为高原森林保护与合理利用起到了奠基作用；建立了高原森林、草地和农田生态系统优化模式，成为区域可持续发展的重要基础；领导西南资源开发研究，为国家发展战略向西部转移提供了科学依据；倡导生态农业研究，使"千烟洲模式"成为红壤丘陵整治的典范；组织领导《人与生物圈》等多项大型国际科研计划；在自然保护区管理、森林科学经营，区域生态建设方面，做出了重要贡献。

王明麻，林木遗传育种学家、中国工程院院士，南京林业大学教授、博士生导师，主编了我国第一部较为系统和实用的《林木遗传育种学》。自 20 世纪 70 年代以来，系统开展了南方型杨树遗传资源的收集、贮存、评价和利用的研究。针对我国黄淮、江淮及长江中下游流域的自然条件，解决了大规模选育和推广适生优良品种，并相应改变了杨树栽培的方法，创立了新的栽培模式，使工业原料林资源实现了规模化经营，成为了当地新兴的支柱产业。

唐守正，中国科学院院士、中国林业科学研究院资源信息研究所研究员、博士生导师，北京林业大学信息学院兼职教授、名誉院长、东北林业大学特聘教授、《林业科学》杂志常务副主编。长期从事森林经理和林业统计研究工作。唐守正长期从事森林调查、森林经理、森林数学及计算机数学模型技术在林业中应用的研究，先后获得 8 项科研成果（国家科学技术进步二等奖 1 项、三等奖 1 项；林业部科技进步一等奖 1 项、二等奖 4 项、三等奖 1 项），出版 2 部专著、1 部译著，主编 4 部专著，在国内外发表论文 90 余篇。

张新时，生态学家，中国科学院院士，中国科学院植物研究所研究员、原所长。张新时院士是国际著名的生态学家，长期以来主要从事我国高山、高原、荒漠与草原植被地理研究。主持了中国高山植被垂直带系统、中国西部沙漠—绿洲生态系统、内蒙古半干旱地区荒漠化控制和中国"SCOPE-ENUWAR"项目专题等数十项国家重大科研课题和国际合作项目。近年来发表学术论文 50 余篇、专著 34 部。他主持和合作主持的"中国植被""青藏高原植被研究""毛乌素沙地乔灌木沙地质量评价""新疆植被及其利用"等项目分别荣获国家自然科学二等奖、中国科学院自然科学三等奖、林业部科技进步二等奖、中科院科技成果一等奖。

方精云，中国科学院院士、第三世界科学院院士，中国科学院植物研究所学术所长、学术委员会主任，云南大学校长。主要从事全球变化生态学、群落生态与生物多样性、生态遥感、生态草牧业等方面的研究，承担基金委自然科学重点基金、创新团队项目及科技部重点研发计划项目等科研项目，先后发表学术论著 420 余篇，曾获国家杰出青年科学基金，国家自然科学二等奖，长江学者成就奖，何梁何利科学技术进步奖、中国出版政府奖、教育部自然科学一等奖等奖励。

孟兆祯，中国工程院院士，风景园林规划与设计教育家。北京林业大学教授、博士生导师，建设部风景园林专家委员会副主任，中国风景园林学会副理事长，北京园林学会名誉理事长，韩国庆熙大学设计研究院客座研究员。孟兆祯教授长期从事园林艺术、园林设计、园林工程、园冶例释等课的教学与科研工作，主编获校颁 ·等奖的《园林工程》教材，奠定了中国传统园林艺术和设计课的内容。任《中国大百科全书》第二版《建筑、规划、园林》卷副主编，主持园林编辑工作。任《风景园林》杂志名誉主编。发表论著数十篇。《避暑山庄园林艺术理法赞》获林业部二等奖。主持 36 项设计，获林业部设计一等奖和深圳市设计一等奖，2004 年获首届林业科技贡献奖。

马建章，中国工程院院士，著名野生动物保护与管理学家，野生动物资源学院的创始人、名誉院长，国家林业和草原局猫科动物研究中心主任，《野生动物》杂志主编，中国野生动物管理高等教育的奠基人，中国野生动物保护与利用学科的创始人，国家林业科技贡献奖、国家自然科学奖评委，国务院学科评审组成员，IUCN/SSC 委员，曾获国家级教学名师等数十个全国性荣誉称号和奖励。

（二）林业科技创新人才

加强林草科技创新人才队伍建设是实现林草事业高质量发展和林草事业现代化的迫切要求。国家林业和草原局 2019 年启动了林草科技创新人才建设计划，经申报推荐、形式审查、专家评议和公示等环节，研究确定 17 名林业和草原科技创新青年拔尖人才（表 5-2）、17 名林业和草原科技创新领军人才（表 5-3）和中国林业科学研究院生物质能源与炭材料创新团队等 30 个林业和草原科技创新团队（表 5-4）。

表5-2　林业和草原科技创新青年拔尖人才名单(17名)

姓名	单位	姓名	单位
符利勇	中国林业科学研究院	李明飞	北京林业大学
刘妍婧	中国林业科学研究院	陈志俊	东北林业大学
王　奎	中国林业科学研究院	陈文帅	东北林业大学
原伟杰	中国林业科学研究院	施　政	南京林业大学
张雄清	中国林业科学研究院	卿　彦	中南林业科技大学
陈复明	国际竹藤中心	朱家颖	西南林业大学
李　俊	中国农业科学院	朱铭强	西北农林科技大学
刘　楠	中国农业大学	马中青	浙江农林大学
袁同琦	北京林业大学		

表5-3　林业和草原科技创新领军人才名单(17名)

姓名	单位	姓名	单位
徐俊明	中国林业科学研究院	宋丽文	吉林省林业科学研究院
陆俊锟	中国林业科学研究院	彭邵锋	湖南省林业科学院
褚建民	中国林业科学研究院	张金林	兰州大学
陈光才	中国林业科学研究院	彭　锋	北京林业大学
刘　鹤	中国林业科学研究院	李　伟	东北林业大学
乌云塔娜	国家林业和草原局泡桐研究开发中心	张仲凤	中南林业科技大学
陈帅飞	国家林业和草原局桉树研究开发中心	刘高强	中南林业科技大学
李志强	国际竹藤中心	赵西宁	西北农林科技大学
方国飞	国家林业和草原局林草防治总站		

表5-4　林业和草原科技创新团队名单(30个)

团队	单位名称
生物质能源与炭材料创新团队	中国林业科学研究院
人工林定向培育创新团队	中国林业科学研究院
人造板与胶黏剂创新团队	中国林业科学研究院
林业和草原遥感技术创新团队	中国林业科学研究院
杨树遗传育种与高效培育创新团队	中国林业科学研究院
热带珍贵树种研究创新团队	中国林业科学研究院

（续）

团　　队	单位名称
珍贵用材树种遗传改良创新团队	中国林业科学研究院
油茶资源培育与利用创新团队	中国林业科学研究院
森林经营与生长模拟创新团队	中国林业科学研究院
杜仲培育与利用创新团队	国家林业和草原局泡桐研究开发中心
竹藤生物质新材料创新团队	国际竹藤中心
国家公园理论与实践创新团队	国家林业和草原局昆明勘察设计院
南方木本油料资源利用创新队	湖南省林业科学院
青藏高原特色草种质资源创新与育种应用创新团队	四川省草原科学研究院
中科羊草研发创新团队	中国科学院
草原生态监测与智慧草业创新团队	中国农业科学院
草地微生物科技创新团队	兰州大学
草原生态恢复创新团队	中国农业大学
西北木本油料植物资源高值化综合利用创新团队	西北大学
林木纤维资源高效利用创新团队	北京林业大学
东北次生林经营创新团队	北京林业大学
林木分子生物学创新团队	东北林业大学
生物质热解气化多联产创新团队	南京林业大学
银杏经济林培育与高效利用创新团队	南京林业大学
木质资源高效利用创新团队	中南林业科技大学
干旱与半干旱区植被恢复与重建技术创新团队	西北农林科技大学
兰科植物保育与利用创新团队	福建农林大学
南方特色干果产业科技创新团队	浙江农林大学
沙生灌木高效开发利用创新团队	内蒙古农业大学
枣树育种栽培与精深加工创新团队	河北农业大学

三、林业领域人才发展展望

新时期背景下，我国的林业产业发展、生态环境建设有着更高的要求，这使我们必须重视林业科技创新人才的选拔和培养，首先要坚定不移地实施科教兴林、人才强林战略，从林业高科技人才发展规划的出台，到一系列鼓励科技创新人才的措施，无不彰显着国家对林业高科技人才的重视，对我国的林业事业繁荣发展寄予厚望。

（一）各部委关于林业领域人才培养的发展规划

2010 年 6 月，国务院颁布实施《国家中长期人才发展规划纲要（2010—2020 年）》（以下简称《纲要》），这是我国第一个中长期人才发展规划，《纲要》总体目标是：培养和造就规模宏大、结构优化、布局合理、素质优良的人才队伍，确立国家人才竞争比较优势，进入世界人才强国行列，为在 21 世纪中叶基本实现社会主义现代化奠定人才基础。

在林业领域，国家林业局于 2012 年印发《全国林业人才"十二五"及中长期发展规划》，提出今后十年我国林业人才发展的总体目标是培养和造就数量较为充足、结构基本合理、综合素质较高的人才队伍。

2016 年国家林业局《林业发展"十三五"规划》提出，要提升林业队伍整体素质，建立健全全国林业人才发展规划体系，深入实施全国林业"百千万人才"工程和高端人才引进行动计划，多渠道引进和培养高水平专业技术和经营管理人才，建立高层次人才库。

2019 年 4 月 17 日，国家林业和草原局党组印发《中共国家林业和草原局党组关于激励科技创新人才的若干措施》（以下简称《激励措施》）。围绕充分用好现有人才、引进急需人才、加强科技创新人才梯队建设等，提出了定向激励高端创新人才、用好科技成果转化政策激励人才、重奖业绩突出的创新人才、充分激励主体业务实践中的创新人才、激活研发单位创新内生动力、加强对创新人才的情感关怀等六方面二十条意见。

（二）林业领域人才培养的具体举措

1. 激活林业科技人才创新动力，完善人才激励和保障机制

（1）定向激励林业科技高端人才。通过统筹增量向创新效能高的单位倾斜，强化高层次创新人才梯队的绩效激励力度和技术岗位聘任，加大对领衔创新任务科研人员激励等方式增强人才的创新动力、激发高端人才的科研活力。

（2）鼓励推动科技成果转化。落实成果转化政策，明确成果转化激励导向，鼓励采取多种转化模式，努力提高科技成果转化率，加速科技成果产业化。

（3）对创新人才实施特殊奖励。

一是对林业发展做出突出贡献的科技工作者进行重奖。依据国家林业和草原局出台的《林业科技重奖工作暂行办法》，凡在林业基础理论和发展理论研究方面取得重大成果，或在林业科学研究和技术开发方面取得重大

突破，在林业科技成果转化、技术推广应用、高新技术产业化方面做出重大贡献，在林业标准化建设和质量检验检测、林业科技管理和科学技术普及等方面做出特殊贡献，成绩特别巨大的个人和集体将给予重奖。《激励措施》对获得国家科技奖的人才奖励标准为局属研发单位为第一完成单位获国家科学技术奖一等奖的创新团队，国家林业和草原局对申报单位一次性奖励100万元；获二等奖的创新团队，国家林业和草原局一次性奖励20万元。

二是奖励突出贡献创新人才。完善梁希林业科学技术奖评审办法，争取申请增加自然科学、技术发明等奖励种类。《激励措施》对获得梁希林业科学技术奖一等奖的创新团队，一次性奖励20万元，对主要贡献人员，在年度评优、评先以及职务、职称晋升中予以倾斜。

三是激励业务工程中的科技创新。提升林业和草原专项业务成果水平，在森林和草原保护与修复、湿地恢复、荒漠化防治等专项工作中安排示范性项目。设立业务革新奖，对为解决工程实际难题创造性地开展工作、在实践中有创新成果的个人或集体予以表扬和奖励。

2. 加强人才教育培养力度，培养造就具备高层次、高技能复合型人才的高质量林业人才队伍

（1）大力发展林业教育培训事业，提高林业人才开发水平。建立以林业大学、林业科研院所为依托的林业专业技术人才教育体系。建设一批高层次创新型林业科技人才培养基地，重视和优化学科建设，对学科专业、类型、层次结构和区域统筹布局。

（2）整体推进全国林业人才工作，加强高层次人才培养工作。以"两高"人才和重点领域急需紧缺骨干人才为重点，推进各类林业人才队伍建设，完善林业人才组织服务保障体系，瞄准林业发展高端和前沿重大科学命题和关键科技攻关课题，培养造就高层次、高水平的林业科学家、林业领域领军人才和林业创新团队。

第六章

林业科技国际合作与交流

林业科技国际合作是我国科技工作的重要组成部分，也是我国林业现代化发展和配合总体外交的组成部分。中华人民共和国成立之初，林业科技国际交流与合作主要是引进苏联和民主德国等社会主义国家的林业经营经验、技术和设备。改革开放之后，在我国林业发展战略指导下，林业科技国际合作坚持"引进来、走出去"，不断拓宽国际(区域)合作交流渠道和领域，从过去单纯的科技交流、援助第三世界国家，发展到向全世界林业发达国家开展先进林业技术与设备引进、林产品进出口贸易、吸引和利用外资、海外开发森林和造林，努力形成了多渠道、多层次、多形式、全方位的国际合作与交流格局，增强了国际(区域)林业科技合作能力。

通过组织实施国际合作项目、引智计划项目，引进资金和引进国外专家和技术，组织人员出国培训等。据估计，我国已累计引进国际无偿援助资金8.3亿美元，完成林业国际合作项目近660个，累计造林近100万公顷，培训85万人次。通过"948"计划科研项目，各级林业部门、教学科研单位通过多种合作渠道和方式引进了一大批国外先进林业技术，引进的先进技术涉及林木育种、造林绿化、速生丰产林建设、森林病虫害防治、木材加工、木材防腐和荒漠化防治等领域，如林木组培技术、小流域治理技术、桉树丰产技术、鸟类环志和跟踪技术、林业机械和林业生产技术等，解决了我国林业生产以及教学科研中的一些难题，培养出一批优秀林业科技骨干和科研人员，促进了林业发展。

近年来，气候变化、生物多样性、荒漠化防治、濒危野生动植物保护、湿地保护、森林认证、林业碳汇、非法采伐、外来有害生物入侵等林业热点国际问题使得林业国际合作也被纳入了国际社会政治议程中，成为一个跨行政区域、跨国别的事业。

2018年5月18日至19日在北京召开的全国生态环境保护大会上，中共中央总书记、国家主席、中央军委主席习近平发表了《推动我国生态文明建设迈上新台阶》的重要讲话。他指出，要"共谋全球生态文明建设，深度参与全球环境治理，形成世界环境保护和可持续发展的解决方案"。林业与生态文明建设紧密相关，绿色发展是林业国际合作的鲜明特色，在"创新、协调、绿色、开放、共享"五大发展理念指引下，新时代林业科技国际合作需要紧跟国家对外开放方针，积极完善林业治理体系，提高林业治理能力，加快科技创新促进现代林业发展。

新时代林业科技国际合作要为承担与我国自身发展阶段相对应的全球环境治理义务，协调国际发展理念与国内发展需求，积极履行涉林国际公约，遵循我国参与的涉林相关国际公约规则，进一步做好基础性科学研究与技术转化，积极为涉林公约的重大国际谈判和讨论提供科技支撑，将全球森林治理与全球环境治理同步考虑，在全球森林治理体系制度安排、资金安排和组织建设中发挥中国林业作用，提出中国方案，贡献中国智慧。从而为制定更加完善的国际履约战略和国别政策，增强实质性参与国际标准化活动能力做出贡献。

在国际共识基础上妥善应对打击野生动植物非法交易等各类林业热点问题，完善国际多边合作机制，谋划国际合作战略布局，助力"一带一路"建设，拓展林业资源合作和援外领域。深化双边合作内容，提高我国林业国际合作能力与水平。不断"彰显我国负责任大国形象，推动构建人类命运共同体"。

第一节　林业国际履约

为应对全球环境与发展的重大挑战，国际上缔结了大量环境公约，公约涉及的理论体系不断完善，新治理目标不断提出，遵约机制不断强化，公约间协同增效不断加强，多利益相关方参与增多。1992年在巴西里约热内卢召开的联合国环境与发展大会明确指出："没有任何问题比人类赖以生存的森林生态系统更重要，在经济社会可持续发展中应赋予林业首要地位。"2012年联合国可持续发展大会进一步确认了林业是绿色经济的基础和关键。

随着我国经济社会发展和生态文明建设的不断推进，国际社会期待我国在全球环境治理方面发挥更大作用，我国已成为国际环境公约重要参与方。其中，林业对相关环境公约履约有着极为重要的特殊地位。

目前，我国与林业直接相关的五大公约是：《关于所有类型森林的无法律约束力文书》(简称《联合国森林文书》，IFD)、《联合国关于在发生严重干旱或荒漠化的国家特别是在非洲防治荒漠化的公约》(UNCCD)、《关于特别是作为水禽栖息地的国际重要湿地公约》(RAMSAR)、《生物多样性公约》(CBD)、《濒危野生动植物种国际贸易公约》(CITES)，其他涉及林业的国际公约或议定书还有《国际植物新品种保护公约》(UPOV)、《国际植物保护公约》(IPPC)、《卡塔赫纳生物安全议定书》(CPOB)、《生物多样性公约关于获取遗传资源和公正公平分享其利用所产生惠益的名古屋议定书》(简称《名古屋议定书》，The Nagoya Protocol on Access and Benefit-sharing)。

一、我国目前由国家林业和草原局牵头代表国家加入并承担履约工作的国际环境发展领域公约和协定情况

(一)《联合国森林文书》(IFD)

2007 年 4 月举行的联合国森林论坛第七次会议，通过了《国际森林文书》。2007 年 12 月 17 日，第 62 届联大审议通过了《国际森林文书》。《国际森林文书》是经过政府间森林问题工作组(IPF)和政府间森林论坛(IFF)10 年谈判，又经联合国森林论坛 5 年艰苦谈判，在 2007 年举行的联合国森林论坛第七次会议上形成《国际森林文书》，并于同年 12 月经第 62 届联大通过，把森林可持续经营和全球粮食危机、气候变化放在了同等高度，具有历史性里程碑意义。2015 年 7 月联合国经社理事会通过决议将《国际森林文书》更名为《联合国森林文书》，敦促各国据此开展森林可持续经营实践。

2012 年 5 月，国家林业局确定辽宁省清原满族自治县等 12 个单位作为我国履行《国际森林文书》示范单位(以下简称示范单位)，以加强我国履约能力建设，展示我国林业发展成就。2016 年 2 月国家林业局发布了关于加强履行《联合国森林文书》示范单位建设的指导意见。开展示范单位建设是中国林业履行国际责任的重大举措，加强示范单位建设有利于推动我国森林可持续经营工作，展示我国森林可持续经营最佳实践，推广我国林业建设经验和模式，树立我国林业负责任的国际形象，为参与国际森林问题谈判、引导国际林业规则制定提供有力支撑。

（二）《联合国关于在发生严重干旱或荒漠化的国家特别是在非洲防治荒漠化的公约》（UNCCD）

该公约是联合国里约可持续发展大会框架下的三大环境公约之一，旨在推动国际社会在防治荒漠化和缓解干旱影响方面加强合作。该公约于1994年6月7日在法国巴黎通过，1996年12月26日正式生效，截至2005年4月26日，该公约共有191个缔约方。

中国于1994年10月14日签署该公约，并于1997年2月18日交存批准书。公约于1997年5月9日对中国生效。

（三）《关于特别是作为水禽栖息地的国际重要湿地公约》（RAMSAR）

该公约是全球第一部政府间多边环境公约，至今已有170个缔约方，其宗旨是通过地区和国家层面的行动及国际合作，推动所有湿地的保护和合理利用，以此为实现全球可持续发展做出贡献。1971年2月2日来自18个国家的代表在伊朗拉姆萨尔共同签署了《关于特别是作为水禽栖息地的国际重要湿地公约》（以下简称《湿地公约》，又称《拉姆萨尔公约》）。《湿地公约》确定的国际重要湿地，是在生态学、植物学、动物学、湖沼学或水文学方面具有独特的国际意义的湿地。《湿地公约》已经成为国际上重要的自然保护公约，受到各国政府的重视。为纪念公约诞辰，1996年10月公约第19届常委会决定将每年2月2日定为"世界湿地日"。截至2019年6月共有170个缔约国。中国于1992年加入《湿地公约》。

（四）《濒危野生动植物种国际贸易公约》（CITES）

因该公约于1973年6月21日在美国首都华盛顿所签署，所以又称《华盛顿公约》。1975年7月7日正式生效。《华盛顿公约》通过制定监管物种的附录、实行进出口许可证管理制度、推动国家履约立法和执法、对违约方实施制裁等措施规范野生动植物国际贸易活动，以达到保护野生动植物资源和实现可持续发展的目的。截至2019年9月，有183个缔约方。《华盛顿公约》实施40多年来，在促进国际野生动植物贸易规范化管理、保护生物多样性方面发挥了重要作用。中国于1980年12月25日加入了这个公约，并于1981年4月8日对中国正式生效。

二、国家林业和草原局参与其他部门加入的并发挥重要作用的国际公约

（一）《联合国气候变化框架公约》（UNFCCC）

该公约是联合国大会于1992年5月9日通过的一项公约。同年6月在巴西里约热内卢召开的有世界各国政府首脑参加的联合国环境与发展会议期间开放签署。1994 年 3 月 21 日，该公约生效。地球峰会上有 150 多个国家以及欧洲经济共同体共同签署。截至 2016 年 6 月底，加入该公约的缔约国共有 197 个，如今，该公约已接近普遍的会员资格，批准公约的国家称为公约缔约国，欧盟作为一个整体也是公约的一个缔约方。UNFCCC 也是负责支持该公约实施的联合国秘书处的名称，其办公室位于德国波恩 Haus Carstanjen。《联合国气候变化框架公约》的核心原则是"共同但有区别的责任"，即发达国家率先减排，并向发展中国家提供资金技术支持。发展中国家在得到发达国家资金技术的支持下，采取措施减缓或适应气候变化。这一原则在历次气候大会上均为决议的形成提供依据。《联合国气候变化框架公约》的最终目标是"将大气中温室气体的浓度稳定在防止气候系统受到危险的人为干扰的水平上"。

我国于 1992 年 11 月 7 日经全国人大批准《联合国气候变化框架公约》，并于 1993 年 1 月 5 日将批准书交存联合国秘书长处。《联合国气候变化框架公约》自 1994 年 3 月 21 日起对中国生效。《联合国气候变化框架公约》自 1994 年 3 月 21 日起适用于澳门，1999 年 12 月澳门回归后继续适用。《联合国气候变化框架公约》自 2003 年 5 月 5 日起适用于香港特区。

（二）《生物多样性公约》（CBD）

该公约是一项保护地球生物资源的国际性公约，于 1992 年 6 月在巴西里约热内卢由各方签署，并于 1993 年 12 月 29 日正式生效，该公约具有法律约束力，三大目标是保护生物多样性、可持续利用生物多样性组成成分、公平公正地利用遗传资源所产生的惠益。目前共有 196 个缔约方。2014 年 10 月 12 日《生物多样性公约关于获取遗传资源和公正公平分享其利用所产生惠益的名古屋议定书》（简称《名古屋议定书》）的正式生效标志着它已进入全面实施阶段。

我国于 1992 年 6 月 11 日签署《生物多样性公约》，于 1993 年 1 月 5 日正式批准，是最早签署和批准《生物多样性公约》的国家之一，并分别于 2005 年 6 月 8 日和 2016 年 6 月 8 日批准了《生物多样性公约》所属的《卡塔赫纳生物安全议定书》和《名古屋议定书》。

（三）《植物新品种保护公约》（UPOV）

该公约是依据《国际植物新品种保护公约》（简称《UPOV 公约》）建立的。《UPOV 公约》于 1961 年 11 月由比利时、法国、联邦德国、意大利和荷兰在巴黎签署，1968 年生效并分别于 1972 年、1978 年和 1991 年在日内瓦经过 3 次修订，形成了 3 个不同文本。

中国于 1999 年 4 月 23 日正式加入《国际植物新品种保护公约》1978 年文本，成为 UPOV 第 39 个成员国。2008 年 4 月 9 日，UPOV 技术委员会发布了由中国农业科学院茶叶研究所陈亮博士为首席科学家负责制定的 TG/238/1, Guidelines for The Conduct of Tests For Distinctness, Uniformity and Stability—Tea [Camellia sinensis(L.) O. Kuntze]（茶树特异性、一致性和稳定性(DUS)测试指南），这是中国为 UPOV 制定的第一个植物新品种 DUS 测试指南）。

三、近年来林业国际履约中存在的问题与对策

（一）存在的问题

近年来，我国在参与《联合国森林文书》（IFD）、《联合国关于在发生严重干旱或荒漠化的国家特别是在非洲防治荒漠化的公约》（UNCCD）、《关于特别是作为水禽栖息地的国际重要湿地公约》（RAMSAR）、《濒危野生动植物种国际贸易公约》（CITES）等方面取得积极进展，但如何进一步拓展和发展中国家合作，引进先进技术，加大资金支持力度，充分发挥国内外涉林非政府组织（NGO）作用，加强履约人才培养和专家队伍建设，做好协调履约，提升各涉林国际公约的协同增效方面仍需要继续改进。

（二）对策

一是强化涉林公约履约和对外合作机制建设，提升林业在我国外交战略中尤其是应对气候变化中的地位。建立各公约的统筹协调机制，参照已有经验，探索在 APEC、G20、中国与中东欧国家(16 + 1)等合作机制中建立林业合作机制、机构，使林业在国家外交战略中发挥更大作用。

二是加强涉林公约履约和对外合作资金保障和投入，继续加大在多边平台的资金投入，扩大影响力。充分认识环境官方援助在外交战略和对外合作中的良好口碑和积极影响，推动涉林外援体制和资金机制的建立，加大涉林对外援助在我国对外合作中的比重，并给予政策和资金支持。

三是融入构建国际环境治理体制机制进程。以公约缔约、履约关键议题谈判，双边、多边林业合作，尤其是以《2015 年后国际森林安排决议》等将森林全面融入的新可持续发展目标为重点，积极参与全球环境治理进程，在构建全球规则秩序体系中实现林业更多发声，在"建设性"和"负责任"方面，采取更加积极的姿态，认真推进国内履约管理，进一步加强对公约规则解读，促进国内立法、规范履行监督，实现国内林业政策与国际

公约规定有效衔接，通过加强履约示范单位建设等措施，推进国际公认指标体系的实践应用，进一步提升我国履行涉林国际公约的能力，树立履约良好形象，更加主动地参与到全球环境治理的机制和进程中。

四是构建多方参与的宣传平台，着力加强生态文明理念对外宣传。构建政府、企业、NGO、媒体、公众、多边合作与协调机制共同参与的宣传平台，争取在《濒危野生动植物种国际贸易公约》和《湿地公约》中增设中文为官方语言，利用多种机会和场合，广泛宣传我国生态文明理念，并适时向发展中国家推广中国的污染治理技术与经验。

第二节　多边林业国际合作

我国参与的一系列涉林国际公约和联合国森林论坛构成了我国参与林业多边国际合作的全球化基本框架，在上述国际合作框架与多边林业合作机制下，通过组织实施林业国际合作项目示范研究，加大国际先进林业技术引进力度，有利地配合了国家和地方林业建设发展，提高了我国本土林业科技消化吸收再创新能力。在促进我国林业科学管理，优良动植物品种、品系引进，林业新技术引进，林业科技人才培养等方面取得了丰硕成果。

林业科学管理方面，学习和借鉴林业发达国家发展林业的政策、理念和管理经验，对我国构建林价制度、林业基金制度、造林贷款制度、森林生态补偿制度、森林认证制度等现代林业管理制度起到了重要作用。森林保护方面，借鉴美国、加拿大和澳大利亚等先进国家经验，加强了我国森林防火中心建设，壮大了航空灭火队伍，强化了火情监测系统。借鉴德国和日本等国家经验，加强了我国森林病虫害生物防治工作。在造林方面，学习了德国、巴西、新西兰、芬兰和瑞典等国家经验，引进了定向培育森林的做法，为我国速生丰产林和防护林建设提供了借鉴。在学习国外森林多功能经营经验的基础上，针对以往比较普遍存在的林业经营方式简单粗放、经营目标单一、经营效率低下等突出问题，国家林业局2016年印发实施《全国森林经营规划（2016—2050年）》科学规范今后我国林业经营行为，确保生态保护与森林提质增效兼顾，为我国森林多功能经营指明了新方向。学习借鉴美国、加拿大、英国、德国等国家的"近自然育林"城市森林建设理念，探索开展我国城市森林建设的新实践。

党的十八大以来，我国林业建设进入攻坚克难和现代化发展的新阶段。林业科技工作围绕服务国家重大战略和林业改革发展大局，强化应用，突出成果，在支撑生态建设、引领产业升级、服务民生改善等方面取得明显成效。一些中国特色林业科技技术产品和设备也达到国际先进水平，出口国外，一些林产品关键技术取得较大突破，装备成本降低。

竹缠绕复合管技术在绿色材料领域取得重大创新成果，竹基纤维复合材料制造技术使竹材的工业利用率从50%提高到90%以上，产品远销美国、德国等46个国家。农林剩余物热解气化技术达到国际先进水平，成套装备国内市场占有率超过30%，并出口到英国、意大利等10多个国家。人造板连续平压技术打破国外垄断，装备价格降低60%。

林业科技国际合作的开展，有效服务了"一带一路"倡议，与全球环境基金建立了"干旱生态系统土地退化防治伙伴关系"，实施范围涉及西部9个省（自治区）的227个县（市、区），开创的土地退化综合防治新模式，目前也已推广到中亚和非洲等发展中国家。同时成立了我国林业领域第一个秘书处，设在中国的国际标准化组织技术委员会——竹藤技术委员会。秘书处主导制定了《细木工板》等4项国际标准和山茶等4项国际植物新品种联盟测试指南，实现中国林业国际标准零的突破。在野生动物保护、竹藤种植与加工利用、荒漠化防治、森林执法与管理实务等方面面向亚非拉发展中国家组织培训班103期，培训100多个国家的林业技术和管理人员2800多人次。输出了我国林业发展理念、经验和机械装备。林业科技国际合作在配合国家整体外交方面取得了巨大成效。

此外，随着全球气候变化日益成为国际问题关注的热点，森林作为减排增汇、应对气候变化的重要手段也随之引起了国际广泛关注，给林业国际科技合作带来了新的发展机遇。林业国际科技合作在新时代将继续肩负着服务国家外交、服务林业改革发展的双重任务，两者相互促进、有机统一。通过加入一系列涉林国际公约和国际林业合作机制，我国多边林业国际合作全球化基本框架与区域化多边林业国际发展格局不断扩大。

我国目前与林业直接相关的三大公约和一个联合国森林论坛（该论坛是为落实1992年联合国环境与发展会议《关于森林问题的原则声明》，而由政府间森林问题工作组逐渐发展到政府间森林论坛最终在联合国管理框架下设立为联合国森林论坛），构成了我国参与林业多边国际合作的全球化基本框架和合作机制。

上述涉林国际公约和全球林业可持续发展议程顶层设计的进展也必将对我国林业科技国际合作方向带来重大影响，国际上，发达国家普遍在

2005年左右已停止对我国的发展援助，发展中国家对于分享我国发展经验、得到相关援助需求强烈。林业科技国际合作正经历着从以往争取国际援助、"引进来"国际合作项目为主向开展对外援助、"走出去"传播中国成功经验的转型期，需要以新的思路和视角创新我国今后林业科技国际合作方式，要积极推荐我国林业专家在国际组织中任职，扩大我国林业国际影响力。特别是在发达国家对我国科技发展升级设置诸多障碍的现状下，要顺应"一带一路"倡议，广泛开展与"一带一路"沿线国家的林业科技合作，推动林业产业"走出去"，指导林业中资企业在海外林业投资合作，在海外开展森林可持续经营，开拓林业科技国际合作新空间。

在林业多边国际合作的全球化基本框架下，国际不同区域和林业组织积极推动区域国际化林业多边国际合作，围绕"推动森林可持续经营，建立不同类型森林可持续经营标准和指标体系"这一目标，分别从各自区域发展和森林的特点出发，积极开展区域化多边林业国际合作，在国际上相继形成了包括ITTO进程、泛欧进程、蒙特利尔进程、非洲木材组织进程、塔拉波托进程、非洲干旱区进程、中美洲进程、亚洲干旱区进程、近东进程在内的九大国际进程（蒙特利尔进程，2009），有150多个国家参与其中。经过近30年的发展上述九大进程有的也经历了合并与改名，目前主要为以下两个进程。

1. 国际热带木材组织进程（ITTO进程）

国际热带木材组织（ITTO）进程制定的政策标准和指标体系是世界上第一个制定并实施的森林可持续发展经营的政策标准和指标体系。因为是国际热带木材组织进程，实施对象是热带国家，最初由联合国粮农组织（FAO）和国际热带木材组织（ITTO）组织的专家会议上制定的热带森林可持续标准，在1992年5月召开的ITTO第12届理事会上获得批准，随后在1998年发展为热带天然林可持续经营标准与指标；为了指标体系的进一步实施，1999年制定了热带天然林可持续经营标准与指标体系应用手册，手册包括两个部分，国家水平的指标和经营单位水平的指标；为了方便成员国报告，2001年制定了热带天然林可持续经营标准与指标报告调查表，也包括国家水平的报告调查表和经营单位水平的报告调查表。经过十几年的实践和应用后，于2005年修订了热带森林可持续经营标准与指标。ITTO进程的标准与指标体系覆盖了多数热带森林国家，而且几乎每个国家都有针对自己国家的森林可持续经营标准与指标。为成员国利用标准与指标体系进行森林经营的检查、评价和报告，促进热带成员国大范围地实施森林可持续经营，该进程于 2001 年制定了 ITTO 热带森林可持续经营标准与指标及报告格式。我国是 ITTO 组织成员国，也有热带林，我国每年也要向 ITTO 理事会报告我国森林可持续经营的进展。

特点：国际热带木材组织进程是发起最早的进程，也是成员国开展活动较统一的进程；其标准与指标体系也是最具有可操作性的，并制定了进程指标体系报告格式，成员国可以根据统一格式报告各自国家的进展；所有 ITTO 进程的成员国已经分别制定了国家水平的标准与指标体系，并已经开展试验和示范；ITTO 进程开始关注具体问题的研究和试验，如退化次生林的经营和恢复、生物多样性的保护和利用等，并分别针对生物多样性和热带退化与次生林恢复、经营和重建制定了指南。

2. 赫尔辛基进程(The Helsinki Process)

赫尔辛基进程成员国包括俄罗斯和欧洲的 37 个国家，是各个进程中开展活动较早的一个。1993 年 6 月欧洲森林保护的部长级会议在赫尔辛基举行，会议通过了 4 项决议，其中之一就是关于欧洲森林可持续经营的决议。1994 年 3 月在布鲁塞尔举行的全欧圆桌会议上就森林可持续经营的基本标准达成协议，1994 年 4 月和 6 月分别在赫尔辛基和日内瓦的会议确认了这套标准和指标，我国专家参加了其中部分研讨会，该进程标准简洁明了，操作性较强，适合欧洲，但对我国制定北方森林可持续经营标准和指标有借鉴价值。

3. 蒙特利尔进程(MP)

蒙特利尔进程(MP)，即温带及北方森林保护与可持续经营标准与指标体系。蒙特利尔进程属于政府间自愿性工作，成立于 1993 年，由阿根廷、澳大利亚、加拿大、中国、智利、日本、韩国、墨西哥、新西兰、俄罗斯、美国和乌拉圭 12 个成员国组成。致力于通过制定和利用森林可持续经营标准与指标体系，监测、报告温带和北方森林状况，推动地区和全球森林可持续经营，也是联合国粮农组织森林状况评估的重要合作者和推进者。自 1993 年成立以来，进程围绕推进区域内森林可持续经营标准体系的建立完善和发展应用，结合各国森林资源管理和可持续经营实际，紧跟国际形势，与时俱进，持续发展，取得了积极的成效。20 世纪 90 年代以来，在全球森林面积持续减少的背景下，蒙特利尔进程 12 个成员国范围内的森林面积净增 5900 万公顷，人工林增加 7000 万公顷，原木供给量增长了 22%，森林多功能效益显著提高。

特点：在所有国际进程中蒙特利尔进程是覆盖范围最广的进程。进程

12 个成员国涵盖了世界上 90% 的北方和温带森林，50% 的全球森林面积，45% 的木质和木质产品的贸易，以及 35% 的世界人口；蒙特利尔进程标准与指标体系为政策制定者制定国家政策提供了参考，为森林可持续经营的国际合作提供了平台；不同国家在人口、土地所有权类型、经济发展阶段、政府管理机构以及期望森林的社会贡献方面存在差异，但蒙特利尔进程成员国在定性、定量描述森林上的认识是统一的；蒙特利尔进程是最活跃的进程之一，它不仅定期举办由各国政府部门代表参加的工作组会议，受工作组的委托，对有关进程发展中的技术问题，技术咨询委员会不定期召开会议，完成工作组交给的技术工作，如指标体系修改、技术说明的制定等，迄今为止已经举行了 21 次工作组（WG）会议、12 次技术咨询委员会（TAC）会议；蒙特利尔进程是不具有法律约束力的进程，各个国家可以根据自己的实际情况和社会发展水平灵活应用。

第三节　双边林业国际合作

通过林业科技双边合作，一些林业动植物优良品种、品系等通过对外科技交流引进到国内，丰富了我国的动植物资源，如从意大利引进的杨树、从澳大利亚和巴西引进的桉树、从美国引进的湿地松和火炬松、从日本引进的日本落叶松等优良品种已得到广泛推广，并成为我国建设速生丰产用材林基地的重要树种。在森林病虫害防治方面，我国从日本引进松突圆蚧天敌——花角蚜小蜂，对松突圆蚧进行生物防治，取得了重大突破。一批适合我国生长的经济树种被引种，同时获得大量国外相关树种科学数据和森林经营信息化管理系统资料，为我国林业科技现代化发展提供了有力的技术与知识支持。

2016 年以来，我国林业主管部门已与世界上 10 余个国家或区域组织在候鸟保护、非法木材采伐、森林防火等方面签署了双边协定书或谅解备忘录。

一、中日民间绿化合作委员会

1999 年 11 月 19 日，中日两国政府签署换文，决定成立中日民间绿化合作委员会。以小渊基金项目为牵引，日本政府拨出 100 亿日元专款设立日中绿化交流基金，用于资助两国民间植树绿化合作。合作迄今共实施 277 个项目，造林面积达 7 万多公顷，对改善生态环境、促进两国民间交流发挥了重要作用。

二、中美打击非法采伐和相关贸易双边论坛

该论坛是第五次中美战略经济对话后续行动的一项重要活动，2008年5月中美两国政府签订《关于打击木材非法采伐及相关贸易谅解备忘录》，正式启动了双边论坛，双边论坛内容旨在落实中美两国在打击非法采伐和相关贸易方面所取得的进展以及与其他国家和组织的合作情况。自2008年举办首次会议，至2016年11月已举办7次。

三、中国—中东欧国家林业合作高级别会议机制

在中国—中东欧国家合作（简称16+1合作）框架下，中国—中东欧国家林业合作进展顺利。自2015年5月在斯洛文尼亚召开首次林业合作高级别会议并正式成立16+1林业合作协调机制以来，16+1林业合作建立了定期高级别会议机制，成立了联络小组，开通了林业合作网站，并积极开拓在科研教育和林业产业方面的合作潜力。林业合作已列入历年中国—中东欧国家领导人会晤发表的合作纲要以及《中国—中东欧国家合作中期规划》。2016年起，国家林业局代表中国建立了中国—中东欧国家林业合作高级别会议机制，通过了《中国—中东欧国家林业合作协调机制行动计划》，2016年和2018年召开了两次高级别会议，2018年5月中国—中东欧国家林业合作协调机制联络小组第二次会议和中国—中东欧国家科研合作研讨会在贝尔格莱德召开，审议并通过了2018—2020年行动计划和合作内容，中方愿意在深化现有合作、发展优先领域的基础上，进一步建立并拓展双边和区域林业合作机制，为科研院校和企业搭建合作平台，促进信息共享，实现优势互补。

第四节　国际学术交流（国际林业学术
技术组织、重要林业国际会议）

一、国际林业学术技术组织

（一）国际林联

国际林联（International Union of Forest Research Organizations，IUFRO）于1892年8月17日在德国创建，1973年，IUFRO总部设在奥地利首都维

也纳。成立时仅由少数几个欧洲国家组成，目前已发展为包括全球 115 个国家和地区，拥有 700 多名团体会员（林业科研机构、高等院校、非政府组织等）及 15 000 余名科学家会员的国际组织，是全球最大的林业组织联盟，汇集了来自全球的林业专家和工作者。

国际林联是一个世界范围内的非政府、非盈利的国际组织，其宗旨是促进国际科技交流，鼓励科学研究和国际合作，促进政府部门与研究机构之间的交流与沟通。任务是：①促进各国科学家之间的信息交流；②推动成员国之间的密切联系；③支持科学研究与科技合作；④促进科技成果的传播与应用；⑤定期召开不同领域的国际学术会议；⑥促进国家和国际科学、技术和文化组织之间的合作；⑦开展科技奖励；⑧支持发展中国家开展林业研究与新技术应用。

国际林联有 9 个学部。9 个学部分别是，第 1 学部：森林培育；第 2 学部：生理和遗传；第 3 学部：森林作业与技术；第 4 学部：森林评估、模式化和经营；第 5 学部：林产品；第 6 学部：社会经济信息与政策科学；第 7 学部：森林健康；第 8 学部：森林环境；第 9 学部：森林文化。

国际林联的主要活动是：每 4~5 年召开一次世界大会，总结国际林联已做的工作，部署下一步工作；每年出版 10 期《国际林联通讯》；各学部召开相关领域国际学术研讨会。

国际林联每 5 年举办一次世界大会，每两届世界大会期间召开两三次地区大会。

（二）国际林业研究中心

国际林业研究中心（The Center for International Forestry Research，CIFOR）是国际农业研究磋商小组系统（CGAIR）下属的 16 个研究机构之一，于 1993 年成立，总部设在印度尼西亚茂物市。CIFOR 的原则是承担 CGAIR 的林业议程，项目主要是在森林保护、恢复和可持续利用等方面，主要承担全球社会、环境、经济衰退的后果及森林减少问题的研究，致力于发展中国家的可持续发展，特别是在热带地区国家，通过森林系统与林业合作计划与应用研究及有关行动，促进新技术的转让和社会组织的重新分配。

（三）欧洲森林研究所

欧洲森林研究所（European Forest Institute，EFI）是 1993 年成立于欧洲的国际组织，总部位于芬兰的约恩苏，并在巴塞罗那和西班牙设有政策支持办公室，在布鲁塞尔设有一个联络处，在 35 个国家中有 120 个附属成员组织、5 个区域办事处和 3 个项目中心。EFI 是欧洲森林科学界与欧洲政界、公众之间的一座桥梁。

（四）国际园艺生产者协会

国际园艺生产者协会（International Association of Horticultural Producers，AIPH）成立于 1948 年，于 2013 年 9 月在比利时布鲁塞尔申请登记注册为国际非营利组织。AIPH 的宗旨是"维持并进一步促进园艺事业的健康发展及繁荣，使全人类受益"，其主要职能是受理、批准举办世界园艺博览会，并对举办过程进行监督和指导。现有会员来自中国、荷兰、加拿大、美国、巴西、日本等 20 多个国家和地区。

（五）国际竹藤组织

国际竹藤组织（International Network for Bamboo and Rattan，INBAR）于 1997 年 11 月 6 日在北京成立，是第一个总部设在中国的独立的全球性政府间国际组织，也是世界上唯一一个专门致力于竹藤资源可持续发展的多边发展机构。INBAR 由竹藤技术服务国际专业机构，发展成为在世界各地广泛推进扶贫、环保与绿色增长的国际发展机构，并成为了促进竹藤南南合作与南北对话、助力"一带一路"倡议和实现联合国《2030 年可持续发展议程》目标的重要国际合作伙伴和发展平台。该组织自成立以来，致力于竹藤资源可持续发展，联合、协调与支持竹藤的战略性及适应性研究与开发，增进竹藤生产者和使用者的福利，推进竹藤产业包容绿色发展。INBAR 总部设在北京，现有 45 个成员国，成员国主要来自发展中地区。

二、重要林业国际会议

（一）世界林业大会

世界林业大会（World Forestry Congress，WFC）是 1926 年成立的国际林业工作者科学技术性会议，前身是 1900 年和 1913 年先后在法国巴黎举行的国际营林大会。1943 年 FAO 在美国召开的一次国际会议上提出，世界林业大会作为联合国的一种特别组织，由 FAO 召开，每 6 年定期召开一次，每一次大会有一个主题，作为世界林业发展共同关心的行动指南，其主旨就是针对全球生态的热点问题，开展广泛的国际交流与合作，协调各国政府对森林问题的认识，被誉为林业界的奥林匹克盛会。中国作为特邀代表于 1954 年参加在印度召开的第四届林业代表大会，在 1972 年的第七届大会上成为正式代表。

(二)联合国森林论坛

联合国森林论坛(United Nations Forest Forum，UNFF)是为落实1992年联合国环境发展大会《关于森林问题的原则声明》而由政府间森林问题工作组逐渐发展到政府间森林论坛最终在联合国管理框架下设立的。森林问题国际谈判始于1995年，经历了政府间森林工作组(1995—1996年)、政府间森林论坛(1997—2000年)和联合国森林论坛(2000—2005年)三个阶段。根据联合国经社理事会2000年第35号决议，联合国森林论坛应于第五次会议(2005年)就是否谈判森林公约做出决定。但由于森林问题涉及社会、政治、经济、生态、文化等各个方面，十分复杂，各国对森林问题态度不一，分歧较大，第五次会议未果。联合国森林论坛第七次会议于2007年4月16~27日在纽约联合国总部举行。经过各国代表团历时两周的艰苦谈判，最终达成了《国际森林文书》。中国政府高度重视国际履约工作，为推动我国履行《国际森林文书》相关工作，2012年5月，国家林业局根据不同森林类型、权属和经济发展水平等因素，在全国范围内确定了首批12个履行《国际森林文书》示范单位，搭建中国林业"请进来、走出去"的国际合作平台；2016年1月发布了《国家林业局关于履行〈联合国森林文书〉示范单位建设指导意见》。

(三)联合国粮食及农业组织林委会会议

联合国粮食及农业组织林委会(COFO)是FAO林业最高法定机构，林委会每两年在意大利罗马总部召开一次会议。会上，来自FAO成员国的林业和相关政府官员将围绕最新的林业政策和技术议题，讨论解决方案，给FAO提供具体指导。2019年7月在意大利罗马FAO总部举办了第24届会议(COFO24)。

(四)五大涉林公约缔约方大会(COP)

(1)《联合国气候变化框架公约》缔约方会议，又被简称为联合国气候变化大会，是公约的最高决策机构，自1995年3月首次在德国柏林举行以来，每年召开一次，并达成一系列成果。缔约方大会做出必要的决定，以确保有效执行《联合国气候变化框架公约》的规定，并定期审查这些规定的执行情况。

2015年在巴黎气候变化大会上通过《巴黎协定》、2016年4月22日在纽约签署的气候变化协定，该协定为2020年后全球应对气候变化行动做出安排。《巴黎协定》主要目标是将本世纪全球平均气温上升幅度控制在2℃以内，并将全球气温上升控制在前工业化时期水平之上，即1.5℃以内。

　　中国全国人大常委会于 2016 年 9 月 3 日批准中国加入《巴黎协定》，中国成为第 23 个完成批准协定的缔约方。2017 年 10 月 23 日，尼加拉瓜政府正式宣布签署《巴黎协定》，随着尼加拉瓜的签署，拒绝《巴黎协定》的国家只有叙利亚和美国。11 月 8 日，德国波恩举行的新一轮联合国气候变化大会上，叙利亚代表宣布将尽快签署加入《巴黎协定》并履行承诺。

　　2018 年 12 月 15 日，联合国气候变化大会在波兰卡托维兹顺利闭幕，大会如期完成了《巴黎协定》实施细则谈判。开启了全球气候行动合作低碳绿色发展的新时代。此次会议上，中国气候变化事务特别代表解振华说"2020 年，我们承诺碳强度下降 40%~45%，到 2017 年年底，碳强度已经下降了 46%，也就是说提前 3 年实现了 40%~45% 的上限目标。可再生能源，我们已经占到一次能源比重达 13.8%，距离 15% 还有一定的距离，但是 2020 年这个目标肯定能完成。我们的森林蓄积量已经增加了 21 亿 m^3，也超额完成了 2020 年的目标。这些目标的实现，为实现 2030 年二氧化碳排放达到峰值，争取提前完成，奠定了一个非常好的基础"。

　　(2)《联合国防治荒漠化公约》缔约方大会是最高决策机构，目前每两年举行一次，2017 年 9 月《联合国防治荒漠化公约》第 13 次缔约方大会高级别会议在中国内蒙古鄂尔多斯市开幕。来自 196 个公约缔约方、20 多个国际组织的正式代表约 1400 人出席本次会议。2019 年 2 月，美国国家航天局研究结果表明，全球从 2000—2017 年新增的绿化面积中，约 1/4 来自中国，中国贡献比例居全球首位。2019 年 2 月 26 日，《联合国防治荒漠化公约》第 13 次缔约方大会第二次主席团会议在贵阳举行。联合国防治荒漠化公约执行秘书易卜拉欣·蒂奥对贵州经济发展和石漠化治理取得的成就表示赞赏："贵州在石漠化治理上积累了很多好的经验和做法，非常值得学习借鉴。"

　　(3)《生物多样性公约》缔约方大会是该公约的最高议事和决策机制，每两年召开一次，大会成果将主导《生物多样性公约》进程的发展走向，为全球生物多样性保护指明方向。2019 年 2 月 28 日，生态环境部召开例行新闻发布会宣布 2020 年联合国《生物多样性公约》(CBD) 第 15 次缔约方大会 (COP15) 将在中国云南省昆明市举办。与往届缔约方大会有所不同的是，2020 年将是一个"超级年"，届时在 CBD COP15 上，《生物多样性公约》各缔约方将对 2010 年在日本爱知县召开的在 CBD COP10 上，各缔约方激烈谈判后通过的"爱知生物多样性目标"(世界各国承诺到 2020 年时，保护至少 17% 的陆地和内陆水域栖息地，以及 10% 的沿海和海洋区域的目标）。战略计划的执行和进展进行评估，并且审议通过新的"2020 后全球生物多样性保护框架"。

（4）《湿地公约》缔约方大会是该公约制定全球性战略、政策和促进国际合作的最高决策机构，每三年召开一次，由公约秘书处主办、会议举办地所在国承办。在 2019 年 6 月底在瑞士格兰德举办的湿地公约常委会第 57 次会议上，审议通过了中国举办该公约第 14 届缔约方大会的议题。缔约方大会将于 2021 年在我国湖北省武汉市举行，这是我国首次承办该国际会议。

我国政府自 1992 年加入《湿地公约》以来，通过加快制定《湿地保护法》、发布《国家重要湿地名录》、实施湿地保护修复工程、开展湿地调查监测、拓展国际交流与合作、提高全社会湿地保护意识等措施，强化国内湿地保护管理工作。我国是全球唯一两次完成全国湿地资源调查的国家，将重要湿地纳入生态保护红线予以严格保护，把湿地纳入绿色发展指标体系，强化各级地方政府湿地保护的主体责任。目前，我国已建立 57 处国际重要湿地、600 多处湿地自然保护区和 1000 多处湿地公园，湿地保护率达到 49.03%。

（5）《濒危野生动植物种国际贸易公约》缔约方大会是该公约的最高决策机构，每 2~3 年召开一次，主要任务是讨论各缔约方提交的附录修订提案，调整贸易管制范围；讨论《濒危野生动植物种国际贸易公约》执行中遇到的问题，制修订决议决定；选举缔约方大会下设的常务委员会、动物委员会、植物委员会的成员等。

2019 年 8 月 17 日至 8 月 28 日，《濒危野生动植物种国际贸易公约》第 18 届缔约方大会在瑞士日内瓦召开。大会审议了 107 项政策性议题和 57 项附录修订提案，通过了 300 余项决议决定。参会的中国代表团组织召开了以"共同的责任、共同的担当：全链条打击野生动植物非法贸易"为主题的中国边会，倡导包括源头国、中转国、目的国在内的全链条打非理念，全面展示我国打击野生动植物非法贸易成就。

第七章

林业知识产权保护与标准化

第一节 专利

林业作为传统产业，在20世纪60年代以来，世界林业专利申请数量才呈现显著上升的趋势。当前，林业专利保护力度最大的国家分别是日本、美国和中国。

《中华人民共和国专利法》所指的专利分为三类：发明、实用新型和外观设计。发明是指对产品、方法或其改进所提出的新技术方案。实用新型是指对产品的形状、构造或其结合所提出的适于实用的新技术方案。外观设计是指对产品的形状、图案、色彩或其结合所做出的富有美感并适于工业上应用的新设计。

一、授予专利权的条件

授予专利权的发明和实用新型，应当具备新颖性、创造性和实用性。新颖性，是指该发明或者实用新型不属于现有技术；也没有任何单位或者个人就同样的发明或者实用新型在申请日以前向国务院专利行政部门提出过申请，并记载在申请日以后公布的专利申请文件或者公告的专利文件中。创造性，是指与现有技术相比，该发明具有突出的实质性特点和显著的进步，该实用新型具有实质性特点和进步。实用性，是指该发明或者实用新型能够制造或者使用，并且能够产生积极效果。

授予专利权的外观设计，应当不属于现有设计；也没有任何单位或者个人就同样的外观设计在申请日以前向国务院专利行政部门提出过申请，并记载在申请日以后公告的专利文件中。授予专利权的外观设计与现有设计或者现有设计特征的组合相比，应当具有明显区别。授予专利权的外观设计不得与他人在申请日以前已经取得的合法权利相冲突。

不授予专利权的包括：科学发现；智力活动的规则和方法；疾病的诊断和治疗方法；动物和植物品种；用原子核变换方法获得的物质；对平面印刷品的图案、色彩或者二者的结合做出的主要起标识作用的设计。

二、专利的申请

申请发明或者实用新型专利的，应当提交请求书、说明书及其摘要和权利要求书等文件。

申请外观设计专利的，应当提交请求书、该外观设计的图片或者照片以及对该外观设计的简要说明等文件。一件发明或者实用新型专利申请应当限于一项发明或者实用新型。属于一个总的发明构思的两项以上的发明或者实用新型，可以作为一件申请提出。

一件外观设计专利申请应当限于一项外观设计。同一产品两项以上的相似外观设计，或者用于同一类别并且成套出售或者使用的产品的两项以上外观设计，可以作为一件申请提出。

三、专利申请的审查和批准

国务院专利行政部门收到发明专利申请后，经初步审查认为符合本法要求的，自申请日起满18个月，即行公布。国务院专利行政部门可以根据申请人的请求早日公布其申请。

发明专利申请自申请日起3年内，国务院专利行政部门可以根据申请人随时提出的请求，对其申请进行实质审查；申请人无正当理由逾期不请求实质审查的，该申请即被视为撤回。

国务院专利行政部门对发明专利申请进行实质审查后，认为不符合本法规定的，应当通知申请人，要求其在指定的期限内陈述意见，或者对其申请进行修改；无正当理由逾期不答复的，该申请即被视为撤回。

实用新型和外观设计专利申请经初步审查没有发现驳回理由的，由国务院专利行政部门做出授予实用新型专利权或者外观设计专利权的决定，发给相应的专利证书，同时予以登记和公告。实用新型专利权和外观设计专利权自公告之日起生效。

国务院专利行政部门设立专利复审委员会。专利申请人对国务院专利行政部门驳回申请的决定不服的，可以自收到通知之日起3个月内，向专利复审委员会请求复审。专利复审委员会复审后，做出决定，并通知专利申请人。专利申请人对专利复审委员会的复审决定不服的，可以自收到通知之日起 3 个月内向人民法院起诉。

四、专利权的期限、终止和无效

发明专利权的期限为 20 年，实用新型专利权和外观设计专利权的期限为 10 年，均自申请日起计算。

有下列情形之一的，专利权在期限届满前终止：没有按照规定缴纳年费的；专利权人以书面声明放弃其专利权的。专利权在期限届满前终止的，由国务院专利行政部门登记和公告。

宣告无效的专利权视为自始做即不存在。宣告专利权无效的决定，对在宣告专利权无效前人民法院做出并已执行的专利侵权的判决、调解书，已经履行或者强制执行的专利侵权纠纷处理决定，以及已经履行的专利实施许可合同和专利权转让合同，不具有追溯力。但是因专利权人的恶意给他人造成的损失，应当给予赔偿。

五、专利实施的强制许可

有下列情形之一的，国务院专利行政部门根据具备实施条件的单位或者个人的申请，可以给予实施发明专利或者实用新型专利的强制许可：专利权人自专利权被授予之日起满 3 年，且自提出专利申请之日起满 4 年，无正当理由未实施或者未充分实施其专利的；专利权人行使专利权的行为被依法认定为垄断行为，为消除或者减少该行为对竞争产生的不利影响的。

在国家出现紧急状态或者非常情况时，或者为了公共利益目的，国务院专利行政部门可以给予实施发明专利或者实用新型专利的强制许可。

为了公共健康目的，对取得专利权的药品，国务院专利行政部门可以给予制造并将其出口到符合中华人民共和国参加的有关国际条约规定的国家或地区的强制许可。

六、专利权的保护

发明或者实用新型专利权的保护范围以其权利要求的内容为准，说明书及附图可以用于解释权利要求的内容。

外观设计专利权的保护范围以表示在图片或照片中该产品的外观设计为准，简要说明可以用于解释图片或照片所表示的该产品外观设计。

未经专利权人许可，实施其专利，即侵犯其专利权、引起纠纷的，由当事人协商解决；不愿协商或者协商不成的，专利权人或者利害关系人可以向人民法院起诉，也可以请求管理专利工作的部门处理。管理专利工作的部门处理时，认定侵权行为成立的，可以责令侵权人立即停止侵权行为，当事人不服的，可以自收到处理通知之日起 15 日内依照《中华人民共和国行政诉讼法》向人民法院起诉；侵权人期满不起诉又不停止侵权行为的，管理专利工作的部门可以申请人民法院强制执行。进行处理的管理专利工作的部门应当事人的请求，可以就侵犯专利权的赔偿数额进行调解；调解不成的，当事人可以依照《中华人民共和国民事诉讼法》向人民法院起诉。

侵犯专利权的诉讼时效为二年，自专利权人或者利害关系人得知或者应当得知侵权行为之日起计算。

不视为侵犯专利权的包括：专利产品或者依照专利方法直接获得的产品，由专利权人或者经其许可的单位、个人售出后，使用、许诺销售、销售、进口该产品的；在专利申请日前已经制造相同产品、使用相同方法或者已经作好制造、使用的必要准备，并且仅在原有范围内继续制造、使用的；临时通过中国领陆、领水、领空的外国运输工具，依照其所属国同中国签订的协议或者共同参加的国际条约，或者依照互惠原则，为运输工具自身需要而在其装置和设备中使用有关专利的；专为科学研究和实验而使用有关专利的；为提供行政审批所需要的信息，制造、使用、进口专利药品或者专利医疗器械的，以及专门为其制造、进口专利药品或者专利医疗器械的。

第二节　植物新品种

根据《中华人民共和国种子法》《中华人民共和国植物新品种保护条例》规定，植物新品种是指经过人工选育的或者对发现的野生植物加以改良，具备新颖性、特异性、一致性和稳定性并有适当命名的植物品种。《中华人民共和国植物新品种保护条例实施细则（林业部分）》（1999 年 8 月 10 日国家林业局令第 3 号；2011 年 1 月 25 日国家林业局令第 26 号修改），对植物新品种（林业部分）做出限定，是指林木、竹、木质藤本、木本观赏植物（包括木本花卉）、果树（干果部分）及木本油料、饮料、调料、木本药材等植物品种。

植物品种保护名录由国家林业和草原局确定和公布。国家林业和草原局植物新品种保护办公室负责受理和审查植物新品种的品种权申请,组织与植物新品种保护有关的测试、保藏等业务,按国家有关规定承办与植物新品种保护有关的国际事务等具体工作。

一、品种权的内容与归属

一个植物新品种只能授予一项植物新品种权。两个以上的申请人分别就同一个品种申请植物新品种权的,植物新品种权授予最先申请的人;同时申请的,植物新品种权授予最先完成该品种育种的人。

两个以上申请人就同一个植物新品种在同一日分别提出品种权申请的,植物新品种保护办公室可以要求申请人自行协商确定申请权的归属;协商达不成一致意见的,植物新品种保护办公室可以要求申请人在规定的期限内提供证明自己是最先完成该植物新品种育种的证据;逾期不提供证据的,视为放弃申请。

中国的单位或者个人就其在国内培育的植物新品种向外国人转让申请权或者品种权的,应当报国家林业和草原局批准。转让申请权或者品种权的,当事人应当订立书面合同,向国家林业和草原局登记,并由国家林业和草原局予以公告。转让申请权或者品种权的,自登记之日起生效。

为满足国家利益或者公共利益等特殊需要,或者品种权人无正当理由自己不实施或者实施不完全,又不许可他人以合理条件实施的,国家林业和草原局可以做出或者依当事人的请求做出实施植物新品种强制许可的决定。请求植物新品种强制许可的单位或个人,应当向国家林业和草原局提出强制许可请求书,说明理由并附具有关证明材料。

二、授予品种权的条件

申请品种权的植物新品种应当属于中华人民共和国植物新品种保护名录(林业部分)中列举的植物的属或者种,并具备新颖性、特异性、一致性、稳定性。

(1)授予品种权的植物新品种应当具备新颖性。新颖性,是指申请品种权的植物新品种在申请日前该品种繁殖材料未被销售,或者经育种者许可,在中国境内销售该品种繁殖材料未超过 1 年;在中国境外销售藤本植物、林木、果树和观赏树木品种繁殖材料未超过 6 年,销售其他植物品种繁殖材料未超过 4 年。

新列入中华人民共和国植物新品种保护名录（林业部分）的植物的属或者种，从名录公布之日起一年内提出植物新品种权申请的，在境内销售、推广该品种种子未超过4年的，具备新颖性。品种经省、自治区、直辖市人民政府农业、林业主管部门依据播种面积确认已经形成事实扩散的，视为已丧失新颖性。

（2）授予品种权的植物新品种应当具备特异性。特异性，是指一个植物品种有一个以上性状明显区别于已知品种。

（3）授予品种权的植物新品种应当具备一致性。一致性，是指一个植物品种的特性除可预期的自然变异外，群体内个体间相关的特征或者特性表现一致。

（4）授予品种权的植物新品种应当具备稳定性。稳定性，是指一个植物品种经过反复繁殖后或者在特定繁殖周期结束时，其主要性状保持不变。

授予品种权的植物新品种应当具备适当的名称，并与相同或者相近的植物属或者种中已知品种的名称相区别。该名称经注册登记后即为该植物新品种的通用名称。已知品种，是指已受理申请或者已通过品种审定、品种登记、新品种保护，或者已经销售、推广的植物品种。

三、品种权的申请和受理

中国的单位和个人申请品种权的，可以直接或者委托代理机构向国家林业和草原局提出申请。

中国的单位和个人申请品种权的植物品种，如涉及国家安全或者重大利益需要保密的，申请人应当在请求书中注明，植物新品种保护办公室应当按国家有关保密的规定办理，并通知申请人；植物新品种保护办公室认为需要保密而申请人未注明的，按保密申请办理，并通知有关当事人。

外国人、外国企业或者其他外国组织向国家林业和草原局提出品种权申请和办理其他品种权事务的，应当委托代理机构办理。

申请人委托代理机构向国家林业和草原局申请品种权或者办理其他有关事务的，应当提交委托书，写明委托权限。申请人为两个以上而未委托代理机构代理的，应当书面确定一方为代表人。

申请品种权的，应当向审批机关提交符合规定格式要求的请求书、说明书和该品种的照片。申请文件应当使用中文书写。

申请人自在外国第一次提出品种权申请之日起12个月内，又在中国就该植物新品种提出品种权申请的，依照该外国同中国签订的协议或者共同参加的国际条约，或者根据相互承认优先权的原则，可以享有优先权。申请人要求优先权的，应当在申请时提出书面说明，并在 3 个月内提交经原受理机关确认的第一次提出的品种权申请文件的副本；未依照本条例规定提出书面说明或者提交申请文件副本的，视为未要求优先权。

对符合规定的品种权申请，审批机关应当予以受理，明确申请日、给予申请号。对不符合或者经修改仍不符合规定的品种权申请，审批机关不予受理，并通知申请人。

申请人可以在品种权授予前修改或者撤回品种权申请。

中国的单位或者个人将国内培育的植物新品种向国外申请品种权的，应当按照职责分工向省级人民政府农业、林业行政部门登记。

四、品种权的审查批准

国家林业和草原局对品种权申请进行初步审查时，可以要求申请人就有关问题在规定的期限内提出陈述意见或者予以修正。

一件品种权申请包括两个以上品种权申请的，在实质审查前，植物新品种保护办公室应当要求申请人在规定的期限内提出分案申请；申请人在规定的期限内对其申请未进行分案修正或者期满未答复的，该申请视为放弃。

经初步审查符合规定条件的品种权申请，由国家林业和草原局予以公告。

经实质审查后，符合规定的品种权申请，由国家林业和草原局做出授予品种权的决定，向品种权申请人颁发品种权证书，予以登记和公告。品种权人应当自收到领取品种权证书通知之日起 3 个月内领取品种权证书。品种权自做出授予品种权的决定之日起生效。

国家林业和草原局植物新品种复审委员会由植物育种专家、栽培专家、法律专家和有关行政管理人员组成。植物新品种保护办公室根据复审委员会的决定办理复审的有关事宜。

五、品种权的终止与无效

品种权的保护期限，自授权之日起，藤本植物、林木、果树和观赏树木为 20 年，其他植物为 15 年。品种权人应当按照审批机关的要求提供用于检测的该授权品种的繁殖材料。

有下列情形之一的，品种权在其保护期限届满前终止：

（1）品种权人以书面声明放弃品种权的，自声明之日起终止。

（2）品种权人未按照要求提供检测所需的该授权品种的繁殖材料或送交的繁殖材料不符合要求的，国家林业和草原局予以登记，其品种权自登记之日起终止。

（3）经检测该授权品种不再符合被授予品种权时的特征和特性的，自国家林业和草原局登记之日起终止。

任何单位或者个人请求宣告品种权无效的，应当向复审委员会提交国家林业和草原局规定格式的品种权无效宣告请求书和有关材料，并说明所依据的事实和理由。

宣告品种权无效，由国家林业和草原局登记和公告，并由植物新品种保护办公室通知当事人。

复审委员会对授权品种做出更名决定的，由国家林业和草原局登记和公告，并由植物新品种保护办公室通知品种权人，更换品种权证书。授权品种更名后，不得再使用原授权品种名称。

第三节　林业标准体系

林业标准化是林业科技与生产、经济结合的纽带，是加速科技成果转化推广的重要途径，也是促进林业行业发展的有力手段，是实现林业现代化的技术基础，是组织现代林业生产的有效管理手段，是林业科学技术转化为生产力的桥梁。

我国自 1952 年开始实施林业标准化工作以来，围绕着国民经济的发展制定了木材、种苗、林化机械、造林机械、造林营林、林业管理等方面的诸多标准，这些标准覆盖了林业生产的主要技术环节和主要内容，在林业生产中发挥了积极作用。

一、林业标准的分类

按专业领域划分，林业标准可以分为综合类、种苗（或繁殖材料）类、营造林类、生态工程类、森林资源和野生动物类、湿地和荒漠化类、林产品（分木质产品和干果、花卉、山野菜等非木质产品）类及林业机械类 8 个体系。

按执行约束力划分，林业标准可以分为强制性标准和推荐性标准。强制性标准分为全文强制和条文强制两种类型。标准的全部技术内容需要强制的，为全文强制；标准中部分技术内容需要强制的，为条文强制。

强制性标准包括以下领域：①森林食品卫生标准、用于森林和野生动植物生长发育、森林防火以及森林病虫害防治的化学制品标准；②林业生态工程建设和林业生产、狩猎场建设的安全与卫生（含劳动安全）标准，林产品生产及其贮存运输、使用过程中的安全与卫生（含劳动安全）标准；③森林动植物检疫标准；④重要的涉及技术衔接的通用技术术语、符号、代号（含代码）、文件格式和制图方法；⑤林业生产、野生动植物管理需要控制的通用试验、检验方法及技术要求；⑥野生动物或者其产品的标记方法和标准；⑦野生动物园动物饲养技术要求和安全标准；⑧涉及人身安全的森林防火、森林病虫害防治专用设备、机具的质量标准；⑨林业生产需要控制的其他重要产品标准。

上述标准以外的标准为推荐性标准。

按管理层级划分，林业标准包括林业行业的国际标准、国家标准、行业标准、地方标准和企业标准几个层次。

二、林业标准的管理层级

（一）林业行业的国际标准化工作

国家林业和草原局作为全国林业标准化工作的管理、监督和协调部门，负责林业行业的国际标准化工作，组织参加有关国际标准化活动。

国家统一规划组建的全国林业专业标准化技术委员会，是专门从事林业标准化工作的技术组织，负责在林业专业范围内开展标准化技术工作，承担相应的国际标准化技术业务工作。

（二）林业国家标准

林业国家标准计划按照《国家标准管理办法》的规定进行编制。林业国家标准由国务院标准化行政主管部门审批、编号、发布。

国家林业和草原局作为全国林业标准化工作的管理、监督和协调部门，组织拟订林业国家标准。

省、自治区、直辖市人民政府林业行政主管部门负责本行政区域内的林业标准化管理工作，负责贯彻国家标准化工作的法律、法规、方针、政策，制定贯彻实施的具体办法。

国家统一规划组建的全国林业专业标准化技术委员会可以提出本专业拟订或修订的国家标准。

需要调整的林业国家标准计划项目，由起草单位填写林业国家标准计划项目调整申请表报国家林业和草原局，经审查同意后，报国务院标准化行政主管部门批准。

（三）林业行业标准

林业行业标准由国家林业和草原局审批、编号、发布，并报国务院标准化行政主管部门备案。

国家统一规划组建的全国林业专业标准化技术委员会制定和修订行业标准的规划以及年度计划项目的建议。

林业行业标准计划按照以下规定编制：

（1）国家林业和草原局按照国家标准计划项目的编制原则和要求，根据林业建设的实际情况，提出编制林业行业标准计划项目的原则和要求。

（2）林业专业标准化技术委员会或者林业标准化技术归口单位应当在林业标准体系框架内，根据林业建设实际以及企事业单位、社会中介组织和个人的意见，提出林业标准计划项目的建议报国家林业和草原局。

（3）国家林业和草原局经汇总、协调后，组织实施林业行业标准项目年度计划。

需要调整的林业行业标准计划项目由起草单位填写林业行业标准计划项目调整申请表，报国家林业和草原局批准。

（四）林业地方标准

林业地方标准由地方标准化行政主管部门审批、编号、发布，并报国务院标准化行政主管部门和国家林业和草原局备案。

省、自治区、直辖市人民政府林业行政主管部门负责组织拟订林业地方标准。

对于国家标准、行业标准未做规定的或者规定不全的技术要求，省、自治区、直辖市人民政府林业行政主管部门可依法向本省、自治区、直辖市人民政府标准化行政主管部门提出编制林业地方标准项目计划的建议。

（五）林业企业标准

林业企业标准是没有林业国家标准、行业标准和地方标准参照情况下，企业自行制定的标准。企业标准由企业制定，由企业法人代表或法人代表授权的主管领导批准、发布。企业标准一般以"Q"标准的开头。

三、林业标准的执行层级

对于国家标准、行业标准未做规定的或者规定不全的技术要求，省、自治区、直辖市人民政府林业行政主管部门可依法向本省、自治区、直辖市人民政府标准化行政主管部门提出编制林业地方标准项目计划的建议。

没有林业国家标准、行业标准和地方标准的，企业应当制定企业标准。国家标准、行业标准、地方标准已有规定的，鼓励企业制定严于上述标准要求的企业标准。

先于国家标准、行业标准制定实施的林业地方标准、企业标准，在国家标准、行业标准正式发布后，应当作相应的修改或者终止执行。但严于国家标准、行业标准的企业标准除外。

第四节 专业标准化技术委员会建设

林业和草原专业标准化技术委员会是由国家林业和草原局组建的，从事行业标准起草和技术审查等标准化工作的非独立法人技术组织。

国家林业和草原局负责标准化技术委员会规划、协调、组建和监督管理等工作。具体工作由国家林业和草原局科学技术司（以下简称科技司）负责。省、自治区、直辖市林业和草原主管部门协助国家林业和草原局管理本行政区域内的标准化技术委员会，为标准化技术委员会开展工作提供条件。

一、组织构成

标准化技术委员会由委员组成，设主任委员、副主任委员、秘书长和副秘书长。标准化技术委员会的委员应当具有广泛的代表性，由生产经营单位、科研机构、检测机构、高等院校、政府部门、行业协会、消费者等代表组成。

标准化技术委员会设秘书处，负责标准化技术委员会日常工作。秘书处具体职责和工作制度，由标准化技术委员会章程和秘书处工作细则规定。

二、组建、调整与换届

标准化技术委员会的组建应当符合以下条件：①标准化业务范围明晰，原则上与现有的标准化技术委员会业务范围无明显交叉；②标准体系框架明确，有较多的行业标准制修订工作需求；③秘书处承担单位符合相应条件。

科技司根据工作需要，也可直接提出标准化技术委员会筹建方案。国家林业和草原局各有关司局、各有关派出机构、各有关直属单位，省级林业和草原主管部门，也可向科技司提出筹建标准化技术委员会的建议，并报送《国家林业和草原局专业标准化技术委员会筹建方案》。标准化技术委员会筹建方案应当说明筹建的必要性、可行性、业务范围、标准体系、国内外相关技术组织情况、秘书处承担单位支持情况等。

科技司对标准化技术委员会筹建方案进行审查，召开专家评审会进行评审，对符合条件的，由国家林业和草原局研究决定筹建，明确标准化技术委员会的名称、专业领域、筹建单位、业务指导单位、秘书处承担单位等。筹建单位完成标准化技术委员会的委员征集、组成方案拟定、标准体系建议等工作，提出标准化技术委员会组建方案，经业务指导单位同意后，报送科技司。

三、工作程序和要求

标准化技术委员会应当科学合理、公开公正、规范透明地开展工作，在本专业领域内承担以下工作职责：①提出本专业领域标准化工作的政策和措施建议；②编制本专业领域行业标准体系，提出本专业领域制修订行业标准项目建议；③开展行业标准的起草、征求意见、技术审查、报批、复审、修订和修改，以及行业标准外文版的组织翻译和审查工作；④开展本专业领域行业标准宣贯、标准实施情况评估和行业标准起草人员培训等工作；⑤受国家林业和草原局委托，承担归口行业标准的解释工作；⑥组织开展本领域国内外标准一致性比对分析，跟踪、研究相关领域国际标准化的发展趋势和工作动态；⑦承担国家林业和草原局交办的其他工作。

标准化技术委员会可以接受政府部门、社会团体、企事业单位委托，开展与本专业领域有关的标准化工作。

四、监督管理

国家林业和草原局建立标准化技术委员会考核评估制度，定期对标准化技术委员会工作等进行考核评估，并将考核评估结果予以通报。科技司应当对标准化技术委员会进行定期、不定期的监督检查。标准化技术委员会应当建立内部监督检查制度，加强自律管理，接受社会监督。

第五节　林产品质量检验机构

加强林产品质量监督检验检测工作是提高林产品质量水平、破解国际贸易技术壁垒，促进我国林产品进出口贸易、拓展国际贸易市场的重要手段。建立健全完善的林产品质量监督检验检测体系，可以促使林产品实现高质量的生产，获得更高的经济效益，保障林产品消费安全，促使林业产业结构从以追求产量为主到追求最佳质量和高经济效益方向转变，为产品质量监督检验检测工作提供重要技术支撑。

国家林业和草原局产品质量检验检测机构（以下简称林业质检机构）是指经国家林业和草原局批准设立的从事林业产品质量检验检测活动的机构。国家林业和草原局依法负责监督和指导林业质检机构的管理工作。

一、林业质检机构的基本条件

申请设立林业质检机构的申请人，应当具备《国家林业产品质量监督检验检测机构基本条件》规定的机构与人员、质量体系、仪器设备、检验检测工作、记录与报告、设施与环境六方面需要达到的基本条件，以及国家林业和草原局规定的其他条件。需要符合的条件有：

（1）申请设立国家林业质检机构的，应当是独立的法人单位或法人单位同意的并具有相对独立的内设机构。有法人证书或者法人单位授权证明。

（2）法人单位的法人代表人是拟设立国家林业质检机构的主要负责人。

（3）国家林业质检机构应当配备专职技术负责人、质量负责人。其中，技术负责人、质量负责人应当从事本专业工作5年以上、熟悉相关检验检测技术和质量体系并具有高级技术职称的人员。

（4）国家林业质检机构的管理人员和技术人员应当熟悉本专业领域内的检验标准、技术方法和结果评价，了解行业动态和相关法律法规，能够满足开展检验检测工作的需要。机构内技术人员比例不低于70%，中级职称以上人员比例不低于30%。

（5）国家林业质检机构应当配备具有资格的内审员，并不少于3人。

（6）每个部门应当至少配备一名质量监督员，质量监督员应当具有中级以上职称，熟悉检验检测方法、程序和结果评定。

（7）国家林业质检机构所有人员应当经专业技术、标准化、计量、质量监督与管理以及相关法律法规知识培训，考核合格，持证上岗。同一检验检测项目至少有两人持有上岗证书。从事计量检定和种子、动植物检疫等法律法规另有规定的检验检测人员，须有相关部门的资格证明。

二、林业质检机构资质认定审批事项的申请和办理

林业质检机构受理机构为国家林业和草原局科技司。

林业质检机构设定依据《中华人民共和国产品质量法》第八条"国务院有关部门在各自的职责范围内负责产品质量监督工作"，《中华人民共和国标准化法》第十九条"县级以上政府标准化行政主管部门，可以根据需要设置检验机构"，《中华人民共和国标准化法实施细则》第三十条"国务院有关行政主管部门可以根据需要和国家有关规定设立检验机构，负责本行业、本部门的检验工作"。

林业质检机构设定依据主要是《国家林业局产品质量检验检测机构管理办法》《国家林业产品质量监督检验检测机构基本条件》。

以新办机构为例，一般流程包括：

（1）申请。申请人按规定提交完整的申请文件报国家林业和草原局。

（2）受理。收到材料后进行收文登记，并进行形式审查，对材料齐全且符合法定形式的予以受理；对材料不齐全或者不符合法定形式的，在5日内出具《国家林业局行政许可申请补正材料通知书》并寄送申请人。申请人将材料补齐后，予以受理。

（3）审查与决定。根据《国家林业局产品质量检验检测机构管理办法》第五条的规定，对材料进行实质性审查，做出许可决定。审查过程中，需要对申请材料的实质内容进行核实的，按程序出具并向申请人送达《国家林业局行政许可需要听证、招标、拍卖、检验、检测、检疫、鉴定和专家评审通知书》，在规定时限内进行现场评审，并出具《现场评审报告》。根据《现场评审报告》及实质性审查结果做出准予或不予许可的决定。

（4）证件（文书）制作与送达。对于准予许可的，印制《国家林业局准予行政许可决定书》《林业质检机构授权证书》；对于不予许可的，印制《国家林业局不予行政许可决定书》，告知复议或者诉讼的权利。许可决定可通过直接送达或邮寄的方式送达被许可人。

（5）申请变更。被许可人需要变更林业质检机构名称的，将变更内容证明材料提交国家林业和草原局，按一般程序办理。

（6）延续申请。《林业质检机构授权证书》有效期届满需要延期的，被许可人应当在《林业质检机构授权证书》有效期届满6个月前提出申请，报国家林业和草原局，按一般程序办理。

第八章

林业生物技术与良种培育

第一节　林木花卉功能基因组学及分子育种

随着我国经济由高速增长阶段转向高质量发展阶段，人民生活水平日益提高，现有林木花卉品种已难以满足人们对高产、高质量木材和高品质花卉的需求。针对林木育种周期长的特性，育种学家可先通过功能基因组学研究阐明林木复杂性状的遗传学基础，进而结合分子育种技术开展林木花卉分子育种，可有效缩短林木花卉育种周期，定向高效地获得符合人类期望的林木花卉新品种。

一、功能基因组学

（一）功能基因组学概述

功能基因组学指所有特定基因的功能及其在生物体内的时空表达，主要包括基因功能发现、基因表达分析及其突变检测等，力图从基因组整体水平对基因活动规律进行阐述，是当前植物学研究最前沿的领域之一。特别是基因功能的研究涉及专利和知识产权，这对一个国家的长远发展起战略性作用。在大豆、水稻、玉米育种工作中，利用功能基因组学围绕作物产量、抗性、品质等性状开展研究，发现并鉴定了许多重要基因，结合分子育种技术进行新品种培育，有效提升了粮食产量和品质。

（二）功能基因组学中用到的技术

功能基因组学研究中用到很多新技术，如 T-DNA 插入、转座子技术、基因表达系列分析技术、表达序列标签技术、生物芯片等，研究人员通过综合利用这些技术，阐明了大量基因的功能，为分子育种提供重要理论指导。自 20 世纪 90 年代末至今，林木花卉功能基因组学已在鉴定和克隆林木重要的产量、品质、抗性相关基因，阐明花色、花形和花期形成机理等方面取得重要进展。

1. T-DNA 插入

T-DNA(Transfer DNA)即转移 DNA，又名三螺旋 DNA，是一种由三股 ssDNA 旋转螺旋形成的一种特殊脱氧核糖核苷酸结构。利用农杆菌等微生物可将人工合成的目的基因片段通过 T-DNA 载体转移到受体植物的基因组中，是基因工程的重要技术手段。

2. 转座子技术

转座子是基因组中一段可移动的 DNA 序列，可以通过切割、重新整合等一系列过程从基因组的一个位置"跳跃"到另一个位置。利用转座子技术可以在不了解基因产物的生化性质和表达模式的情况下，分离克隆植物基因。

3. 基因表达系列分析技术

基因表达系列分析(SAGE)是通过快速和详细分析成千上万个表达序列标签(EST，express sequenced tags)来寻找出表达丰富度不同的 SAGE 标签序列。

4. 表达序列标签技术

表达序列标签(EST)是指从互补 DNA(cDNA)分子所测得部分，序列较短的 DNA(通常 300~500bp)。从 cDNA 文库所得到的许多表达序列标签集合组成表达序列标签数据库，代表在一定的发育时期或特定的环境条件下，特定的组织细胞基因表达的序列。可用于验证基因在特定组织中的表达，推导全长 cDNA 序列，或作为标签标志基因组中的特殊位点以确定基因的位置等。

5. 生物芯片

生物芯片，又称蛋白芯片或基因芯片，起源于 DNA 杂交探针技术与半导体工业技术相结合的结晶。该技术系指将大量探针分子固定于支持物上后，与带荧光标记的 DNA 或其他样品分子(如蛋白、因子或小分子)进行杂交，通过检测每个探针分子的杂交信号强度进而获取样品分子的数量和序列信息。

二、分子育种

分子育种是一种将分子生物学技术应用于育种中的一种技术手段。目前分子育种技术主要包括分子标记辅助选择、基因编辑和转基因。

（一）分子标记辅助育种

分子标记辅助选择的育种方式与传统选择育种类似，都是对优良性状的直接选择。但是分子标记辅助育种利用了基因组上遗传标记与优良性状的相关性，可以在基因组上选择育种家所期待的基因型，进而更快速、有针对性地对目标性状进行选择。特别是对于林木花卉来说，木材品质、花色花形等性状，需要等到树木长大，花卉开花才能看得到，而分子辅助选择育种方法的应用可以在苗期对林木花卉进行目标性状的早期选择，有效缩短了育种周期。

（二）基因编辑育种

基因编辑又称基因组编辑，是一种新兴的比较精确的对基因组上特定目标基因进行修饰的一种技术。基因编辑技术在改变性状方面类似于诱变育种，但是诱变育种是对个体基因组进行随机突变，可控性差，产生有利突变的概率很低，而基因编辑技术通过基因敲除和特异突变引入等手段，实现对个体基因组进行精准定点修饰。

（三）转基因育种

转基因是将特定生物体中的目标基因或人工合成指定序列的 DNA 片段转入特定个体中，从而获得具有稳定表现特定性状的个体。

（四）分子育种在林木花卉中的应用

分子育种对于林木花卉这样育种周期长的物种的改良具有重要意义。由于林木处于半野生状态，花卉也是遗传多样性丰富的群体，为林木花卉重要经济性状、抗病抗逆性状和观赏性状的遗传改良提供了丰富的基因资源。在此基础上开展分子育种设计，有望利用现代生物工程手段实现物种自身优良基因向设计品种中的快速整合，从而在较短的时间内培育出林木花卉新品种。因此，分子育种是突破林木花卉遗传改良瓶颈的关键技术，一旦进入实际应用，将对加速林木花卉育种改良进程、提高森林生产力发挥重要作用。

开展林木花卉分子育种，首先要通过功能基因组学研究方法，分析和阐明林木花卉基因的功能，解决林木花卉重要性状的形成问题。在此基础上，利用分子育种技术，突破传统林木花卉遗传改良的技术瓶颈，实现从传统的"经验育种"到定向、高效的"精确育种"的转化，以大幅度提高育种效率。要重视分子育种技术的原始创新，构筑特色化林木分子育种技术体系，不断促进我国林木育种技术升级和高效、定向化发展。

第二节　木材形成、抗逆、抗病虫等性状的基因解析

森林是陆地生态系统的主体，与人类生活的关系密不可分，有着极其重要的经济和生态价值。林木生长周期长，重要性状受多基因控制。林木种质资源丰富，种质间遗传差异大，控制林木重要性状的基因克隆及转化对培育优良林木新品种具有很强的实用价值，但许多具有潜在应用价值的林木基因未得到充分发掘和有效分离。

近年来，随着各种不同林木 cDNA 文库的建立，大规模随机 EST 测序技术的运用以及克隆技术的不断完善，大量与林木重要性状相关的基因被分离和鉴定。这些重要基因的获得为培育高产、优质、抗逆、抗病虫害的新品种奠定了基础。

一、木材形成

木质部主要是本本植物次生维管系统活动形成。一般从形成层分裂到木质部成熟大致可以分为四个阶段：形成层细胞分裂、细胞的伸展生长、次生壁的加厚、细胞壁木质化。目前，已发现多种影响细胞扩张的基因，如一种细胞壁松弛蛋白（expansion）。Expansion 在细胞壁中的纤维素微纤丝和基质多糖交叉处，以一种可逆方式作用于微纤丝表面的基质聚合物，使多聚体网络间的非共价键断裂，促使聚合物滑动，从而引起细胞壁的伸展。Expansion 只是影响细胞扩张的众多基因中的一类，还发现有相当多的基因在木材形成过程中起重要作用，如 *ACTIN*，*WAK*，*DIS*，*RHD* 等。另外，现已明确 *RSW*1 和 *RPC*1 基因在初生壁的生物合成过程中起重要作用。杨树中已报道了 *PtCesA*1 和 *PtCesA*2 两个 *CesA* 基因。其中，*PtCesA*2 在次生壁形成的木质部细胞中特异表达，而在韧皮部纤维中不表达，说明了不同的 *CesA* 基因可能有其特异的表达模式和功能。

二、抗逆

（一）抗旱

当植物耗水大于吸水时，会使组织内水分亏缺，过度水分亏缺的现象称为干旱。旱害则是指土壤水分缺乏或大气相对湿度过低对植物的危害。

干旱对植物生产的不利影响主要有：①降低细胞含水量，破坏细胞膜系统；②增加透性，降低光合作用；③使植物的物质代谢紊乱，生长发育

迟缓、死亡。

干旱胁迫可激活相关基因，如 LEA 蛋白、抗氧化酶和水孔蛋白等的转录，并导致编码蛋白的积累。植物抵抗旱害的能力称为抗旱性。Cheng 等利用基因枪法转化水稻成熟胚愈伤组织，获得转基因水稻株系，分析表明 LEA2 有较强的抗脱水作用。Straub 等研究发现，大麦 HVA1（LEA3 同源蛋白）与种子的干旱脱水有关，且干旱、极端温度及盐胁迫均可诱导其迅速在幼苗中表达。

（二）抗寒

0℃以上低温对植物的危害叫作冷害或寒害。当气温低于 10℃时，就会出现冷害，最常见的症状是变色、坏死和表面斑点等，木本植物上则出现芽枯、顶枯。植物开花期遇到较长时间的低温，也会影响结实。冻害是 0℃以下的低温所致。植物受冻害，细胞失去膨压，组织柔软，叶色变褐，最终干枯死亡。近年来，低温冻害情况时有发生，严重影响植物的生长及产量。

最近有关抗寒基因研究取得了许多进展。蜜橘 CuCO R19 是一种脱水蛋白，具有清除羟基和过氧化物自由基活性的功能，用其转化烟草研究发现，可有效提高抗冻能力。植物脂肪酸不饱和程度和冷敏感性密切相关，有些酶可催化饱和脂肪酸中顺式双键的形成，把相变温度降至接近 0℃，减轻冻害的不利影响，将这些相关基因转入植物中，可显著提高植物的抗寒能力。低温环境下，植物膜结构受到破坏，从而影响其生长，超氧化物歧化酶（SOD）可维护膜系统稳定性，增强植物在低温下的生长能力。Breu-segem 利用质体转化技术获得了转基因抗寒玉米。AFP 是植物对低温的一种适应机制，广泛存在于植物中。将 AFP 基因从植物中分离，并导入到抗寒性弱或不抗寒植物中，提高这些植物的抗寒性，减轻低温胁迫，是植物抗寒转基因研究的重点。

（三）抗热性

由高温引起植物伤害的现象称为热害，而植物对高温胁迫的适应则称为抗热性。植物受高温伤害后会出现各种症状：树干（特别是向阳部分）干燥、裂开；叶片出现死斑，叶色变褐、变黄；鲜果（如葡萄、番茄等）灼伤，后来受伤处与健康处之间形成木栓，有时甚至整个果实死亡；高温胁迫对植物生殖的危害尤甚，花粉发育对高夜温十分敏感，开花前 7~9 天是对高夜温十分敏感的发育时期，导致雄性不育、花序或子房脱落等异常现象。不同植物能够忍耐的极限高温差异很大。甘蓝型油菜、玉米、西葫芦植株 49~51℃经 10 分钟致死，马铃薯叶 42.5℃经 1 小时致死，苜蓿种子 120℃经 30 分钟致死，红松花粉 70℃经 1 小时致死。番茄开花、结果受高温影响最严重，高于 26℃昼温或 20℃夜温结果等受到影响，高于 35℃昼温或 26℃夜温严重受影响。

1984 年 Li 等将 HSP 基因转入大豆获得了具有耐热性的大豆植株，此后又相继从番茄、拟南芥中分离出了 HSP 基因，并且通过研究证明 HSP 的过量表达确实能提高植物的耐热性。研究表明，在水稻、番茄中高表达 ERECTA 基因（简称 ER 基因）能够显著提高其对高温抗性。

（四）抗盐碱

盐害是影响植物生长和作物产量的主要因素之一。用于提高植物耐盐性的基因工程方法很多，最常见的就是在植物中过量表达抗盐相关的功能基因，包括植物信号转导蛋白基因（OsCIPK 基因、NTHK1 基因）、植物离子通道蛋白（OsCIPK 基因、ANtHX1 基因、SeNHX1 基因）和合成小分子渗透剂的酶基因（cldA 基因、BvCMO）等。

在盐胁迫下，植物体内脯氨酸含量迅速增加。脯氨酸合成主要包括两种酶：吡咯啉-5-羧酸合成酶（P5CS）和吡咯啉-5-羧酸还原酶（P5CR），这两种酶的基因已从不同植物中得到分离和克隆。对拟南芥幼苗进行盐胁迫处理，植株中 P5CR 基因和 P5CS 基因转录水平都迅速提高。Kishor 等将从乌头叶豇豆中克隆的 P5CS 基因转入烟草中，发现转基因植株中脯氨酸含量比对照高出数倍，耐盐性也明显提高。在植物体内甜菜碱由乙酰胆碱经过胆碱单加氧酶（CMO）、甜菜碱醛脱氢酶（BADH）两步催化而成。BADH 基因是目前抗盐基因工程中研究较多的一个基因。梁峥等将菠菜中的 BADH 基因转入烟草中，得到的转基因植株耐盐性明显提高。盐胁迫下，细胞内的离子平衡的调节对于植物的耐盐性十分重要。Arizona 大学的朱健康研究室通过对获得的拟南芥突变体研究，定义了五个耐盐基因：SOS1，SOS2，SOS3，SOS4，SOS5。其中，SOS1，SOS2，SOS3 三个基因参与介导了细胞内离子平衡的信号传导途径。目前，已从拟南芥中克隆 Na^+/PH^+ 逆向转运蛋白基因 AtNHX1，赵宇玮等将其转入草木樨状黄芪，得到的转基因植株耐盐性明显高于野生型植株。

三、抗病虫害

虫害是严重威胁林木的生长和发育的重要因素之一，近几年利用基因工程在获得具有害虫抗性的转基因林木的研究上取得了突破性进展。国内自从将鳞翅目昆虫有毒性的 Bt 毒蛋白基因导入欧洲黑杨并获得转基因植株以来，在欧洲黑杨和毛白杨的抗虫基因遗传转化上做了大量的研究工作。我国已成为杨树抗虫基因工程研究较早的国家之一。

Bt 基因是从微生物苏云金杆菌（*Bacillus thuringicnsis*）分离出的苏云金杆菌杀虫结晶蛋白基因，简称 Bt 基因。苏云金杆菌属于革兰阴性，形成孢子细菌。在芽孢形成过程中可产生半胞晶体，它由一种或多种蛋白组成，具有高度特异性杀虫活性，这种蛋白通常被称为 δ-内毒素（δ-endotoxins）或杀虫结晶蛋白（in-secticidal crystal protein，ICP）。ICP 通常以原毒素（protoxin）形式存在，当昆虫取食 ICP 后，原毒素在昆虫的消化道内被活化，转型为毒性多肽分子。活化的 ICP 与昆虫肠道上皮细胞上的特异性结合蛋白结合，全部或部分嵌合于细胞膜中，使细胞膜产生一些孔道，细胞因渗透平衡遭破坏而破裂。导致昆虫幼虫停止进食，最后死亡。1987 年比利时的 Vacek 等人利用农杆菌介导法首次获得了转基因烟草植株。他们使用全长的 *CryIA*（b）基因编码 1155 个氨基酸和该基因保留的 5′端编码毒蛋白核心区域的缺失片段（编码 610 个氨基酸）。转基因植株对烟草天蛾（*Manduca sexta*）幼虫的抗性为 75%~100%。

蛋白酶抑制剂（*PI*）基因。*PI* 基因是一类蛋白质，在植物防御昆虫和病原体侵染的天然防御系统中起着重要作用，具有明显的抗虫作用的蛋白质。*PI* 存在于自然界的所有生命体中，在大多数植物的种子和块茎中的含量可高达总蛋白的 1%~10%。在有些果实中丝氨酸蛋白酶抑制剂的含量可达总蛋白的 30%。*PI* 与昆虫消化道内的蛋白酶相结合，形成酶抑制剂复合物（EI），从而阻断或减弱蛋白酶对于外源蛋白质的水解作用，导致蛋白质不能被正常消化。

第三节　林木种质资源的挖掘和利用

一、林木种质资源

（一）概念

林木种质资源是指种及种以下分类单位遗传物质的总称，包括森林物种野生的、栽培的全部基因资源和育种材料，以及利用这些繁殖材料通过杂交、诱变和生物工程的方法人工创制的遗传材料。对每个树种来说，它的种质资源越丰富，越容易通过选择、杂交和基因工程等手段获得优良品种，而且一个地区林木种质资源越丰富，越容易选育出适合本地区生长且效益显著的树种。因此，林木种质资源是林木良种选育的原始材料、树种遗传改良的物质基础，是关系到国家的可持续发展和今后基因工程的重大战略资源，是维护国家生态安全和经济社会持续发展的重要保障，具有重要的生态、经济、文化和社会价值。

(二)我国林木种质资源现状

我国林木种质资源丰富，乔灌木物种9000余种，其中，包括67个特有科、239个特有种子植物属、1000多种特有木本植物，是北半球林木种质资源最丰富的地区。虽然我国拥有丰富的林木种质资源，但不是种质资源研究的强国，导致林木育种和生产水平和国际水平相比有很大的差距。深入调查、收集、保存是挖掘和利用的前提。自2000年起，我国就开始进行林木种质资源的收集、保存和利用工作，经过19年的努力，初步形成了林木种质资源保护管理体系，建立了一大批自然保护区和保存专项库，为林木良种选育和遗传改良奠定了坚实基础。在此基础上发掘已保存树种的经济、生态价值，充分利用种质资源的遗传多样性开展树种改良，实现资源合理开发利用。

二、林木种质资源挖掘和利用

(一)林木种质资源的鉴定与评价

在对林木种质资源进行广泛搜集的基础上，如何对丰富的种质资源进行合理评价，以发掘优异等位基因用于育种工作，是现在林木工作者亟待解决的科学问题。现阶段，林木育种家常用DNA指纹分析、遗传多样性分析和核心种质构建等方式对种质资源进行鉴定和评价。

1. 基于DNA序列多态性的分子标记

基于DNA序列多态性的分子标记逐渐成为了种质资源鉴定和评价的主流方法，该方法能在DNA水平上揭示种质间的不同，不受环境和发育时期的影响，具有较高的稳定性和可重复性。

2. DNA指纹分析

DNA指纹分析是一种快速分析比较生物体之间DNA序列的方法，具有多态性高、信息量丰富的特点，且多符合孟德尔遗传规律。目前常用于DNA指纹分析的分子标记有：简单重复序列(SSR)、抗性基因同源序列(RGA)和单核苷酸多态性(SNP)等。

3. 遗传多样性分析

遗传多样性是生物多样性的重要组成部分，是生态系统多样性和物种多样性的基础。林木遗传多样性可表现在分子、细胞和个体水平，是林木群体保持进化潜能的基本条件。一般来说，基于分子标记的林木遗传多样性分析可直接用于指导育种实践，如育种家可利用分子标记对林木种质资源群体进行群体结构和遗传多样性分析，从而正确选择亲本并予以合理组配，提高育种效率。

4. 构建核心种质库

核心种质是种质资源的一个核心子集，以最少数量的遗传资源最大限度地保存整个资源群体的遗传多样性，代表了整个群体的遗传多样性，这对解决数目庞大的林木种质资源高效利用问题提供了有效方法。目前，我国已构建了水稻、玉米、小麦、大豆等农作物的核心种质库，为作物分子育种提供了丰富的基因资源。林木育种家可通过借鉴作物核心种质构建方法，构建林木核心种质，以提高种质资源利用效率。

(二)林木种质资源创新

种质资源创新是指对现有种质资源中所包含的遗传信息采用某种方法进行改变的过程，关系到国家的生态安全和林业生产力的发展，是当前及今后林业的一项紧迫任务。

1. 杂交育种

杂交育种是最基本的一种种质资源创新方法，它可使双亲的基因重新组合，或将双亲中控制同一性状的不同微效基因积累起来，形成多种性状类型，为选择育种提供丰富材料。除了传统的杂交育种之外，林木种质资源创新的方法可在组织、细胞和分子水平实现，主要包括：诱变、染色体工程和原生质体融合。目前发展最成熟的是单倍体育种技术和转基因技术。

2. 单倍体育种

单倍体育种是通过对植物花粉组织培养和染色体加倍产生纯合二倍体或多倍体的过程。该方法可快速获得大量稳定的单、双倍体植株，为种质资源创制提供了一条有效途径。如北京林业大学利用 $2n$ 花粉和单倍性雌配子杂交选育三倍体毛白杨新品种，极大促进了毛白杨产业的发展。

3. 转基因

转基因技术的应用突破了物种间的遗传障碍，实现了不同种间基因的交流，大大拓宽了林木遗传改良的基因来源。随着技术的进步，基因组编辑技术有望成为继转基因技术之后的育种技术发展的又一个里程碑。该技术可以特异地修饰靶向序列，实现新等位基因的创制，具有效率高、速度快和目标性强的特点。目前，该技术已在作物中得到成功应用，必然会对林木育种产生深远影响。

（三）林木种质资源利用

林木生长周期较长，因此，其育种工作中对种质资源的利用多是直接选育和杂交育种两种育种方式。20 世纪五六十年代，我国林业生产上以直接利用种质资源中的优异地方品种进行就地繁殖和推广为主，在此基础上通过地方品种的交换和国外品种的引进结合系统选择和杂交改良等途径，实现了树种的更新和优良品种的普及。特别是林木育种家通过一系列的种间杂交，创制出一大批高产、高质的林木新品种，极大促进了林业发展。后基因组时代的到来，加深了我们对基因的认识。育种家将在自然种质群体挖掘得到或人工创制而来的优异等位基因导入应用广泛、综合性状优良的某一林木品种中，构建包括高产、高抗等基因的近等位基因系。以此为基础，通过基因的定向组装，达到性状的协调改良，实现林木品种的分子设计育种。

林木种质资源在生态建设和林业产业建设中具有重要作用，对林木种质资源进行深入挖掘和利用是我国林业可持续发展的重要基础。林木种质资源的保存、挖掘与利用应从以下四个方面进行：①建立科学、完善的林木种质资源调查、评价及共享机制；②引导和估计社会基金参与林木种质资源保存与利用；③优化资源、人才配置，推动科研单位，企业和管理部门直接的协作交流；④依托林业院校，加强后备人才的培养。

第四节　林木抗逆能力的定量测评及早期预测筛选

随着林木种源试验、种子园营建、无性系育种及细胞培养技术等遗传改良领域研究的进展，抗逆性的生态生理学和遗传改良已成为许多学科研究的中心内容之一。研究树种几乎涉及所有重要造林树种及若干重要薪材及饲用灌木。研究内容包括抗寒、抗热、耐旱、耐盐碱，抗大气和土壤中的气体及重金属污染、耐酸雨（雾）、抗雪折和风倒等。而作为基础性研究，对众多林木抗逆能力的定向定量研究和对其进行早期的高抗逆能力的预测筛选并形成固定模型，成为世界林木育种工作中非常重要的课题。

一、评价林木抗逆能力生物学指标

植物在逆境胁迫下，体内细胞在形态结构、生理生化等方面会发生一系列适应性改变，以抵抗干旱、盐害和冻害等非生物胁迫。目前，抗逆性状生物学测定主要包括形态、生长、以及一些相关酶类和渗透调节物质等生理生化指标的测定。

（一）形态指标

形态特征是鉴定林木抗逆性的一个重要指标。目前，对林木形态指标的评价主要包括两个方面：

（1）地上部分。叶片大小、角质层厚度、气孔、皮孔密度、气孔开度与下陷程度、栅栏组织厚度海绵组织厚度比值等。

（2）地下部分。根系活力、根系发达程度（根幅、最长根）、根冠比、木质部导管直径与数量、导管面积与根或茎横断面积比等。

（二）生长指标

逆境条件会使植物生长发育受到严重影响。目前，用于生长性状评价的指标主要有：苗高、地径、单片叶面积、逆境胁迫后苗木的存活率、生长量和生物量等。

（三）生理生化指标

胁迫（干旱、盐害、冻害等）条件下，植物生理代谢活动会受到影响，如直接影响植物体内水分平衡的蒸腾速率、渗透调节及渗透调节物质的积累、细胞膜稳定性、原生质透性等。胁迫还会引起光合能力的变化，从而抑制生长发育。高抗逆树种会产生一些适应环境的代谢物质，可根据在相同水分胁迫条件下这些代谢物质在高抗逆林木和对照植株之间的差异，评价目标基因型林木的抗逆能力。目前，常用的生理生化指标主要有水分、代谢生理指标和酶活指标。

1. 水分和代谢生理指标

叶水势、叶保水力、相对水分亏缺、相对含水量、膜透性、净光合速率、蒸腾速率、气孔导度、气孔阻力、呼吸速率等。

2. 酶活力测定

丙二醛（MAD）含量，超氧物歧化酶（SOD）、过氧化物酶（POD）、过氧化氢酶（CAT）、谷胱甘肽还原酶（GR）等的活性。

3. 渗透调节物质指标

脯氨酸、可溶性糖类（蔗糖、果聚糖等）、甜菜碱等。

二、林木抗逆能力的定量测评及筛选

(一)抗旱、抗寒、抗盐碱能力的测定

树木抗旱、寒、盐碱性测定方法很多,主要包括田间直接测定、盆栽测定和人工气候室测定、室内模拟测定等,这些方法各有优缺点。

1. 田间直接测定

将待测材料直接播种或定植于苗圃或造林地,利用冬季低温、干旱地区少雨、盐碱地或人工造成干旱和盐碱胁迫,测定与抗冻、抗旱、抗盐碱有关的形态或生理生化指标。

2. 盆栽测定法

将待测材料栽种在花盆内,人工控制浇水或盐水,进行干旱或盐碱胁迫处理。

3. 室内模拟胁迫测定法

如将待测材料用纱布和塑料薄膜包裹,置于低温冰箱,经过低温诱导后进行不同低温级处理。材料经室温融冰后,在温室扦插,逐日观察恢复情况,或通过切片观察韧皮部、木质部等组织颜色,比较各种材料的耐冻性。又如,利用不同浓度的聚乙二醇(PEG)或盐溶液构成干旱或盐胁迫梯度,通过种子在上面发芽时间和发芽率,比较不同材料的抗旱或抗盐能力。

4. 生理生化测定

生理生化测定包括质膜透性、水分生理、保护酶活性等。植物经过冻害和旱害,细胞膜透性发生改变,电解质大量外渗,电导率增高,电阻降低。因此,可以通过测定电导率和电阻了解细胞质膜的伤害程度。抗旱生理测定常用 PV 技术(Pressure-Volume technique),该技术可计算出被测植物体或其器官(叶或小枝)的饱和含水时渗透势、质壁分离点渗透势、相对含水量、相对渗透水含量和质外体水相对含量等水分参数。

5. 林木抗逆能力的定量测评注意事项

在实验室检测抗寒性时,准确掌握测定时期很关键。树木的抗寒能力与温度的季节变化一致。从秋末至寒冬,树木抗寒能力逐渐提高,之后随着休眠的解除,树液开始流动,抗寒能力又迅速下降。不同种源或无性系的抗寒能力在不同时期差异很大,在最冷季节差异最小,而在封顶初期和临萌动期差异较大。植物的抗旱和抗盐碱机理十分复杂,是受形态、解剖和生理生化许多特性控制的复合遗传性状。这种复合性状具有相对稳定性

和潜在反应性两个特点。一般认为，植物是通过多种不同途径来抵御或忍耐干旱和盐碱胁迫的影响。单一的抗旱、抗盐碱性测定指标，难以充分反映出植物对干旱适应的综合能力，因此，许多学者都认为只有采用多项指标的综合评价，才能比较准确地反映植物的抗旱水平。目前应用较多的综合分析方法主要有：主分量分析、聚类分析、模糊综合评判等。

（二）抗病性测定

病圃符合病原物流行条件，故应以病圃测定为主。但温室特别是人工气候室只要模拟得当，可以避免异常条件的干扰，也常用于抗病性测定。不过，温室测定不能测定其避病与耐病性，一般只能测定其一代侵染，不能充分表现出群体（抗流行）的抗病性。如果已知所要测定的抗病性是以组织、细胞、分子水平机制为主，而不是株形、全株功能的抗病性，则可采取植株的枝条或叶片等进行离体水培，进行人工接种。不少植物在离体条件下仍能保持某些抗病性的正常反应。不用接种的方法而采用与抗病性相关性状的生理生化指标来间接测定，如致病毒素、植保素、酶法、血清学方法等，这是一类正在探索的新方法。

（三）抗虫性测定

林木抗虫性是多种防御机制的积累及协同效应，是化学与物理防御方式相结合，外界因素如机械损伤及虫害也会引发诱导防御，这些作用相结合共同应对昆虫的侵害。林木抗虫鉴定是抗虫育种的重要环节，田间调查和人工接虫是两种抗虫鉴定的主要方法。就林木而言，田间调查的影响因素较多，而人工接虫技术由于具有可快速测定林木的抗虫性、缩短研究周期、提高测定结果可信度的特点，现已被广泛应用。

目前，林木抗虫性分级评价方法还没有系统化，研究内容仅局限于少量品种的选择及相关指标的测定，不同研究的评价结果缺乏可比性。如何构建符合林业特点的林木抗虫性科学分类评价体系，仍是一个需要加强研究的课题。

第五节　重要造林树种的良种选育

造林树种选择是发展林业生产最重要的一步，也是造林目的和达到这一目的所用手段的有机结合。各类树种在生长速度、根系发达程度、木材经济效益等方面差异较大，为了推动植树造林，应该尽可能地选择生长速度快、根系发达的树种。

一、造林树种必须遵循原则

为了推动植树造林，选择造林树种必须遵循下列两项原则：造林树种必须具备有利于满足造林目的要求的性状；造林树种能最适应造林地区的立地。上述两条原则，相辅相成，缺一不可。第一条原则是根据人工林经营的目的提出的，要求所培育的人工林必须能够充分地发挥人们所期望的效益，否则即使人工林生长良好也满足不了森林培育的目的。第二条原则是根据树木的生物学和生态学特性提出来的，是实现第一条原则的手段。

造林树种选择主要注意下面几点：树种选择的适应性和目标性、合理利用乡土树种、挑选合适的树种、引进外来树种要合理。

二、树木良种选育

(一)良种选育的概念

林木良种是经过选育获得的速生、丰产、优质、抗逆的林木群体或个体。林木育种工作者在林木良种选育时，首先根据各地气候特征和经济建设需求，选好适宜造林的树种。在此基础上，进行种内群体和个体选择，并对所选树种的优良群体和个体采用合适的繁殖方式扩大繁殖，应用于生产。

(二)良种选育的方法

良种选育的全过程：大田(单选)、株行圃(分行)、株系圃(比较)、原种苗圃(混繁)、生产繁殖原种、种子田、大田生产(品种更新或者更换)。

1. 混合选择和单株选择

树木的选择育种方式，因后代的利用和鉴定情况不同，可分为混合选择和单株选择。

(1)混合选择。根据一定的标准，从混杂的群体中按表现型淘汰一批低劣的个体或挑选一批符合要求的优良个体，并对选出来的个体混合采种、采条，混合繁殖，都称为混合选择。在混合选择过程中，最常用的方法是类型选择，即按形态、生理、生态、抗性等，把树木划分为不同的类型，并按不同类型分别选择、繁殖。有时也指在一个混杂的群体中，同时按几个目标进行的混合选择，这种方法也叫作集团选择。类型选择的形式较多。苗圃中的间苗、林分的抚育伐、采种林分的选择等都属于混合选择的方式。混合选择的特点是在性状遗传力高、种群混杂、遗传品质差别大的情况下能获得较好的育种效果，但是也会造成子代与亲代的谱系关系不清，无法进行子代、家系的再选择。总的来说，混合选择方法比较简单，程序少，工作量小，是当前林业中广泛应用的方法。

（2）单株选择。凡是对选入个体分别采种、单独繁殖、单独鉴定的选择，即谱系清楚的选择不属于单株选择。在树木选择过程中，常用的单株选择又可分为优树选择、家系选择、家系内选择和配合选择。

2. 无性系选择

树木优树群体和个体被选择确定后，可立即扩大繁殖，推广应用于生产。繁殖方式可分为有性繁殖和无性繁殖。所谓无性系是指由一株树木用无性方式繁殖出来的植株的总称。对繁殖成无性系的最初那株树通常称为无性系原株。由它繁殖出来的个体称为无性系植株。无性系选择是指从普通种群中，或从人工或天然杂交种群中挑选优良的单株用无性方式繁殖成若干无性系，对无性系进行比较鉴定，选择出优良无性系的过程。无性系选择的特点是可以把优良的性状全部保存下来，增益显著，且栽培管理条件比较一致，易于管理，但对病虫害的天然预防机制减弱，因此，最好将几个树种的几个无性系混栽。无性繁殖主要通过扦插、压条、分株、嫁接以及组织培养等方式进行。无性繁殖不经过减数分裂和染色体重组，所以能保持繁殖体原有的优良特性，同时，应用常规的无性繁殖方法还能继续繁殖体的发育阶段。由于无性繁殖具有这些特点，在林木育种中广泛用作保存和繁殖优良个体的手段，如用于建立收集圃、采穗圃和种子园以及无性系造林等。有性繁殖主要是通过种子园、优良母树林等进行良种生产，也可从优树或优势木上采种应用于生产。

（三）良种繁育制度

1. 品种审定制度

某单位或个人育成或引进某一新品种后，必须经一定权威组织的品种审定委员会审定，根据品种区域试验、生产试验结果，确定该品种能否推广和地区推广。

2. 良种繁育制度

良种繁育要有明确的单位，同时需要建立种子圃（良种母本园）。根据品种的繁殖系数和需要的数量，可分级生产，有专业知识的人员负责，要建立种子生产档案加强田间管理，加强选择工作以确保种子质量。

3. 种子检验和检疫制度

从外地引进、调进的种子或者寄出的种子必须进行植物检疫工作，这样既促进种子生产，又保护种子生产，是一项利国利民的措施。

（四）列举树种选育方法

（1）油桐。优良品种小米桐、大米桐、座桐、五爪桐、对年桐、葡萄桐、珠龙油桐等，在采用有性杂交、无性系优化、杂交优势利用、单株选优等方法育种时，还要注意良种的地区性。同一良种在不同地区、不同经营条件下，其丰产性状表现和植株个体之间会有很大差异。从选择高产稳产、抗性强的植株入手，选优汰劣；再对初选优株连续观察 2~3 年，确定其丰产性状的稳定性；同时通过无性系繁育和种子繁育，进行再选优，以选出更优良的品系或单株，进而用以建立种子园或采穗园，培育出本地的良种。

（2）松树。松树在国土绿化、防护林建设和工业用材林建设等方面占据着重要的地位。我国为解决松树良种不足的问题，在营建和提高种子园经营水平的同时，通过引进筛选、种源试验、良种繁育等手段，选育了一批优良的松树品种。此外，为解决阶段性良种需求问题，我国在多地改建了一批林木种子园，将部分初级种子园提高到改良代，缓解了良种不足的现状，提高了现有人工林生长量，为今后的工作打下了良好的基础。

（3）杨树。杨树是我国主要造林树种，也是营造速生丰产林的主要树种之一。随着退耕还林、三北防护林等林业重点工程的实施，杨树造林面积迅速增加。目前，杨树造林基本上采用无性繁殖法能够利用根进行无性繁殖的树种，在根部有一个幼化区，在这个区段进行无性繁殖，不仅可避免枝条老化，且有复壮的功能，据此，可对经过三次平茬的采穗圃进行复壮改造，即第一年留床，不平茬，次年春季将苗条连根起出用于造林。然后，将起苗穴用耙耙平，使穴内的残留杨树根外露少许，待其再度萌发。这样繁育的根蘖苗已经过复壮，省工易行，各地可在小面积试验成功后进行推广应用。

（4）杉木。系统开展了杉木种质资源收集保存及评价，构建了多世代育种核心种质群体，建立了国家级杉木种质资源异地保存库，为长期育种奠定了坚实的基础。持续开展杉木不同育种群体单亲子代及杂交子代测定，选育出一批速生优质高产新品种，率先构建了杉木第四代育种群体，具有重要的理论和推广应用价值。建立了有性和无性结合的杉木良种生产技术体系，加速了杉木良种的推广，具有重要的创新，效益十分显著。

第六节　名特优新经济林和花卉良种繁育

一、名特优新经济林和花卉

经济林和花卉产业，是集生态、经济和社会效益于一身，融合一、二、三产业为一体的生态富民产业。推动经济林和花卉产业发展，有利于挖掘林地资源潜力，改善人居环境；有利于调整农业产业结构，促进农民增收和地方经济发展；有利于推动绿色生长，维护国家生态安全。经济林和花卉良种繁育是加快实现林木花卉生态效益和经济效益的先决条件，是实现林木花卉产业化发展的基础。因此，在充分发挥现有良种繁育基地生产能力的基础上，新建和改扩建一批名优特新经济林和花卉良种壮苗生产基地，依托校企合作，构建林木花卉良种繁育体系，对于保障特色林木花卉的优质种苗供应，全面提升特色林木花卉良种水平具有重要意义。

二、经济林和花卉良种繁育

（一）播种育苗

播种育苗是用乔灌木树种和花卉播种培育的苗木。这种苗木繁殖方法具有种源丰富、繁殖简便的特点，且能在短时间内培育出大量苗木。种子是由父母本配子结合产生的，很容易出现变异产生新品种（大多数新品种的产生方式），但难以保持母本的优良性状。因此，播种育苗主要用于林木花卉良种的早期选育阶段。

（二）扦插育苗

扦插育苗是一种无性繁殖的方法，通过利用林木花卉的营养器官的再生能力，恢复其失去的部分，形成新植株。在林木花卉生产中，依据选取器官的不同可分为枝插、叶插和根插三类。

1. 枝插

枝插中，硬枝扦插多用于落叶花木类，如贴梗海棠、紫薇、月季等；嫩枝扦插多用于草本花卉和扦插不易生根的树种，如五色苋、一串红、银杏等。

2. 叶插

叶插用于能自叶上发生不定芽及不定根的林木花卉种类，多用于具有肥厚叶片及叶柄的草本花卉，如秋海棠。

3. 根插

根插是以根段作为插根的扦插方法，适用于易从根部发新梢的花卉种类，如芍药、凌霄等。

(三)嫁接育苗

嫁接是剪取某树种的一部分枝、芽、根等接在另一个树种上，培养成一株新的独立植株的方法。

1. 嫁接原理

当接穗嫁接到砧木上后，在砧木和接穗伤口的表面，由于死细胞的残留物形成一层褐色的薄膜，覆盖着伤口。随后在愈伤激素的刺激下，伤口周围细胞及形成层细胞旺盛分裂，并使褐色的薄膜破裂，形成愈伤组织。愈伤组织不断增加，接穗和砧木间的空隙被填满后，砧木和接穗的愈合组织的薄壁细胞便互相连接，将两者的形成层连接起来。愈合组织不断分化，向内形成新的木质部，向外形成新的韧皮部，进而使导管和筛管也相互沟通，这样砧穗就结合为统一体，形成新的植株。

2. 嫁接方法

林木花卉繁育中，根据用到的接穗和砧木不同，嫁接多用靠接法、劈接法、插接法。随着良种繁育工厂化发展，小型和半自动化嫁接机器应用逐渐广泛。

3. 嫁接优势

嫁接解决了经济林普遍面临的生长周期长、经济效益慢的问题。特别是在林木花卉生产中，嫁接既能保持接穗品种的优良性状，又能利用砧木的特性，增强抗寒性、抗旱性、抗病虫害的能力，结合良种接穗与适生砧木的优势，在加快林木花卉良种培育的同时，实现良种效益最大化。

(四)组培快繁

1. 组织培养

植物组织培养又叫离体培养，指从植物体分离出符合要求的组织、器官或细胞，通过在人工控制的条件下进行培养以获得完整植株的技术。组织培养是基于具有完整细胞膜系统和细胞核的活细胞，具有发育成为完整植株的潜力这一原理，大量获得再生植株，该技术已成为一种常规试验技术，广泛用于经济林和花卉的脱毒、快繁、基因工程、次生代谢物质生产和工厂化育苗等多个方面的生产实践

近年来，国内外把组织培养作为林木花卉营养繁殖手段，已在很多林木花卉中建立起体细胞愈伤组织再生体系。如南京林业大学成功利用杂种

体细胞，建立了杂交鹅掌楸体细胞胚胎发生技术和快速成苗体系，建成国内首个应用细胞工程技术实现林木种苗产业化的最大规模生产项目，开辟了杂交鹅掌楸产业开发的新途径。特别是对于很多花卉品种来说，组培苗已实现工厂化生产，极大推动了花卉良种发展和产业进步。

2. 应用

（1）种苗组培快繁。组织培养快速繁殖得到的种苗，遗传背景一致，且能较好地保持原种的优良性状，繁殖系数高，适于工厂化生产和集约化经营。因此，对于受地理和季节限制很难达到快速、高效繁殖的某些稀有植物或有较大经济价值经济林和花卉，或在短时期内需要达到一定数量，才能创造应有价值的经济林和花卉，组织培养的意义尤为重要。特别是对于品种更新速度较快的观花植物来说，当一个新品种被培育出来后，栽培者需要在几个月至多不超过一年的时间内就要将它们推向市场，这就需要借助组织培养技术在短时间内培育出几百万株甚至几千万株种苗。目前，兰花良种快繁是应用组织培养进行良种繁育最成功的案例，自 1960 年 Morel 得到兰花组培苗后，很快用于生产，形成了成熟的兰花良种工厂化繁殖体系。组织培养在无性繁殖的经济林和花卉的脱毒中也具有重要作用。

（2）种苗脱毒。很多无性繁殖的林木花卉都带有病毒，严重影响经济林产量和花卉品质。植物中病毒是通过维管束传导的，因此，利用植物营养器官繁殖，会把病毒带到新的植物个体上。但在感病植株尚分化形成维管束的部位，不携带病毒，利用该部位获得的再生植株就不会感染病毒，从而获得脱毒苗。

第七节　转基因林业生物新品种培育与基因安全

森林作为具有战略和国家生存意义的特殊资源，其重要性无可替代。然而，木材需求的快速增长和林木成材周期普遍较长，使得传统造林和育种技术已愈发不适应林业可持续发展的现实要求。与其他生物技术相比，转基因林木能够相对在短时间内提高木材质量和产量，减少对天然林木的采伐，更大程度上保留了原始林木种类。同时，转基因林木还为生物燃料的生产提供了经济便宜的原材料，缓解对于水和其他资源的需求，使得这些资源可以用于食物和饲料作物的种植。转基因林木生物新品种可带来的经济效益包括增加生物量产出、提高抗性等，增强对污染地域的植物修复能力和对碳的固定能力。

一、转基因林木研究现状

(一)转基因方法

通常应用器官发生和胚胎发生两种系统来实现基因转化,这包括一系列选择性标记和筛选方法的使用和建立。器官发生基因转化方法有农杆菌介导法、基因枪法和超声波介导法,胚胎发生的基因转化方法有子房注射法和花粉管通道法。

(二)转基因林木稳定性研究

转基因稳定性的筛选在体外培养过程中较为普遍,但在转基因林木的林场试验早期并不常见。由于林木生长周期长,其产生的有毒基因产物的累积会对周围的生物(如土壤中的有益细菌或真菌)造成毒害,影响林木的生长发育甚至造成其死亡,因此,转基因林木的稳定性和生态安全性问题就更加突出。为此,应加强对转基因特异表达的研究,同时要发掘林木内的基因资源来进行转化。

(三)转基因林木应用

在转基因技术发展的最初 10 年,转基因林木的工业化程度还非常低。从 20 世纪 90 年代后期开始,进行田间释放的转基因林木数量开始稳步增加,其中,以杨属的树种为主,此外还包括松属、云杉属和桉属的一些树种。最初的转基因林木田间试验虽然受到试验范围和时间的限制,但其结果仍证明,转基因林木在经济上的应用价值使其具有商品化的可能。1990年 Fitch 等率先建立了热带地区重要经济树种番木瓜的遗传转化体系,随后开展了番木瓜抗环斑病毒病的转基因研究及转基因品种的推广工作,转基因番木瓜也于 1998 年在美国获得了商品化许可,成为世界上最早实现商品化的多年生树木。

我国转基因林木的研究虽然起步稍晚但发展迅速。例如,在林木抗虫转基因育种方面,来源于苏云金芽孢杆菌的杀虫毒蛋白 Bt 基因已成功地被导入杨树等树种中,培育出了具有良好抗虫能力的转基因林木新品系。在转基因林木商品化方面,我国转 Bt 基因抗虫欧洲黑杨'12 号''153 号''172 号'及转双抗虫基因'741 杨'已于 2002 年先后获得了商品化许可。目前,转 Bt 基因抗虫欧洲黑杨已在北京、河北、陕西、新疆等地种植;转双抗虫基因'741 杨'已建立了静海良王庄、北辰区大张庄等 10 个栽培示范点,共繁育苗木 170 余万株,辐射推广 3 万多亩。

而随着生态环境的恶化,对林木的抗逆境能力的要求不断增加。用基因工程手段培育高抗型（抗干旱、耐盐碱等）林木必将成为今后的研究热点。当然，还需要更多的实地试验数据来进行转基因林木的价值和环境安全性的科学评估。

二、转基因林木潜在风险

由于林木群体存在栽培环境复杂、驯化程度较低、遗传背景尚不清楚等问题，加之林木具有生产周期长、经营管理粗放、主要为风媒传粉等特点，因此，在影响树种自身以及周边生态环境等方面，转基因林木环境释放及推广的潜在生态风险性不容忽视。

（一）树种遗传多样性丧失

长期的林业生产实践表明，当一些林木良种被选择利用时，为了追求效益最大化，往往会丢弃经济收益较低的品种或品系，甚至采伐天然林分而替代以新品种种植。利用无性繁殖技术对转基因林木进行长期持续利用，相伴产生的是更为突出的遗传多样性降低问题。

基因型一致性导致遗传脆弱性极有可能导致惨重的损失。例如，日本营造大面积日本柳杉单一无性系人工林时，溃疡病等流行，危害严重；由于仅种植少数遗传增益大的辐射松家系甚至无性系，智利、新西兰、东非等地区松落针病危害严重，东非甚至因病害难以控制而终止造林；我国三北地区普遍发生的杨树天牛等害虫危害，专家认为与营造箭杆杨、大官杨等杨树单一无性系人工林有关。鉴于单一无性系造林可导致林分群体抗性降低，在林业生产中，提倡采取多无性系造林方式，以避免因环境突变超出个别无性系忍耐限度时造成的风险性。

（二）影响周围环境生态

1. 对昆虫的影响

目前，转基因林木对昆虫产生影响的研究主要集中在转 Bt 基因的林木上。研究表明，转 Bt 基因杨树会改变林内的昆虫群落结构。与化学农药一样，昆虫对 Bt 杀虫蛋白也会发生进化从而产生抗性。有报道已经发现印度谷螟对 Bt 制剂产生抗性。为防止昆虫抗性的产生，农业上提出了庇护所策略。该措施也可用于转基因林木中，即营造转基因与非转基因林木的混交林，以达到避害趋利，可持续控制森林害虫的目的。此外，同时将多个抗虫基因转入树木中，也可达到延缓昆虫抗性产生的目的。

2. 对土壤生态的影响

土壤是生态系统中物质循环和能量转化的重要场所，转基因植物体内外源基因的表达产物有可能通过植物残留物及根系分泌物对土壤生态系统造成影响。土壤酶类在土壤营养物质的循环和能量的转移中起重要作用，其活性变化主要来源于土壤微生物的生命活动，转基因植物残留物及根系分泌物也会对土壤酶活性造成影响。

3. 对病毒的影响

多数抗病毒转基因植物，其抗性具有专一性，即只能抵抗相应病毒的侵染，而对其他一些病毒则没有抗性。但田间作物中常发生多种病毒同时感染的情况，当另一种病毒侵染转基因植物后，转化的病毒基因就有可能与侵染的病毒相互作用，这可能会加速病毒的进化或者产生病毒的协同作用。同样，在较大的时间和空间范围内，转基因林木中转入的外源抗病毒基因也有可能通过异源包装入侵的其他病毒而产生新病毒，这种新病毒可能具有更高毒性或扩大了寄主范围，从而导致病毒灾难性的泛滥。但是，病毒异源重组和异源包装的真正危险性究竟有多大，仍是安全性评价中有待解决的重要问题。

(三)转基因林木安全管理

1. 现存问题

对转基因植物，我国政府采取了积极扶持、严格管理的政策，并使之逐步走上法制化轨道。然而，由于认识以及条件等方面的差异，在转基因林木安全管理等方面仍存在一些不容忽视的问题。

(1)转基因研究随意性较大。目前，只有部分转基因林木在进入中试或环境释放阶段才进行申报，而大部分则可能面临随意种植而扩散的危险，尤其是那些无足够持续资金保障或商品化性质较浓的转基因项目，很容易造成转基因林木的无序扩散。

(2)从研究到环境释放过程中保护性措施不够。与作物相比，树体高大、生长周期长的转基因林木中试及环境释放等都需要更多的资金支持，实际上许多研究项目只能保障完成遗传转化的支出，而获得转基因植株后的经费则无从落实，致使转基因林木的保存、繁殖只能因陋就简，造成转基因植株失去控制。

(3)转基因林木安全评价等基础研究欠缺。

2. 管理建议

(1)对于转基因林木的科学审视和有责任的利用及开发，可以加强转基因植物安全性宣传，不断提高全体公民尤其是研究人员对转基因林木潜在生态风险性的认识，为林木基因工程工作安全而顺利地开展创造一个优良的社会环境。

（2）对于技术开发人员，加强林木基因工程相关理论与技术基础研究，为林木转基因建立一个可靠的理论和技术平台。

（3）国家也应尽快出台有关林业方面的转基因生物安全管理办法或条例，加强对转基因林木生态检测与风险评估研究的支持力度，建立健全转基因林木风险管理的技术体系以及相应的环境监测系统，实现转基因林木信息化管理等，为避免转基因林木生态风险发生以及推动转基因林木商品化提供必要的理论与技术支撑。

第九章

森林培育与可持续经营

第一节 森林高产定向培育

近年来，由于对木材、其他林副产品及森林其他功能要求的特化和分化，如对能源林、纸浆林以及立木培育、单木经营、目标经营等的需求，使定向培育逐渐为林业工作者所认识，并加以研究和实施。

一、森林定向培育

所谓森林定向培育，是指按照森林的最终用途，生产出种类、质量、规格都大致相同的木材原料。森林培育要明确定向，这个"向"可以是单纯的，如水源涵养林、纸浆用材林等；也可以是复合的，如用材与水土保持结合、林果结合等。沈国舫院士对定向培育进行了比较系统的论述。他指出，每造一片林都应在统一的规划下有具体的培育目标，而所采用的造林技术措施应在最大程度上有利于实现这个目标，这就是定向培育的原则。但即使在有明确分工的情况下，每一片森林，甚至每一个林分，所具有的效益也是多方面的，培育森林的技术措施在主要针对某个培育目标的同时，也要适当照顾其他可能达到的从属目标，使森林能全面发挥作用。某些情况下，在进行造林规划时有可能一开始就明确所培育的森林具有复合的培育目的。在培育具有复合目标的森林时，仍需要考虑定向培育问题，只不过这个"向"是个复合的"向"。因此，定向培育是针对某个特定林区或林分而言的，它既要体现林业分工所要求的主体培育目标，又要指导实现多种效益的结合。任何情况下，在制定造林技术措施时，都要体现定向培育的原则。

基于此，把森林定向培育作为培育制度是正确的，即根据经济、社会和生态上的特定要求(木材、林副产品、风景、国防、防护等)，确定相应的培育目标(林种、材种以及相应的数量、质量指标)，依据造林地区和造林地的条件(自然的、经济的)、造林树种和树种组合的特性，以及当地的经济水平和技术水平，采用相应专向、系统、先进、配套的培育技术体系(从育种到收获利用)，以可能的最低成本和最快速度，达到定向要求的一种森林培育制度培育措施。

二、森林高产定向培育措施

(一)培育途径

基于不同培育方向，在对森林进行培育时需采取不同措施。以用材林为例，其人工培育的主要目的是达到速生、丰产、优质和稳定等目的。

(1)遗传改良。通过育种、基因工程等方法获得优良的品种，从而增加生长量和抗性。

(2)建立合理的林分结构。通过调整密度、混交等，使林分具有良好的结构，从而在单位面积上可获得较高的产量和较优质的木材。

(3)改善生长环境。通过人为措施改变林木生长的环境，从而促进林木生长，增加林木的抗性。

上述三条途径指出了用材林要达到培育目标的人工调控方向，但要实现目标还应有具体的措施。经过长期的研究和实践，总结出实现林分速生、丰产、优质和稳定的基本措施有良种壮苗、适地适树、合理结构、细致整地、精心栽植和抚育管理六项。

(二)林分结构

合理的林分结构是森林获得高产的基础。在生产实践中常通过调整树种组成和密度来调节林分的结构。森林根据组成树种的不同分为纯林和混交林。纯林是由一个树种组成的林分；混交林是由两个或两个以上树种组成的林分。林分密度既影响林木个体的生长，也影响林分的单位面积产量。通常密度对林木个体和单位面积产量的影响规律为：①密度与胸径生长和单株材积生长呈负相关；②密度对树高生长几乎没有影响；③适当增加密度，树木可以形成通直饱满的干形；④各个生长阶段的森林都存在一个合理密度，在这个密度下林分的单位面积产量较高。

由于森林在生长过程中，密度是不断变化的，因此，在经营森林时就要不断地调整林分密度，保证林木个体生长良好，同时林分群体具有较高的产量。

在人工造林时，最初栽植的密度也称为造林密度，即单位面积造林地上的栽植株数或种植穴数。造林密度既影响林木生长和产量，也影响林分郁闭时间的早晚。因此，确定合理的造林密度具有重要的意义。通常在确定造林密度时主要考虑以下原则：

（1）根据定向培育及经营的目的确定。生产大径材造林密度应小些，生产小径材密度应大些。

（2）根据树种特性确定。喜光、速生树种、干行通直而自然整枝良好、树冠宽阔而根系庞大的造林密度应小些，耐阴、慢生树种的造林密度应大些。

（3）根据立地条件确定。立地条件好能够促进林分的郁闭，应适当稀植；立地条件差会导致林分郁闭较晚，应适当密植。

（4）根据栽植技术确定。栽植技术越成熟、越集约，就越没必要进行密植；反之，在技术不成熟时，应多密植，从而保证其成活。

（5）根据经济效益确定。当造林密度较大时，投入的人工和苗木等就多，无形地增加了造林成本，因此，要考虑最终的经济效益来确定造林密度。

（三）混交林营造

在营造混交林时，确定合理的混交方法和比例是混交能否成功的关键。目前，常用的混交方法主要有株间混交、行间混交、带状混交、块状混交、星状混交、不规则混交和植生组混交等。

（1）株间混交。株间混交是指在同一种植行内隔株种植两个以上树种的混交方法。这种混交方法种间作用出现早，如果树种搭配适当，能较快地产生辅佐等作用，种间关系以利用为主；若树种搭配不当，种间矛盾就比较尖锐。造林施工较麻烦，但对种间关系比较融洽的树种仍有一定的实用价值。

（2）行间混交。行间混交是指一个树种的单行与另一树种的单行依次栽植的混交方法。这种混交方法，树种间的有利或有害作用一般多在人工林郁闭以后才明显出现。种间矛盾比株间矛盾易调整，施工也较简单。适用于乔灌木混交类型或主伴混交类型。

（3）带状混交。带状混交是指一个树种连续种植两行以上构成的带与另一树种构成的带依次种植的混交方法。种间关系先在边行出现，容易调节。良好的混交效果一般也多出现在林分生长后期。适用于矛盾较大，初期生长速度悬殊的乔木树种混交，保证主要树种的优势，削弱伴生树种过强的竞争能力。

（4）块状混交。块状混交是指将一个树种栽成小片与另一栽成小片的树种依次配置的混交方法。块状混交种间关系易调整，施工简单。混交比例是混交林中每一树种的株数占混交林总株数的百分比，树种在混交林中所占比例的大小，决定该树种的发展趋向。混交比例越大，该树种在混交林中占优势的可能性越大，因此，在造林时应保证主要树种具有较高的比例。块状混交可以有效地利用种内和种间的有利关系，满足幼年时期喜丛生的某些针叶树种的要求，待林木长大以后，各树种均占有适当的营养空间，种间关系融洽，混交的作用明显，因此比纯林优越。块状混交造林施工比较方便。适用于矛盾较大的主要树种和主要树种混交，也可用于幼龄纯林改造成混交林或低价值林分改造。

（5）星状混交。星状混交是指将一个树种的少量植株点状分散地与其他树种的大量植株栽种在一起的混交方法，或栽植成行内隔株的一个树种与栽植成行状、带状的其他树种混交的方法。既能满足喜光树种扩展树冠的要求，又能为其他树种创造良好的生长条件，同时还可最大限度地利用造林地上原有自然植被，间关系比较融洽，经常可以获得较好的混交效果。

（6）不规则混交。不规则混交是指构成混交林的树种间没有规则的搭配方式，随机分布在林分中。这是天然混交林中树种混交最常见的方式，也是充分利用自然植被资源，利用自然力形成更为接近天然林的混交林林相的混交方法。在低效林改造和近自然经营实践中，充分利用自然或人为形成的林隙补植或人工促进天然更新，形成的也是不规则混交林。

（7）植生组混交。植生组混交是指种植点为群状配置时，在小块状地上密集种植同一树种，与相距较远的密集种植另一树种的小块状地相混交的方法。块状地内同一树种具有群状配置的优点，块状地相距较大，种间相互作用出现很迟，且种间关系容易调节，但造林施工比较麻烦。一般用于人工更新、低效林改造及治沙造林等。

（四）幼林抚育

幼林抚育是保证人工林成活、成林的关键，人工林的幼林抚育是在造林后至郁闭前这段时间内所进行的抚育管理措施。俗话说三分造七分管，幼林抚育的主要目的是保证幼林成活、成林、促进幼树生长，是不可忽视的一个相当重要的环节。主要包括三方面的内容。

（1）林地抚育。包括除草松土、灌溉与排水、施肥、栽植绿肥植物及改良土壤树种、保护林地凋落物、剩余物管理和林农间作等。

（2）林木抚育。包括间苗、摘芽接干、平茬促干、除蘖定株、修枝抚育、定干控冠等。

（3）幼林保护。包括建立健全护林组织、封山护林、预防火灾、防除病虫鼠害、防低温干旱危害、防人畜危害等。

以珍贵树种为例，其目的是达到优质、速生、丰产和稳定性，多采取以下方法进行培育：

（1）选择合适的生长立地。立地决定着森林树种组成、结构和森林生产力的高低，这对珍贵树种培育尤为重要。不同树种对生产立地都有着不同的要求，因此，要依据造林树种的林学特性对造林区域进行细致规划，从操作层面上贯彻适地适树的原则。

（2）加强遗传改良。我国对珍贵树种的培育工作要通过遗传改良来提高其遗传品质，包括速生性、丰产性、优质性、抗逆性等，以便于在培育中推广应用。

（3）建立合理的林分结构。从树种组成来说应提倡采用多树种混交，树种不能过于单调，要把速生树种和珍贵树种、针叶树种和阔叶树种、对立地条件要求严格的树种和广域性树种适当搭配起来，确定各树种适宜的发展比例，使树种选择方案既能发挥多种立地条件的综合生产潜力，又可以满足国民经济多方面的要求。营造珍贵药用树种与其他树种的混交林，在早期即可产生经济效益。

第二节　生态防护林体系构建与经营

生态防护林主要是以维护国家公共资源与基础设施、抵御自然灾害、保护森林稳定生产、优化生态环境和维持生态系统平衡等为主要目的所经营的天然林和人工林森林群落。对提升森林生产力、保护生物多样性、提升土壤质量等方面具有十分重要的作用，具有调节气候、涵养水源、防风固沙、保持水土、改良土壤、净化空气、美化环境等多种功能。我国森林资源丰富，加之近年来国家越来越重视生态环境的保护，因此，构建正确的生态防护林体系并通过合理的森林经营措施抚育防护林尤为重要。

一、生态防护林体系

(一)生态防护林体系的特点

生态防护林体系是我国防护林建设工程实践的产物,也是防护林体系发展的必由之路,相对于传统防护林而言,其鲜明特点有:

(1)生态防护林体系是在充分发挥环境资源潜力的前提下,利用物种多样性,建成以木本植物为主体的稳定的生物群体。

(2)生态防护林体系是区域生态系统中的有机组成部分。

(3)生态防护林体系是防护林的重要类型。

(4)生态防护林体系也是经济结构中的一项产业。

(5)生态防护林体系功能完善,生态、经济、社会效益并举高效。

(二)生态防护林体系的内涵

生态防护林体系的内涵由结构要素、结构关系和功能关系构成。

生态防护林体系结构要素的基本单元是林种,即以防护林为主体,兼顾用材林、经济林、薪炭林和特用林,林种起源和组成应该以自然的和人工的相结合,乔、灌、草结合,并包括一些处于从属地位的作物、药用及其他经济作物。林种结构应该以土地生态类型及环境容量为前提,因地制宜、合理组合、科学布局。各个林种要相互补充与完善,使防护林体系形成一个有机整体,发挥最佳的经济效益。

生态防护林的结构关系分为空间结构关系和时间结构关系。空间结构关系表现为各林种根据资源在不同土地类型的分布状况及与其他生态系统的关系,按因地制宜、适地适树布设的林种空间格局;林种内部不同种由于对能量及物质空间(生态位)利用关系的差异而形成的垂直空间分布格局。时间结构关系表现为各林种发生、发展及死亡的运动规律。

生态防护林的功能关系是渗透在结构关系中的物质、能量的运动规律,是生态经济高效的基础。

二、构建生态防护林体系关键因素

(一)林种结构配置

构建生态防护林体系的实践中最为基础的就是林种结构配置的考量。其中包括树种的组成、比例,林木的年龄、林分密度等。林种结构配置会因不同地域的气候条件不同而呈现出不一样的特性,所以要通过实际情况综合考虑林种结构配置问题,其中,该地区的气候特点、土壤条件和地形地貌是林种结构配置中应该首先了解的，结合其他因素，确定最为适宜的配置方式。

（二）林种的选择

选择正确的林种，不仅可以在林业生态防护林体系得到进一步的优化，还能在一定程度上增加防护林体系的生态效益。当前，我国林业生态防护林体系的构建已经逐步由单一的纯林转变为混交林，同时，造林密度也在逐步合理化。

通常，为了达到防护林体系多样性的要求，在构建生态防护林体系的时候都会选择多种树种混合种植的方式，在林分内同时要补植一些草本、灌木，这种结合方式不仅可以通过增加凋落物累积的方式改善土壤肥力，还起到固根的功效，可以有效抵御洪涝等灾害。同时，通过增加林分内的植物多样性还可以增强林分的水源涵养能力、调节林内小气候、促进防护林生长等。通常在林业生态防护林的建设过程中会选择种植面相对较广、寿命相对较长且耐涝、抗旱性强的植被作为其林种选择的最佳对象。

（三）提高生态防护林经济功能

结合相应的国家政策，加快林业改革与发展，建立并不断完善产业体系、生产体系、经营体系，推动生态资源产业化，在发展中保护、在保护中发展，形成生态效益、社会效益、经济效益同步提升的良性生态公益林发展模式。首先，应根据不同区域的不同条件，造林项目统筹规划实施生态防护林，在造林项目建设层面主动提升其经济属性。其次，通过合理开发防护林旅游资源，利用现有部分生态防护林资源，使其发挥充分的生态效益，探索发展绿色的生态防护林产业。同时，充分发挥市场在资源配置中的决定性作用，重视政府的引导、支持和规范作用，在政府规划、引导、管理、监督，推动下规范发展，应避免盲目发展导致森林资源破坏。

三、生态防护林经营

（一）生态防护林经营理论基础

1. 可持续发展理论

可持续发展理论是指既满足当代人的需要，又不对后代人满足其需要的能力构成危害的发展，以公平性、持续性、共同性为三大基本原则。它反映了当前生态、经济、社会发展对林业建设的新要求。林业是生态建设的主体，防护林是生态环境的保障，因而生态防护林的可持续经营是区域实现可持续发展的重要基础，也是转变生态生产方式的重要路径。

2. 生态经济学理论

生态经济学是探讨生产系统与生态系统之间物资循环、能量流动、信息传递与价值增值的经济学与生态学交叉性的基础理论。具有以下特点：

（1）内在联系互动性。生态经济包含了整个生态的研究，也试图用生态的眼光去分析生态危机对经济的反作用。由于生态系统的整体性与复杂性不仅指出生态系统中事物联系的多样性，也肯定了人作为系统中的一部分，对自然的依赖也是多样性的，同时人类社会的存在依赖于生态经济大系统中生物多样性的平衡和自我调节作用。所以，人类要用正确的生态观，把握生态系统内部自我调节方式，利用事物之间存在的联系性、互动共生性和生态结果，达成系统的生态平衡。

（2）区域差异性。经济发展与不同的自然资源和生态条件有着紧密的联系，区域资源禀赋和生态环境的异质性，促成了经济发展和生态经济的特异性。这就要求在每一个国家，甚至是每一个区域内，必须依据具体情况研究经济发展和生态保护之间的关系，做到因地制宜。

（3）长远战略性。生态经济学考虑的不仅仅是短期的经济效益，而且强调长远的生态效益以及资源配置和自然环境的代际公平性，其研究的生态保护、资源节约、污染治理等都是具有长远战略意义的问题，最终关注的是人类社会可持续发展的目标。

生态防护林的经营应在尊重经济学规律与生态基本原理的基础上，从整体上去探究生产与生态系统的相互影响与相互作用，并在保护资源与环境的基础上及不破坏生态系统的再生产能力的前提下，结合经济系统实现经济的扩大生产，建立一个复合的良性循环生态系统。

3. 生态安全理论

生态安全是指人类的生活方式、社会秩序、生存资源以及人的适应能力与健康水平不受威胁的状态。这其中含有自然环境安全、经济生产安全与社会文明安全等。

因此，生态安全包括三层基本含义：一是生态系统安全，即具有自我维持、自我演替、自我调控、自我发展的规律；二是生态系统修复和保护，通过生态系统动态管理，防止其退化，通过增进生态系统资产，增强对可持续发展的支撑能力；三是生态风险管理，防止由于生态危机引发灾害，产生连锁反应引起经济衰退，造成生态危机。生态防护林经营应基于生态安全理论，对防护林进行区域生产与生态系统的风险测评、健康与稳定性分析、生态安全监测等措施保证生态防护林生态安全。

（二）生态防护林经营具体措施

（1）除草松土。目的是防止或减轻杂草对新造的生态幼龄林的危害，以免杂草在新造幼龄林林地内摄取土壤水分与养分，妨碍幼龄林根系的发育和生长，造成树木势减弱，导致病虫危害。松土的作用在于疏松表层土壤以减少水分蒸发，改善土壤的保水性、透水性和通气性，促进土壤微生物的活动，加速有机物的分解。除草的作用主要是清除与幼林竞争水、养、光等资源的各种杂草和灌木，促进林木生长，破坏可能造成危害的病菌、害虫、寄生虫等的栖息环境，避免竞争植被对林木造成机械损伤，同时降低林内的火灾隐患等。

（2）幼龄林带间作。在新植幼龄带林林冠尚未郁闭前，林地裸露，应进行幼林带间作。一方面防止杂草生长，另一方面充分利用地力，可以在促进林木生长的同时获得林木作物双丰收的效益。其主要目的是通过间伐改善保留林木生长环境，提高林分生长量和材种质量，增强林分健康与稳定性。间伐也是利用木材的一种重要手段，通过间伐可以增加林分中木材总收获量。

（3）幼林带树木整形与修枝。营造生态防护林采用的大苗已经过整形修剪，所以造林后第一年不必整形修剪，但当选苗不够理想时，需重新在新造幼龄林带的第一年进行整形修枝。根据树木自然整枝原理，人工修除林木下部枯枝或弱枝，是以往林木修枝的主要方法。但近年来随着我国四旁植树、林农混作和农田林网化的发展，人工整枝技术有所进展，对一些合轴分枝的阔叶树采取整形修枝法。其方法是修除粗大的侧枝、徒长枝和竞争枝，短截细弱的顶梢，以达到"控侧促主"，延长主轴长度，培育无节高干良材的目的。

（4）抚育间伐。林带郁闭后，应采取抚育间伐措施，以便使存留的林带树木更好地生长，同时又可以得到间伐材的收益。不同的森林类型，在不同时期有不同的目的，总体而言可归纳为以下7个方面：①调整树种组成，防止逆行演替；②降低林分密度，改善林木生境；③促进林木生长，缩短林木培育期；④清除劣质林木，提高林木质量；⑤实现早期利用，提高木材总利用量；⑥改变林分卫生状况，增强林分的抗逆性；⑦建立适宜的林分结构，发挥森林多种效益。

（5）混交。采用混交的方法对生态防护林进行种植与补植，可以充分利用光能和地力，较好地发挥林地生态和社会效益，增强抗御自然灾害的能力，改善林地立地条件，提高林产品的数量和质量。在混交时应注意混交树种与主要树种在生长特性和生态要求等方面协调一致，且选择的树种适宜在当地生存。

第三节　典型困难立地植被恢复

近些年，随着造林绿化工程的广泛进行，造林工作的重心已经从宜林地和荒山造林转到困难立地的植被恢复。困难立地是指由于自然或人为因素导致的造林困难的立地类型。常见的困难立地主要有石漠化山地、风沙侵蚀地、干旱贫瘠的石质山地、盐碱地、泥石流堆积地、受严重污染的土地、采矿迹地、干热（暖）河谷、高陡道路边坡和弃渣场等类型。植被恢复是指原有的自然植被受到人为或自然的毁坏，现在为了改善生态环境，通过植树造林、退耕还林还草等措施来恢复自然原来的植被状态。困难立地的植被恢复要以林业科学为基础，既要遵循适地适树的原则，又要坚持适地适技术方法的原则。困难立地由于气候干旱或土壤贫瘠等原因，造林的成活率和保存率极低，是植被恢复的关键区域。

一、适地适树

（一）适地适树的概念和途径

适地适树就是使造林树种的特性，主要是生态学特性，和造林地立地条件相适应，以充分发挥林木的生产潜力，达到该立地当前技术经济条件下可能取得的高产水平。适地适树是基于因地制宜，使得"树"与"地"在森林培育过程中达到协调。适地适树的途径是多种多样的，可以归纳为选择和改造，两种途径互相补充，相辅相成。

1. 选择

有选地适树和选树适地两种方法。

（1）选地适树。确定了主栽树种或者拟发展的造林树种后，根据树种要求的气候、土壤条件选择合适的造林地。

（2）选树适地。在确定了造林地以后，根据造林地的立地条件选择合适的树种。

2. 改造

当地和树在某些方面不太适应的情况下改树适地或者改地适树。

（1）改树适地。通过选种、引种、驯化、育种等手段改变树种的某些特性，使其适应造林地的立地类型。

（2）改地适树。通过整地、施肥、灌溉等措施改变造林地的生长环境，使其达到满足树种生长的条件。

目前，改造受技术经济的限制，选树适地是最基本的途径。但是改造这一途径会随着经济的发展和技术的进步而逐步扩展的。

（二）立地条件及森林立地类型

立地条件是指在造林地上与林木生长发育有关的所有自然环境因子的综合。主要包括三大类，即物理因子、森林植被因子和人为活动因子。物理因子包括气候因子、地形因子、土壤因子、水文因子；森林植被因子主要是指植物的类型、组成和生长状况等；人为因子主要指人为活动和人为管理。

森林立地类型是森林立地分类系统中最基本的分类单位，是把立地条件相近、具有相同生产力而不相连的地段划为一类，是土壤养分和水分条件相似地段的总称。按照类型选择造林树种，做到适地适树，是制定科学造林技术措施的基础。

在实际造林过程中，应同样重视微立地条件，即大的立地类型下小环境的差异，包括地形、海拔、坡向、坡度等环境因素。

（三）树种选择

树种选择是否适当决定着造林的成败，是森林培育的基础，是困难立地植被恢复的关键。

1. 树种选择的基础

树种选择应注重其生物学特性、生态学特性和林学特性。

生物学特性包括形态学、解剖学特性和遗传学特性等。树种的生物学特性在一定程度上影响着树木的用途，如树形、枝叶美观或者花、果的颜色美丽，可以作为风景林；树体高大、枝繁叶茂、根系发达的，可以选为防护林；树木生长速度快，产量高的树种，可以作为用材林等。还可以根据树木的生物学特性了解它对环境的要求，如树叶硕大的树种对水分要求较高；主根发达的要求深厚的土壤，比较耐干旱；叶片小而厚的往往对干旱条件比较适应。

生态学特性即树种对于环境条件的需求和适应能力，主要表现为对光照、水分、温度和土壤条件的要求。例如，在云南省困难立地植被恢复中，根据石漠化山区土壤贫瘠且薄、地表岩石裸露的特点，选择具有耐旱、耐贫瘠、耐盐碱、耐贫瘠的金银花；在我国北方困难立地植被恢复中，根据寒冷干旱，风沙大的环境条件，可以选柳叶鼠李、三裂绣线菊、蒙古扁桃和红刺榆等具有耐寒、耐旱、耐瘠薄、抗风沙特点的树种。

林学特性即森林的密度和森林的组成等。例如，有的树种喜光强烈，不宜成片栽培；有的树种树冠紧束，难以形成高质量的森林环境。在选择困难立地植被恢复的树种时，都需要考虑。

2. 树种选择的原则

（1）经济学原则。在选择造林树种时要考虑经济投入，一般选择市场比较成熟、抗性强、后期管护简单的树种。例如，不同树种的病虫害抵抗能力不同，用于防治的费用也要计算在成本内。

（2）林学原则。林学原则是个比较宽泛的概念，包括繁殖材料来源、繁殖的难易程度、组成森林的格局和经营技术。造林树种的选择要结合当前的实际情况，还要有一定的前瞻性。

（3）生物多样性原则。在树种选择时考虑各物种间的关系，尽可能选择多样性的树种，培育混交林，在立地满足的情况下尽可能营造复杂的生态系统，增加生物多样性，发挥更好的生态效益和生产潜力。

（4）乡土树种原则。乡土树种即本地区天然分布的或从外地引种已经多年且在当地表现良好的树种。乡土树种是长时期经历自然选择的结果，对于当地环境适应能力远远超过其他树种。对乡土树种的栽植经验比其他树种丰富，多年来的实践经验有利于后期的管护和培养，提高成活率。

二、适地适技术

（一）造林方法

（1）植苗造林。植苗造林是以苗木为材料进行栽植的造林方法，又称为植树造林或栽植造林。植苗造林可以节约种子且幼林初期生长迅速，对于造林地的立地条件要求不严，尤其是立地条件比较差的地区，如干旱半干旱地区、盐碱地，易滋生杂草、易发生冻害等，植苗造林比播种造林更加安全。苗木生活力和造林地的土壤水分状况是植苗造林的关键。

（2）播种造林。播种造林是指把种子直接播种到造林地而培育森林的造林方法，在现代的应用不如植苗造林普遍。但在人力难及的高山、远山和广袤的沙区植树种草，飞机播种更有优越性，可以保证苗木根系的完整性，对造林地的适应性强，而且施工简单。但播种造林需要两个条件：立地较好的造林地和性状优良的种子。

（二）造林注意事项

（1）整地。一般为了改善立地条件，便于造林施工及保持水土，在造林之前会对造林地进行整理，通过整地可以清除造林地上的植被，减少杂草危害，提高造林成活率、促进幼苗生长和提高造林质量。我国北方在生产实践中发展了多种以保持水土为中心的造林整地方法，如鱼鳞坑、块状、穴状等。

（2）造林时间。从全国来看，一年四季都有适宜造林的树种，但对于我国多数地区，春季是最好的造林季节。按照先低山、后高山；先阳坡、后阴坡；先轻壤土、后重壤土的顺序安排。早春时间短，为抓紧时机，可先栽萌动早的树种，如杨、柳、栎、榆、槐等；而对于要求较高温度的树种（椿、枣等），要晚一点栽植。对于易发生晚霜危害的地区，要考虑种子发芽后避过晚霜，不宜过早；但是对于春季高温、少雨、低湿的地区，如川滇地区，造林时间应提前到冬季或者雨季。

（3）后期管理。困难立地造林存在的关键问题是造林成活率和保存率低，造林初期苗木抗性较弱，对环境胁迫、病虫害、人为干扰的适应性极差，与杂草等生物之间竞争激烈，造林后管护对成活率和保存率极为重要。造林后需要采取人为措施对苗木进行保护，如松土、除草、施肥、浇水、设置围栏等手段，还可以通过修剪枝干来促进林木生长。

（三）困难立地植被恢复工程技术

困难立地植被恢复是一项长期而复杂的工程，在条件恶劣的困难立地进行植被恢复存在诸多问题，如面临水资源匮乏、气候条件不适宜植物生长、缺乏适应性强的植物、种植技术落后等问题。要实现其保护生态安全的重要功能，就要确保坚持正确的基本原理以及加大推广现有的科学技术成果。目前，其主要的技术有如下几种：

（1）集水造林。在干旱地区以林木生长的最佳水量平衡为基础，通过合理的人工调控措施，对有限的降水资源进行时间和空间上的再分配，使水资源在时间和空间上进行最大限度的利用，在干旱环境中为树种的生长发育创造适宜的环境，以满足困难立地的造林需要，保障苗木的成活率。例如，可采用截径流技术，拦截多水季节的水运用到缺水季节，进行水资源的调配，满足林地需求。

（2）爆破整地。用炸药在造林地上炸出一定规格的深坑，然后填入客土，种植上苗木。爆破造林能够扩大松土范围，改善土壤物理性质和化学性质，增强土壤蓄水、保土能力，减少水土流失，减轻劳动强度，提高功效，加快造林速度，从而提高造林成活率。

（3）秸秆及地膜覆盖。在干旱、高寒山区使用地膜和秸秆覆盖可以减少土壤水分的蒸发、保温增温，促进林木生长发育，在干旱和霜冻条件下能正常生长。

（4）封山育林。封山育林主要是通过封禁措施，根据林木的天然更新能力和植被的自然演替规律，使植被稀少的林地和人工造林困难的区域自然成林。通过封山育林形成的植被群落，生物多样性和生态功能比人工林要丰富，能够建立最为和谐的生态环境，但是需要的时间长。

（5）使用容器苗（营养钵苗）造林或用抗旱保水剂。在困难立地条件下造林时，使用林业专用保水剂，以保持土壤中的水分，保证苗木成活有足够的水分供应，可以显著提高造林成活率。

第四节　退化天然林的恢复与重建

天然林是指起源于天然状态，未经干扰的、干扰程度较轻仍保有较好自然性的或干扰后自然恢复的森林，包括原天然林区的残留原始林、过伐林、天然次生林及不同程度的退化森林、疏林地。天然林是森林资源的主体和精华，是自然界中群落最稳定、生态功能最完备、生物多样性最丰富的陆地生态系统。世界上现存著名的天然林包括非洲中部热带雨林，南美洲亚马孙河流域的热带雨林，俄罗斯北部的寒带针叶林，美国大峡谷地区等天然林。中国的天然林主要分布在东北、内蒙古和西南等重点国有林区。天然林在保持水土、涵养水源、防止荒漠化方面有着人工林无法替代的作用。

天然林退化是天然林在一定的时空背景下，由于人为或自然干扰，其生态系统的组成、结构和功能发生与原有的稳定状态或进展演替方向相反的或偏移的量变或质变的过程或结果，每一类干扰都有其特定的特征。世界上天然林退化主要是人为干扰，包括大规模的森林采伐利用、过度放牧、陡坡开垦、樵采、狩猎、采药、采矿、环境污染、不合理征占等引起天然林的破坏和减少。其次是自然原因，有外来物种入侵、森林火灾等。天然林退化具有阶段性特征，即不同阶段的退化具有不同的发展过程和特点、退化速率和强度、恢复的过程和时间。

一、天然林退化的类型

（一）老龄林
未被采伐而保留下来的天然老龄林斑块。常分布在山脊、沟尾林线以及地势险要处，作为"种子林""保安林"而保留下来。例如，在川西亚高山经常可看到暗针叶老龄林斑块，呈岛屿状或带状分布。

(二)天然次生林

天然林受到严重干扰后没有采取育林措施，而是通过自然更新演替形成天然次生林。如原始的天然林被大面积采伐后，采伐地上形成了灌丛或其他树种的森林，多为幼壮林，林相混杂，乔木、灌木混生，生长率较低，材质不良。

(三)人工纯林

天然林采伐后常采用云杉、日本落叶松等树种进行人工造林，形成人工针叶纯林。人工纯林是由单一树种构成的森林，或当存在多个树种时，其中有一个树种占绝对优势。大面积的人工纯林易引起病虫害等危害。

(四)人工林、次生林的镶嵌类型

天然林采伐后通过人工造林更新，但之后并未进行必要的森林抚育或者抚育措施不力，造成人工林成活率低，有时造林树种的生长状况甚至不如自然恢复的次生林树种。

二、退化天然林恢复与重建

(一)退化天然林恢复与重建的理论基础

1. 种群建立理论

进行人工种群重建，首先需要进行物种生境评价、物种筛选、种苗培育与扩繁、物种搭配、群落结构配置以及评价体系构建等方面的工作。

2. 群落演替理论

森林生态系统的恢复与重建工作主要遵循自然演替规律，运用近自然林的经营理念，仿拟当地天然老龄林的组成和结构，利用群落的自然恢复力，辅以适当的人工措施，加快自然演替的速度，恢复退化天然林的物种组成和群落结构。

3. 生态系统自我调控理论

利用生态系统内部、生态系统与环境之间的正负反馈机制维持其自身的多样性、复杂性、稳定性和可持续性。

4. 景观生态学理论

退化天然林景观表现为景观结构和功能的变化，景观是最理想的研究尺度。

（二）退化天然林恢复与重建的政策背景

由于我国天然林长期过度采伐和不合理经营导致天然林资源锐减、生态功能退化，造成了严重的生态经济后果，1998 年起，国家实施了"天然林资源保护工程"。"九五"计划以来，更多的围绕天然林保护的国家级林业科技攻关项目、林业重大科技支撑计划、国家自然科学基金项目和林业行业专项等得到了国家及相关部门的持续资助，在天然林动态干扰与保护、典型退化天然林的生态恢复和天然林景观恢复与空间经营等方面取得了丰硕的成果。2017 年 3 月，国家林业局宣布，全国范围内已经实现了全面停止天然林商业性采伐。截至 2018 年，天然林资源保护工程累计完成公益林建设任务 2.75 亿亩，中幼龄林抚育任务 1 亿亩，使 19.32 亿亩天然林得以休养生息。工程区天然林面积增加近 1 亿亩，天然林蓄积增加 12 亿 m^3，增加总量分别占全国的 88% 和 61%。预计到 2020 年全面完成二期目标，科学实现天然林资源保护在全国的全覆盖，基本建成比较完备的天然林保护制度体系。2019 年，中共中央办公厅、国务院办公厅印发了《天然林保护修复制度方案》，建立全面保护、系统恢复、用途管控、权责明确的天然林保护修复制度体系，维护天然林生态系统的原真性、完整性。

（三）退化天然林恢复与重建技术

退化天然林的恢复可以解决其树种单一、结构简单、生态防护能力差等问题。诱导森林资源生态系统恢复成复杂而稳定的结构，保存和开发利用优良的种质资源，保护生物多样性，实现森林资源生态系统的长期性、稳定性和高效性，提高林分质量和生态、经济、社会效益。

封山育林是我国传统的恢复森林植被的方法，长期实践证明该方法是利用自然力恢复植被的一种行之有效的途径。封山育林是指以封禁为基本手段，利用林木的自然更新能力和植被自然演替规律，根据需要积极采取必要的造林、补植补播、抚育、防治病虫害和火灾等措施，封育结合，加速退化森林的自然恢复。不仅要靠自然力来"育"，而且因地制宜、因时制宜地采取人工生态重建的辅助措施，加速自然演替进程。

退化天然林恢复重建的基本思路：依据自然演替的规律，仿拟天然老龄林，并根据自然演替，采用人工措施，促进修复加快恢复演替进程，尽可能利用乡土树种定向恢复以大径级、高经济价值林木为目标的森林群落。与传统的"封山育林"一封了之不同，"封育改造"是通过分析天然次生林的具体情况，在"封"的前提下进行有针对性地改造，体现了人为诱导促进自然恢复演替作用。目前，主要的技术有以下 6 种。

(1)封禁保护原始老龄林。对退化程度较轻、具有良好自然更新能力的天然林；或地块比较偏远、人畜活动难以到达，或坡度较大而且人工造林和补植比较困难的林分，采取严格的封山保护措施，避免人为破坏和牛羊践踏等干扰，保存其物种和基因的多样性，发挥群落演替潜力，保证群落进展演替。对于轻度退化、结构完好的天然次生林，也需要实施严格的封山保护技术措施，凭借天然林自我修复和更新能力，恢复原来的结构和功能。

(2)封育调整天然次生林群落结构与定向恢复调控。针对演替初期阶段的天然更新能力差、树种组成与密度不合理、健康状况不好的天然次生林，在封山的同时，通过人工辅助措施跨越演替阶段或缩短演替进程，加快生态系统空间结构和功能的恢复。常用措施有幼苗幼树抚育、补植目的物种、结构调控等。封育调整措施有：①幼苗幼树抚育。采取幼抚技术措施，除灌、铲草、松土，使幼苗幼树免遭人、畜干扰和杂灌杂草竞争，有充足的营养空间，人工辅助促进天然林更新并尽快成林。主要适用对象为未成林地和具备天然下种条件的无林地等。②补植或补播目的物种。对自然繁育能力不足或幼苗、幼树分布不均的地块，补植或补播目的物种，保证一定密度，促进尽快成林，恢复近自然林群落。优先选择当地的乡土树种。主要适用对象为疏林、造林更新保存率低的未成林地和退化的稀疏灌草丛。③结构调控。对于密度过大的林分，要尽快采用间伐抚育，对于密度过疏的加以补植，调整组成、密度和结构。

(3)封育重建严重退化的生境。针对严重退化生境或天然更新困难的立地，可以采用工程措施和物理化学措施改善立地微生境，进行生境恢复，促进退化迹地植被的恢复，特别是其生态功能。进行群落重建时，应以严重退化的生态环境土壤情况作为树种选择的依据。针对密度稀疏的林地、灌草等退化相对严重的地方，在早期阶段可以引用一定的先锋固氮植物，从而增加土壤的肥力，促使土壤物理性质得以改善，必要的时候，可以施加适量的复合肥，推动植物的定居。在荒山荒地上，采取针阔混交或阔叶混交植被重建模式，特别要避免形成针叶纯林，筛选出适宜的乡土树种。这一方法适用于地势平坦或者植被恢复快，不易引起水土流失的地方。

(4)封育改造低效的人工林。针对天然林采伐后营造的大面积人工针叶纯林，在封山保护的同时，通过疏伐、透光抚育、人工灭杀、补植顶级乡土树种和林下灌草更新等改造措施，并在林下按照群团状的原则补植其他混交树种来改善人工纯林的物种组成、调整林分密度以增加林内的光照条件，促进目的树种和林下灌草植物的生长，增加生物多样性，并逐步诱导其向原生植被演替，以提高生态稳定性和生态服务功能。

（5）封造立地不适生的乡土树种人工林。对立地条件恶劣，造林树种选择不当，形成小老头树之类的残次林，应选择适生树种或灌木，采用特殊的造林技术，重新造林。树种选择当地乡土常绿阔叶树种，上年采集种子育苗，第二年春天造林，在土层特别膺薄地段，可采用客土造林，小穴整地，尽量保留立地上的林木和灌草。

（6）营造乔、灌、草相结合的"仿天然"混交林。在天然林采伐迹地、火烧迹地、灌丛地上，营造乔、灌、草有机结合的"仿天然"混交林，加速天然林植被的进展演替，最终形成高效、立体、复合的森林生态系统。在树种选择方面，坚持适地适树原则，注重选择抗逆性强、经济价值高、有开发利用价值的树种，如山地经济林、濒危植物、药用植物、饲料植物等。这不仅缩短了森林的演替过程，提高了森林质量，而且还充分利用了森林的营养空间，发挥了森林的多种资源价值，促进了森林的恢复和发展。同时为集体林权制度改革后林农发展林下经济提供了有利条件。

另外，应加强退化天然林的快速定向恢复研究，通过演替驱动种利用和功能群替代实现退化天然林的功能恢复，注意培育乡土的大径级、珍优阔叶树种，研究人工重建和自然恢复过程中群落的结构和功能的动态变化规律以及恢复群落的稳定性。以老龄模式林作为参照系，构建恢复重建评价标准与指标体系，对恢复重建效果进行综合评价、预测，探索天然林景观结构优化配置和多目标空间经营规划的方法，最终实现天然林的景观恢复与多目标可持续经营。

第五节　森林生长动态模拟及预测

模型是人们对真实世界的抽象和简化，是人们认识和研究自然现象不可缺少的工具。在林业生产中，由于规划和预测的需要，人们建立了大量的数学和计算机模型。其中，森林生长模型是一种非常重要的林业模型。森林生长模型可以帮助人们模拟和预测森林的生长过程、变化速度和机理，能够进一步了解在某种环境变化情况下森林植被反应的特点和原因，能够为合理保护及持续利用森林提供一定的理论基础、操作依据和数量指标。

一、森林生长模型

森林生长模型，是指一个或一组数学函数，它描述林木生长和森林状态和立地条件的关系。根据模型模拟对象的尺度，生长模型分为三类：全林分模型、林分级模型和单木模型。

1. 全林分模型

选择林分总体特征指标作为模拟基础，将林分的生长量或收获量作为林分特征因子，以年龄、立地、密度以及经营措施等的函数来预估将来林分的生长和收获。这类模型又可以根据是否将林分密度作为自变量划分为与密度相关和与密度无关的两种。传统的正常收获表及经验收获表都属于与密度无关的模型。可变密度生长和收获模型则以密度作为自变量，林分密度通常用单位面积的株数、断面积、树冠竞争因子和相对密度等来表示。

2. 林分级模型

将林木分级，以林分级作为模拟的基本单位，是全林分模型和单木模型的一种中间过渡模型。林分不必按森林调查中的固定分级方式进行（如10cm 的直径级），一般是采用生态学中分簇方式进行。其预测方法包括林分预估方法，即未来林分直径分布通过当前林木直径分布中每一级生长的方法来预估，每一级中的直径分布或从生长方程中预估；或者是用林分生长数据库中数据直接预测，预测结果以各个级的生长量来表示。

3. 单木模型

模拟林分中的每一株树木，一般从林木竞争机制出发，模拟林分内每株树木的生长过程。随着生理生态学理论、方法和计算机模拟技术在林业中的应用和发展，单木模型的研究工作取得了很大进展。单木模型与全林分模型的区别在于林木间竞争的考虑方式不同。在单木模型中，竞争指标主要通过分析竞争圈内林木对生长空间的竞争关系来构造。单木竞争指标是描述某一林木由于受周围竞争木的影响而承受竞争压力的数量尺度。竞争指标的构造好坏，直接影响单木模型的性能和使用效果，因此，如何构造竞争指标成为建立单木模型的关键和中心问题。一般根据是否把林木间的距离作为构建指标的因子，将其划分为与距离相关和与距离无关的两类竞争指标。

二、森林生长模型适用条件

森林生长模型是一种实用性很强的模型，对森林经营者有较大的经济效益，从而得到广泛应用。计算机技术的不断发展促进了生长模型的发展。但同时模型的建立需要大量的、连续的、精确的外业调查数据，这要求建立模型前必须有一个较完整的森林调查数据库。生长模型要求预测精确度较高，检验时需要通过使用实际调查数据来进行检验。

森林生长模型一般通过确定性的方法，建立变量之间的关系，得到结果明确的树木生长和林分发展预测方程。由于生长模型利用的是环境条件不变的树木特征数据，只能预测较短时间内林分动态过程，其缺点在于模型没有包括树木更新过程，不能用于研究森林的更替过程，所以用生长模型预测一代树木生长比较合适，不适用于长时间的森林动态预测。

三、森林生长模型的发展

森林生长动态模拟及预测的发展趋势有：

（1）向综合性森林生态系统模型方向发展。为满足不同用户对模型的要求，把复杂程度不同的模型连接成结构统一的有机体，这种模型又称复合性模型，能够较好地满足不同的使用目的。

（2）向生物生长过程机理模型发展。由于生理生态学的发展、研究技术的进步，该类模型可以模拟树木光合作用、呼吸作用、养分和水分循环等树木生长的生理生态学过程，这种模型不再是以回归分析为基础的经营模型，它的模拟尺度较小，一般以分子、细胞和器官等为模拟对象。由于这类模型以生理生态学过程为其建模理论基础，因而适应面广、可移植性强、对探讨生态学理论和认识森林动态变化的机理有一定的帮助。

第六节　森林可持续经营

一、概念

森林可持续经营是为达到一个或多个明确的、特定的经营目标而经营永久性林地的过程，这种经营应考虑在不过度减少其内在价值及未来生产力和对自然环境、社会环境不产生过度的不利影响的前提下，期望森林产品和服务得以连续不断地生产。与传统的森林经营概念比较，森林可持续经营更注重森林经营的多种产品与服务功能的协调管理，即森林经营多目标的综合管理。

二、原则

以前的森林经营主要遵循永续性、经济性和公益性等原则。随着社会的发展，目前，认为森林可持续经营旨在长期获得并保持森林资源的培育和森林多种功能（效益）的发挥在时间和空间的秩序化，应遵循以下原则：

（1）经济效益。作为森林可持续经营的目标之一，它在发挥森林其他多种功能的同时，获得必要的经济效益。

（2）社会责任。指社会福利、就业和各种服务。还包括地方性的森林资源，以及区域性资源，如水土保持、景观维持和森林的社会功能。

（3）生态系统的整体性。森林生态系统衰退的现实迫使我们不得不调整森林经营原则的优先顺序，维持森林生态系统的完整性应该成为森林经营的主要目标。

（4）生物多样性。保护生物多样性在发达国家已经获得很大的发展，发展中国家也正在积极提倡中。保护生物多样性无疑是森林可持续经营管理的重点之一。

三、目标

森林可持续经营的总体目标是通过现实和潜在森林生态系统共同的科学管理、合理经营，维持森林生态系统的健康和活力，维护生物多样性及其生态过程，以此来满足社会经济发展过程中对森林产品及其环境服务功能的需求，保障和促进社会、经济、资源、环境的持续协调发展。按照森林的主导功能和作用可分为四个方面：

（1）社会目标。包括提供林产品、就业机会、发展经济、消除贫困等。

（2）经济目标。带动林产工业发展，以获得持续的经济效益，促进和保障相关其他产业的发展。

（3）环境目标。水土保持、二氧化碳贮存、改善气候、生物多样性保护等。

（4）发展目标。可持续经营的森林发展目标体现了人类经营森林的意愿和目的，反映了人类经营森林的综合价值。

四、标准与指标

森林可持续经营的标准与指标体系是为了实现森林可持续经营目标而制定出的、体现可持续发展思想的体系，是评价森林可持续经营的工具。主要包含三个方面：①描述和反映任何一个时间上（或时期内）森林经营的水平或状况；②评价和检测一定时期内森林资源的变化趋势及速度；③综合衡量森林生态系统及其相关领域之间的协调程度。

目前，国际范围内区域性森林可持续经营问题等讨论已发展成为具有相似自然或经济条件国家的区域可持续发展进程。由这些区域进程所引发的讨论，其目的是建立不具有法律约束能力的和国际区域森林可持续经营的标准与指标体系。现已形成的较为重要的国际进程有国际热带木材组织进程、蒙特利尔进程、赫尔辛基进程、塔拉波托倡议、非洲干旱地区进程、中美洲进程、近东进程、非洲木材组织进程和干旱亚洲倡议。各个进程文件中的重点略有差别，表现形式也不尽相同。中国的森林可持续经营指标与标准包括国家、地区和森林经营单位三个层次水平。

五、途径

森林可持续经营要从传统经营思想支配下片面追求以木材为主的林产品生产的单一目标模式，向维护和保持森林生态系统健康和活力、维护生物多样性、维护森林生态系统持久地为社会、经济发展提供多种林产品和环境服务功能的综合目标模式转变，其实施途径有以下四种。

1. 森林区域化经营

森林生态系统是一个具有等级结构、以林木为主题的生物有机体与其环境相互作用共同组成的开放系统。因此，实施森林生态系统可持续经营应当是有层次的，即在全球、国家、区域、景观、森林群落等不同空间尺度上，研究和实施森林可持续经营的基本目标。"全球关注、局部行动"，只有在区域可持续发展框架内，才能明确区域社会经济发展过程中需要什么样的森林，需要森林经营过程中提供什么样的产品和服务。

2. 森林的分类经营

森林分类经营的前提是分类，核心是经营。大体上涉及三方面内容：①分类经营对象森林的分类；②经营主体的分类；③分类以后如何构建森林分类经营技术体系、管理机制、经济政策、林政管理法规、组织形式、管理制度、生态补偿、产权问题、政府宏观调控一级相应的保障体系等一系列涉及社会、政治、经济、文化、技术等领域的深层次重大理论与实践问题。其根本任务是要在类型划分的基础上，依据所确定的经营森林主导目标，采取相应的组织形式、经营形势、技术措施体系，建立相应的管理模式。

3. 森林生态系统管理

实现人类社会可持续发展的环境基础归根结底是生态系统管理的问题。生态系统管理是合理利用和保护森林资源，实现森林持续管理的有效途径，应以可持续性为主要目标。经营生态化需要采取下列行动和步骤：①革新传统的调查理论、方法、技术与内容；②指定森林生态系统管理战略，包括生态系统管理计划、政策设计以及组织和制度安排；③实施、监测和导向研究；④确定森林生态系统管理的空间系统途径。

4. 森林资源产业化经营

单纯依靠森林资源的自然再生产已经远远不能解决森林资源短缺的矛盾，必须强化其社会再生产，增加社会投入来扩大森林资源再生产，提高森林资源的生产力、稳定性和持久性，扩展环境容量，以满足社会经济发展过程中对森林资源产品及其环境的需求。其可分为森林产品资源产业化经营和森林环境资源产业化经营两个方面，具体内容包括：①生态环境保护和治理专业化；②加大对森林资源产业的投资；③产业化经营；④建立合理的森林资源产业结构。

六、认证机制

森林认证是20世纪90年代初发展起来的一种森林可持续经营的促进机制，又称森林可持续经营的认证，是一种运用市场机制来促进森林可持续经营的工具，它简称森林认证、木材认证或统称认证。它由独立的认证机构根据认证体系的标准和程序，对森林经营单位或林产品生产、贸易企业进行审核，对符合标准的企业发放证书。森林认证是一个市场机制，有别于国家制定的法律和法规，是企业在认识到认证的必要性后自愿进行的。森林认证作为一种市场手段，在森林可持续经营中发挥着越来越重要的作用。同时，实现森林可持续经营的目标，按照生态良好、利益公平、经济可行的基本标准和要求开展所有生产经营活动，由此也充分体现出了现代文明社会的价值观。

目前，世界范围内的森林认证体系有全球、区域和国家三个层次，近30多个森林认证体系正在运行，其中，全球体系有森林管理委员会(Forest

Stewardship Council，FSC）体系和森林认证体系认可计划（Programme for theEndorsement of Forest Certification，PEFC）；区域体系有泛非森林认证体系和泛东盟森林认证体系；还有很多国家均发展了国家森林认证体系。我国也建立了国家推行的中国森林认证体系（CFCC），并成立了森林认证委员会，认证领域除包括森林经营和产销监管链两大认证领域外，还拓展了竹林经营认证、森林生态环境服务认证、生产经营性珍稀濒危物种认证、非木质林产品认证等特色认证领域。我国森林认证体系与国际森林体系认可计划实现了互认，成为 PEFC 38 个互认国家体系之一，CFCC 与 PEFC 互认为中国林产品顺利走入国际市场提供了"绿色通行证"。

第十章

森林灾害及其防控

我国自然地理环境复杂，树木种类繁多，森林自然灾害频发，因此，必须不断提高森林灾害防控能力，加强林业治理能力和治理体系现代化。

第一节　森林灾害概述

林业有害生物、乱砍滥伐和森林火灾是我国森林三大灾害，其中，林业有害生物和森林火灾对森林资源的威胁和造成的损失最大。病、虫、火、鸟、气象等都是森林生态系统的重要组成部分，一般情况下不会形成灾害，有些虫、鸟和低强度火烧反而对森林有益。人类活动会引发森林自然灾害。因此，必须采取有效的灾害防控措施，保护森林资源和生态环境。

森林灾害的严重程度按照样地内受害（死亡、折断、翻倒等）立木株数可以分为无、轻、中、重四个等级。

第二节　林业有害生物

林业有害生物是指对林木有害的任何植物、动物或病原体，包括虫害、病害、鼠（兔）害和有害植物，其发生、发展、流行有自然和社会属性及其内在规律。林业有害生物是自然界的生态现象，是森林生态系统的重要组成部分，之所以造成灾害是种群异常繁殖的结果，大多是人类对森林资源不合理的开发和利用、外来物种入侵等人为因素引起，暴发流行必须具备传播源头、传播途径和易感群体三个基本环节，只要控制住其中一个环节，就不会引起灾害。

一、林木病害概述

林木病害是指林木受到外界环境或病原生物的影响，导致生理、组织、形态上一系列反常变化，生长发育过程受到干扰破坏，甚至引起植株死亡，造成经济、生态损失的现象。

导致林木发生病害的直接原因称为病原，包括生物性病原和非生物性病原。生物性病原引起的病害都具有传染性，也称侵染性病害或传染性病害，主要包括真菌、细菌、病毒、植原体、线虫、寄生性种子植物等。非生物性病原引起的病害没有传染性，也称非侵染性病害或非传染性病害，当环境条件得到改善，病害症状就会减轻，也有可能恢复常态。非生物性病原主要包括营养失调、温度不适、水分失调、光照不适、通风不良和环境中的中毒物质等。

受病原物侵染的林木称为寄主。病原要夺取寄主养分进行生活，寄主也产生自我保护、免疫反应抵抗病原。病原、寄主、环境条件是林木病害发生必备的三要素，深入把握三者之间的动态关系，了解林木病害发生、发展规律，对于防治林木病害具有重要意义。

症状是指林木发生病害后外部形态表现出来的不正常的状态，包括病状和病症。病状是感病林木本身表现出来的不正常状态，所有林木病害都有病状，并且一般先表现出来，常见的病状包括变色、坏死、腐烂腐朽、萎蔫、畸形、流脂流胶。病症是病原物的营养体或繁殖体在寄主发病部位表现出来的特征，只有部分生物病原引起的病害才有，且只在病害发展过程中的某一阶段表现，常见的病症包括霉状物、煤污、粉状物、点（粒）状物、菌脓、蕈体、菌膜、菌索。

林木病害的发病过程简称病程，指的是从病原物与寄主林木感病部位接触侵入到引起林木症状的整个过程，包括接触期、侵入期、潜育期、发病期四个阶段。病程是一个连续侵染的过程，各个阶段之间没有明确的界限。

侵染循环是指从前一个生长季节开始发病到下一个生长季节再度发病的过程，一般包括病原物的初侵染和再侵染、病原物的越冬、病原物的传播三个环节。侵染循环是研究林木病害规律的基础，是制定防治林木病害措施的重要依据。

林木病害的流行是指林木病害在一个时期或一个地区大面积发生造成严重的经济损失。林木病害流行的三个条件是大量的感病寄主、大量的致病力强的病原、大量的适于发病的环境条件。

二、林木虫害概述

林木虫害是林木被森林害虫取食危害造成生理机能和外部形态发生变化的现象。

昆虫是动物界无脊椎动物中种类最多、数量最大、分布最广的类群，属节肢动物门昆虫纲，常见的有甲虫、蛾、蝶、蚜、蚧、蜂、蚁、蝇、蚊、蝗、蟑等，目前，已知昆虫种类有 100 多万种，我国已知昆虫近 5 万种，估计总数有 15 万种。昆虫纲与其他动物最主要的区别是成虫体躯分为头、胸、腹三个部分；胸部具有 3 对足和 2 对翅；存在变态现象；用气管呼吸；具有外骨骼。

大多数昆虫的生殖方式是两性生殖，即雌雄两性交配，卵受精后发育成新个体。昆虫个体发育大体可以分为胚胎发育和胚后发育两个阶段。变态是指昆虫胚后发育过程中不同发育阶段的形态变异，包括不完全变态和完全变态两类。不完全变态的昆虫一生经过卵、幼虫（若虫）、成虫三个虫态，如蝗虫、蝉、蟑等。完全变态的昆虫一生经过卵、幼虫、蛹、成虫四个虫态，如甲虫、蛾、蝶等。

昆虫的一个世代是指昆虫自卵或幼体离开母体到成虫性成熟产生后代为止的个体发育周期。昆虫的年生活史是指昆虫在一年中发生经过的状况，包括一年中发生的世代数、越冬后开始活动的时期、各个世代和各个虫态发生的时间和历期、生活习性等。昆虫在一年的生长发育过程中，常出现暂时停止发育的现象，即通常所说的越冬和越夏，分为休眠和滞育两类。昆虫的习性包括食性、趋性、假死性、群集性、社会性、本能、拟态和保护色。了解昆虫的生活史和发生规律，掌握昆虫休眠和滞育特性及害虫越冬虫态和场所，熟悉昆虫的习性和行为，对于虫情调查、害虫监测防治具有重要意义。

昆虫纲的分类单元包括界、门、纲、目、科、属、种，种是分类的基本单位。按照国际惯例，昆虫的学名通常用拉丁文表示，世界上通用的"双名法"是由一个属名和一个种加词共同组成，学名后常附有命名者的姓。种以下的分类单元则以"三名法"表示。

昆虫纲的分类系统指昆虫纲下设多少亚纲、多少目，以及各亚纲、各目如何排序。昆虫分类的依据主要采用的是其形态特征。分亚纲和分目主要是根据翅的有无、形状、对数和质地，口器的类型，触角、足、腹部附肢的有无及其形态等。昆虫纲根据多数学者的意见分为无翅亚纲、有翅亚纲两个亚纲 33 目。与林业关系密切的有直翅目、等翅目、半翅目、同翅目、鞘翅目、鳞翅目、双翅目和膜翅目 8 个目。

三、主要森林病虫害种类

我国最常见的森林虫害有松毛虫、松干蚧、竹蝗、光肩星天牛、青杨天牛、粗鞘双条杉天牛、杨干象、松毒蛾、松梢螟、杉梢小卷蛾、落叶松鞘蛾、落叶松花蝇等，森林病害有落叶松落叶病、落叶松枯梢病、杉木炭疽病、泡桐丛枝病、枣疯病、松苗立枯病、松针褐斑病、松树萎蔫病、毛竹枯梢病、油茶炭疽病、杨树烂皮病、木麻黄青枯病等。

（一）病害

种实病害症状主要是种实发霉和腐烂，多发生在贮藏期、催芽期和播种至出芽期。种子带菌是引起种实病害的重要原因。花期和伤口是种实受到侵染的主要时间和途径。贮藏期内贮藏库中高温、高湿是种实霉烂的重要条件。

叶部病害是最普遍发生的病害，发生面积大、传播速度快，发展具有明显的年周期性。森林中几乎找不到一株林木的叶部是完全无病的，一般造成的直接后果是提早落叶，很少引起林木直接死亡。症状类型主要有畸形、黄化、花叶、斑点、锈病、白粉病、煤污病、毛毡病等。真菌是叶部病害最主要的病原菌。①白粉：发生在柞、桦、杨、梭梭、大叶相思等230 多种阔叶树的叶片及枝梢等部位上，是世界性病害。病原是白粉菌，最明显的症状是阔叶树叶面或叶背、嫩树表面形成白色粉末状物，即菌丝和粉孢子。后期在白粉层上出现黄白色到黄褐色，最后变为黑色的闭囊壳。②锈病：多发生在树木叶片上，病部出现明显的黄色、橙黄色至黑色的锈孢子器、夏孢子堆、冬孢子堆，似铁锈。一般是局部侵染，病原是鞘锈属的一些真菌，典型病症是黄粉状锈斑，症状上只产生褪绿、淡黄色或褐色斑点，主要为害幼龄林，导致松针枯死、早落，严重时会使新梢干枯甚至枯死。③炭疽病：在发病部位形成各种形状、大小、颜色的坏死斑，病原菌是炭疽菌，主要为害叶片，降低观赏性。④叶斑病：是指除白粉病、锈病、炭疽病等以外叶片上所有的其他病害，病原是半知菌，常见的有黑斑病、褐斑病、角斑病和穿孔病等。各种叶斑病的共同特性是由局部侵染引起，叶片局部组织坏死，产生各种颜色、各种形状的病斑，易引起叶枯和落叶，针叶树叶斑病的危害性比阔叶树叶斑病更加严重。

　　林木枝干部病害种类没有叶部病害多，但危害极大，主要有溃疡病、枯萎病、松材线虫病等。常常引起枝枯或全株枯死，其潜育期较长，腐烂病和溃疡病有潜伏侵染的特点。生物性病原有真菌、细菌、支原体、寄生性种子植物、线虫等，非生物性病原主要有日灼、低温等。症状主要有干锈、疱锈、腐烂、溃疡、枝枯、肿瘤、丛枝、黄化、萎蔫、腐朽、流脂流胶等。①溃疡病：是指树木枝干局部性皮层坏死，坏死后期因组织失水稍下陷。典型症状是发病初期受害部位产生大小不一的圆形或椭圆形的水渍状溃疡病斑，后失水下陷，在病部产生病原菌子实体，病斑周围还会形成愈伤组织阻止病斑进一步扩大，次年病斑继续扩展，周围形成新的愈伤组织，如此反复年年进行，病部形成明显的长椭圆形盘状同心环纹。②枯萎病：也称导管病或维管束病，种类不多但危害极大，侵染性病原和非侵染性病原均能导致树木枯萎。感病植株叶片失去正常光泽，随后凋萎下垂，最终全株枯死。③松材线虫病：又称松枯萎病，是松树的毁灭性病害，病原是松材线虫，传播媒介昆虫主要是松墨天牛。1982年在我国南京市中山陵首次发现，短短十几年流行成灾，导致大量松树枯死，对我国松林资源和生态环境造成严重破坏，且有继续蔓延的态势。被侵染后针叶陆续变色，松脂停止流动、萎蔫，直至整株干枯死亡，枯死的针叶红褐色，当年不脱落。松材线虫病的发生和流行与环境条件密切相关，低温能限制其发展，干旱可以加速其流行。

　　根部病害通常表现为根部及干基处受害，多数由真菌引起，典型症状是皮层腐烂，主要有幼苗立枯病、根结线虫病、根癌病等。①根癌病：又名冠瘿病，是一种世界性病害，寄主有300多种，主要为害果树，病原是根癌土壤杆菌。症状主要是发生在干基部，通常在嫁接处，初期形成大小不一的灰色或肉色瘤状物，后增大变成褐色，内部木质化，表层细胞枯死。②根结线虫病：病原是南方根结线虫、爪哇根结线虫、花生根结线虫，主要危害根部，侧根、细根受害后形成许多大小不等的圆形或不规则的瘤状虫瘿，初期为淡黄色且表面光滑，后颜色加深且变粗糙腐烂。感病后植株根系吸收功能减弱，丧失形成新根能力，生殖衰弱，逐渐枯萎枯死。③幼苗立枯病：也叫幼苗猝倒病，属于世界性病害，能为害针、阔叶高等植物的幼苗，自播种至苗木木质化后均可被害，多发生在4~6月，主要有种芽腐烂、茎叶腐烂、幼苗猝倒、苗木立枯四种类型症状。病原既有侵染性也有非侵染性，侵染性病原主要是丝核菌、镰刀菌、腐霉菌等，非侵染性病原主要有土壤过湿、干旱缺少、缺氧窒息、通风不畅、农药污染等。

(二)虫害

林木虫害主要依据危害部位可以划分为食叶害虫、蛀干害虫、枝梢害虫、种实害虫、根部(地下)害虫五类。

食叶害虫是以叶片为食的害虫,为害所有的树种,但很少引起树木死亡,仅导致叶部提前落叶,减少光合作用产物积累。其猖獗发生时能将叶片吃光,为蛀干害虫侵入提供适宜条件。多营裸露生活,受环境影响大。林木食叶害虫种类主要有鳞翅目的枯叶蛾类、毒蛾类、鞘蛾类、舟蛾类、潜叶蛾类,鞘翅目的叶甲类等。

地下害虫又称根部害虫,指幼虫或成虫取食植物的地下或贴近地表部分,成虫虽然取食地上部分,但整个生活史全部或大部分时间在土壤中度过的一类害虫。其种类多、分布广、发生时间长、为害较隐蔽。常见的有鳞翅目的地老虎类、鞘翅目的蛴螬(金龟子幼虫)类和金针虫(叩头虫幼虫)类、直翅目的蟋蟀类和蝼蛄类、双翅目的种蝇类等,其中危害严重且分布普遍的主要是金龟子、蝼蛄和地老虎三类。

枝梢害虫种类繁多,为害隐蔽,习性复杂。从为害特点大体可区分为刺吸类和钻蛀类。

蛀干害虫危害特点主要是生活隐蔽、虫口稳定、危害严重、主动迁移能力不强等,主要包括天牛类、小蠹虫类、象甲类、木蠹蛾类、透翅蛾类等。多危害衰弱木,防治困难,树木一旦受害很难恢复。

种实害虫是指危害林木的花、果实和种子的害虫,一般体小色暗,幼虫绝大多数隐蔽性钻蛀危害,多在花期或幼果期产卵,不易被发现。常见的有落叶松球果花蝇、种子小蜂等。

四、林业有害生物的防治

(一)林业有害生物形势

森林资源不断增加,但人工林面积大、纯林比例大、中幼龄林比例大,林业有害生物高发、频发。近年来随着全球气候变化不断加剧,极端天气频发,林业有害生物呈现出多样化、复杂化的特点,数据显示我国林业有害生物达8000余种,能够造成一定危害的近300种。加之改革开放不断深入,国际贸易更加频繁,外来有害生物入侵问题突出,林业有害生物防治任务不断加重。1949年以来我国林业有害生物控制大体上经历了以化学防治、综合防治、可持续控制和森林健康等理论与实践占主导地位的四个阶段。

(二)林业有害生物防治管理措施

林业有害生物防治应受到高度重视，从国家可持续发展的战略高度认识林业有害生物防治工作的重要性，通过广播、电视、报纸、微信等媒体手段，广泛开展宣传教育，营造全民防治林业有害生物的氛围。通过发育进度预测、害虫趋性预测、依据有效基数预测、数理统计预测、异地预测、电子计算机预测等多种方法加强林业有害生物监测预警工作，做到早发现早防治。《国务院办公厅关于进一步加强林业有害生物防治工作的意见》中明确提出了"减轻林业有害生物灾害损失、促进现代林业发展"的目标，要求到 2020 年主要林业有害生物成灾率控制在 0.4% 以下。

(三)林业有害生物防治技术措施

林业有害生物防治工作要坚持"预防为主、科学治理、依法监管、强化责任"的方针，掌握林业有害生物发生规律和特点，了解发生的原因和危害的时间、部位、范围等，制定切实可行的防治措施。目前，常见的方法有植物检疫、林业技术措施、物理防治、化学防治、生物防治等。

林业植物检疫是防治人为传播有害生物的根本措施，依据法律法规设立专门机构，通过法律、行政、和技术手段，禁运、限制某些感染特定有害生物的森林植物和林产品，防止此类有害生物人为传播。

林业技术措施是通过苗木栽培管理、抚育、间伐、主伐更新等技术措施改变病虫生产环境，提高林木抗病虫能力。

物理防治是利用一些器械或物理因素防治林业有害生物，其特点是简便实用、无环境污染，常见手段有高温处理、捕杀诱杀、阻隔、激光、射线、超声波等。

化学防治法是应用化学药剂(即农药)防治林业有害生物，未来发展趋势是选用高效、低毒、无污染、低残毒的农药，走仿生化道路。目前，农药使用的新技术包括低容量喷雾技术、超低容量喷雾技术、静电喷雾技术、静电喷粉技术等。

生物防治法是利用生物及其代谢物质来控制有害生物，实质是利用生物种间关系调节有害虫群密度，常利用转基因植物农药、性诱剂、细菌、真菌、病毒、寄生性和捕食性天敌治虫，利用竞争、拮抗、重复寄生、交叉保护、菌根接种等防病。

第三节　森林火灾

一、森林火灾概述

(一)森林火灾概念及特点

森林关系国家生态安全。森林火灾是指失去人为控制,在林地内自由蔓延和扩展,对森林、森林生态系统和人类带来一定危害和损失的林火行为。它会烧毁大量植被,烧死野生动物,排放有毒烟气,影响区域空气质量,对人民群众生命财产安全造成严重威胁。

我国森林火灾发生频繁,且主要集中在我国东部,呈现南多北少的特点。东北地区春、秋两季容易发生森林火灾,火灾次数少,但面积大、损失大。南方春、冬两季容易发生森林火灾,火灾次数多,但面积小、损失小。

(二)森林燃烧的基本规律

燃烧是可燃物与氧气化合放热发光的化学反应,必须具备可燃物、氧气和一定的温度这三个条件,又称燃烧三要素。森林燃烧是森林可燃物与空气中的氧结合,产生的放热发光的物理化学反应。通常包括有焰燃烧和无焰燃烧两种情况。有焰燃烧非常常见,即燃烧时有火焰;无焰燃烧也叫阴燃、闷烧,如地下火往往只冒烟没有明火。

森林可燃物被引燃后,通过热传导、热对流和热辐射三种方式,向周围可燃物输送能量,维持火焰向前传播,促使火势发展蔓延。森林燃烧过程包括预热阶段、炭化阶段和燃烧阶段。

我国著名森林防火专家郑焕能教授于 1987 年在燃烧三要素的基础上提出森林燃烧环,它指的是同一气候区内,可燃物类型、火环境、火源条件相同,火行为基本相似的可燃复合体,各个要素相互关联、相互影响。

(二)森林可燃物

森林可燃物是指森林和林地上一切可以燃烧的物质,是森林火灾发生的物质基础,它的性质、大小、数量、分布和配置等,都会显著影响森林火灾的发生、蔓延、扑救和安全用火。不同种类的可燃物构成的可燃物复合体,具有不同的燃烧特性,会产生不同的火行为特征。

可燃物的燃烧性质是由可燃物的物理性质(可燃物结构、含水率、发热量等)和化学性质(油脂含量、可燃气体含量、灰分含量等)来决定的。

森林燃烧性是指在有利于森林燃烧的条件下，森林被引燃着火的难易程度以及着火后所表现出的燃烧状态(火种类)和燃烧速度(火强度)的综合。作为评价森林发生火灾难易的指标，可定性的将森林燃烧性分为易燃、可燃、难燃三个等级。森林燃烧性与林木组成、林分郁闭度、林分年龄、林木的层次结构、林木的水平分布格局等森林特性密切相关。

相比另外两个燃烧要素，森林可燃物更易于人为控制，通过机械处理、计划烧除等手段可以有效调控森林可燃物负荷量，能够减少森林火灾的发生、增加森林生态系统的抗性。

(四)森林火源

火源是使可燃物和助燃物发生燃烧或爆炸的能量来源，是引起森林火灾的主导因素。森林火源是指能够为林火发生提供最低能源现象和行为的热源总称。掌握火源规律与火源管理方法，是控制和预防森林火灾发生的重要途径。

森林火源包括自然火源和人为火源。自然火源又称天然火源，是自然现象，有雷电火、泥炭自燃火、火山爆发、滚石火花和地被物自燃等。我国的自然火源主要是雷击火，主要集中在东北大兴安岭林区。人为火源是由人为因素引起森林火灾的各种火源，大体可分为生产性火源和非生产性火源两大类。我国引发森林火灾的火源超过99%都是人为火源。

(五)林火环境

林火环境是影响森林火灾发生和蔓延的重要因素，不同的气象条件、地形条件下林火状况不同。气候条件会影响降水、相对湿度、温度、风等气象要素，能直接影响可燃物的湿度变化和林火发生的可能性。地形(包括坡向、坡度、坡位、海拔、小地形等)影响森林植被分布，形成区域小气候，影响林火发生蔓延。

全球气候变化加剧，厄尔尼诺现象、南方涛动频发，森林火灾已经在全球呈现暴发态势。森林火灾已经由季节性防火向全年性防火转变，随着大量房屋建入林区，城市森林火灾发生概率也大大增加，家火上山、山火进城的现象越来越普遍。

(六)林火行为

林火行为是指从森林可燃物被点燃开始到发生发展直至熄灭的整个过程中所表现出的各种现象和特征，是森林燃烧环节的重要部分。火强度、火焰高度和火蔓延速度是林火行为的三大指标。掌握林火行为的规律，可以准确预测林火发展蔓延，对森林防火、灭火、用火具有重要意义。

林火蔓延受可燃物、地形、气象等条件的影响。林火蔓延模型可以应用数学方法对各项参数进行处理，获得各变量之间的关系式，进而预测一段时间、一定环境条件的火行为，为林火管理部门提供决策依据。常用的模型有美国的 Rothermel 地表火蔓延模型、加拿大林火蔓延模型、澳大利亚草地火蔓延模型、Van Wagner 树冠火蔓延模型和我国的王正非林火蔓延模型。

林火种类是林火行为的一项重要指标，是火强度、蔓延速度、火焰高度等火行为指标的综合反映，一般把林火的燃烧类型称作林火种类。根据林火的性质和燃烧部位，可以分为地表火、树冠火和地下火三大类。当火强度达到一定强度时就会产生特殊火行为现象，主要表现有对流柱、飞火、火旋风、火爆、高温热流等。

（七）新时期森林防火形势

我国是一个缺林少绿、生态脆弱的国家。2019 年以来，华北、西南一些地区森林火灾频发，山西沁源森林火灾牺牲 6 人、四川木里火灾牺牲 31 人，森林火灾形势异常严峻。

随着森林面积及林下可燃物载量增多、森林火源管控难度加大、全球气候变暖和极端天气程度加重，我国森林防火形势十分严峻。加强和改进我国森林防火工作，提升森林火灾综合防控能力，事关人民生命财产安全和国土生态安全，意义重大。

近年来，我国森林防火基础设施和装备建设明显加快，预防、扑救和保障三大体系建设全面加强，全国森林火灾次数和损失大幅下降。但仍存在森林防火责任落实不到位，森林火源管理存在漏洞，火场应急通信保障能力不强，扑火应急响应能力有待进一步提高，预报监测精度及时效性不足，森林防火基础研究严重滞后等问题。

二、森林火灾防控

"预防为主，积极消灭"是我国森林防火方针。坚持依法治火，严格管控火源，强化科技手段在森林防火中的应用，充分发动广大人民群众的力量，采用行政、经济、法律等多种手段，提高森林火灾防控能力。

（一）森林火灾防控的管理手段

1. 依法治火

全面推进依法治火，重视法律手段在森林防火工作中的调控能力。

（1）加强法律法规制度保障。1979 年 2 月 23 日《森林法（试行）》通过，从法律上对森林防火进行明确规定。1988 年国务院颁布实施我国第一部森林防火行政法规《森林防火条例》，《森林防火条例》于 2008 年进行修订完善。2016 年 12 月 19 日《全国森林防火规划（2016—2025 年）》发布，重点实施六大建设任务、建立健全五大机制，全面提升森林火灾综合防控能力，推进森林防火治理体系和治理能力现代化。2012 年 12 月国务院办公厅发布了《国家森林火灾应急预案》，预案在原《国家处置重、特大森林火灾应急预案》的基础上，结合多年森林防火工作实践经验形成，坚持了统一领导、军地联动，分级负责、属地为主，以人为本、科学扑救的指导思想，指导性、适应性、可操作性更强。紧密对接国家层面法律法规，各地结合当地森林防火发展实际情况相继出台了一系列法规制度，建成与经济社会发展相适应的森林防火体系。

（2）严厉打击野外违法用火。森林火案查处和典型案例曝光是震慑违法犯罪，减少森林火灾发生，提高全民防火意识的重要手段。依靠广大人民群众，鼓励广大人民群众积极举报违法用火行为线索，给予物质和资金奖励，是打击违法用火、形成全民防火氛围的有效途径。

《中华人民共和国刑法》规定，过失引发森林火灾，过火有林地面积达到 30 亩以上，或致人重伤、死亡的，构成失火罪，处三年以上七年以下有期徒刑；情节较轻的，处三年以下有期徒刑或者拘役。《森林防火条例》规定，森林防火期内未经批准擅自在森林防火区内野外用火，由县级以上地方人民政府林业主管部门责令停止违法行为，给予警告，对个人并处 200 元以上 3000 元以下罚款，对单位并处 1 万元以上 5 万元以下罚款。

建立健全各级分工负责、分片包保、分级实施的隐患排查工作机制，发现问题要求限期整改。开展打击野外违规用火专项行动，加大火案查处力度，强化对野外违规用火处罚。推进刑事附带民事公益诉讼制度，积极探索补植复绿、生态修复补偿等措施，实现惩罚犯罪与保护环境相统一。以巡回审判的方式公开审判，用身边失火案例宣传森林防火，达到"审理一案，教育一片，影响一片"的效果，提高群众生态环保法律意识。

2. 责任制

《森林防火条例》第五条规定，森林防火工作实行地方各级人民政府行政首长负责制。我国森林防火坚持行政首长负责制，是由我国国情决定，是森林防火多年历史经验的总结，是统筹各项森林防火责任的总纲。加强森林防火责任体系建设，坚持"党政同责、一岗双责、失职追责"，明确森林防火工作的经营主体责任和监管责任。通过网格化管理、严肃追责问责不断压实森林防火责任，层层签订责任状、交纳责任金，保护森林资源和生态环境安全。

强化考核，重奖重罚。建立健全森林防火责任追究制度，发生森林火灾后启动问责机制，对防火责任不落实、发生火灾不作为、靠前指挥不到位、组织扑救不得力的，一律严厉问责。实行森林防火工作约谈制度，对森林防火责任落实不到位、工作安排部署不力，致使森林火灾群发多发、造成较大社会影响的，由上级森林防火指挥部或森林防火指挥部办公室，对直接负责的政府负责人或相关单位直接责任人进行约谈，并向社会通报。

3. 宣传教育

森林防火社会性、群众性强，要不断强化全民的森林防火意识和法制观念，使森林防火工作变成全民的自觉行动。

宣传教育形式要多种多样，做到经常、广泛、深入，被群众喜闻乐见。运用微信公众平台、网络、电视、报纸和横幅、警示牌、电子屏，以及开放日、动漫大赛、有奖征文、有奖问答等多种手段和形势，不断加大创新宣传强度和传统宣传攻势，使火源管理从"被动管"到"主动防"逐步转变。还可利用视频监控系统、航空护林飞机、无人机等，形成地面有护林员，山上有监控探头，空中有直升机、无人机的立体火源巡护体系。构建纵向到底、横向到边的防火格局，不断规范野外火源管理。

针对重点时期重点火源采取重点措施。每年春节、清明节等传统节日是森林火灾高发期，上坟烧纸、燃放鞭炮等引发森林火灾造成严重损失。2013 年，中共中央办公厅、国务院办公厅专门印发《关于党员干部带头推动殡葬改革的意见》，首次规定党员干部带头文明祭奠和低碳祭扫，主动采用敬献鲜花、植树绿化等方式缅怀故人。传统节日期间需严格执行森林防火各项制度，强化各项防控措施。

（二）森林火灾防控技术手段

1. 林火预报

林火预报是根据天气变化、可燃物干湿度以及火源状态，预报林火发生的可能性。一般分为火险天气预报、林火发生预报和林火行为预报三种类型。火险天气预报主要是根据天气因子预报火险天气等级，不考虑火源，仅仅预报天气条件引起森林火灾的可能性。林火发生预报根据林火发生的三个条件，综合考虑天气条件、可燃物干湿程度和火源状况预报林火发生的可能性。林火行为预报要充分考虑天气条件、可燃物状况和地形特点，预报林火发生后蔓延速度、林火强度等。目前，世界火险等级系统主要有加拿大森林火险等级系统、美国火险等级系统和澳大利亚森林火险等级系统等。

2. 林火监测

林火监测是指及时发现火情并准确定位起火点，确定火场大小和动态，监测林火发生、发展和蔓延的整个过程。作为发现和传递林火信息的措施和手段，林火监测是实现"打早、打小、打了"的第一步，应集成各种传统监测手段，结合最新监测技术，逐步形成预测精准、防控有效的天—地—空一体化的森林火灾监测体系。通常包括地面巡护、瞭望台定点观测、空中飞机巡护和卫星监测。

3. 林火阻隔带

林火阻隔带是指由人工开设或自然形成的，能有效阻隔林火蔓延的带状障碍物或屏障措施。林区被林火阻隔带分割切块后，形成多个各自独立封闭又相互联系的林火阻隔网，能够有效降低森林火灾风险，是控制重特大森林火灾发生的治本措施。道路既是林火阻隔带又是林区交通线，在偏远林区、边境地区规划建设分布均匀、$4 \sim 8\,m/hm^2$ 的道路，有利于森林防火机械化和现代化，能够畅通无阻地及时运送扑火人员和物资到火场。防火线是林区有计划、成带状地消除地表可燃物，用于控制火源和林火蔓延发展，作为以火攻火依托，实现森林防火目的的一种技术手段。常见的防火线主要有边境防火线、铁路防火线、林缘防火线等。防火林带是利用具有防火能力地乔木或灌木组成地林带来阻隔或抑制林火发生和蔓延。常见的防火树种有木荷、刺槐、火炬树、黄连木、水曲柳、黄波罗、花楸、稠李等。计划烧除是指在林区条件允许的情况下，在人为有效控制下有计划地用低强度地表火烧除林区积累的可燃物，达到降低森林火险等级，控制森林病虫鼠害，促进森林更新等多种目的的科学用火。计划烧除主要包括烧防火线、烧除沟塘、烧除采伐剩余物、林内计划烧除等。2019 年 2 月 11 日，云南省昆明市上空烟雾弥漫，能见度极低且伴随一股烟呛味，多个监测站点出现短时轻度污染，12 日 22 时玉溪一中监测点 PM2.5 浓度达到最高值 $172\mu g/m^3$，达到中度污染标准，调查后发现是玉溪计划烧除影响导致，后来计划烧除被叫停。

4. 人工增雨

人工增雨是指发生森林火灾后，在有降水云层的条件下，用空中飞机或地面火箭或施放烟雾等，在云层中施撒催化剂，形成降水，降低森林燃烧性和直接灭火的一种扑火措施。基本原理就是设法在云中制造一些冰晶，破坏云层的稳定性，形成云中出现冰晶和水滴共存的情况，产生冰晶效应。

5. 化学灭火

化学灭火是使用化学灭火药剂防止森林火灾发生、直接灭火或阻滞林火蔓延发展的扑救森林火灾的措施。灭火快、效果好、复燃率小，特别是在缺乏水源的地区非常适用，但会产生环境污染。

6. 航空灭火

航空灭火是运用飞机运载扑火队员、装备或直接进行灭火的扑火措施，主要包括索降灭火、机降灭火、吊桶洒水灭火、航空化学灭火、伞降灭火等。航空护林是衡量和体现一个国家森林防火现代化水平的重要标志，在森林防火中具有不可替代的作用。2017 年毕拉河火场上空 6 架 AT-802F 型固定翼飞机满载森林消防药液成功飞行 60 小时 33 架次，投放消防药液约 100t，扑灭和阻止蔓延火线约 8000m，消防效果显著。

（三）森林火灾防控新技术

1. 高分四号卫星在森林防火中的应用

高分四号（GF-4）卫星于 2015 年 12 月 29 日在西昌卫星发射中心成功发射，是我国首颗地球同步静止轨道高分辨率光学成像遥感卫星，地球同步轨道运行高度 3.6 万 km，具备可见光、多光谱和红外成像能力，将极高的时间分辨率和较高的空间分辨率相结合，可提供快速、可靠、稳定的光学遥感数据，解决了原来的中低轨道遥感卫星重返周期长，时间分辨率不佳的问题，为灾害风险预警预报、林火灾害监测、气象天气监测等业务补充了全新的技术手段，设计寿命 8 年。高时间分辨率和高空间分辨率是森林火灾监测最需要的两个基本要素。高分四号卫星极高的时间分辨率可用于发现初发的小火，将林火消灭在萌芽状态；较高的空间分辨率可对森林大火进行连续跟踪监测，获取动态变化过程数据，为大火扑救指挥提供火场实况信息。

2. 物联网技术在森林防火中的应用

将物联网技术引入森林防火中，对于现代森林消防的发展以及林火的早期监测预警提供了新的思路，可以实现林区高火险区域的全天候火灾监测、预警、联动和指挥，提高森林火灾防控能力和管理水平。其原理主要是通过传感器对植物燃烧产生的一氧化碳、二氧化碳发出的特定红外光谱进行火焰探测识别，响应时间快，受环境影响小，系统安装简单，将探测器装置在树冠下 3m 以上的树干上，不会破坏环境。核心技术主要包括火焰探测器、预警基站、物联网应急指挥平台等。

3. 北斗系统在森林防火中的应用

北斗系统为扑火的指挥调度提供新思路，为辅助决策系统提供强有力的支持和补充，为森林灭火行动提供有效的定位和通信手段，保证森林防火指挥中心和扑火人员通信畅通。主要发挥的作用是提供火灾初期隐患点位置坐标和通过北斗短报文功能将火灾隐患点坐标发回指挥中心。

4. 多普勒天气雷达在森林防火中的应用

多普勒天气雷达不但可以探测降水粒子，还可以监测大气中的烟雾等微小粒子。Hufford 综合应用实时 WSR-88D 多普勒雷达和多个极轨卫星数据监测 1996 年 6 月美国阿拉斯加中南部的森林火灾，提供森林火灾的地点、强度、烟幕等精确信息。温州新一代多普勒天气雷达（CIN-RAD-SA）投入使用后也探测到了多起森林火灾，其探测森林火灾的有效半径一般为 110 km，最远的可达 132 km，显示出新一代多普勒天气雷达有很强的火灾监测能力。森林火灾产生的烟气能对雷达发射的电磁波产生后向散射而产生雷达回波，通过分析回波变化情况，可以推断出森林火灾的着火点、起火时间、火势情况等，初步估计过火面积，间接地掌握森林火灾动态。

5. 多用途水陆两栖飞机在森林防火中的应用

多用途水陆两栖飞机具备优良的两栖能力，具有速度快、可达性、机动性好、搜索范围广、搜索效率高、安全性高、经济性好、装载量大等优点，能够在森林灭火、水上救援、经济发展等方面起到其他平台不可替代的作用。

三、森林火灾扑救和灭火安全

《中华人民共和国森林法》（以下简称《森林法》）第十七条规定，地方各级人民政府应当切实做好森林火灾的预防和扑救工作，发生森林火灾，必须立即组织当地军民和有关部门扑救。处置森林火灾具有高度危险性和时效性，扑救工作必须树立"以人为本，科学扑救"的思想。科学扑救就是根据森林火灾燃烧基本规律，运用有效、科学、先进的扑火设备、扑火技战术扑灭森林火灾，依据火场实际情况科学制定扑救方案，科学指挥、科学扑救，确保扑火人员人身安全。

（一）森林火灾扑救的原理和方法

可燃物、氧气和一定温度构成了燃烧三要素。如果缺少任何一个基本条件，燃烧三角形就会破坏，燃烧现象就会停止。森林燃烧也是这样，因此，扑救森林火灾只要消除其中一个要素，森林火灾就会被扑灭。森林灭火的基本原理包括隔离或封锁可燃物使其不连续，隔离或稀释空气中的氧，使其浓度降低在18%以下，降低温度使温度低于可燃物的燃点。森林灭火的基本方式包括隔离法（防火线、水、化学阻火剂）、窒息法（盖火）和冷却法（浇水、盖湿土）。

森林火灾扑救的原则是"打早、打小、打了"，关键是"早"，因为只有"早"，才能"小"，也易"了"。落实森林火灾扑救原则，就要做到"三早"（早准备、早发现、早上人）、"两快"（领导组织扑火要快、扑灭林火行动要快）、"两做到"（做到初发火在第二天早8时前扑灭、做到大火在低火险时段结束前扑灭）。扑灭森林火灾的程序包括初期灭火阶段、降低火势阶段、熄灭余火阶段、看守火场阶段。

森林火灾的扑救方法主要有直接灭火法和间接灭火法。直接灭火法包括扑打法、土灭火法、水灭火法和风力灭火法。间接灭火法包括爆炸灭火法、隔离带阻火法和以火灭火法。

（二）森林灭火技术和战术

扑火战术是指导和进行扑火行动的策略。扑火技术是扑火方法与战术的综合运用。扑火战术的选择与确定，必须依据火场可燃物、地形、气象、林火行为、扑火队伍和扑火装备等因素而定。扑救森林火灾的基本战术是"分兵合围"，即突破火场的一点或多点，然后每个突破点上的扑火人员兵分两路，分别沿着不同方向扑打火线，扑打、清理、看守相结合，直到各支扑火队伍会合，把整个火场围住，彻底扑灭。主要战术包括"四面包围，全线用兵""单点突破，长线对进""多点突破，分击合围""逆进分割，超越突击""利用依托，以火攻火"等。扑火技术的选择应该结合具体情况，分析火灾的种类和火场环境，选择适合的灭火技术。

（三）森林火灾扑救组织与指挥

森林火灾扑救组织与指挥是为了确保生态环境、森林资源和人民生命财产安全，对扑火力量和扑火资源进行有效组织和整合，形成整体扑火能力，并运用不同的扑火手段和方法消灭森林火灾的行为和过程。火灾发生后扑救组织与指挥的主要任务包括侦察火场情况、制定扑火方案、调动扑火队伍、组织协调搞好保障、控制火场、快速扑灭清理看守、验收火场安全撤离等。

我国坚持"以专为主，专群结合"的原则。参加扑火的队伍主要包括森林消防队伍（原武警森林部队）、森林航空消防队伍、地方森林消防专业队伍、地方森林消防半专业队伍、应急森林消防队伍和群众扑火队伍等。

火场信息的收集主要包括火场的火行为参数、火场的天气和局部气象要素的变化、地形信息、可燃物类型分布、扑火队伍和扑火资源等。

2012 年 12 月，国务院办公厅正式发布了《国家森林火灾应急预案》，该预案在 2005 年 5 月发布的《国家处置重、特大森林火灾应急预案》基础上修订，充分吸取近年来各地森林火灾应急处置经验，适应了突发事件应急管理形势的发展变化。该预案坚持统一领导、军地联动、分级负责、属地为主，以人为本、科学扑救的指导思想，定位更加准确、结构更加合理、内容更加全面、职责更加清晰、措施更加具体，指导性、适应性、可操作性更强。该预案规定国家层面应对工作设定为Ⅳ级、Ⅲ级、Ⅱ级、Ⅰ级四个响应等级，并对森林火灾的预警响应、信息报告、后期处置、综合保障等方面工作做出了具体规定。

（四）森林火灾灭火安全

森林火灾突发性强、破坏性大，处置救助较为困难。近年来，全球气候变化不断加剧，极端天气频发，森林火灾呈现暴发态势，群死群伤时有发生。

造成人身伤亡的原因主要是烧伤烧死、缺氧或一氧化碳中毒窒息死亡、摔伤摔死、滚石倒木砸死砸伤。危险的环境因子主要包括特殊危险地形、易燃植被类型、恶劣气象条件。

遇到险情可以采取的紧急避险方法措施包括"设定安全区域，快速转移避险""准确判定火势，避开危险环境""突遇火场险情，冲越火线避险""依托有利地势，点火解围自救"等。

第四节　其他灾害

林木生长过程中，除了火灾和病虫害干扰外，还会受到其他灾害的干扰，常见的有冻害、霜害、日灼、风害、涝害、旱害、雪害、乱砍滥伐等。因此，必须要掌握各种森林灾害的规律，坚持"预防为主，积极防治"的方针，采取有效的防控措施保护森林资源和生态环境安全。

第十一章

森林生态系统保护与利用

第一节　森林生态系统保护与恢复

一、基本概念

（一）生态系统

生态系统就是在一定空间中共同栖居着的所有生物（即生物群落）与其环境之间由于不断地进行物质循环和能量流动过程而形成的统一整体。生态系统包括四种主要组成成分：非生物环境、生产者、消费者和分解者。

（二）森林生态系统

森林生态系统是自然界众多生态系统中的一种，是生物圈的一个重要单元，它是以乔木树种为主体的生物群落与其生存环境所构成的一个功能单位，包括构成生态系统各成分之间的相互依赖和因果关系，以及它们之间物质的循环和能量的转化过程等。

各类天然林是森林生态系统的重要自然本底类型，拥有众多的类型、丰富的物种、复杂的结构，体现了最高的生物多样性，还具有巨大的生态功能，维系着地球表面系统的平衡，提供着人类生存和经济、社会发展所不可缺少的服务。地球上森林的主要类型有热带雨林、亚热带常绿阔叶林、温带落叶阔叶林及北方针叶林四种。我国的森林类型按照其外貌、结构、植物区系、地理分布及生态环境等特征，可大致划分为针叶林、针阔叶混交林、落叶阔叶林、常绿阔叶林、季雨林与雨林、海岸红树林、竹林和灌丛八大类型。

森林生态系统在组成、结构、生物生产量和生态效益等方面比陆地其他生态系统具有明显优势，因此，在形成地域性小气候、水文条件和促成整个自然生态系统的良性循环方面有着重要作用。

(三)生态系统平衡和生态危机

自然生态系统几乎都属于开放系统，通常情况下，生态系统会保持自身的生态平衡。生态平衡指生态系统通过发育和调节所达到的一种稳定状况，包括结构上的稳定、功能上的稳定和能量输入输出上的稳定，是一种动态平衡。

但是，生态系统的自我调节功能是有一定限度的，当外来干扰因素（如火山爆发、地震、泥石流、雷击火烧、人类修建大型工程、排放有毒物质、喷洒大量农药、人为引入或消灭某些生物等）超过一定限度时，生态系统自我调节功能本身就会受到损害，从而引起生态失调，甚至导致生态危机。生态危机是指由于人类盲目活动而导致局部地区甚至整个生物圈结构和功能的失衡，从而威胁到人类的生存。

(四)林种结构

林种结构是指具有各种不同功能类型森林的组合构成，是森林资源结构重要的组成部分，是根据森林的不同培育目的而区分的森林种类，我国《森林法》规定了五大类，即防护林、用材林、经济林、薪炭林和特种用途林。

二、森林资源监测

(一)森林资源清查的内容与目的

森林资源清查是指对林木、林地和林区内的野生动植物及其他自然环境因素进行调查工作。其目的在于查清森林资源的分布、种类、数量、质量，摸清其变化规律，客观反映自然条件、经济条件，进行综合评价，提出全面的、准确的森林资源调查资料，其任务和内容是不断发展变化的，主要用于为生态保护、林业建设和森林资源的保护发展提供基础信息。

为准确掌握我国森林资源变化情况，客观评价林业改革发展成效，国务院林业主管部门根据《森林法》《森林法实施条例》的规定，自20世纪70年代开始，建立了每5年一周期的国家森林资源连续清查制度，以翔实记录我国森林资源保护发展的历史轨迹。

(二)第九次全国森林资源清查

1. 第九次全国森林资源清查概述

第九次全国森林资源清查于2014年开始，到2018年结束，根据清查结果，全国森林面积2.20亿hm^2，森林覆盖率22.96%，全国活立木蓄积

190.07 亿 m^3，森林蓄积 175.60 亿 m^3，全国森林植被总生物量 188.02 亿 t，总碳储量 91.86 亿 t。

2. 第九次全国森林资源清查亮点

一是对公众普遍关注的森林生态服务功能也进行了调查，如我国森林年涵养水源量 6289.50 亿 m^3、年固土量 87.48 亿 t、年保肥量 4.62 亿 t、年吸收大气污染物量 0.4 亿 t、年滞尘量 61.58 亿 t、年释氧量 10.29 亿 t、年固碳量 4.34 亿 t。二是遥感、卫星导航、地理信息系统、数据库和计算机网络等技术的集成应用全面深化。三是样地定位、样木复位、林木测量和数据采集精度大幅度提高。四是外业调查效率和内业统计分析能力有效提升。五是首次以样地样木为计量单元，统计出了全国林木生物量和碳储量，为监测森林生态服务功能迈出了可喜的一步。另外，上海成功实现国家和地方森林资源监测一体化。天津开展平原区优化调查方法试点，提高了森林面积、森林覆盖率等数据的准确度，同时也提高了清查工作效率。

（三）我国森林资源变化特点

党的十八大以来确立了"五位一体"总体布局和绿色发展等新理念，山水林田湖草统筹治理，习近平总书记高度重视林业工作，多次深入林区视察指导，多次研究林业重大问题，关于林业的批示指示讲话次数之多、分量之重、力度之大、范围之广，都前所未有，森林资源保护全面加强，森林生态安全维护全力推进，我国森林质量正在稳步提升，现代林业建设和森林资源保护发展进入了新时代。

第八次和第九次两次清查间隔期内，我国森林资源变化主要特点如下：一是森林面积稳步增长，森林蓄积快速增加，森林覆盖率提高 1.33%；二是森林结构有所改善，森林质量不断提高，乔木林中混交林面积比率提高 2.93%；三是林木采伐消耗量下降，林木蓄积长消盈余持续扩大；四是商品林供给能力提升，公益林生态功能增强；五是天然林持续恢复，人工林稳步发展。

1973—2018 年开展的 9 次全国森林资源清查结果显示，自 20 世纪 80 年代末以来，我国实现了 30 年来连续保持面积、蓄积量的"双增长"，成为全球森林资源增长最多、最快的国家，初步形成了国有林以公益林为主、集体林以商品林为主、木材供给以人工林为主的格局，生态状况得到了明显改善，森林资源保护和发展步入了良性发展的轨道。但我国依然是一个缺林少绿的国家，森林覆盖率低于全球 30.7% 的平均水平，特别是人均森林面积不足世界人均的 1/3，人均森林蓄积量仅为世界人均的 1/6。森林资源总量相对不足、质量不高、分布不均的状况仍然存在，森林生态系统功能脆弱的状况尚未得到根本改变，生态产品短缺依然是制约中国可持续发展的突出问题。

三、森林资源保护举措

(一)政策法规保障

我国森林生态系统保护相关的重要法律法规包括《森林法》《野生动物保护法》《自然保护区条例》《森林法实施条例》等，伴随着国民经济发展和生态文明建设进程，我国不断完善森林生态系统保护的相关政策和法律法规体系，如《森林法》于 1998 年和 2009 年进行两次修正，于 2016 年形成了较为完善的《森林法(修订草案报送稿)》，于 2017 年从完善《森林法》修改的提请审议程序、进一步明确修改目标和内容、开展专题调研等几个方面加大了《森林法》修订力度；《关于划定并严守生态保护红线的若干意见》和《生态保护红线划定指南》于 2017 年出台，明确了涉及林业纳入生态保护红线的范围；修订后的《国家级公益林区划界定办法》和《国家级公益林管理办法》于 2017 年印发执行。

(二)生态工程建设

1. 林业重点生态工程

1978 年起，我国陆续启动三北防护林体系建设工程、长江流域等防护林建设工程、天然林资源保护工程、退耕还林工程、京津风沙源治理工程和速丰林基地建设工程，森林资源管护成效显著，林业重点生态工程的生态效益、社会效益、经济效益持续发挥。党的十八大以来，天然林商业性采伐已全面停止，基本实现把所有天然林都保护起来的目标；全国各地高位推动三北防护林工程，到 2018 年，工程区森林覆盖率由 1977 年的 5.05% 提高到 13.57%；退耕还林各项改革措施稳步推进，任务进展顺利，并坚持开展生态效益监测。

2. 全民推进国土绿化

多年来，全国深入开展全民义务植树活动和部门绿化工作，举办中央领导义务植树、全国人大机关义务植树等活动，社会各部门(系统)都积极开展大规模国土绿化行动，通过加大资金投入、利用新技术提高绿化覆盖率，2017 年，全国共完成造林 768.07 万 hm^2，超额完成全年造林任务，部门绿化成效显著，全国城市建成区绿地率达 37.25%。我国森林城市建设已在全国形成蓬勃发展的良好态势，截至"2018 森林城市建设座谈会"召开，目前已有 300 多个城市开展了国家森林城市建设，其中，165 个城市获得国家森林城市称号，有 22 个省份开展了森林城市群建设，森林城市建设已成为改善生态环境、增进民生福祉的有效途径，正焕发出越来越强大的生命力和吸引力。

第二节　森林生态系统服务功能评估

一、基本概念

（一）森林生态系统服务功能

森林生态系统服务功能是指森林生态系统与生态过程所形成及所维持的人类赖以生存的自然环境条件与效用。主要包括森林在涵养水源、保育土壤、固碳释氧、积累营养物质、净化大气环境、森林防护、生物多样性保护和森林游憩等方面提供的生态服务功能。

（二）森林生态系统服务功能评估

森林生态系统服务功能评估采用森林生态系统长期连续定位观测数据、森林资源清查数据及社会公共数据对森林生态系统服务功能开展的实物量与价值量评估。

二、森林生态系统服务功能评估意义

森林生态系统是人类生存发展的基础，是无法替代的自然资源和自然资产，全球范围人口的持续增长、工业化、城市化使得森林生态系统不断受到侵扰，水土流失、土地荒漠化、湿地退化、生物多样性减少等问题依然较为严重，如何保护森林生态系统、有效利用森林生态系统服务供给，成为全人类面临的一个共同难题。森林生态系统服务功能有着极高甚至无法计量的价值，与人类福祉关系极其密切，长期以来，由于缺乏充分评估，森林生态系统服务功能被理所当然地看成是取之不尽、用之不竭的免费公共服务，导致森林生态服务的过度消费。

一方面，充分评估森林生态系统服务价值成为推进自然资源资产化管理、生态补偿等生态文明建设进程的迫切需求；另一方面，科学、量化、客观地评估森林生态系统服务功能，对宣传林业在经济社会发展中的地位与作用，反映林业建设成就，服务宏观决策提供量化科学依据等具有重要的现实意义。

三、森林生态系统服务功能评估现状

(一)森林生态系统服务功能评估现存问题

我国自20世纪80年代初开始进行森林生态系统服务功能评估工作，并对森林生态系统服务功能的价值研究做了很多有益探索，但要科学地评估森林生态系统服务功能，指导生态环境建设，仍存在一些问题。

1. 森林生态系统服务功能机制研究缺乏

大多数生态系统服务功能评估没有对生态系统结构、生态过程与服务功能的关系进行深入分析，生态系统服务功能及其价值评估缺乏可靠的生态学基础。

2. 评估理论与方法有待完善

目前，很多研究直接利用国外的定价或方法，与我国社会经济现状脱节，评估结果可信度低，难以取得学术界、管理决策部门和公众的认同，也很难为管理与决策部门所应用。

3. 生态学研究与经济学研究未能有机融合

一方面导致国家生态环境建设缺乏生态经济学的理论支持，同时使得生态系统服务功能评估结果难以纳入社会经济发展综合决策之中。

4. 缺乏统一的评估方法和指标体系

不同方法计算的数值差异太大，使用的指标体系不尽相同，其核算结果没有可比性。此外，有关生态系统服务功能评估应用领域和应用方法的研究有待进一步深入。

(二)森林生态系统服务功能评估方法综述

森林生态系统服务功能主要体现在三个方面：一是提供人类所需的实物价值(林地、木材及林副产品等)；二是森林的多种生态效益(涵养水源、固碳释氧、维持生物多样性等效能)的价值；三是森林的社会效益(森林提供自然环境的娱乐、游憩、美学、精神和文化的价值等)。迄今为止，全世界还没有统一的森林生态系统服务功能的评估指标体系，由于各国使用的体系都有一定差异，造成结果不具有可比性。为了计量的统一性和评估的可比性，以及从经济上反映其效益的高低，最终都换算成货币量，以货币量为纲进行效益评估。

1. 实物价值评估

活立木潜在的价值是森林生产效益的重要组成部分，目前立木价值的核算常用方法有收益法、成本法、市场价倒算法等。有学者提出三种不同的林木计价方法，即理论价格市场价格和按实际成本计价。市场价法是较常用的方法，它是由产品的市场价格间接地对林木进行核定的方法。

林地价值有多种核算方法，如市场资料比较法、成本地价评估法、土地收益地价评估法等林地和林木一样，在价值核算时都应考虑资金的时间价值，选用适当利率或投资收益率将预期收益折现，对经济林产品药用植物食用菌等资源可按当地市场价格估算其收益。

2. 生态服务功能价值评估

2006年以来，国家林业局开始着手森林生态系统服务功能评估标准制定工作，于2008年4月28日发布了《森林生态系统服务功能评估规范》（LY/T 1721—2008，以下简称《规范》），界定了森林生态系统服务功能评估的数据来源、评估指标体系、评估公式等，规范了当前缺乏统一标准的森林生态系统服务功能评估工作，理论上科学、方法上可行。

《规范》适用于中华人民共和国范围内森林生态系统主要生态服务功能评估工作，但不涉及林木资源价值、林副产品和林地自身价值。《规范》表明，根据我国森林生态系统研究现状，推荐在森林生态系统服务功能评估中最大限度地使用森林生态站长期连续观测的实测数据，以保证评估结果的准确性。《规范》所用数据主要有三个来源：一是中国森林生态系统定位研究网络（CFERN）所属森林生态站依据森林生态系统定位观测指标体系（LY/T 1606—2003）开展的长期定位连续观测研究数据集；二是国家林业局森林资源清查数据；三是权威机构公布的社会公共资源数据。《规范》所用指标体系包括8个类别（14个评估指标）：①涵养水源（调节水量、净化水质）；②保育土壤（固土、保肥）；③固碳释氧（固碳、释氧）；④积累营养物质（林木营养积累）；⑤净化大气环境（提供负离子、吸收污染物、降低噪音、滞尘）；⑥森林防护（森林防护）；⑦生物多样性保护（物种保育）；⑧森林游憩（森林游憩）。

3. 社会效益价值评估

森林社会效益包括的指标很多，有些评估指标目前还难以定量而无法进行核算，有待于进一步深入研究，如森林游憩价值计算方法，从20世纪50年代国外开展森林游憩经济价值评估研究至今，人们提出了许多评估的具体方法，其中，应用最广泛的有：费用支出法、旅行费用法、条件价值法、收益成本法等。美国学者提出了意愿调查法，由于该方法简单，因而广泛应用于各种"公共商品"的无形效益核算。

第三节　森林生态系统利用与发展

伴随着社会的发展，人类对森林的认识，由最初的原始崇拜和资源获取与简单利用，向着审美自然、体验文化、感知生命、陶冶身心、医疗保健等综合认知方向发展，人们逐渐开始对森林有了新的认识和回归自然的渴求。在此进程中，森林康养、森林疗养和自然教育随之产生并不断地丰富与发展。

一、森林康养与森林疗养

（一）森林康养

森林康养是"十二五"以来，国家林业主管部门创新提出的新概念和新发展方式，已成为农业供给侧结构性改革和乡村振兴的重要新业态，在全国广泛普及和推广。

1. 森林康养的概念

森林康养一词是由"森林"和"康养"两个词语组成的复合词，基本含义是指依托森林进行的各类康养行为或开展的活动。关于森林康养的概念和定义，各地提法不一。2018年，国家林业局发布《森林康养基地质量评定》标准，定义森林康养为"以促进大众健康和预防疾病为目的，利用森林生态环境资源，充分发挥森林生态系统环境因子的康体保健作用，开展有助于人们放松身心，调节身体机能，促进（维持）身心健康的活动总称"，首次用国家行业标准界定了森林康养概念。2019年，国家林业和草原局等四部委联合印发《关于促进森林康养产业发展的意见》，指出森林康养是"以森林生态环境为基础，以促进大众健康为目的，利用森林生态资源、景观资源、食药资源和文化资源并与医学、养生学有机融合，开展保健养生、康复疗养、健康养老的服务活动"。用发展眼光看，森林康养概念还将随着发展不断完善。

2. 森林康养产生与发展

森林康养的概念是基于国情、民情和林业现状，在森林疗养理念的基础上加以引申和外延提出，于2015年真正得到推广。

2015年4月，四川举办"中国·四川首届森林康养年会"新闻通气会，在全国发布森林康养概念，适时举起森林康养大旗。2015年7月，"中国·四川首届森林康养年会"举行，全国首批10个森林康养示范基地建设在四川宣布启动，森林康养产业推进正式起步。

2015 年，森林康养在国家层面写入全国《林业发展"十三五"规划》，在四川写入《中共四川省委关于国民经济和社会发展第十三个五年规划的建议》《四川省养老健康服务业发展规划(2015—2020 年)》等纲领性文件。

2015 年 10 月，国家林业局对外合作项目中心主办的"全国森林疗养国际理念推广会"在四川成都召开，会议就在全国统一使用森林康养还是森林疗养以及两者的关系进行了建设性讨论，形成了基本共识，森林康养得到全国林业行业的广泛认同。

2016 年，国家林业局印发关于大力推进森林体验和森林养生发展的通知，要求全国各地依托森林公园开展森林体验和森林养生。湖南、贵州、浙江等省、自治区也陆续启动森林康养实践探索。

2017 年，森林康养作为农业供给侧结构性改革新业态写入中央 1 号文件鼓励发展，纳入 2017 年中央农村工作会议内容，鼓励在乡村发展。汪洋副总理同年在《求是》发表署名文章，号召发展森林康养。

2017 年 12 月，中国林业产业联合会、国家林业局林业产业办公室等联合主办首届中国森林康养与乡村振兴战略论坛。森林康养发展迎来了战略机遇期，森林康养基地建设和产业规划进一步发展。

2019 年 3 月，国家林业和草原局、民政部、国家卫生健康委员会、国家中医药管理局联合印发《关于促进森林康养产业发展的意见》，首次以四部委名义开宗明义在全国促进森林康养产业发展，森林康养全面成为新时代林业和草原、大健康、养老享老和中医药等领域供给侧结构性改革和乡村振兴的新业态，在全国林业和草原、民政、卫生健康以及中医药领域协同推进。

(二)森林疗养

1. 森林疗养的概念

森林疗养是利用特定森林环境和林产品，在森林中开展森林静息、森林散步等活动，实现增进身心健康、预防和治疗疾病目标的辅助和替代治疗方法。它的本质是以森林为主体的疗养地医疗，主要是应用植物、森林及其环境有关的辅助和替代治疗方法。传统医疗是去医院，打针、吃药、做手术等主要手段，而疗养地医疗是以自然为药，日光浴、空气浴、气候疗法、地形疗法、芳香疗法、作业疗法、森林疗法、温泉疗法等为主要手段。

森林疗养是在森林浴基础上提出来的，是森林浴的进一步发展。不同的是森林疗养有明确的疗养目标，需要对森林环境进行评估，疗养课程需要得到医学证实，疗养效果评估监测方法可信，一般还需要森林疗养师现场指导。对森林环境进行评估是为了确保疗养环境的有效性；疗养课程是为了解决在什么样森林中、开展什么样的活动、对身体有什么影响；而森林疗养师是为了确保森林疗养的科学性、安全性和趣味性。

2. 森林疗养的探索和实践

2010 年，国家林业局对外合作项目中心引进森林疗养先进理念优先在北京市试点。2013 年、2014 年，国家林业局对外合作项目中心分别在北京、重庆举行了森林疗养国际研讨会，森林疗养顺势发展，森林疗养理念和技术的引进、消化吸收和推广工作，在学术交流、研究实证、基地建设、人员培训和宣传推广等方面取得了显著成果。

(1)引进理念。从 2010 年开始，北京市陆续组织翻译出版了《森林医学》《森林疗养学》《森林疗养与儿童康复》等专著，率先将森林疗养理念引入国内。为了让森林疗养理念落地，北京市邀请日本、韩国和台湾不同流派专家来华讲学，针对全市林业技术骨干开展培训。此外，北京市还选派技术和管理人员赴日韩实地考察和培训，全面掌握国外森林疗养工作动态。

(2)森林疗养师培训。森林疗养师培训学制 2 年，分为理论在线培训、实操培训和在职训练三个阶段，每个阶段均有严格考核。北京市从 2015 年开始培训森林疗养师，截至 2019 年已举办了四期森林疗养师培训班。北京市开发了辐射全国的森林疗养师在线培训系统(www. forest therapy. cn)，发布了包括森林疗养概论、康复景观学、环境心理学等 28 门课程，起草了《森林疗养师职业资格标准》，建立了森林疗养师预约服务平台，设立了森林疗养师注册和派遣制度。

(3)森林疗养基地建设。在借鉴日韩经验的基础上，北京市起草了《森林疗养基地建设技术导则》和《森林疗养基地认证标准和审核导则》，在北京史长峪、八达岭森林公园、西山国家森林公园、百望山森林公园、松山等地开展林疗养步道和森林疗养基地建设示范。在此基础上，启动了松山、八达岭森林疗养基地的认证示范工作。同时，开展了森林疗养公众需求和森林疗养资源调查，编制了《北京市森林疗养产业发展规划》，未来将在北京市统筹设置森林疗养基地。

(4)森林医学研究和科普。中国林学会于 2018 年 4 月成立森林疗养分会，目前依托中国林学会的森林疗养基地认证工作已走向全国。北京市与北京大学医学部、中国康复研究中心等机构合作，启动了"森林疗养标准及关键技术研究与示范项目"；通过大样本医学研究来编制森林疗养课程，并起草了《北京市通用森林疗养菜单》；建立了森林疗养微信公众平台，仅2018年的总阅读量就达到201.8万人次，而微信推文整理的科普读物《森林疗养漫谈》也广受好评。国际上，疗养地医疗有比较成熟的业态和商业模式，但是以森林为主体的疗养地医疗，世界各国都在探索之中，成熟的模式并不多。森林疗养的相关研究起步仅有二十年时间，现有研究尚不足以支撑行业发展。

（三）国际社会森林康养和森林疗养发展简况

依托森林等自然资源开展的各类疗法在德国、美国、日本、荷兰、英国、挪威和韩国等国家已形成独特的发展体系。

1. 德国森林疗养发展情况

公认的文献表明，德国是森林疗养的发源地，是最早利用现代医学原理开展疗养实践的国家。全球首个森林浴基地于19世纪40年代在德国巴特·威利斯赫恩镇创立。该镇拥有15万hm²市有林，用于开展森林疗法，60%的居民从事与森林疗法相关的工作。德国将森林疗养融于被称为自然疗法和疗养地疗法的产品与服务中。德国已建立海岸疗养地、气候地形疗养地、克奈圃疗养地和温泉疗养地四大类型疗法基地400余处。德国以及部分其他欧盟国家已将森林疗法纳入到国民医疗保障体系中，经医生处方即可进行森林疗养。

2. 日本森林浴与森林疗法

1982年，时任日本林野厅长官秋山智英提出"森林浴"。2004年，日本政府成立由政府部门、学界和民间机构三方参与的森林疗法研究小组，研究森林对人体的生理健康影响。2006年，日本提出并出版《森林医学》专著。2008年，日本成立"日本森林疗法协会"取代森林疗法研究小组职能，其职能之一是认定森林疗法基地和森林疗法向导、森林疗法治疗师、编写森林疗法指南和书籍等。截至目前，已认证63处森林疗养基地。此外，日本还建有89处自然休养林。在日本，每年参加森林疗养的国民达到8亿人次。

3. 韩国森林休养

韩国从20世纪90年代开始启动休养林建设，将休养林纳入《森林文化与休养活动法》。截至2015年，韩国建立158处自然休养林、173处森林浴场，认定疗养指导师520名，依法许可注册设立以提供森林解说、森林疗养等福利服务为营业手段的森林福祉专业机构，在忠北国立大学研究生院设立森林疗法系，培养硕士与博士学位人才。

（四）森林康养、森林疗养与相关概念比较

在森林康养、森林疗养概念提出之前，我国已有森林运动、森林旅游、森林休闲、森林浴等立足森林环境，与森林康养、森林疗养有关联的概念，它们之间既有区别也有联系，其基本共性是尽管价值取向不同，但在促进人类身心健康方面都具有一定正向作用（表11-1）。

表11-1　森林康养、森林疗养与相关概念对比

概念	基本含义	直接目的	功能效果
森林康养	以森林对人体的特殊功效为基础，以传统中医学与森林医学原理为理论支撑，以森林景观、森林环境、森林食品及生态文化等为主要资源和依托，开展的以修身养性、调适机能、养颜健体、养生养老等为目的的活动	修身养性，休养生息，调适机能，养颜健体，养生养老	增强身心健康，实现延年益寿，促进健康养老
森林疗养	利用特定森林环境和林产品，在森林中开展森林安息、森林散步等活动，实现增进身心健康、预防和治疗疾病目标的替代治疗方法	作为替代疗法，治疗精神和心理疾病，调理改善精神和心理状态，恢复应有健康水平	促进心理、精神健康和身体健康
森林养生	利用森林优质环境和绿色林产品等优势，以改善身体素质及预防、缓解和治疗疾病为目的的所有活动的总称	改善身体素质，强化身体机能，增强免疫力，强化生命力	促进身心健康实现延年益寿
森林保健	利用森林环境和系列综合性措施开展的保护和促进人体健康、防治疾病的活动	调理身体机能，改善心理状态	维护身心健康
森林浴	吸收森林大气，通过五种感官感受森林的力量	呼吸森林大气，吐故纳新，产生治疗效果有益于身体健康	促进身心健康
森林休闲	利用森林环境和设施进行各类玩耍、娱乐、游憩等的方式	放松身心，恢复体能和精神	维护身心健康
森林度假	利用森林环境和配套设施消磨、度过非工作时间的方式	完成对非工作时间的消费，放松身心	改善身心健康状况
森林（生态）旅游	以森林生态景观等为主要吸引物开展的旅游活动	饱眼福，满足好奇心，释放心情，体验自然，学习森林自然知识	修身养性、调理身心、提升智慧
森林运动	利用森林环境开展的系列肢体活动	实现快乐，增强体魄	促进身心愉悦，增进身心健康

（五）森林康养、森林疗养为什么能促进人类健康

国内外大量研究表明，森林不仅能涵养水源、调节气候、固碳排氧、净化空气和治理灰霾，森林还能产生植物精气和负氧离子等，对人类身心健康具有一定促进作用和影响。

1. 负氧离子与人类健康

负氧离子是指带负电荷的氧气离子，被誉为"空气维生素"，不同环境下空气负离子的浓度不同。一般情况下，负离子的浓度从高到低排序为：公园＞校园＞广场＞居住区＞街心花园；柳杉林＞紫楠林＞银杏林＞毛竹林。动态水体如瀑布、溪流等可以提高负氧离子浓度。根据世界卫生组织资料：清新空气的负氧离子标准浓度为每立方厘米不低于 1000~1500 个；当空气中负氧离子浓度达到每立方厘米 5000~5 万个，能增强人体免疫力；达到每立方厘米 5 万~10 万个，能消毒杀菌、减少疾病传染；达到每立方厘米 10 万~50 万个，能提高人体自然痊愈能力。负氧离子主要是通过人的神经系统及血液循环，对人的机体生理活动产生相应影响。研究表明，负氧离子能够除烟尘、改善空气结构，还有调节人体生理机能、消除疲劳、改善睡眠等功效；临床方面，负氧离子多用于镇静、催眠、镇痛、镇咳、止痒、利尿、增食欲、降血压以及面部褐斑、痤疮和支气管炎等的治疗。

2. 芬多精及其重要作用

芬多精又名植物杀菌素，是 1930 年代苏联列宁格勒大学胚胎研究员 B. P. Toknnh 发现并命名的一种化学物质。中文"芬多精"一词，译自"pythoncidere"，是指植物产生的、用来防范自己不受天敌伤害的化学物质"杀菌素"，如杉、松、桉、杨、圆柏、橡树等都能分泌带有芳香味的单萜烯、倍半萜烯和双萜类的芬多精，能杀死空气中的白喉、伤寒、结核、痢疾、霍乱等病菌。因为芬多精的作用，不同环境下空气中病菌含量显著不同。测定显示，城市每立方米空气中，含有 400 万个病菌，而在林荫道处只含 60 万个，在森林中则只有几十个。植物的根茎叶都含有芬多精。芬多精形态有固态、液态和气态三种类型。当人在森林中散步的时候，体验到的芬多精通常是由各类木本植物的叶、茎、树皮以及草本、菌类、苔藓植物乃至各类枯落物释放的挥发性物质的混合物。不同种类的植物，芬多精的成分与含量不同。同一种植物的不同部位芬多精的成分与含量不同。不同季节或者一天中不同的时段，芬多精的成分与浓度不同。季节上，夏季的浓度比冬季高。在森林中，植物密度高的地方，芬多精浓度高。芬多精能净化空气，降低污染。芬多精能使人呼吸顺畅，精神旺盛，达到清醒效果。

但不是所有植物释放的芬多精对人体都有好处。

3. 医学实证森林能够促进人类健康

日本、韩国和我国的医学专家开展的系列森林医学实证研究表明，森林能够调节中枢神经，减少交感神经活动，增加副交感神经活动，降低血压及脉搏率，预防和减缓高血压等症状；森林能够调节荷尔蒙分泌变化，减缓糖尿病等症状；森林能杀死病菌，提高人体免疫力，提高 NK 免疫细胞活性，预防癌症的产生和恶化等；森林环境能在一定程度上减少肾上腺素的分泌，降低人体交感神经的兴奋性。它不仅能使人平静、舒服，而且还使人体的皮肤温度降低 1~2℃，脉搏每分钟减少 4~8 次，能增强听觉和思维活动的灵敏性。此外，森林通过视觉(森林景色)、味觉(蔬果、乡土菜肴)、嗅觉(森林芳香)、听觉(鸟鸣、潺流、森林音响)、触觉(置身大自然)五感刺激，实现降低疲劳、愉悦放松、改善心情、调节情绪来调节人体机能，从而促进人体心理健康。

(六)发展森林康养、森林疗养意义重大

1. 森林康养、森林疗养是践行"两山理论"的生动实践

通过实施天然林资源保护工程、退耕还林、自然保护区建设等系列生态工程，我国生态绿色本底日益深厚，生态空间显著扩展。森林康养、森林疗养作为协调国家生态保护与绿色发展的现代服务业，在不破坏森林等自然资源、巩固和深化天保工程与退耕还林工程等系列国家生态工程成果的前提下，有效地兼顾了生态、经济和社会三大效益，生动实践和印证了"绿水青山就是金山银山"哲学论断。

2. 森林康养、森林疗养是建设"健康中国"的重要路径

2016 年 8 月，习近平总书记在全国卫生与健康大会上指出"没有全民健康，就没有全面小康。要把人民健康放在优先发展的战略地位"，强调"预防为主"。2018 年，他在博鳌亚洲论坛上再次强调"要做身体健康的民族"。美国、德国、日本和韩国等发达国家依托森林开发的服务国民健康的产业十分成熟，实现了重大经济和社会效益。大力发展森林康养、森林疗养，满足人民日益增长的美好生活需要、构建全面小康的健康基础，是"健康中国"建设的必然选择。

3. 森林康养、森林疗养是推动乡村振兴的重要抓手

党的十九大提出实施村振兴战略，为新时代乡村发展提出了新的、更高的战略要求。从发展产业来看，森林康养、森林疗养产业化和福祉化发展有多种可能。森林康养、森林疗养作为新业态服务乡村振兴中的作用和

潜力日益显现。未来可以推动森林康养、森林疗养适用医疗保险，培育新兴产业；也可以融合养老、助残和儿童疗育工作，推动国家立法保障公民的福祉。森林康养、森林疗养不是放弃其他林业产业"卖生态"，而是林业一、二、三产业融合的链接点，相关林业产业越完善，业态越丰富，发展森林康养、森林疗养就越容易。在整个森林康养、森林疗养产业体系中，第一产业中的造林和经营，第二产业中木材加工，第三产业中的森林旅游，都能够开发成为健康管理的手段。也就是说，植树、修枝、伐木、种蘑菇、木工制作、森林观光都可以是森林康养、森林疗养的实现手段。有多样的业态，才可能有多样的森林康养、森林疗养，森林康养、森林疗养才能在医疗、健康、养老、助残和儿童疗育等领域有更广泛的应用，才能实现多点盈利。

二、自然教育

自然教育是人们认识自然、了解自然、理解自然的有效方法，也是推动全社会形成顺应自然、尊重自然、保护自然的价值观和行为方式的有效途径，是当今我国生态文明建设的重要内容，也顺应了广大人民群众关爱自然、关注环境的客观需求。

（一）自然教育的内涵

自然教育倡导"自然是我师，我是自然友"的环境友好理念，是利用自然元素和自然环境进行自然体验活动的总称。它主要是以自然为场所，以人类为媒介，利用科学有效的方法，使公众融入大自然；通过系统的手段，实现公众对自然信息的有效采集、整理、编织，形成社会生活有效逻辑思维的教育过程。

（二）自然教育的起源

1. 国际自然教育的起源

国际自然教育的起源，其最初的萌芽可追溯到古希腊著名哲学家、教育家亚里士多德所强调的"教育就应该顺应人类的自然天性，在认知自然的过程中理解自己和我们的社会关系"。有学者认为，自然教育源于西方的教育发展中的自然主义教育和基于博物学的自然学习。学者将自然教育较为完整理论方法的形成划分出三个重要历史节点，首先是 1767 年卢梭在《爱弥儿》中主张的儿童教育必须适应自然，反对压抑与摧残儿童的天性，号召"回归自然"；其次是 1892 年苏格兰生物学家帕特里克·盖迪斯所强调的"只有通过亲身的观察、感受，才能真正学习并理解自然"；最后是 19

世纪末至 20 世纪初基于自然博物和自然史研究的自然研习运动，代表作有
1891 年出版的《学校的自然研究》及康奈尔大学学者的《自然研习手册》等。
1914 年美国农业部发起乡村教育，鼓励民众走进乡村，贴近自然；日本、
韩国、新加坡等开展自然教育也有近 30 年的历史，形成了完整的管理、人
才培养、项目设计以及运营体系；德国、荷兰等国家的职业教育、继续教
育、成人教育和终身教育领域真正把自然教育看作一个行业并给予专业重
视和支持，等等。

　　2. 我国自然教育的兴起

　　严格来说，自然教育并非从国外引入中国，关注人与自然的关系，是
中华民族传统文化中的核心内容之一。自古以来，对中国文化和历史影响
至深至远的"三圣"，其理论思想中均包含了朴素而清晰的自然观，孔子重
视"自然之道"，老子尊崇"道法自然"，孟子强调"不违农时"。

　　中国近代著名思想家、教育家蔡元培先生在推动中国近代教育制度改
革的过程中特别强调对儿童教育要"尚自然、展个性"。20 世纪 70 年代，
是我国自然教育和环境教育起步的重要时段，国务院第一次环境保护会议
召开，提出"大力发展环境保护的科学研究和宣传教育"，环境教育随之起
步。20 世纪 90 年代，一些公益组织开始组织推动我国开展自然教育，并
逐步得到社会认可。21 世纪初，我国推行基础教育改革，把环境教育渗透
在学科教育中，并把环境教育作为跨学科主题纳入中小学综合实践课程。

　　大约在 2010 年前后，适逢理查德·洛夫（Richard Louv）的《林间最后
的小孩》、约瑟夫·克奈儿（Josef Cornell）的《与孩子共享自然》等一批经典
专著中文版在国内正式出版，人们对当代人"自然缺失症"问题的关注，和
重建人与自然连接重要性进行了深刻的反思。与此同时，世界自然基金会
（WWF）、自然之友、根与芽、地球村等公益和环保组织在全国各地开展
的各具特色的自然教育项目也越来越多得到行业内外的关注。国际交流方
面，日本、韩国、新加坡等国家相关项目和案例也陆续被引入到我国，
"自然教育""自然学校"等概念，开始频繁地出现在人们的视野中。

　　2014—2018 年，全国自然教育论坛先后在厦门、杭州、深圳、成都等
地成功举办五届年度全国自然教育论坛，为自然教育的推动和发展搭建了
综合的交流平台。

　　2019 年 4 月，国家林业和草原局印发了《关于充分发挥各类自然保护
地社会功能大力开展自然教育工作的通知》，对各级林业和草原部门开展
自然教育工作提出明确要求。中国林学会也于同月召开了全国自然教育工

作会议，成立了全国自然教育总校，并向首批20个自然教育学校授牌，随后开展了系列自然教育资源的统筹协调和推动工作，自然教育在全国林草系统出现了燎原之势。2019年11月，在国家林业和草原局、湖北省人民政府的指导下，中国自然教育大会、第六届自然教育论坛在武汉成功召开。这是国内首个由政府、高校、社会组织共同主办的自然教育大会，超千位国内外自然教育专家及各界代表参与，共同探讨推动我国自然教育持续良性发展。

我国香港、台湾地区从20世纪90年代开始依托国家公园、自然公园、郊野公园开展自然教育活动，也形成了具有自身特点的管理和运营体系。香港的自然教育，主要基于郊野公园和自然保护区来实施。20世纪70年代，开始筹划郊野公园，1976年颁布的《郊野公园条例》规定公园的用途，包括自然保育、教育等。郊野公园建造家乐径、自然教育径、树木研习径、郊游径、长途远足径等，推行不同类型活动，让游客享受郊野之余，也能加深对郊野自然的认识。我国台湾地区从立法层面、设施规范化、运营管理专业化、人才培养和认证等各方面已形成健全的自然教育体系。许多环境教育基地是根据已有的一些初具规模的场所、设施来改建，整合既有资源，发挥最大功效。例如，阳明山国家公园建立之初就有解说教育科、解说步道等，还有户外学习区、游客中心等展示区域，有关环境教育规定颁布后，开发了28套课程并优化7套进行执行。

（三）我国自然教育发展特点及存在问题

1. 我国自然教育发展特点

我国自然教育行业的兴起具有中国的社会和文化基因，也形成了鲜明的时代色彩。无论是历史上的自然研习、户外教育等与自然相关的教育形式的萌芽，还是近年来得到专业化、系统化发展的环境教育，都和当前国内蓬勃发展的自然教育有一定的相关性，但也有明显的形式和内涵上的差异。具体而言，中国自然教育行业近年来的快速兴起，具有以下特点：糅合国内外经典，演化形成中国特色；民间发起，政府部门参与指导，公益与市场行为并存；开展领域广泛，百花齐放，活动形式多样，不拘一格；数量庞大、快速迭代，行业发展步入快车道。

2. 我国自然教育存在问题分析

如今我国自然教育行业发展迅速，但仍然存在很多问题。主要体现在：缺乏自然教育相关法律法规和规章制度支撑；从业机构组织松散，机构之间缺乏沟通联络和资源共享平台；相关标准的缺乏致使我国自然教育事业的开展无规可依，无章可循；自然教育专业人才匮乏，人才培训缺乏规范化、体系化；缺少自然教育理论研究，实践活动缺乏理论指导、发展资金投入匮乏等。针对自然教育现存问题，呼吁政府职能部门加强制度建设，通过制定发布行业标准，培养壮大专业人才队伍，开展专业调查研究指导实践，加强组织机构建设，建立完善体制机制，建设网络平台，组织开展典型示范活动、各级各类部门与组织加大资金投入等系列措施，不断总结先进经验，逐步完善中国自然教育体系，正确引导公众在参加各项活动的同时能够深层次思考自然教育助力保护的核心价值，促使自然教育真正成为改变公众价值观念，推动社会绿色可持续发展的驱动力，助力我国生态文明和美丽中国建设。

第十二章

林业资源高效利用

　　林木、林地及其所在空间内的一切森林植物、动物、微生物及其生存环境总称为森林。森林不仅能够调节气候、保持水土、防止和减轻自然灾害，还能为人类社会提供重要的木材资源及相关林业副产品，兼具巨大的生态效益和经济效益。保护和合理开发森林资源对于践行习近平总书记提出的"绿水青山就是金山银山"的理念具有十分重要的意义。

第一节　木材科学

　　木材是人类最早使用的天然材料，与钢材、水泥、塑料一起合称为"当今世界的四大基础材料"。木材具有容积重小、强度高、防震抗震、声热传导性低、电绝缘性好、耐冲击、耐久性强、弹性和韧性高、材色和纹理美丽、健康环保、易加工等特性，一直以来是人类社会最重要、应用最广泛的原材料。在全球资源日益枯竭的情况下，木材作为四大基础材料中唯一的可再生资源，对人类社会的可持续发展具有重要的意义。

一、木材科学概述

　　木材科学是以研究木材解剖学特性、化学特性、物理学特性和力学特性及这些特性与树木遗传育种、营林措施、木材加工和利用之间的联系，为森林的可持续经营、木材的科学加工和高效利用等提供理论指导的一门应用基础科学。木材科学研究横跨森林经营与森林工业，贯穿着木材资源的培育、加工及利用的全过程。一方面，结合林木选育和森林经营对木材科学进行研究，有助于制定最佳育种和栽培方案，从而实现优质林木的高效生产，满足人类社会对木材资源的需求；另一方面，基于木材增值加工和高值化转化进行木材科学研究，可以获知木材材性对木材加工利用的影响原理和规律，为制定最优木材加工工艺提供理论指导。

木材科学主要包括木材解剖学、木材化学、木材物理学、木材保护学等重要分支。木材解剖学是在植物学分类的基础上，依据木材内部的解剖特征，对木材进行识别和分类。木材化学是研究木材及其内含物和树皮等组织的化学组成及其结构、性质、分布规律和利用途径的技术基础学科，是木材科学的重要组成部分，也是林产化学加工的理论基础。木材物理学的研究主要集中在木材的物理力学性质，根据木材的物理学性质指导木材的加工。木材保护学是研究在保持木材高强度比及天然纹理结构等固有优点的前提下，通过一系列的物理、化学处理，提高木材的尺寸稳定性，克服木材各向异性、易燃、易腐、易变色和不耐磨等缺点的一门重要实用科学。木材改性是木材保护学的重要内容，通过改善或改变木材的物理、力学、化学性质和构造特征来提高木材的天然耐腐性、耐酸性、耐碱性、阻燃性、耐磨性、颜色稳定性、力学强度和尺寸稳定性。

随着人类社会对木材产品需求的不断提高，木材科学的研究范围和研究对象不断扩大，已经从传统的木材构造、物理特性、化学特性的改进扩大到生物学、林学和加工利用学，研究对象由天然林木材转移到人工林木材，并扩展到竹材、藤材及其他非木材原料和藻类植物，向植物材料学方向发展。木材加工、人造板工艺学等相关学科不断交叉、渗透，新的学科增长点不断出现。

计算机科学的快速发展为木材科学研究提供了新的技术方法和手段，使得人们能够更加深入地了解木材和木质材料。木材科学研究的新技术和设备有计算机仿真模拟、计算机图象分析、气质联用仪、电子显微镜、核磁共振仪、动态热机械分析仪、原子力显微镜。这些新技术和设备的引入，使人们能够进一步研究木材及木质材料的结构、成分、性能等，从而合理地加工利用、保护或改性木材，并可能使木材与更多的材料发生反应，得到更多具有优良品质的新材料，以满足人民生活和国民经济发展的需要。

二、木材科学发展趋势

近年来，随着人们对木材资源大肆地开发和利用，木材资源日益减少。通过开展木材科学的研究，提高木材资源的利用效率，使木材资源得到合理、高效的开发利用十分必要。另外，运用现代木材科学的研究成果，能够在一定程度上缩短木材生产周期，使木材真正成为人们取之不尽用之不竭的资源，对于实现木材资源的可持续利用具有十分重要的意义。

今后，木材科学的研究既要注重木材和木质材料基本性质的改进，也要注重对木材新特性和新功能的探索与开发。未来木材科学的研究将致力于最大程度改善木材的基本特性(如易腐性、易燃性、尺寸不稳定性、各向异性、变异性等)；赋予木材陶瓷新的硬度、摩擦性、磨耗性以及远红外线放射性和吸收性；赋予木质纳米材料新的功能；赋予木质材料新的导电性、电磁屏蔽性。

第二节　木材增值加工与应用

木材最大的经济价值体现在实体木材部分，为了提高木材产品的价值，需要注重开发木材的增值加工技术。

一、木材加工概述

木材加工是采用机械或化学方法对木材进行加工，使木材能够满足实际生活需求并提高木材附加值的一门技术。在森林工业中，木材加工业和林产化学加工都是森林采伐运输的后续工业，是木材资源综合利用的重要组成部分。

木材加工技术包括木材切削、木材干燥、木材胶合、木材表面涂饰等基本加工技术及木材保护、木材改性等功能处理技术。由于人类社会对木材形状及表面平滑度的需求差异，需要对木材进行切削处理，通常木材切削有锯、刨、铣、钻、砂磨等方法。为了保证木材与木制品的质量和使用寿命，在木材加工过程中需要采取适当的措施使木材中的水分降低到一定的程度，这个过程被称为木材干燥。木材胶合是将木材与木材或其他材料的表面胶接成为一体的技术，木材胶黏剂与胶合技术的出现与发展，不仅是木材加工技术水平提高的主要因素，也是再造木材和改良木材，如各种层积木、胶合木等产品生产的前提。木材表面涂饰最初是以保护木材为目的，后来逐渐演变为以装饰性为主，实际上任何表面装饰都兼有保护作用。木材保护采用了一系列的物理、化学处理来保持木材固有优点。其中，木材改性是通过改善或改变木材的物理、力学、化学性质和构造特征的物理或化学加工处理，从而提高木材的天然耐腐性、耐酸性、耐碱性、阻燃性、耐磨性、颜色稳定性、力学强度和尺寸稳定性的一门技术。

随着市场对木质材料性能要求的提高，开发新的木质材料、提高木质材料性能及快速检测技术成为木材加工产业中的热点。新技术的出现提高了木材加工的效率，如超声波缺陷探测技术、微波板材缺陷检测技术、声发射技术、光电扫描技术、旋切木段激光扫描定心技术、近红外光谱技术、激光切割技术、木材高温脱脂技术、木材颜色处理技术、硼制剂固着技术、木材微波改性技术等。近年来也出现了一些新的木质材料，如准不燃或阻燃型木质重组材料、新的重组型贴面材料、结构用快速固化酚醛树脂胶和异氰酸酯胶黏剂、木基复合结构材料和功能材料等。

二、木材加工发展趋势

改革开放以来，我国木材加工行业迅猛发展，现已成为全球最大的木业加工、木制品生产基地和最主要的木制品加工出口国，人造板、家具、地板等消费量位居世界前列。计算机的快速发展和广泛应用极大促进了木材加工技术的革新，同时促进了人造板生产工艺和产品设计工程的发展。微处理机在木材加工工艺领域的应用，如对于原木、锯材的检尺和分等，木材、单板等干燥过程的控制以及热压工艺参数的调节具有十分重要的意义。生物工程技术应用与纤维分离技术的结合，使得刨花和纤维能够按照产品性能的要求进行组织和纹理排列，未来将成为木材加工中的重要技术。近年来，国内外开展无木芯旋切、无胶胶合、无屑切削等的试验研究，都预示木材加工技术将进一步发生重大的变革。

第三节　林产资源化学利用

一、林产资源化学概述

林产资源化学利用是指对可再生的木质和非木质森林资源经过化学加工处理，进而生产出能够满足各种国民经济发展和人民生活所需要的林业产品。成熟的林产资源利用技术是实现森林资源高效利用的基础，也是实现森林资源可持续利用的重要组成部分。

我国林产资源化学产品按原料来源的不同可分为两大类：① 木质化学产品，主要为木浆、木质活性炭和能源产品；② 非木质化学产品，主要包括松香、松节油、植物单宁、芳香油、生物活性提取物等。按照化学成分组成来看，前者主要利用的是纤维素、半纤维素和木质素；而后者主要利用木材中的天然有机产物，如萜类化合物、生物碱、黄酮类化合物、植物多酚、脂肪酸、多糖及其他天然化合物。

制浆造纸工业是林产资源化学利用的重要组成部分，也是一个古老且不可或缺的基础工业。制浆造纸工业生产的各种纸产品是人类社会的必需品，也是包装工业的重要原材料。依照原料来源将纸浆分为木浆、废纸浆和非木浆，其中，木浆是目前主要的纸浆来源。根据木材树种不同可以将木浆分为两大类：针叶浆（包括马尾松、落叶松、红松、云杉等树种的木浆）和阔叶浆（包括桦木、杨木、椴木、桉木、枫木等树种的木浆）。一般针叶浆纤维的韧度与可拉伸性高于阔叶浆。因此，在使用阔叶浆的过程中通常会掺入一定比例的针叶浆来增强纸张的韧性。废纸浆是废纸在回收后经过分类筛选，温水浸胀，被重新打成纸浆后再次利用的纸浆。非木浆则主要有三类：禾本科纤维原料浆（如稻草、麦草、芦苇、竹、甘蔗渣等），韧皮纤维原料浆（如大麻、红麻、亚麻、桑皮、棉秆皮等）和种毛纤维原料浆（如棉纤维等）。

纤维素、木质素和半纤维素是构成木材细胞壁的主要组分，而在木材细胞腔和胞间层中还存在少量非细胞壁物质，其总量占绝干木材的 3%~10%。纤维素、半纤维素是五碳糖、六碳糖的主要来源，而这些糖是工业上大宗化学品重要的生产原料；木质素富含苯环结构，含碳量高，有利于生产芳香烃及其下游产物，经济效益巨大。我国有公司用玉米秸秆水解生产了高附加值低聚木糖产品，或降解转化生产木糖醇。非细胞壁物质尽管含量不多，但种类繁多，经过分离、提炼和加工可以得到一系列具有重要经济价值的化学产品。这些非木质林产资源产品可以作为化工及其他工业的原料，是目前我国林产化学工业的主要产品，如橡胶、松香、松节油、栲胶、单宁、紫胶、天然精油等。

二、林产化学发展趋势

林产化学工业是林业工业的重要组成部分，林产化学工业的发展能够极大地促进林区经济的发展。过去 70 年来，我国林产化学工业已经形成了一个成熟的工业体系，在我国经济社会发展过程中发挥着十分重要的作用。林产化工的优势在于其原料来自可再生资源，不足之处在于林产化工产品的市场对其他行业的发展有很大的依赖性。为了实现林产化工产业的可持续发展，需要根据国内外市场变化及时调整产业格局，不断加强林产化工技术创新和研发，提高林产化工产业对新的形势和市场需求变化的适应能力。林产化学工业对森林资源也存在高度的依赖性，密切配合林业各领域科研和生产，才能保证林业的可持续发展，确保林产化工产业能够生产出质优价廉的产品，提高林产化工产品的市场竞争力，从而促进森林资源的高效利用和林业产业的良性发展。

制浆造纸工业是林产化学工业的重要组成部分，随着人类经济社会需求的转变，大力开展优质造纸用材林基地建设成为今后林业发展的重要任务。采用集约经营的办法，提高年木材生长量，根据林地选用不同的树种。加强纸浆纤维用材林的定向培育研究，同时开展不同树种制浆造纸的适应性综合评估研究。在纸浆造纸技术方面，要对引进的技术消化吸收，对造纸技术进行革新，从而在国际社会中获得技术优势。以往很多设备均需从国外进口，因此，实现设备的国产化也成为我们需要解决的问题。以往的造纸工业对环境造成了严重污染，因此研发低污染的造纸技术及污染治理技术也需要同时推进。

在发展传统的制浆造纸工业同时，也要加强对松香、松节油、栲胶、单宁、紫胶、天然精油的提取、精制和利用技术等的研究。面对新形势和社会经济生活的转变，要及时调整林产化学工业结构，从而提高林产化学工业适应国民经济发展和人民生活需要变化的能力，实现林产化学工业的健康发展。

第四节　林业生物质能源与新材料

一、林业生物质能源概述

随着经济社会的发展，人类逐渐意识到开发可持续能源的重要性。只有开发可持续能源，人类社会才能彻底解决能源危机。生物质能源是一种重要的可持续能源。开发利用新能源和发展可再生能源，已成为我国调整能源结构，解决生态环境问题的国家战略。我国林业生物质能源种类丰富，发展潜力巨大。加快开发利用林业生物质能源，在维护国家能源安全、改善生态环境中将会发挥着越来越重要的作用，将成为应对我国能源发展战略转型，解决能源与环境突出问题的重要手段。

林业生物质能源一般是以林业生物质资源为原料，通过物理、化学、生物化学和热化学等技术转化产生的可再生能源化学品，包括液态（燃料乙醇、生物柴油）、固态（成型燃料）和气态生物燃料（生物质气化）。发展林业生物质能源，可以将富含油脂、包含农林废弃物在内的木质纤维、非食物类果实淀粉的林业生物质原料转化为多种形式的能源产品和生物基产品，兼具经济效益和社会效益。

林业生物质资源的开发技术主要包括：①联合燃烧，就是在燃煤过程中加入林业生物质进行燃烧发电等，可以有效地降低二氧化硫等有害气体的排放，提高其燃烧的热效率。②物理化学转化，一是干馏，具体来说就是将林业生物质等转化为可燃气以及固定碳等物质；二是气化，在高温条件下将林业生物质和气化剂进行物理化学反应得到小分子的可燃气；三是液化，通过化学反应等将林业生物质转化为液体产品。③热裂解，就是将林业生物质资源在隔绝或者供给少量氧气的条件下进行加热，使其分解成液体油和固体炭等，其温度一般 $500 \sim 800℃$。经过热解主要可以得到三类产品，即气体、液体和固体。④固化，是将林业生物质粉碎到一定粒径之后，在高压条件下进行挤压，形成一定形状的新物质。通过固化，能够解决生物质因形状差异而导致运输和贮存使用不方便的问题，降低运输成本，提高生物质的使用效率。

发展林业生物质能源可以有效增加农民收入，促进新农村建设。目前，发展林业生物质能源费用主要源于原料成本，一般估算为80%以上，但原料成本绝大部分可以转化为农民的收入。发展林业生物质能源可以提供给农民最熟悉、最直接、最可靠的就业和增收方式。开发利用林业生物质能源具有很好的减少碳排放功能。目前，国内已在开展林业碳汇工作和生物质发电碳减排工作。实践证明，发展林业生物质能源能有效固定碳和减少碳排放。

二、林业生物质新材料概述

人们日用材料很大一部分是石油副产品，一旦石油出现短缺，必然引发石油相关产品（石化材料、工程塑料、电子原器件）等短缺的连锁效应，将严重影响到人们的日常生活。开辟新途径，将林业生物质高值化转化成新材料，进一步提升林业生物质的价值尤为重要。生物质独特的层级多孔结构及高含碳量为其在新材料领域的应用上奠定了基础。以化学或生物化学方法可以将生物质加工成可降解的高分子材料、功能高分子材料、生物质黏合剂以及新型碳吸附材料等。

纤维素及其衍生物具有储量丰富、制备简单、绿色可持续等优点，其丰富的功能基团与优越的可加工性使其用途十分广泛。纳米纸是以纳米级纤维素为原料，用造纸的方法制备的纸张。由于纳米纤维的长宽比大，表面羟基数量多，因此，纤维之间不用交联剂，仅通过氢键即可紧密地缠绕交联。纳米纸具有优良的机械性能、光学性能、阻隔性能及热稳定性。气凝胶是一种具有纳米结构的多孔材料，其孔隙率高、密度低，是目前世界上最轻的固体材料之一。以纳米纤维素为原料制备的气凝胶除了具备传统气凝胶的优点外，还具有良好的生物相容性与可降解性，使其在医药、化妆品行业有良好的发展前景。高强韧水凝胶是另一种纤维素产品，通过改性赋予其新的性能（如自修复性能），可以应用于高价值的专业材料和高通量的大宗商品材料。纤维素摩擦纳米发电机是一种纤维素新型产品。纤维素基材料良好的柔性、可降解性与生物相容性将拓宽摩擦纳米发电机在生物医学、可植入设备、可穿戴电子器件等领域的应用前景。

木质素是一种天然的芳香族物质，可以用于开发酚醛树脂胶黏剂、聚氨酯泡沫、分散剂、胺乳化剂、减水剂、农药缓释剂、炭黑增强剂等。在木质素的利用途径中，最具应用前景也是最容易实现工业化应用的利用途径是将木质素应用于酚醛树脂的制备及改性。木质素的结构单元上既有酚羟基又有醛基，这使得木质素作为原料合成酚醛树脂成为可能。酚醛树脂用途广泛，在木材工业中是一种性能优异的树脂黏合剂，但其合成原料苯酚毒性大且来源于化石资源，极大程度限制了其推广应用。木质素基酚醛树脂胶黏剂的开发和利用有效缓解了对化石资源的依赖性，减少了环境污染。

三、林业生物质能源与新材料发展趋势

林业生物质高值化转化为能源和新型功能材料，是实现林业生物质清洁高效综合转化利用，推动其专业化、多元化、产业化发展的新思路。由于我国林业生物质能源与材料发展处于起步阶段，在资源培育、技术推广、产业布局、保证机制等方面基础薄弱，需要国家政策、资金强有力的推动和扶持，需要林业部门强有力的管理和指导，需要相关的国有大型企业强有力的参与和合作，需要各个相关部门强有力的协作和支持，需要强有力的科技支撑和技术创新集成。我国林业生物质利用目前处于发展初期，制约因素多。受生态保护制约和工业原料需求的竞争，现有资源还不能实现稳定的工业规模利用，是制约林业生物质能源与材料发展的瓶颈。此外，由于林业生物质原料培育周期长、成本高、风险大，需要提前安排资源培育。

林业生物质能源与新材料的未来方向是根据各种林业生物质资源的结

构与化学特性，开展应用基础研究，重点研究实现高效综合利用的生物技术、化学改性技术、复合技术、合成技术及树脂化技术。

第五节　森林食品开发

一、森林食品概述

森林食品是指利用森林中可食用的动植物原料，通过初加工和再加工方式而制成的符合人类要求的生态、优质、健康、营养的可食用森林产品。

我国有广大的林区面积，森林食品资源多种多样，为森林食品的开发利用提供了丰富的原材料。随着人类生活水平的逐渐提高，森林食品资源的开发和利用也受到了社会各界的高度重视，开发森林食品有着巨大的市场潜力，当前森林食品的开发利用已经成为我国林业产业发展新的经济增长点。森林食品的原材料源于森林生态系统，与当前的生活环境恶化、食品添加剂超标、化肥农药超量使用的现状相比，森林食品具有相对天然、生态、污染少、营养价值高的特点，符合当前人们追求的食用营养安全、绿色无污染、健康环保的要求。

我国的森林食品资源按照生长类型和食用方法可分为六大类：森林蔬菜资源、森林水果资源、森林油料资源、森林香料资源、森林饮料资源、森林药材资源。森林蔬菜是指生长在森林地段或森林环境中，可作蔬菜食用的森林植物，主要包括某些植物的根、茎、叶、花、果和菌类，是一类重要的可食性植物资源；森林水果是指森林中的各类水果及其制品，我国有丰富的森林水果资源，有1000多种；森林油料是指从森林植物的果实或种子中提取的油料产品；森林香料是指从含有芳香成分或挥发性精油的森林植物中提取的产品，我国天然香料植物共有400余种；森林饮料是指利用森林植物的果、叶、花等为原料加工制成的具有多种营养成分的天然饮料；森林药材是指森林中具有特殊药用化学成分的植物性药材，我国森林药用植物达5000余种。

我国森林食品的开发利用的发展经历了三个阶段：①一级开发，对我国现有的森林食品资源进行详细的了解，并理清我国现有森林食品资源的种类以及数量，有利于提高森林食品资源的质量，为后续的开发利用提供良好的物质条件。②二级开发，在一级开发的基础上，将森林食品资源进行再加工，从而形成新的产品。③三级开发，对森林食品资源进行更深层次的开发，不断建立完备的加工体系，利用现代化技术手段，对开发和利用工作进行系统化和科学化的分析，从而开发出更加具有特色化的森林食品，从而使得产品的市场价值得以有效的提升，增强市场竞争力。

二、森林食品发展趋势

森林食品资源主要分布于偏远山丘中，这些地区交通不便，开发难度大、运输成本高。目前的森林食品产品中，易于采摘和方便食用的蔬菜和水果占了大多数，深加工的产品很少，使得森林食品的经济价值未能得到充分发挥。另外，由于人们对森林食品的认识有所不足，森林食品产品中一些高价值、高附加值的产品没有得到开发，造成了森林食品产业的经济效益低、应对市场风险差，进而影响了森林食品的进一步开发利用。人类社会过度的开发利用导致的森林面积锐减，森林食品资源也遭受严重危险，可开发利用的森林食品资源逐渐减少。总的来说，森林食品产业目前正面临着三大挑战：①过度开发。在开发利用过程中，人类为了追求利润最大化，不顾后果的毁灭式开发方式导致很多森林食品资源濒临灭绝，这将极大地制约森林食品资源的永续利用。②经济效益低。森林食品开发需要更多科技支撑，目前我国森林食品开发利用方式还比较初级，多数产品都是直接从森林中采收的初级产品，这类产品的经济效益低，而且对原材料的开发利用度也很低，对森林食品资源造成了一定程度的浪费。③产品质量参差不齐。全国各地的森林食品资源差异很大，产品的加工方式也是多种多样，导致产品的质量也存在很大差异，没有完善的质量标准体系，这些产品的质量就得不到保障，这将限制森林食品产业的长远发展。

森林食品资源的开发要以不破坏生态和可持续利用为前提，制定森林食品的保护开发规划。通过开展基础性研究，了解各地森林食品的品种、数量、利用价值和地理条件，掌握不同品种的生长规律和利用途径。同时，各地政府的主管部门按照其自身的区域发展特征，制定详细的管理规划，最大限度地进行保护性开发利用。通过建立健全权责利协调制度，规范产供销一体化经营，切实加强森林资源的可持续发展利用。

我国森林食品产业的经济效益低，主要是由于森林食品开发企业存在技术装备落后、运营资金缺乏、包装落后、深加工的高附加值产品较少等问题。为确保森林食品资源的高效开发利用，各地政府应根据当地实际情况对企业进行合理引导，制定合理的政策，培育林业产业化龙头企业，大力引进各类社会资本和先进技术。森林食品开发企业应着力创立产品的品牌，让森林食品产业走出去，成为具有更强市场竞争力的食品品牌。各地科研机关、农技推广部门和科技人员应当根据产业需求开展一系列的基础性和应用性的研究，通过技术服务、技术参股和技术转让的形式参与森林食品产业的实际经营中，发挥自身的科技优势推动林业产业的技术升级，同时也促进森林食品的科研发展，为下一步的开发利用提供强有力的技术保障。

森林食品资源的开发利用应当考虑国内外形势，首先必须建立完备的、与国际接轨的质量标准体系。在国家统一标准尚未出台前，各地应针对当地的实际情况，制定相应的产品质量标准。积极推进森林有机食品标准化进程，对符合野生有机食品法规和标准要求的野生植物，应加快制定、出台具体品种的有机食品标准，择优实行包括产地环境质量标准，生产技术标准，产品产量标准，产品卫生标准，产品包装，贮藏和运输标准，以及其他相关标准，确保森林有机食品的价值。同时，相关部门也要加强实施森林食品资源的立法管理，制定法律保护森林食品产业，合理地、科学地开发利用，制定森林食品的重金属、农药残留、有害微生物等有害残留的检测标准，保障森林食品的健康发展。让绿色无污染、生态健康的森林食品产业成为新的经济增长源和产业生命力。

第六节　林源天然药物分离、纯化

一、林源药物开发概述

林源药物是指在现代医药理论指导下，从林源药用植物中提取的天然药用物质及其制剂。林源药物的开发在我国有悠久的历史，目前已成为我国经济社会发展的重要产业之一，我国各级政府也纷纷将药用植物开发列为战略产业、支柱产业或新的经济增长点。

天然药物开发的关键技术在于有效成分的分离和纯化。天然药物所含化学成分复杂，含有多种有效成分。对天然药物有效成分的提取，传统的方法主要有溶剂提取法、水蒸气蒸馏法、升华法等。溶剂提取法又包括浸渍法、渗漉法、煎煮法、回流提取法、连续回流提取法、超临界流体萃取技术、超声波提取技术、微波提取技术。超临界流体萃取和超声波提取技术是目前较为高效的提取方法。

超临界流体萃取技术是以超临界流体 CO_2、NH_3、H_2O、C_2H_5OH、C_2H_6 等代替常规有机溶剂，在超临界状态下，将超临界流体与待分离的物质接触，通过控制不同的温度、压力以及不同种类及含量的夹带剂，使超临界流体有选择性地把极性大小、沸点高低和分子量大小的成分依次萃取出来。

超声波提取法是利用超声波来进行空化效应和引发化学反应，形成瞬间空化，高温和局部高压加速药材中有效成分溶解于溶媒中以提高有效成分的提取率。超声提取适用于多种天然药物有效成分的提取，如生物碱、萜类化合物、甾体类化合物、黄酮化合物、糖类化合物、脂质和挥发油等提取。

微波提取技术是通过微波的非电离辐射作用，使天然药物中的极性分子在微波电磁场中快速转向及定向排列，从而实现对天然药物有效成分进行分离的目的。微波提取技术具有选择性高、操作时间短、溶剂耗量少、有效成分得率高的特点，目前已被应用于有机污染物的提取、天然化合物及生物活性成分的提取等方面。

二、林源药物开发发展趋势

药用植物的药效基础是具有生物活性的化学成分，而每一种药用植物中所含的化学成分十分复杂，少则几十种，多则上百种。因此，药物开发的关键在于有效成分的分离、纯化和药理研究。加大对天然药物化学成分的分离和提取的研究力度，技术革新能够为天然药物开发产业提供核心的动力。

随着人们对天然药物开发力度的加强，将会有大量的天然药物资源被消耗，导致天然药物资源的保护成为一项亟待解决的难题。在天然药物开发的过程中，由于人类对天然药用植物资源的过度采挖，造成资源的大量减少甚至枯竭。同时，日益恶化的生态环境使得一些天然药用植物失去了赖以生存的环境和正常的繁殖能力，处于濒危和灭绝状态。科学有效地保护天然药物资源，合理的开发，实现资源的可持续利用，以保障人类健康所必需的物质基础。保护天然药物资源的具体做法有：完善和健全资源保护的相关法律法规；加强宣讲教育力度；寻找珍稀濒危物种的替代品；科学保护与合理开发利用有机结合，保护野生资源及其生态环境；加强国际交流与合作，借鉴国外的先进经验。

天然药物资源的可持续利用是以不破坏环境为前提，以保证现在和将来均能可持续利用为目标，是既要保证实现经济的可持续增长，又要使动植物资源的开发利用不能超过其最大的生态产量；既能使天然药物资源满足当代人最大持久的利益，又要保持其潜力以满足后代人的需求。

第七节　经济林开发利用

一、经济林概述

经济林是指以生产干果、食用油料、饮料、调料、化工原料和药材等为主要目的人工林，其产品包括果实、种子、花、树皮、树叶、树根、树脂、树液、虫胶、虫蜡等。根据产品的用途可以将经济林产品分为以下几种：①木本粮食，如板栗、柿子、枣、银杏及多种栎类树种的种子；②特用产品，如紫胶、橡胶、生漆、咖啡和金鸡纳等；③木本油料，如核桃、茶油、橄榄油、文冠果等木本食用油及桐油、乌桕油等工业用油；④林化、林副产品，主要包括松香、栲胶和栓皮，以及各种药材、纤维原料、芳香油、淀粉、编织原料和食用菌等。我国目前主要开发利用的经济林作物有：油茶（*Camellia oleifera*）、油桐（*Vernicia fordii*）、乌桕（*Sapium sebiferum*）、核桃（*Juglans regia*）、板栗（*Castanea mollissima*）、枣树（*Ziziphus jujuba var. inermis*）、沙棘（*Hippophae rhamnoides*）、杉木（*Cunninghamia lanceolata*）、肉桂（*Cinnamomum cassia*）等。

二、经济林产品开发发展趋势

在各级政府的大力支持下，我国经济林得到快速发展，经济林产品的产量不断上升。总体来看，我国经济林产业正从产量大国到产业强国，并表现出独特的经济林发展态势。我国经济林资源相比于其他国家来说较为丰富，产业前景广阔，经济林区域化初见端倪，趋向于更加合理分布布局、经济林产出产品保险技术的提高以及改变了经济林资源归属等。

我国经济林发展仍然存在一些问题：①经济林品种结构失衡。我国经济林中很大一部分是产量较低、质量低的普通果树林，高质量的特色经济林占比较低。②经济林生产规模化较低。我国经济林的发展并不是规模化生产，而是分散、零散地进行发展。这样的生产模式导致新技术无法大规模推广，同时也造成了经济林产品质量的差异化。要实现经济林的长远发展，首先要实现经济林种植的规模化，其次要因地制宜选择合适的经济作物种植，同时选育新的经济林树种和开发新的栽种技术也是必不可少的。

第八节　林下经济开发利用

一、林下经济概述

林下经济是指以林地资源和森林生态环境为依托，发展起来的林下种植业、养殖业、采集业和森林旅游业，包括林下种植和林下养殖两种基本模式。通过发展林下经济产业，既可以构建稳定的生态系统，增加林地生物的多样性，又能促进当地经济的发展，增加居民的经济收入。充分利用林下资源，提高林业综合效益，进而实现林业资源的可持续发展。根据林下搭配经济作物的不同可以将林下经济的经营模式细分为：林菌模式、林禽模式、林—草复合模式、林药模式、林粮模式、林油模式和林菜模式等。

（1）林菌模式。是利用林分郁闭后形成的湿度大、弱光和恒温的林下环境，在林下种植平菇、香菇、金针菇等食用菌的复合经营模式。林菌复合经营模式的肥料为一些农作物废料，如秸秆、稻草等。菌类能够将秸秆、稻草分解转化为植物所需的无机营养，对于提高土壤肥力和孔隙度有积极的影响，实现农业废料的循环利用。林菌模式所消耗的成本低，经济收益较高，具有十分巨大的市场发展潜力。

（2）林禽模式。在速生林下种植牧草或保留自然生长的杂草，用于养殖家禽。森林为家禽提供适宜的生活环境，而家禽不仅能够消除林下杂草，还能捕食林木害虫，同时家禽的粪便能够提高林下的土壤肥力，促进林木生长。家禽与林木形成良性生物循环链。一些林木能够分泌特殊的化学物质，能够抑制林内的细菌和病毒，能够减弱家禽的疫情，如松柏类树种分泌的芳香气体。松柏类植物分泌的芳香气体主要成分为松萜、柠檬萜，这些物质能够抑制空气中的细菌、病毒，净化空气。

（3）林—草复合模式。在郁闭度较高的林地内，种植紫花苜蓿、黑麦草等优质牧草，能够提高林内空间的利用效率。豆科类的牧草具有固氮根瘤菌，根瘤菌能够固定空气中的氮元素，进而提高土壤肥力。林下种植的牧草不仅能够作为饲料销售提高林下的附加产值，同时也可以放养一些畜禽，能够更好地促进林下产业的经济发展。

（4）林药模式。是在林下空地上间种较为耐阴的白芍、金银花、薄荷、沙参、百合、丹参、白术等药用植物。林木为药用植物提供耐阴条件，以防夏季烈日高温伤害，同时林下间作药材所采用的精耕细作也有利于改良林地土壤理化性质，增加土壤肥力，进而促进林木生长。林药模式不需要很高的技术含量，能够快速地获得林地的附加产值，对于提高农民收入有重要作用。

（5）林粮模式。主要是在林下种植一些粮食作物，通常会以绿豆、豌豆、小麦等低秆作物为主要的配套粮食作物。豆科的农作物具有固氮作用，能够提高林地土壤的肥力，促进林木生长。林粮模式不仅能够提高林业产值，也能够高效地利用林业土地，增加农业耕地面积。

（6）林油模式。是指在林下种植大豆、花生等油料作物。油料作物属于浅根作物，不会与林木争抢水分与肥料，同时可以有效地提高土壤的肥力、提高土壤的保水性能。

（7）林菜模式。是指在林下种植菠菜、辣椒、甘蓝、洋葱、大蒜等蔬菜。在应用这种模式时，应该对林间的光照强度有充分的了解，根据不同蔬菜所需要的光强度科学合理地选择蔬菜进行种植，同时也可以根据不同的季节选择更加适合的蔬菜进行种植。

二、林下经济发展趋势

目前，我国林下经济发展仍处于初级阶段，以初级产品销售为主体，产品的附加值较低，这些都在很大程度上限制了我国林下经济产业的发展。为了实现林下经济的长远发展，我们首先应该了解林地所在的地理条件及气候等条件，通过对这些因素进行研究，科学合理地规划种植、养殖基地以及加工基地，同时建立相关的生产基地，大力依靠生产基地发展更加优良的加工业，建设起一批起点较高、规模较大并且具有良好收益的优良企业，在企业当中进行专业化、基地化、规模化的生产，使生产模式变得更加完善。

为了更好地促进我国林下经济产业的发展，各级政府应该提高对林下产业经济发展的重视程度，从政策方面、技术方面提供支持。相关部门需要制定相应的林下产业经济发展的优惠政策，使企业或者农户能够更加有效地提高自身对于林下经济的主动性，同时增强相关科技方面的投入力度，对经营者、生产者进行相关的技术方面的指导及培训，解决技术方面所存在的难题。

为了更好地提高林下产业经济的发展，应该因地制宜、科学合理地进行布局，以突出产业特色作为原则，进行科学合理的规划，规划出一批规模化生产的林下经济示范基地，使生产与销售能够达成一体化，建立具有特色的林下经济农产品品牌。同时，各级政府应该给予种植户、养殖户更多的鼓励，延伸企业的企业链条，使产业形成一条龙的产业格局。

为了更好地促进林下产业经济发展，林下产业经营者需要不断加强国内外科研院校之间的合作，引进并且更新林下种植技术和养殖技术，根据林下产业的区域性特点，科学合理地对林下产业的规模化养殖区域进行确定，以生态作为基础制定相关的林下养殖标准化生产技术以及相关的生态环境监测与安全评价体系，对林地生态环境进行评价。

第十三章

荒漠化防治

第一节 荒漠化综合防治原理

一、风沙物理学原理

风蚀荒漠化是指在干旱多风的沙质地表条件下，由于人类过度活动的影响，在风力侵蚀作用下，使土壤及细小颗粒被剥离、搬运、沉积、磨蚀等过程，造成地表出现风沙活动为主要标志的土地退化。因此，在制定风蚀荒漠化防治技术措施时，必须依据风蚀荒漠化防治的风沙物理学基本原理。

(一)增大地表粗糙度，降低近地层风速

当风流经地表时，风对地表沙物质产生动压力，使沙粒运动。当风速增大时，风对沙粒产生的作用力就增大；反之，作用力就小。同时，输沙率也受风速大小影响，风速越大，其输沙能力就越大，对地表侵蚀力也越强。因此，只要降低风速就可以降低风的作用力，也可降低风携带沙物质的能量，使沙物质发生堆积。近地表的风受地表粗糙度影响，地表粗糙度越大，对风的阻力就越大，风速就被削弱降低。因此，可以通过植树种草或布设沙障以增大地表粗糙度、降低风速，削弱气流对地面的作用力，以达到固沙和阻沙的作用。

(二)阻止气流对地面直接作用

风及风沙流只有直接作用于裸露地表，才会吹蚀或磨蚀地表沙物质，产生土壤风蚀。因此，可以通过增大植被覆盖度，使植被覆盖地表，或使用柴草、秸秆、砾石等材料铺盖地表，对沙面形成保护层，以阻止风及风沙流与地面的直接接触，可达到固沙作用。

（三）提高沙粒起动风速，增大抗蚀能力

起动风速是指使沙粒开始运动的最小风速。风速必须超过起动风速才能使沙粒随风运动，形成风沙流产生土壤风蚀。因此，可以增加地表沙物质的起动风速，使风速始终小于起动风速，地面就不会产生风蚀作用。起动风速大小与沙物质粒径大小及沙粒之间黏着力存在密切关系。沙物质粒径越大，或沙粒之间的黏着力越强，其起动风速就越大，抗风蚀能力也就越强。所以，可以通过喷洒胶结剂或增施有机肥，改变土壤结构，增加沙粒间的黏着力，提高抗风蚀能力，使得风虽过而沙不起，从而达到固沙作用。

（四）改变风沙流蚀积规律

风速与输沙量存在密切关系，风速越大，输沙能力越强。因此，根据风沙运动规律，我们可以充分利用风速与输沙量之间的关系，变害为利，以风力为动力，通过植物或工程措施控制风速，提高或降低输沙量，改变地表蚀积关系，以固促输，断源输沙，以输促固，开源固沙，以达到防沙治沙的目的。

二、生态学原理

生物治沙作用持久、稳定，成本较低，并可改良流沙理化性质，促进土壤形成过程，改善、美化环境，提供木材、燃料、饲料、肥料等原料，兼具生态效益和经济效益，是风蚀荒漠化防治的重要措施。生物治沙需满足生物成活、生长、发育的必要条件。因此，在制定风蚀荒漠化的生物防治技术措施时，必须依据风蚀荒漠化防治的生态学基本原理。

（一）植物对流沙环境的适应性原理

流沙上分布的天然植物的种类和数量很少，但它们却有规律地分布在一定的流沙环境之中。它们对不同的流沙环境有各自的要求与适应性。这种特性是长期自然选择的结果，是它们对流沙环境具有一定适应能力的反映。严酷的流沙环境对植物的影响是多方面的。其中，干旱和流沙的活动性是影响植物最普遍、最深刻的两个限制因素，是制定各项植物治沙技术措施的主要依据。

1. 植物对干旱的适应性

沙漠化地区的气候和土壤条件，决定了它的干旱性特征。因此，降水量低、蒸发强烈、干燥度大、气候干燥是流沙地区最显著的环境特点。在长期干旱气候条件下，流沙上分布的植物，产生一定的适应干旱的特征。

(1)萌芽快，根系生长迅速而发达。流沙上植物发芽后，主根具有迅速延伸达到稳定湿沙层的能力，同时具有庞大的根系网，可以从广阔的沙层内吸取水分和养分，以供给植物地上部分蒸腾和生长发育需要。

(2)旱生形态结构和生理机能。叶退化，具较厚角质层、浓密的表皮毛，气孔下陷，栅栏组织发达，机械组织强化，贮水组织发达，细胞持水力强，束缚水含量高，渗透压和吸水力高，水势低等。

(3)植物化学成分发生变化。含有乳状汁、挥发油等。挥发油含量与光有密切关系，也即与旱生结构有密切关系。

2. 植物对风蚀、沙埋的适应

沙丘流动性表现在其迎风坡可能遭受风蚀，其背风坡可能遭受沙埋。沙生植物对流沙的适应性，首先表现在抗风蚀和沙埋上。分布于流动沙丘上的植物对风蚀、沙埋的适应能力，根据其适应特征，可归纳为四种类型。

(1)速生型适应。很多沙丘上的植物都具有迅速生长的能力，以适应流沙的活动性，特别是苗期速生更为重要。因为幼苗抗性弱，易受伤害，同时一般认为植物的自然选择过程，主要在发芽和苗期阶段。如沙拐枣、花棒、杨柴等植物，种子发芽后一伸出地面，主根已深入土壤超过10cm；10天后根可达20cm，地上部分高于5cm；当年秋天，根深超过60cm，地径粗约0.2cm，最大植株高大于40cm。主根迅速延伸和增粗，可减轻风蚀危害和风蚀后引起的机械损伤，根越粗固持能力越强，植株越稳定。同时，根越粗风蚀后抵抗风沙流的破坏能力也越大，植株不易受害。而茎的迅速生长，可减少风沙流对叶片的机械损伤危害，以保持光合作用的进行，同时植株越高，适应沙埋的能力也就越强。

属于苗期速生类型的植物包括沙拐枣、花棒、杨柴、梭梭、沙木蓼等。而在沙丘背风坡脚能够安然保存下来的植物，则是那些高生长速度大于沙丘前移埋压的积沙速度的植物，如柽柳、沙柳、杨柴、柠条、油蒿、小叶杨、旱柳、沙枣、刺槐等。苗期速生程度决定于植物的习性，而成年后能否速生与有无适度沙埋条件及萌发不定根能力有关。

(2)稳定型适应。有些沙生植物及其种子，具有稳定自己形态的结构，以适应沙的流动性。如杨柴种子扁圆形，表皮上有皱纹，布于沙表不易吹失，易覆沙发芽，其幼苗地上部分分枝较多，分枝角较大，呈葡匐状斜向生长，对于风沙阻力较强，易积沙而无风蚀，稳定性较好。沙蒿种子小，数量多，易群聚和自然覆沙，种皮含胶质，遇水与沙粒结成沙团，不易吹失，易发芽、生根，植株低矮，枝叶稠密，丛生性强，易积沙等特点适应沙的流动性。这类植物在流沙上全面撒播或飞播后，当年发芽成苗效果较好，苗期易产生灌丛堆效应。

（3）选择型适应。花棒、沙拐枣、沙柳等植物的种子呈圆球形，上有绒毛、翅或小冠毛，易为风吹移到背风坡脚、丘间地、植丛周围等弱风处，通常风蚀少而轻，有一定的沙埋，对种子发芽和幼苗生长有利。植物生长迅速，不定根萌发力强，极耐沙埋，越埋越旺。这类植物能够以自身形态结构利用风力选择有利的环境条件发芽、生长，以适应沙的活动性。

（4）多种繁殖型适应。很多沙生植物，既能有性繁殖，又能无性繁殖，当环境条件不利于有性繁殖时，它就以无性繁殖进行更新，以适应流沙环境。这类植物有杨柴、沙拐枣、红柳、骆驼刺、沙柳、麻黄、沙蒿、白刺、沙竹、牛心朴子、沙旋复花等。

上述四种类型是沙生植物适应流沙风蚀、沙埋的基本类型（或基本特征），但是有些植物可以归属多种适应类型，而属于同种适应类型的不同植物种之间也有强烈差异。此外，需要强调的是，沙生植物对流沙环境活动性的适应途径主要是避免风蚀，适度沙埋。风蚀越深危害越严重，适度沙埋则利于种子发芽、生根，可以促进植物生长，有利于固沙，但过度沙埋则造成危害。

3. 植物对流沙环境变异性的适应

流沙是一个不断发生变化的环境，尤其是在生长植物以后，随着植物的增多，流沙活动性减弱，流沙的机械组成、物理性质、水分性质、有机质含量、土壤微生物种类和数量、水分状况及小气候等均发生变化。随着这种环境的变化，植物的种类、组成、数量和结构也会相应地变化。植物对环境变异的适应性变化，也遵循一定的方向、一定的顺序，是有规律的。这种适应规律也即沙地植被演替规律，这是恢复天然植被和建立人工植被各项技术措施的理论基础。

（二）植物对流沙环境的作用原理

1. 植物固沙作用

植物以其茂密的枝叶和聚积枯落物庇护表层沙粒，避免风的直接作用；同时植物作为沙地上一种具有可塑性结构的障碍物，使地面粗糙度增大，大大降低近地层风速；植物可加速土壤形成过程，提高黏结力，根系也起到固结沙粒作用；植物还能促进地表形成生物土壤结皮，从而提高临界风速值，增强了抗风蚀能力，起到固沙作用。其中，植物降低风速作用最为明显也最为重要。植物降低近地层风速作用大小与覆盖度有关。覆盖度越大，风速降低值越大。

2. 植物的阻沙作用

根据风沙运动规律，输沙量与风速的三次方成正相关。因此，风速被削弱后，搬运能力下降，输沙量就减少。植物在降低近地层风速，减轻地表风蚀的同时，因风速的降低，可使风沙流中沙粒下沉堆积，起到阻沙作用。同时，由于风沙流是一种贴近地表的运动现象。因此，不同植物固沙和阻沙能力的大小，主要取决于近地层枝叶分布状况。近地层枝叶浓密，控制范围较大的植物其固沙和阻沙能力也较强。在乔、灌、草三类植物中，灌木多在近地表处丛状分枝，固沙和阻沙能力较强。乔木只有单一主干，固沙和阻沙能力较小，有些乔木甚至树冠已郁闭，表层沙仍继续流动；多年生草本植物基部丛生也具有固沙和阻沙能力，但比灌木植株低矮，固沙范围和积沙数量均较低，加之入冬后地上部分全部干枯，所积沙堆因重新裸露而遭吹蚀，稳定性较差。

3. 植物改善小气候作用

小气候是生态环境的重要组成部分，流沙上植被形成以后，小气候将得到很大改善。在植被覆盖下，反射率、风速、水面蒸发量显著降低，相对湿度提高。而且随植被盖度增大，对小气候影响也越显著。小气候改变后，反过来影响流沙环境，使流沙趋于固定，加速成土过程。

4. 植物对风沙土的改良

植物固定流沙以后，大大加速了风沙土的成土过程。植物对风沙土的改良作用，主要表现在以下几个方面：第一，机械组成发生变化，粉粒、黏粒含量增加；第二，物理性质发生变化，比重、容重减小，孔隙度增加；第三，水分性质发生变化，田间持水量增加，透水性减慢；第四，有机质含量增加；第五，N、P、K 三要素含量增加；第六，碳酸钙含量增加，pH 值提高；第七，土壤微生物数量增加。

第二节　防沙治沙关键技术

一、生物治沙技术

(一)封沙育林育草恢复天然植被

封沙育林育草恢复天然植被是指在干旱、半干旱地区原有植被遭到破坏或有条件生长植被的地段，实行一定的保护措施（如设置围栏），建立必要的保护组织（如护林站），把一定面积的地段封禁起来，严禁人畜破坏，给植物以繁衍生息的时间，逐步恢复天然植被的治沙方法，主要包括全封、半封和轮封三种类型。在封沙育林育草过程中，需要考虑的主要技术环节包括封育规划制定、封育设计（外业调查、内业设计）、封育实施、封育成效调查、建立固定标准地和技术管理档案。封育恢复植被是非常有效又成本最低的措施。据计算，封育成本仅为人工造林的1/20（灌溉）至1/40（旱植），为飞播造林的1/3，可在干旱、半干旱、亚湿润地区推广。封育同时可以人工补种、补植、移植和加强管理，加速生态逆转。植被恢复到一定程度可进行适当利用。

封沙育林育草面积大小与位置需要考虑实际需求和条件，封育时间长短要看植被恢复的情况。封育要重视时效性，封育区必须存在植物生长的条件，有种子传播、残存植株、幼苗、萌芽、根蘖植物的存在。确实不具备植物生长条件，则植物难以恢复。在以往植被遭到大面积破坏，或存在植物生长条件，附近有种子传播的广大地区，都可以考虑采取封育恢复植被的措施加以改善生态环境。封育不仅可以固定部分流沙地，更可以恢复大面积因植被破坏而衰退的林草地，尤其是因过牧而沙化退化的牧场。因此，这一技术在恢复建设植被方面有重要意义。

（二）飞机播种造林种草固沙

飞播是指使用飞机播种造林种草、恢复植被的技术，是治理风蚀荒漠化土地的重要措施，也是绿化荒山荒坡的有效手段。具有速度快、用工少、成本低、效果好的特点，尤其对地广人稀、交通不便、偏远荒沙、荒山地区恢复植被意义更大。

（1）飞播植物种子选择。流动沙丘迎风坡有剧烈风蚀，背风坡有严重沙埋。因此，飞播植物种子易发芽，生长快，根系扎得深。地上部分有一定的生长高度及冠幅，在一定的密度条件下，形成有抗风蚀能力的群体。同时，还要求植物种子、幼苗适应流沙环境，能忍耐沙表高温。

（2）飞播种子发芽条件及种子处理。飞播在沙表的种子能否顺利发芽与地表性质、粗糙度、小气候及种子大小、形状等许多因素有关。种子发芽需要有一定的温度、水分条件和氧气。一般来说，飞播期温度较为适宜，氧气也仅需注意部分种子处理时的透气性。因此，种子发芽的关键是水分条件，这一点在播期中讨论。同时，在流动沙丘上，为防止某些体积大而轻的种子（如花棒）被风吹跑发生位移，可进行种子丸化，即在种子外面包上一层黏土，使种子重量增加5~6倍。这种处理不影响种子发芽，但能大大提高种子抗风能力，防止位移，提高了飞播成效。但是增加了重量和体积对飞播来说也有其不利的一面。

（3）飞播期选择。适宜的飞播期要保证种子发芽所必需的水分、温度条件和苗木生长足够的生长期，使种子能迅速发芽从而减少鼠害、虫害，又能使苗木充分木质化以提高越冬率，还能保证苗木生长一定的高度和冠幅，满足防蚀的需要。适宜播期还要考虑种子发芽后能避开害虫活动盛期，减少幼苗损失。为保证播后降雨，必须研究该区气候，搞清播期降雨保证率。利用气象站长期资料进行统计，以保证播后有雨和阴天使种子发芽。

（4）飞播量的确定。播量大小影响造林密度、郁闭时期、林分质量、防护效益，在一定程度上决定着飞播成败。对流沙飞播来说，第一年幼苗密度影响到能否消弱风力，减轻风蚀，最终影响飞播成败。每种飞播植物当年生长季末都要达到一定高度和冠幅，要使沙丘由风蚀转变为沙埋，还要求苗木有一定密度。根据这一密度并参考其他因素合理确定播量是沙地飞播成功的关键因素之一。单位面积播种量，除必需的幼苗密度外，还要考虑种子纯度、千粒重、发芽率、苗木保存率和鼠虫害损失率等。

（5）飞播区立地条件选择。飞播区立地条件是影响飞播成效的重要因素。一般来说，流动沙地基本上可分为两大类型：一种是沙丘高大密集，沙丘间低地较窄，地下水较深；另一种是沙丘比较稀疏，丘间地较宽阔，地下水较浅。后者水分条件较好，飞播出苗率、保存率高，植株生长量大，易形成大面积幼苗群体，因而飞播成效高；前者则相反。

（6）兔鼠虫病害的防治。飞播后，种子和幼苗常常受到兔鼠虫病害的威胁。如花棒等豆科植物种子受鼠虫害较严重，小面积播种可能受害90%以上，大面积播种种子受害达13%~64%。花棒、杨柴发芽后受大皱鳃金龟子危害严重，该虫活动高峰正值种子发芽期。其幼虫在地下危害根系。兔害在播种当年结冻前及次年解冻后，可成片咬断受风蚀的幼株，受害率可达17%~31%。因此，对兔鼠虫害必须防治。

（7）飞播区的封禁管护。飞播后，播区要严加封禁保护，防止人畜破坏。只有把播区封禁起来，幼苗才能顺利成长，并促进自然植被的恢复，加上飞播植物以后的更新，最终恢复播区植被。管护工作除保护播区防止人畜破坏，还可移密补稀。但需强调的是，飞播区也不能一封了之。一般来说，沙柳、杨柴、柠条、沙木蓼等常见沙生植物每3~5年需平茬复壮，若不平茬复壮则面临衰退死亡风险，可结合实际需求和条件适度利用。

（8）飞播作业。播前要做好各项准备工作，设计人员要绘制详细的飞播作业图和播区位置图提供给机组人员。飞播作业图应附作业计划表，标明按航带号顺序的每架次植物种、播种面积、播量，各航带用种量，每架次装种量，作业方式。图上绘出播区位置桩号平面图。机组人员播前到现场踏察，熟悉情况，试航，然后可正式飞播。

航向是指播带方向，考虑到风对飞播的影响，航向应与主风向一致。作业方式为单程式、复程式、交叉式三种。根据播带长短、每架次播种的带数来确定飞行方式。

单程式：每架次所载种子仅单程播完一带。适用播量大，播带长的播区。复程式：每架次所载种子可往返播两带或多带，适用播量小，种子小的播区。交叉式：交叉播时，播种地覆盖两次种子，每次用种子一半，第二次和第一次成直角飞行，可保证种子分布更均匀。

影响播幅的因素很多，如果其他因子相同，航高提高可加大播幅。但是播小粒种子易受风速影响，故播幅要小，航高要低。籽蒿、沙打旺小粒种子，航高 50~60m，大粒种子花棒航高 70~80m。飞播撒种不均匀，中间密，两边稀，为提高均匀度，播带两边要增加 20%~30% 重叠系数。

（三）人工造林种草固沙技术

在荒漠化地区通过植物播种、扦插、植苗造林种草固定流沙是最基本的措施。流沙治理的重点在沙丘迎风坡，这个部位风蚀严重，条件最差，占地多，最难固定，解决了迎风坡的固定，整个沙丘就基本固定。经过研究与实践，在草原地区的流动沙丘迎风坡可通过不设沙障的直接植物固沙方法来解决。

1. 直播固沙

直播是用种子作材料，直接播于沙地建立植被的方法。直播在干旱风沙区有更多的困难，因而成功的几率相对更低。这主要是因为种子萌发需要足够的水分，但在干沙地通过播种深度调节土壤水分的作用却很小，覆土过深难以出苗；适于出苗的播种深度沙土极易干燥；播种覆土浅，风蚀沙埋对种子和幼苗的危害比植苗更严重，且播下的种子也易受鼠、虫、鸟的危害。直播也有许多优点，如直播施工远比栽植过程简单，有利于大面积植被建设。直播省去了烦琐的育苗环节，大大降低了成本；直播苗根系未受损伤，发芽生长开始就在沙地上，不存在缓苗期，适应性强尤其在自然条件较优越的沙地，直播建设植被是一项成本低，收效大的技术。

从直播技术上，选择适宜的植物种、播期、播量、播种方式、覆土厚度，此外采取有效的配合措施都可以提高播种成效。就播期来看，四季都可进行直播，生产的季节限制性比植苗、扦插小得多。但适宜的播期要求详见飞播播期部分。我国西北地区 7~9 月降水集中，风蚀沙埋、鼠兔虫害均较轻，对直播出苗有利。但当年生长量较小，木质化程度低，次年早春抗风力弱，保苗力差。为延长生长季提至 5 月下旬至 6 月上旬，也有保证播种成功的降水条件而获得好效果。

播种方式分为条播、穴播、撒播三种。条播按一定方向和距离开沟播种，然后覆土。穴播是按设计的播种点(或行距穴距)挖穴播种覆土。撒播是将种子均匀撒在沙地表面，不覆土(但需自然覆沙)。条播、穴播容易控制密度，因播后覆土，种子稳定，不会位移，种子应播在湿沙层中。条播播量大于穴播，以后苗木抗风蚀作用也比穴播强，如风蚀严重，可由条播组成带。撒播不覆土，播后至自然覆沙前在风力作用下，易发生位移，稳定性较差，成效更难控制，播大、圆、轻的种子需要大粒化处理。

播种深度即是覆土深度，这是一个非常重要的因素，常因覆土不当导致造林种草失败。一般根据种子大小而定，沙地上播小粒种子，覆土 1~2cm，如沙打旺、沙蒿、梭梭等。播大粒种子应覆土 3~5cm，如花棒、杨柴、柠条等，过深影响出苗。对于出苗慢的草树种实际上在沙地上播种是不适宜的。

播量当然是一个重要因素，上述三种播种方式，撒播用种最多，浪费大；穴播用种最少，最节省种子；条播用种量居中。但这里讲直播固沙，需适当密些，播量要保证。

2. 植苗固沙

植苗(即栽植)是以苗木为材料进行植被建设的方法。由于苗木种类不同，植苗可分为一般苗木、容器苗、大苗深栽三种方法。此处只讨论一般苗木栽植固沙方法。一般苗木多是由苗圃培育的播种苗和营养繁殖苗，有时也用野生苗。由于苗木具完整的根系，有健壮的地上部分，因此适应性和抗性较强，是沙地植被建设应用最广泛的方法。但从播种育苗、起苗、假植、运输、栽植，工序多，苗根易受损伤或劈裂，也易风吹日晒使苗木特别是根系失水，栽植后需较长缓苗期，各道工序质量也不易控制，大面积造林更为严重。常常影响成活率、保存率、生长量。因此，要十分重视植苗固沙造林的技术要求。

(1)苗木质量。它是影响成活率的重要因素，必须选用健壮苗木，一般固沙多用一年苗。苗木必须达到标准规格，保证一定根长（灌木30～50cm）、地径、地上高度。根系无损伤、劈裂，过长、损伤部分要修剪。不合格的小苗、病虫苗、残废苗坚决不能用来造林。

（2）苗木保护。从起苗到定植前要做好苗木保护。起苗时要尽量减少根系损伤，因此，起苗前1～2天要灌透水，使苗木吸足水分，软化根系土壤，以利起苗。起苗必须按操作规程保证苗根一定长度，机器起苗质量较有保证。沙地灌木根系不易切断，必须小心操作，防止根系劈裂。要边起苗边拣边分级，立即假植，去掉不合格苗木，妥善地包装运输，保持苗根湿润。

（3）苗木定植。将健壮苗木根系舒展地植于湿润沙层内，使根系与沙土紧密结合，以利水分吸收，迅速恢复生活力。

一般多用穴植，要根据苗木大小确定栽植穴规格，能使根系舒展不致拳曲，并能伸进双脚周转踏实，穴的直径一般不小于40cm。穴的深度直接影响水分状况，我国半荒漠及干草原沙区，40cm以下为稳定湿沙层，几乎不受蒸发影响。因此，穴深要大于40cm。对于紧实沙地，加大整地规格对苗木成活和生长发育大有好处。

定植前苗木要假植好，栽植时最好将假植苗放入盛水容器内，随栽随取，以保持苗根湿润。取出苗木置于穴中心，理顺根系后填入湿沙，至坑深一半时，将苗木向上略提至要求深度（根茎应低于干沙表5cm以下），用脚踏实，再填湿沙，至坑满，再踏实（如有灌水条件，此时应灌水，水渗完后）覆一层干沙，以减少水分蒸发。

3. 扦插造林固沙

很多植物具有营养繁殖能力，可利用营养器官（根、茎、枝等）繁殖新个体，如插条、插干、埋干、分根、分蘖、地下茎等，在沙区植被建设中，人们采用上述多种培育方法。其中应用较广、效果较大的是插条、插干造林，简称扦插造林。扦插优点是方法简单，便于推广；生长迅速，固沙作用大；就地取条、干，不必培育苗木。适于扦插造林的植物是营养繁殖力强的植物，沙区主要是杨、柳、黄柳、沙柳、柽柳、花棒、杨柴等。尽管植物种不多，但在植被建设中作用很大，沙区大面积黄柳、沙柳、高干造林全是扦插发展起来的。

（1）选插条（穗）。从生长健壮无病虫害的优良母树上，选1～3年生枝条，插条长40～80cm，条件好用短插条，条件差用长插条；粗1～2cm，于生长季结束到次年春树液流动前选割。用快刀一次割下，上端剪齐平，下端马蹄形，切口要光滑。

（2）插条(穗)处理。立即扦插效果较好；插条采下后浸水数日再扦插有利于提高成活率。若插穗需较长时间存放，可用湿沙埋藏；用刺激素（ABT等)进行催根处理可加速生根，提高成活率，促进嫩枝生长。

（3）造林季节和方法。一般在春秋两季扦插，多用倒坑栽植，随挖穴随放入插条(勿倒放)，后挖取第二坑湿沙填入前坑内，分层踏实。再将第三坑湿沙填入第二坑，如此效率较高。插深多与地面平，沙层水分较差及秋插则低于地表 3~5cm。

二、机械沙障治沙技术

机械沙障是采用柴、草、树枝、黏土、卵石、板条等材料，在沙面上设置各种形式的障碍物，以此控制风沙流动的方向、速度、结构，改变蚀积状况，达到防风阻沙、改变风的作用力及地貌状况等目的，统称机械沙障。机械沙障在治沙中的地位和作用是极其重要的，是植物措施无法替代的。在自然条件恶劣地区，机械沙障是治沙的主要措施，在自然条件较好地区，机械沙障是植物治沙的前提和必要条件。通过多年来我国治沙生产实践的总结表明，机械沙障和植物治沙相辅相成，发挥着同等重要的作用。

（一）机械沙障的类型

机械沙障按防沙原理和设置方式方法的不同划分为两大类：平铺式沙障和直立式沙障。平铺式沙障按设置方法不同又分为带状铺设式和全面铺设式。直立式沙障按高矮不同又分为：高立式沙障，高出沙面 50~100cm；低立式沙障，高出沙面 20~50cm(此类也称半隐蔽式沙障)；隐蔽式沙障，几乎全部埋入，与沙面平或稍露障顶。直立式沙障还可按透风度不同分为：透风式、紧密式、不透风式三种结构型。

（二）沙障设计的技术指标

1. 沙障孔隙度

沙障孔隙度是指沙障孔隙面积与沙障总面积的比。孔隙度越小，沙障越紧密，积沙范围越窄，沙障很快被积沙所埋没，失去继续拦沙的作用。反之，孔隙度越大，积沙范围延伸得越远，积沙作用也大，防护时间也长。为了发挥沙障较大的防护效能，在障间距离和沙障高度一定的情况下，沙障孔隙度的大小应根据各地风力及沙源情况来具体确定。一般多采用25%~50%的透风孔隙度。风力大的地区，而沙源又小的情况下孔隙度应小，沙源充足时，孔隙度应大。

2. 沙障高度

一般在沙地部位和沙障孔隙度相同的情况下，积沙量与沙障高度的平方成正比。沙障高度一般设 30~40cm，最高有 1m 就够了。

3. 沙障的方向

沙障的设置应与主风方向垂直，通常在沙丘迎风坡设置。设置时先顺主风方向在沙丘中部划一道向轴线作为基准，由于沙丘中部的风较两侧强，因此，沙障与轴线的夹角要稍大于 90°而不超过 100°，这样就可使沙丘中部的风稍向两侧顺出去。若沙障与主风方向的夹角小于 90°，气流易趋中部而使沙障被掏蚀或沙埋。

4. 沙障的配置形式

沙障的一般配置形式有行列式、格状式、人字形、雁翅形、鱼刺形等，主要是行列式和格状式两种。其中，行列式配置多用于单向起沙风为主的地区；格状式配置则多用于风向不稳定，除主风外尚有较强侧向风的沙区或地段。

5. 沙障的间距

沙障间距即相邻两条沙障之间的距离。该距离过大，沙障容易被风掏蚀损坏，距离过小则浪费材料，因此，在设置沙障前必须确定沙障的行间距离。

沙障间距与沙障高度和沙面坡度有关，同时还要考虑风力强弱。沙障高度大，障间距应大，反之亦然。沙面坡度大，障间距应小，反之，沙面坡度小，障间距应大。风力弱处间距可大，风力强时间距就要缩小。

6. 沙障类型及设障材料的选用

不同类型的沙障有不同的作用，选用沙障类型应根据防护目的因地制宜地灵活确定。如以防风蚀为主，则应选用半隐蔽式沙障；以载持风沙流为主，选用透风结构的高立式沙障为宜。选用沙障材料时，则主要考虑取材容易、价格低廉、固沙效果良好、副作用小，一般多采用麦草、板条、砾石和黏土等较易取得的材料。

第三节 石漠化综合治理

一、石漠化概念与内涵

喀斯特又称岩溶，作为一种特殊地貌过程和现象，原是前南斯拉夫西北部伊斯特里亚半岛石灰岩高原的地名，意为岩石裸露的地方，那里有各种奇特的石灰岩地形。

石漠化指在岩溶极其发育的自然背景下，受人为活动干扰，使地表植被遭受破坏，导致土壤严重流失，基岩大面积裸露或砾石堆积的土地退化现象，也是岩溶地区土地退化的极端形式。

二、石漠化类型与分布

(一)石漠化类型划分

我国将岩溶地区土地类型划分为非石漠化土地、潜在石漠化土地、轻度石漠化土地、中度石漠化土地、重度石漠化土地和极重度石漠化土地。具体分类方法如下：

(1)符合下列条件之一的为非石漠化土地：①基岩裸露度(或石砾含量)<30%的有林地、灌木林地、疏林地、未成林造林地、无立木林地、宜林地；②苗圃地、林业辅助生产用地；③基岩裸露度(或石砾含量)<30%的旱地；④水田；⑤基岩裸露度(或石砾含量)<30%的未利用地；⑥建设用地；⑦水域。

(2)潜在石漠化土地为基岩裸露度(或石砾含量)≥30%，且符合下列条件之一的：①植被为乔灌草型、乔灌型、乔木型和灌木型，植被综合盖度≥50%的有林地、灌木林地；②植被为草丛型，植被综合盖度≥70%的牧草地、未利用地；③梯土化旱地。

(3)基岩裸露度(或石砾含量)≥30%，且符合下列条件之一者为石漠化土地：①植被为乔灌草型、乔灌型、乔木型和灌木型，植被综合盖度<50%的有林地、灌木林地，以及未成林造林地、疏林地、无立木林地、宜林地、未利用地；②植被为草丛型，植被综合盖度<70%的牧草地、未利用地；③非梯土化旱地。依据评定因子及指标又将石漠化程度分为：轻度、中度、重度和极重度四个等级。评定石漠化程度的因子包括基岩裸露程度、植被综合盖度、植被类型和土层厚度，各评定因子及指标评分见

表 13-1 ~ 表 13-5。

表 13-1　基岩裸露度评分标准

基岩裸露度	程度	30%~39%	40%~49%	50%~59%	60%~69%	≥70%
	评分	20	26	32	38	44

表 13-2　植被类型评分标准

植被类型	类型	乔木型	灌木型	草丛型	旱地作物型	无植被型
	评分	5	8	12	16	20

表 13-3　植被综合盖度评分标准

植被综合盖度	程度	50%~69%	30%~49%	20%~29%	10%~19%	<10%
	评分	5	8	14	20	26

注：旱地农作物植被综合盖度按 30%~49% 计。

表 13-4　土层厚度评分标准

土层厚度	程度	Ⅰ级（<10cm）	Ⅱ级（10~19cm）	Ⅲ级（20~39cm）	Ⅳ级（>40cm）
	评分	1	3	6	10

表 13-5　石漠化程度评分标准

综合评分	程度	轻度	中度	重度	极重度
	评分	≤45	46~60	61~75	>75

（二）石漠化分布

1. 全球喀斯特分布

由岩溶作用（或喀斯特作用）所形成的地下形态和地表形态，就称为岩溶地貌或喀斯特地貌。喀斯特地貌在地球表面广泛分布，全世界陆地上岩溶分布面积接近 2200 万 km^2，约占地球陆地表面积的 15%，居住着约 10 亿人口，主要集中在低纬度地区，包括东南亚、中国西南、中亚等地区。

2. 中国石漠化分布和分区

我国岩溶地貌分布广泛，除了南方喀斯特区外，华北、东北、蒙新及青藏高原等区域也发育有岩溶地貌。但其中以西南岩溶地貌面积最大也最为典型，碳酸盐岩出露面积超过了 50 万 km^2，是全球喀斯特集中分布区中面积最大、岩溶发育最强烈的典型地区。

根据 2018 年 11 月国家林业局公布的中国岩溶地区石漠化状况公报，我国西南 8 省份岩溶地区石漠化土地总面积为 1007 万 hm^2，占岩溶面积的 22.3%，占区域国土面积的 9.4%。其中，贵州省石漠化土地面积为 247 万 hm^2，占石漠化土地总面积的 24.5%，是 8 个省份中面积和占比最大的；云南、广西、湖南、湖北、重庆、四川和广东 7 个省份石漠化土地面积分别为 235.2 万 hm^2、153.3 万 hm^2、125.1 万 hm^2、96.2 万 hm^2、77.3 万 hm^2、67 万 hm^2 和 5.9 万 hm^2。石漠化程度以中、轻度为主，轻度石漠化土地面积为 391.3 万 hm^2，占石漠化土地总面积的 38.8%；中度石漠化土地面积为 432.6 万 hm^2，占 43%；重度石漠化土地面积为 166.2 万 hm^2，占 16.5%；极重度石漠化土地面积为 16.9 万 hm^2，占 1.7%。

石漠化分布集中在长江、珠江等流域，其中，长江流域石漠化土地面积为 599.3 万 hm^2，占石漠化土地总面积的 59.5%；珠江流域石漠化土地面积为 343.8 万 hm^2，占 34.1%。

《岩溶地区石漠化综合治理规划大纲（2006—2015 年）》提出了我国南方石漠化治理工程分区，将我国南方喀斯特地区分为 8 个石漠化综合治理区，分别是中高山、岩溶高原、峰林平原、峰丛洼地、岩溶断陷盆地、岩溶槽谷、岩溶峡谷、溶丘洼地石漠化综合治理区。

三、石漠化形成与成因

石漠化的形成以强烈的人为活动为主导，人为因素与自然、环境、生态和地质背景共同作用的结果，其成因包含自然因素和人为因素两个方面。

（一）自然因素

1. 可溶性的基岩特征

碳酸盐岩是石漠化形成的物质基础。碳酸盐岩以石灰岩和白云岩为主，主要成分是 $CaCO_3$ 和 $CaMg(CO_3)_2$。碳酸盐岩石的风化是以强烈的化学溶蚀为主，绝大部分物质如 CaO、MgO 都在溶蚀过程中形成碳酸氢钙、$MgCO_3$ 随水流失，致使碳酸盐岩分布区岩溶十分发育，基岩大面积裸露，土被零星浅薄，水土漏失加剧。

2. 强烈的岩溶侵蚀过程

强烈的岩溶化学侵蚀过程从两个方面促进石漠化的形成和发展：一方面，较快的溶蚀速度降低碳酸盐岩的造土能力；另一方面，强烈的岩溶化学侵蚀过程，不利于表层水土的保持，加速石漠化的形成和发展。

3. 湿润多雨的气候条件

降水的动力作用是石漠化形成的又一主要因素。西南地区降水时空分布不均，降水多集中在 5~9 月，丰沛而集中的降水为石漠化形成提供了强大的侵蚀动能，破坏了岩溶地表植被，加速了岩溶地表的土壤侵蚀。

4. 陡峻的地形与地貌

西南喀斯特地区陡峻而破碎的地貌，为石漠化形成提供了侵蚀势能，高山低地、崎岖不平、切割深的地形轮廓利于降水的流失，且加大了降水对土壤的侵蚀。

5. 易于流失的土壤

强烈的土壤侵蚀导致土被丧失、植被退化、岩石裸露，最终形成土地石漠化。

6. 脆弱的植被生长环境

喀斯特山区是一种典型的钙生环境，组成其生态环境基底的化学元素具有富钙亲石特性，这种钙生性环境对植物具有强烈的选择性。而且该区域土层浅薄，岩体裂隙、漏斗发育，地表严重干旱，环境严酷，对植物生长具有极大的限制作用。因此，我国喀斯特地区适应生存的物种主要是一类耐贫瘠喜钙的岩生性植物群落，群落结构相对简单，生态系统稳定性差，容易遭受破坏。

（二）人为因素

1. 人口快速增长

自明清以来，我国西南岩溶地区人口快速增长，尤其是清雍正时期的人口迁移政策使得贵州等地区的人口暴增，西南岩溶地区的土地生产潜力不高或很低，能供养的人口比较少，多数地区的人口密度已大大超出可承载的人口容量。

2. 不合理的土地利用

西南岩溶地区目前仍然存在广泛的不科学合理的耕作方式和作物布局，如"刀耕火种"、陡坡耕作、广种薄收、单一种植模式等，这些都造成耕作区的地表土壤极易流失，导致生产力逐年下降，直至土地丧失耕作价值，最终形成石漠化。

3. 乱砍滥伐与过度放牧

由于历史原因和地域差异，有些岩溶山区至今还保留一些不合理的生活习惯，如樵采、集群放牧、放火烧山等，在某些地区造成了植被的毁灭性破坏。此外，一些工矿区建设工程中缺乏科学规划、监督管理和保护不到位，随意开采挖掘、乱堆乱放废弃碎石等，也会导致植被遭到破坏，水土流失严重，基岩裸露，也最终导致石漠化。

四、石漠化综合治理

岩溶石漠化综合治理历年来均受到国家高度重视，党的十九大报告中明确提出"推进石漠化治理"，我国从 2008 年开始实施大规模的岩溶石漠化综合治理工程，石漠化综合治理对于我国的经济社会发展、生态文明建设和精准扶贫具有重要意义。

(一)防治目标

石漠化防治总目标是保护和改善生态环境，协调人类活动影响，消除贫困，实现石漠化地区环境、经济、社会的可持续发展。

(二)防治原理

1. 石漠化防治的实质是解决岩溶地区人与资源的矛盾

停止干扰和改变干扰方式是石漠化治理的前提，石漠化防治的实质就是解决岩溶地区人与资源的矛盾，土地退化是矛盾的表现，这是石漠化土地系统治理的核心问题。

2. 保护现有植被和促进植被恢复是石漠化防治的根本途径

从石漠化形成过程和各种干扰类型特征分析可知，尽管干扰目的多种多样，但植被是干扰的直接对象，土地系统因植被子系统的退化而引起土壤子系统、环境子系统的退化而最终退化，保护现有植被和促进植被恢复是石漠化防治得根本途径。

3. 因地制宜，分区治理

为提高治理成效，需要根据区域内岩溶生态环境特征、自然气候条件、石漠化成因、社会经济状况、石漠化的可治理性以及治理措施的差异性和生态功能定位，对治理区进行分区，根据分区科学合理地确定治理工程布局，因地制宜地安排治理模式和技术措施。

4. 坚持以小流域为单元进行综合治理

岩溶山区受地质、地貌条件的制约，被分割成许多在短距离内气候、水文、生态等方面有较大差距的单元小流域。每个单元流域相对独立，且单元流域是岩溶山区生态系统和经济系统相互耦合而成的复合系统，石漠化防治必须从这两方面同时进行。

(三)综合治理技术

石漠化综合治理包括生物治理技术、工程治理技术及其他治理技术。

1. 生物治理技术

生物治理技术主要针对石漠化区的植被恢复并不断发展形成的技术体系,主要包括封山护林、封山育林、人工造林、低效林改造及生态农业建设。

(1)封山护林(植被管护)。在西南岩溶地区石漠化治理中,可结合我国天然林保护、重点生态公益林建设等生态工程进行实施。

(2)封山育林(草)。封山育林(草)是一种遵循自然规律,以封禁为基本手段,充分利用自然恢复能力,模拟利用自然规律的技术措施。

(3)人工造林(种草)、适生性物种优化配置与仿自然群落构建。人工干预的石漠化治理与植被恢复,选择适生的物种进行优化配置,提高成效,为了使退化的植被得到快速恢复,并兼顾当地群众的利益,还要尽可能地构建对当地生态条件最为适应的仿自然群落。

(4)低效林改造。对于林分生长缓慢,防护与经济效益差的林分,在保证生态环境不恶化的前提下,对乔木树种进行采伐,选择生态效益、经济效益好的目的树种进行更新,培育符合经营目标的林分。

(5)生态农业建设。为了增加生态系统的稳定性,可采用等高耕种,按照现代农业的耕种模式,实施节水保水技术、地膜覆盖技术、保墒技术、修建生物篱等一系列的防治水土流失、防止石漠化扩展的技术与措施,并大力推广农林、农药、农牧混合经营模式。

2. 工程治理技术

工程治理技术主要包括基本农田建设、水资源开发利用、农村能源建设和水保基础设施建设,以下分别论述各技术的内容和效用。

(1)基本农田建设。以土地整理、水土保持为中心任务,结合坡改梯、中低产田改造、兴修小水利、推广节水灌溉和水土保持工程。其基本思路是:工程、生物、化学和农耕农艺措施结合,山水田林路综合治理,建立健全农田排灌渠系和坡面水系,控制和减少水土流失。

(2)水资源开发利用。西南岩溶地区的地表、地下为二元结构,地下岩溶发育,导致地表水漏失严重,蓄水条件差,岩溶石漠化区水资源的开发要采取地表水—地下水综合利用的措施。

(3)农村能源建设。石漠化地区的沼气能源主要靠养殖和种植获得,因此,发展沼气要和发展林果业和养殖业配套发展,把发展沼气同退耕还林、封山育林、植树造林和发展养殖业结合起来，施行"养殖—沼气—种植"三位一体的发展模式。

（4）水土保持基础设施建设。西南岩溶区水土保持工程设施较少，远不能满足石漠化治理的需要，需加大力度进行建设。特别是要加强地下水河水系统的水保基础设施建设，其中，主要包括落水洞口沉砂工程、落水洞疏通排洪工程、地下河拦沙工程等基础设施。

3. 其他治理技术

（1）加大生态移民力度。石漠化产生的根本原因在于石漠化地区的人口远超其土地合理生态承载力，导致人地矛盾、人水矛盾突出。将石漠化地区的人口进行异地搬迁，对搬迁的人口进行专业技能培训，提高农民素质与就业能力，降低对石漠化土地的依赖度与扰动，促进岩溶地区的植被恢复。

（2）开展人工种草养畜，减少野外放养。在岩溶地区推进草地畜牧业的发展，规范牲畜放养制度，是解决岩溶地区农村贫困与生态退化的有效途径。

（3）合理利用岩溶景观资源，加大旅游开发力度。通过整合岩溶地区的自然资源和人文景观资源，采取招商引资、承包经营等途径，开拓旅游开发市场，转变当地直接依赖土地生产的发展模式，实现区域的可持续发展。

（4）扶贫开发及产业建设。在保护岩溶地区生态状况的前提下，加快产业调整步伐，促进当地经济社会发展，实现农村的脱贫致富。

（5）自然保护技术。结合我国岩溶石漠化地区的自然、社会经济状况，建立各种类型自然保护区。

（6）生态意识培育。提高群众的生态环保意识；提高区域群众的文化与生态素质；增加群众的种养技术水平，防治水土流失，减缓土地退化。

五、石漠化治理国际合作

自1990年以来，以我国岩溶科学家们为核心的国际团队连续实施了联合国教科文组织（UNESCO）6个IGCP国际岩溶地质对比计划，形成广泛且稳定的国际岩溶研究团队，约40个国家的200余位科学家参与项目，开展富有成效的国际合作研究，为促进中国石漠化治理提供了重要科技支撑。2008年联合国教科文组织"国际岩溶研究中心"成立并落户中国桂林，致力于在全球范围内更好地理解岩溶系统，以保持脆弱的岩溶环境的良性生态循环，促进岩溶地区的社会和经济可持续发展，服务我国石漠化综合治理工程。目前，中国岩溶石漠化治理研究方面与国外著名研究机构建立长期战略合作关系，积极开展全方位、多层次的国际科技合作与交流。由于中国南方喀斯特多样的地形地貌，贵州荔波、云南石林、重庆武隆三个地区组成的"中国南方喀斯特"被列入世界自然遗产。目前，我国科学家在岩溶石漠化研究领域已处于国际领先地位，具备牵头和主导该领域研究和国际合作的能力。

第十四章

自然保护地管理

第一节　自然保护产生与发展

一、自然保护思想的演变

我国在秦汉时期就已形成了较为完备的自然保护思想，但由于缺乏对自然的科学认识，许多违背自然规律的建设行为和耕作方式依然存在。例如，西汉时期河西走廊的游牧民族"逐水草迁徙，无城郭常居耕田之业"，武帝时期开始进行大规模的屯垦，农业进而代替畜牧业，河西走廊成了当时经济文化最发达的地区，最终在唐代形成"天下富庶，无如陇右"的场面，可是建立在过度垦殖基础上的繁荣，也是河西走廊衰落的开始。唐代以后，河西走廊一带经济迅速衰退，沙化日益严重。由于古时社会不稳、政治动乱、毁林开荒、大兴土木等原因，产生了许多对自然资源程度不同的粗放利用方式。随后至清代时期，北方设立皇家猎苑，虽然该区域内的动植物得到了较好的保育，但这种保护形式并未形成真正意义上的自然保护区域。鸦片战争后期，外国列强的入侵对我国的森林、矿产、建筑景观等自然文化资源造成了空前的损害。民国时期，沙皇俄国在我国修筑铁路，大范围的原始森林被砍伐一空；"九·一八"事变后，日本进一步掠夺东北的森林资源，造成内蒙古地区风沙的无阻碍南下。总体来说，由于战争频繁和政治动荡，我国的自然资源遭到极大破坏，出现水土流失、土地退化、沙漠扩大、物种灭绝等一系列惨重后果。在上述大肆拓荒、战乱纷起的时期，依然有大部分自然资源在民间得到了较好的保护。譬如，依民间所谓的"风水林""神木""神山""龙山"等传说信仰，自发设立的一些具有保护性质的区域，如禁伐区等，以及由此制定的一些使这些区域得到有效管护的规定，在客观上对自然资源起到了实质性的保护作用。

（一）中国传统的自然观

中国数千年的农耕文明史就是一部体现中国传统自然观发展演变的变迁史，具体表现在人与自然的平衡关系上。"以类合之，天人一也"是汉代思想家董仲舒提出的关于自然与人类关系的思考，奠定了中国传统的"大一统"和"天人合一"的自然观。《老子》中有"人法地，地法天，天法道，道法自然"的论述，强调的是人与自然相辅相成的和谐统一，而非激烈的对立和对抗。《论语·述而》中也提到"钓而不纲，弋不射宿"，提倡钓鱼用鱼竿而不用渔网，捕猎但不捕在夜晚休息的鸟类，体现了儒家思想在生态伦理方面的和谐理念。除了人与自然的和谐之外，关于人与人的和谐，也可从古人对理想社会的构想中找到答案，如《礼记·礼运》中提到"大道之行也，天下为公，选贤与能，讲信修睦，故人不独亲其亲，不独子其子，使老有所终，壮有所用，幼有所长，矜、寡、孤、独、废、疾者，皆有所养，男有分，女有归。货恶其弃于地也，不必藏于己；力恶其不出于身也，不必为己。是故谋闭而不兴，盗窃乱贼而不作，故外户而不闭，是谓大同。"想要达到其中的"天下为公"和"大同"，就需要人与人之间的和谐，也可以认为"大同"便是"和谐社会"。以上说明古人在理想上无时不在追求人与自然、人与人之间的"和谐"，而《孟子》中的"不违农时，谷不可胜食也；数罟不入洿池，鱼鳖不可胜食也；斧斤以时入山林，材木不可胜用也。谷与鱼鳖不可胜食，材木不可胜用，是使民养生丧死无憾也。养生丧死无憾，王道之始也。"也是先贤认为人与自然和谐是社会和谐发展的基础条件，为了实现"天下大同"与"王道之始也"必须秉承人与自然和谐的发展观。庄子的"齐物论"也是万物平等的重要体现。而后《易传·文言》更明确说道："夫大人者，与天地合其德，与日月合其明，与四时合其序，与鬼神合其吉凶。先天而天弗违，后天而奉天时。"在自然变化未萌之先加以引导，在自然变化既成之后注意顺应，做到天不违人，人亦不违天，即天人互相协调。道家代表人物庄子的"天地与我并生，万物与我为一"，提出了人与自然和谐相处的最高境界，也是"天人合一"的重要体现。这些传统自然文化思想体现着中国特有的生态智慧，强调人类应当认识自然、尊重自然、保护自然，而不是一味地向自然界索取，反对片面地利用自然与一味地征服自然。

（二）中国传统的山水观

"山川之美，古来共谈。"从审美角度，中国人对自然的关注远远早于西方。我国自古以来便有以山水代表自然的传统思想，自魏晋时代开始，山水观的思想更加主流且一直影响至今。中国文化本来就有一种山水灵性，而这种灵性最终则凝聚在传统哲学里边。中国的山水观完全不同于西方的自然观或风景观，中国的山水观除了客观阐释人与自然的关系外，还具有很多意识形态上的哲学思想。因此，中国传统山水观是体现人与自身、人与人、人与社会、人与自然实现整体和谐的最高境界，同时也是生态美学的最高境界，代表着人类的最高追求。

二、现代自然保护思想的发展

从延续千年的儒释道文化、山水田园文化、西部边塞文化、荆楚文化、草原游牧文化等，一直到今天的美丽中国梦，无不体现着"敬畏自然"的山水崇敬之情、"尊重自然"的山水建设理念、"山为骨架、水为灵动、草木为毛发、云流为神韵"的山水审美观、"文化依附自然、自然包容文化"的自然文化统一观以及核心的"天人合一"的科学发展观。这些山水自然的思想汇聚形成了中国独有的山水文化。直到今天我们耳熟能详的"山水林田湖草生命共同体"的统一山水观，更加关注将山水美学、山水文化和山水科学有效的结合，继承并发扬山水保护与管理的传统理念，同时创新发展形成了科学的表现形式，使其更具有顽强的生命力和持续力。

1949年后，我国相关自然资源管理部门开始在资源的利用与保护方面进行探索性工作。1956年第一届全国人大第三次会议上，代表们提出了第92号提案"请政府在全国各省份划定天然森林禁伐区，保护自然植被以供科学研究的需要"。同年10月第七次全国林业会议提出了《天然森林禁伐区（自然保护区）划定草案》，草案中对自然保护区做出了相应规定。1956年我国第一个自然保护区——鼎湖山自然保护区在广东省建立，随后各省市相继规划了多处自然保护区。进入21世纪后，有关保护地建设的国际交流逐渐增多，相应建立了针对不同自然资源类型的各类自然保护地，实现了在类型、国土覆盖率、资源监测管理等多方面的蓬勃发展。

三、以国家公园为主体的自然保护地体系的建立

进入新时代，建立以国家公园为主体的自然保护地体系，是贯彻习近平生态文明思想的重大举措，是党的十九大提出的重大改革任务。自然保护地是生态建设的核心载体、中华民族的宝贵财富、美丽中国的重要象征，在维护国家生态安全中居于首要地位。我国经过60多年的努力，已建

立数量众多、类型丰富、功能多样的各级各类自然保护地，在保护生物多样性、保存自然遗产、改善生态环境质量和维护国家生态安全方面发挥了重要作用，但仍然存在重叠设置、多头管理、边界不清、权责不明、保护与发展矛盾突出等问题。

自然保护地展现了中国最深厚的资源家底和传统文化特色，是资源最珍奇或景观最典型的珍贵区域，代表着一个国家最精华的自然与精神，承载着千年古国传承下来的自然观与价值观。同时，保护地也是国家民众最值得骄傲和自豪的地方。在这里，人们可以逃离纷繁嘈杂的城市，回归真正的人类精神家园，因大自然的力量而敬畏自然、因大自然的和蔼而热爱自然、因大自然的脆弱而保护自然。一个国家的保护地只有得到全民的认可和热爱，才能真正发挥它的作用。因此，构建科学可行的保护地体系和治理机制，将对国家形象的树立、国民身份的认同、国家共同意识和民族凝聚力的提升起到重大作用，并为实现公共资源的有效保护和公众永续享用这一终极目标提供重要途径。

按照自然生态系统原真性、整体性、系统性及其内在规律，依据管理目标与效能并借鉴国际经验，将自然保护地按生态价值和保护强度高低依次分为国家公园、自然保护区和自然公园三类。在今后的建设和管理过程中，逐步形成以国家公园为主体、自然保护区为基础、各类自然公园为补充的自然保护地分类系统。

第二节　国家公园建设

国家公园是指以保护具有国家代表性的自然生态系统为主要目的，实现自然资源科学保护和合理利用的特定陆域或海域，是我国自然生态系统中最重要、自然景观最独特、自然遗产最精华、生物多样性最富集的部分，保护范围大，生态过程完整，具有全球价值、国家象征，国民认同度高。

一、国家公园建设的背景

在自然保护地体系尚未形成之前，我国原有的自然保护地类型有自然保护区、风景名胜区、森林公园、地质公园等十多种管理类型。在国家层面，出台了《环境保护法》《森林法》等相关法律和《自然保护区条例》《风景名胜区条例》等法规，制定了《世界文化遗产保护管理办法》《湿地保护管理规定》等规章和规范性文件，还公布了《中国国家自然遗产、国家自然与文化双遗产预备名录》等。这些管理依据与多部门的管理机构，一起构成了我国的自然保护地框架。只是这个框架还没有体系化，也没有全面有力的体制支撑，这使得我国划定的自然保护地占国土面积已经接近20%的情况下，美丽中国仍然没有得到全面有力的保障。

二、不断完善的政策体制

在大力推进生态文明建设，努力建设美丽中国，实现中华民族永续发展的新形势下，为了探索更加科学、更加高效的自然保护地治理路径，2013年十八届三中全会首次提出了"建立国家公园体制"，预示着要从整个国土空间层面上对现有自然保护地进行系统梳理并提供体制支撑。2015年国家发展改革委员会等13部委联合通过了《建立国家公园体制试点方案》，确定了北京等9个国家公园体制试点省份，要求每个试点省份选取一个区域开展试点，试点期3年。2015年9月，中共中央国务院印发的《生态文明体制改革总体方案》更进一步强调，"建立国家公园体制。加强对重要生态系统的保护和可持续利用，改革各部门分头设置自然保护区、风景名胜区、文化自然遗产、地质公园、森林公园等的体制，对上述保护地进行功能重组，合理界定国家公园范围。国家公园实行更加严格保护，除不损害生态系统的原住民生活生产设施改造和自然观光科研教育旅游外，禁止其他开发建设，保护自然生态和自然文化遗产原真性、完整性。"2016年1月26日，中央财经小组第十二次会议再次提出，"要着力建设国家公园，保护自然生态系统的原真性和完整性，给子孙后代留下一些自然遗产。要整合设立国家公园，更好保护珍稀濒危动物。要研究制定国土空间开发保护的总体性法律，更有针对性地制定或修订有关法律法规。"2016年3月17日《中华人民共和国国民经济和社会发展第十三个五年规划纲要》中进一步聚焦生态环境，"加大禁止开发区域保护力度""建立国家公园体制，整合设立一批国家公园""坚持保护优先、自然恢复为主，推进自然生态系统保护与修复""强化自然保护区建设和管理，加大典型生态系统、物种、基因和景观多样性保护力度""落实生态空间用途管制，划定并严守生态环保红线，确保生态功能不降低、面积不减少、性质不改变"。2017年9月，为了加快构建国家公园体制，在总结试点经验基础上，借鉴国际有益做法，立足我国国情制定《建立国家公园体制总体方案》（以下简称《总体方案》）。《总体方案》明确了国家公园的概念，同时也明确了建立国家公园体制是党的十八届三中全会提出的重点改革任务，是我国生态文明制度建设的重要内容，对于推进自然资源科学保护和合理利用，促进人与自然和谐共生，推进美丽中国建设，具有极其重要的意义。2017 年 10 月，党的十九大报告中提出"建立以国家公园为主体的自然保护地体系"，既是对过去国家公园改革成果的肯定，也为今后自然保护地体系的全面改革指明了方向。2018 年是国家公园体制改革元年：3 月正式出台的《深化党和国家机构改革方案》提出"组建自然资源部，组建国家林业和草原局，加挂国家公园管理局牌子，由自然资源部管理"。随后自然资源部、国家林业和草原局三定方案出台，明确了国家公园主管部门的权责，初步形成了国家公园管理的工作格局：由自然资源部下属的国家公园管理局统一行使国家公园的管理职责。2019 年 1 月，习近平同志主持了中央全面深化改革委员会第六次会议，会议审议通过了《关于建立以国家公园为主体的自然保护地体系的指导意见》等文件，提出了要构建国家公园、自然保护区、自然公园三大类"两园一区"的自然保护地新分类系统，对各类自然保护地要实行全过程统一管理，统一监测评估、统一执法、统一考核，实行两级审批、分级管理的体制。中央层面强有力的指导和配套政策为我国自然保护事业、保护地治理及国家公园体制建设给予了积极引导，也提出了严格要求，社会各方对该领域的关注也更加聚焦。

　　我国的国家公园是在借鉴国际经验基础上，以中央改革精神为目标导向，以解决自然保护地保护利用矛盾等为问题导向，是在生态文明制度方面自上而下的积极探索。在国家发展和改革委员会前期工作基础上，国家林业和草原局加大工作力度，全面指导国家公园体制试点工作，全面梳理了前期存在的问题，并采取了针对性措施，终止了不符合资源条件和规模标准的北京长城国家公园试点，并推动建立了海南雨林国家公园试点。目前，在国家公园管理体制、制度构建、建设规划、保护措施、资金来源、合作机制等方面取得了初步进展。2019 年 6 月，中共中央办公厅、国务院办公厅印发了《关于建立以国家公园为主体的自然保护地体系的指导意见》，从政策体制上为国家公园提供了强有力的支撑。

三、国家公园体制试点的进展情况

　　十八届三中全会提出"建立国家公园体制"以来，我国启动了国家公园体制试点工作。2018 年机构改革后，明确组建国家林业和草原局，加挂国家公园管理局牌子，统一管理国家公园等各类自然保护地。党的十九大提出构建以国家公园为主体的自然保护地体系，党的十九届四中全会对健全国家公园保护制度做出安排，明确要求"构建以国家公园为主体的自然保护地体系，健全国家公园保护制度"。2015 年以来，中央全面深化改革委员会 7 次专题研究国家公园，相继出台 8 份重要改革文件；中共中央办公厅、中央机构编制委员会办公室、自然资源部等多次开展调研和督察；全国人大环资委员会、法制工作委员会，司法部对国家公园立法给予了指导；国家发展和改革委员会大力支持试点建设项目；财政部、生态环境部等部门积极支持做好相关工作。

目前，国家公园体制试点情况如下：截至 2019 年，青海三江源、湖北神农架、福建武夷山、浙江钱江源、湖南南山、云南普达措、东北虎豹、大熊猫、祁连山、海南热带雨林 10 个国家公园体制试点区的实施方案或试点方案均得到国家批复。试点以来，中央先后印发《建立国家公园体制总体方案》《关于建立以国家公园为主体的自然保护地体系的指导意见》，国家林业和草原局起草了国家公园设立标准和《国家公园空间布局方案》，并形成了以东北虎豹国家公园为代表的中央直管模式，以大熊猫和祁连山国家公园为代表的中央和省级政府共同管理模式，以三江源和海南热带雨林国家公园为代表的中央委托省级政府管理的模式。试点工作呈现出顶层设计与基层探索良性互动、面上协调推进与点上集中发力有机结合的良好态势，推动国家公园建设进入了实质性阶段。目前，全国已建立东北虎豹、祁连山、大熊猫、三江源、海南热带雨林、武夷山、神农架、普达措、钱江源和南山 10 处国家公园体制试点，涉及青海、吉林、海南等 12 个省份，总面积约 22 万 km^2，占陆域国土面积的 2.3%。

四、目前国家公园的建设举措

当前正在进行的国家公园体制机制改革，是针对原有保护地体系的权、钱、人、地等核心问题，建立的统一事权、分级管理体制，初步完成了党的十八届三中全会提出的统一行使全民所有自然资源资产所有者职责，统一行使所有国土空间用途管制和生态保护修复职责的改革任务。自下而上看，各试点区基本完成了空间整合和机构整合，在缓解保护区保护和社区发展矛盾、推动社会公益活动、开展生态旅游项目、吸纳社会绿色融资、挖掘生态产品价值等方面取得了一定的成效，完善了自然资源资产管理制度，通过制度设计引导自然资源价值的实现，发挥其资产属性。这种改革思路，一方面，促进了统一、规范、高效的管理，促进保护为主、全民公益目标的实现；另一方面，探索国有自然资源资产隐藏的公共财富，将对我国生态经济的高质量发展起到难以估量的作用。过去五年间，中国政府在国家公园体制改革中不断摸索、调整，已逐渐形成符合中国国情、具有中国特色的自然保护地体系发展道路：自然保护地以国家公园为主体、以国家公园体制为保障。可以期待在不久的将来，"布局合理、分类科学、定位明确、保护有力、管理有效的具有中国特色的以国家公园为主体的自然保护地体系"初露端倪，中国也因此真正成为有特色、有保障的美丽中国。

　　需要明确的是，国家公园在维护国家生态安全关键区域中具有首要地位，在保护最珍贵、最重要生物多样性集中分布区中具有主导地位，其保护价值和生态功能在全国自然保护地体系中具有主体地位。国家公园一旦建立，在相同区域一律不再保留或设立其他类型的自然保护地。

第三节　自然保护区管理

　　自然保护区是指对有代表性的自然生态系统、珍稀濒危野生动植物物种的天然集中分布、有特殊意义的自然遗迹等保护对象所在的陆地、陆地水域或海域，依法划出一定面积予以特殊保护和管理的区域。自然保护区是一个泛称，实际上，由于建立的目的、要求和本身所具备的条件不同，其类型也不同。

　　目前被广泛接受的世界上第一个自然保护区，即 1872 年美国建立的黄石国家公园。我国自 1956 年建立第一处自然保护区以来已基本形成类型比较齐全、布局基本合理、功能相对完善的自然保护区体系。截至 2017 年年底，我国（不含香港、澳门特别行政区和台湾地区，下同）共建立各种类型、不同级别的自然保护区 2750 个，其中国家级 474 个。自然保护区总面积达到 147 万 km^2，约占全国陆地面积的 14.86%。全国超过 90% 的陆地自然生态系统都建有代表性的自然保护区，89% 的国家重点保护野生动植物种类以及大多数重要自然遗迹在自然保护区内得到保护，部分珍稀濒危物种野外种群逐步恢复。大熊猫野外种群数量达到 1800 多只，东北虎、东北豹、亚洲象、朱鹮等物种数量明显增加。全国自然保护区从业人员 35 万，其中专职管理人员总计 4.5 万人（含专业技术人员 1.3 万人）。国家级自然保护区均已建立相应管理机构，多数已建成管护站点等基础设施。

一、发展历程

我国的自然保护区事业自建立发展至今可分为三个时期。

第一时期是初建时期。1956 年 9 月，秉志、钱崇澍等 5 位科学家向全国人民代表大会一届三次会议提出 92 号提案，建议在全国各省（自治区）划定天然森林禁伐区，即自然保护区。同年 10 月，林业部制定了划定自然保护区的草案。1956 年，广东省建立了鼎湖山自然保护区，它是我国建立的第一个自然保护区。据此，各地相继建立了以保护森林植被为主要功能的我国第一批自然保护区，启动了我国自然保护区建设事业。1972 年，人类第一届环境与发展会议的召开，标志着我国自然保护区发展开始走上正轨。

第二时期是快速发展时期。改革开放以来，我国自然保护区的面积随着自然保护区数量的增加而快速增长。特别是自 2001 年开始全面启动"全国野生动植物保护和自然保护区建设工程"以来，自然保护区建设开始全面提速。自然保护区类型多样化发展，保护了全国 85% 的陆地生态系统类型和 85% 的国家重点保护野生动植物种群。

第三时期是稳定有序发展时期。党的十八大以来，根据我国生物多样性保护与区域经济发展的现状，我国自然保护区建设与管理进入高质量发展时期。控制保护区规模、提升保护区质量和优化保护区结构，成为政府管理机构以及学术界的共识。

二、自然保护区的作用

1. 为野生生物提供有利的栖息环境

在建设自然保护区时，需要根据各类野生生物的生活习性进行建造，野生物种可以得到相应的安全保障，并且能够有效防止出现违法偷猎。自然保护区可以为野生生物提供相对安全的生长环境，更加适合繁衍生息，同时可以在其繁殖期采取相应的保护措施，从而为野生物种提供适宜生存的理想环境。

2. 为科学研究野生生物提供主要场所

在自然保护区设立野生生物研究场所，能够更加全面而细致地研究野生物种，准确把握野生生物的生活作息规律和繁殖期，从而推动野生动物研究工作深入发展。相关人员制订科学合理的计划在观察和研究野生动物的过程中，为野生动物提供更加全面的保护，避免野生动物偷猎者猎杀野生动物。同时，可以实时监控保护区的现状，避免发生意外事件。

3. 促进人与自然和谐发展

自然保护区还可带动生物链的健康平稳发展。在诸多生物链中，每条生态链都发挥着十分重要的作用，若一个环节出现濒临灭绝的问题，则整条生态链都会遭到十分严重的破坏，甚至还会对人类未来的发展产生不利的影响。所以在野生动物保护中，建设自然保护区能够保证生态链的完整性，并且也可促进人类社会健康发展。

三、管理现状及成就

经过 100 多年的艰苦努力，尤其是自 1992 年 6 月巴西里约热内卢联合国环境与发展大会签署《生物多样性公约》以来，人类在生物多样性和自然资源保护方面的工作进展迅速。根据 2003 年《联合国自然保护区名录》统计，当时世界各地共建立 10.2 万处国家公园和自然保护区，面积达到 1880 万 km^2，占地球面积的 12.65%。其中，陆地上保护区面积达 1710 万 km^2，占陆地总面积的 11.5%；海洋类型保护区 170 万 km^2，占海洋总面积的 0.5%。现有保护区中有 90% 是在近 40 年中建立的。而据统计，到 2017 年年底，中国建立的自然保护区共 2750 个，其中，陆地自然保护区面积占陆地国土面积的 14.86%。

1949 年以来，我国先后颁布了一系列有关自然资源及生态环境保护的法律法规，如《森林法》(1984)、《野生动物保护法》(1988)、《自然保护区条例》(1994)、《森林和野生动物类型自然保护区管理办法》(1985)等。同时，制定了《中国 21 世纪议程》《中国生物多样性行动计划》《中国 21 世纪林业行动计划》和《国家生态系统及环境发展项目》等规划。此外，还签署了《濒危野生动植物种国际贸易公约》《关于特别是作为水禽栖息地的国际重要湿地公约》《生物多样性公约》《荒漠化防治公约》《国际捕鲸管制公约》和中日、中澳候鸟保护协定等多项公约和协议。这些法律、法规和国际条约，都不同程度地涉及自然保护区建设和自然资源管理，它们构成了我国自然保护区依法建设管理的框架。

同时，各地方根据自身管理和建设需要，颁发了如《浙江省自然保护区条例》《新疆维吾尔自治区自然保护区管理条例》《海南省自然保护区管理条例》《自然保护小区审批办法》《江西婺源自然保护小区管理办法》等一系列地方性自然保护法规。另外，已有 40 余处国家级自然保护区单独颁布了管理办法(条例)，一些地方级自然保护区也制定了管理规定。这些法律法规，从保护区的区划布局、建立程序、机构建设、人员配备、资金渠道、资源管理、开发利用以及行政处罚和法律责任等都做了规定，涵盖了自然保护区建设和保护管理的主要方面，使保护区工作基本上做到有法可依、有章可循。各级林业主管部门根据这些法律法规赋予的行政管理职能，严格依法行政，认真保护好保护区内的各种自然资源。

四、问题及展望

我国自然保护区管理发展现仍面临着以下几方面的问题：①运行机制和法律法规不健全，导致自然保护区管理体制不健全。自然保护区属多部委分头领导，这实际上也使自然保护区陷于多头管理的尴尬局面。保护区各主管部门各自为政，互相博弈，管理效率低下。②经济快速发展导致自然保护区内人为干扰程度加剧，对动植物所依赖的生存环境造成一定影响。③自然保护区经费短缺。目前中国自然保护区建设与管理运行所需经费绝大部分来源于地方财政拨款，少一部分经费来自中央财政拨款、旅游业收入和社会赞助。由于自然保护区大部分地处老少边穷地区，地方财政收入有限，地方政府部门连日常的工作经费都难以保证，更难以给予自然保护区管理机构充足的机构运行经费。④自然保护区边界管理存在一定问题。一些保护区界碑界桩受到人为破坏，部分保护区边界存在交叉重叠。

为稳步推进自然保护区的建设，对自然保护区进行有效的管理及保护，需要构建科学化、多元化的管理体系，做好自然保护区建设的立法工作。建立更加科学和完善的法律体系，以最大限度地确保自然保护区管理的有效性，在发展经济的同时稳定提升自然保护区的生态建设。同时，要增强国家级自然保护区管理机构的监管职能，须弱化其对当地财政的依赖，进而强化其管理权限和独立性。把自然保护区日常运行经费保障机制纳入法制化轨道。当然，自然保护区管理机构应与当地政府建立定期、有效的沟通机制，从而建立健全自然保护区监管机制。此外，还应有效加强对自然保护区规范设计的管理，并且在此基础上有效增加自然保护区面积。除此之外，还应通过宣传的方式对自然保护区进行有效的宣传，使广大群众认识到野生动植物保护的重要性，并且鼓励群众投身到野生动植物保护工作中。

第四节　自然公园管理

自然公园是指保护重要的自然生态系统、自然遗迹和自然景观，具有生态、观赏、文化和科学价值，可持续利用的区域。自然公园确保森林、海洋、湿地、水域、冰川、草原、生物等珍贵自然资源，以及所承载的景观、地质地貌和文化多样性得到有效保护。它包括森林公园、地质公园、海洋公园、湿地公园等各类自然公园。

一、风景名胜区

风景名胜区是指具有观赏、文化或者科学价值，自然景观、人文景观比较集中，环境优美，可供人们游览或者进行科学、文化活动的区域。

（一）发展历程

1982 年国务院审定公布第一批 44 处国家重点风景名胜区（2006 年 12 月 1 日《风景名胜区条例》实施后，统一改称为"国家级风景名胜区"）以来，经过 30 多年的不懈努力，我国已形成覆盖全国的风景名胜区体系。

1985 年，国务院颁布我国第一个关于风景名胜区工作的专项行政法规——《风景名胜区管理暂行条例》，使风景名胜区走上依法发展之路。2006 年 9 月颁布《风景名胜区条例》，详细规定了风景名胜区设立、规划、保护、利用、管理以及法律责任等内容，并在全国成立了国家及各省市的风景名胜区协会组织，以加强行业管理。

2015 年国务院审定同意制定的《国家级风景名胜区总体规划大纲（暂行）》和《国家级风景名胜区总体规划编制要求（暂行）》，要求应当基于风景名胜区的资源特点与空间分布、功能结构和空间布局等分析，划定一级保护区（核心景区严格禁止建设范围）、二级保护区（严格限制建设范围）、三级保护区（限制建设范围），提出相应保护规定。2016 年国务院关于修改部分行政法规的决定对《风景名胜区条例》进行了修订。截至 2017 年年底，国务院公布中国国家级风景名胜区 9 批共 244 处，总面积约达 10.70 万 km^2。

表 14-1 为各阶段国家级风景名胜区统计情况。

（二）级别

我国风景名胜区分为国家级和省级两个层级。截至 2017 年年底，国务院先后批准设立国家级风景名胜区 9 批共 244 处，总面积约 10.70 万 km^2，

表 14-1　各阶段国家级风景名胜区新增数量及面积统计

年份	新增数量(处)	占总数量比	新增面积(km²)	占总面积比
1982 年	44	18.03%	21 245.74	19.85%
1988 年	40	16.39%	33 656.92	31.45%
1994 年	35	14.34%	10 685.95	9.99%
2002 年	32	13.11%	11 806.39	11.03%
2004 年	26	10.66%	7298.00	6.82%
2005 年	10	4.10%	1656.81	1.55%
2009 年	21	8.61%	15 092.89	14.10%
2012 年	17	6.97%	2159.40	2.02%
2017 年	19	7.79%	3408.21[①]	3.18%
合计	244	100%	107 010.31	100%

约占国土面积的 1.11%；各省级人民政府批准设立省级风景名胜区 807 处，总面积约 10.74 万 km²。全国风景名胜区总面积达到 21.4 万 km²，约占国土面积的 2.23%，有 42 处国家级风景名胜区和 10 处省级风景名胜区被联合国教科文组织列入《世界遗产名录》。

(三)类型

我国是世界上风景名胜资源类型最丰富的国家之一，《风景名胜区分类标准》(CJJ/T 121—2008)将我国的风景名胜区按照其主要特征分为 14 类，包括历史胜地类、山丘类、岩洞类、江河类、湖泊类、海滨海岛类、特殊地貌类、城市风景类、生物景观类、壁画石窟类、纪念地类、陵寝类、民俗风情类及其他类(表 14-2)。中国国土地貌以山岳为主，自古就有山岳崇拜，山与宗教、风俗结合形成了中国山岳文化，如五岳名山都是历代帝王祭祀的圣地。因此，山岳类国家级风景名胜区的数量最多。

(四)分布

我国国家级风景名胜区成集中性分布，省际差异较大，主要集中在长三角地区、环渤海地区和先天资源优越的福建、贵州地区。就全国范围而言，东部沿海地区分布密集，中部地区分布相对较为均匀，西部大部分地区的分布较为零散稀疏。不同地区景观地域的差异与各地域自然条件和历史文化背景的差异息息相关。风景名胜区作为可供人们游览或者进行科学、文化活动的区域，其地域、数量的分布也与地区人口分布和经济发展

---

① 根据国务院关于发布第九批国家级风景名胜区名单在各地方政府官网等整理得出。

表 14-2　2012 年各类型国家级风景名胜区数量统计

类　型	数量（处）	比例	类　型	数量（处）	比例
历史胜地类	15	4.82%	城市风景类	8	2.57%
山岳类	103	33.12%	生物景观类	2	0.64%
岩洞类	19	6.11%	壁画石窟类	4	1.29%
江河类	37	11.90%	纪念地类	47	15.11%
湖泊类	31	9.97%	陵寝类	5	1.61%
海滨海岛类	10	3.22%	民俗风情类	12	3.86%
特殊地貌类	18	5.79%	其他类	—	—

水平有着一定的关系。

二、森林公园

森林公园是指森林景观优美，自然景观和人文景物集中，具有一定规模，可供人们游览、休息或进行科学、文化、教育活动的场所，是生态文明建设的重要载体。根据地貌景观可分为海岸岛屿型、山岳型、温泉型、冰川型、火山型、洞穴型、瀑布型、江湖型、草原型和沙漠型 10 个基本类型；按旅游半径可划分为城镇型、郊野型和山野型；按林地权属可划分为建立在国有林地内的森林公园、依托集体林地建立的森林公园及兼有国有和集体林地的森林公园。

（一）发展历程

1949 年以前，中华民国政府在各地兴建森林公园，并颁发了《各县设立森林公园办法大纲》。1949 年后，森林公园发展进入萌芽阶段，周恩来总理曾建议在贵阳近郊建立图云关森林公园。党的十一届三中全会以来，森林公园开始真正起步，历经了初级发展、快速发展、逐步规范发展、规范发展、提质增效五个发展阶段。

（1）初级发展阶段（1980—1990 年）。1980 年 8 月，林业部发出了《关于风景名胜地区国营林场保护山林和开展旅游事业的通知》，开始组建森林公园和开展森林旅游工作；1982 年 9 月 25 日，经国家计委批准，林业部建立了我国第一个国家级森林公园——湖南省张家界国家森林公园，我国森林公园建设事业由此起步。这一时期批建的森林公园数量少，共 27 处，其中，国家级森林公园 16 处，我国森林旅游产业基本成型。

（2）快速发展阶段（1991—1993 年）。这是一个特殊的发展时期，原因有四：①1992 年邓小平同志南巡讲话后，国家做出了大力发展第三产业的决定；②随着国有重点林区林业可采资源危机和经济危机现象日趋严重，林区长期以来单一木材生产的产业结构亟需得到调整；③经过前一阶段的实践，建设森林公园、发展森林旅游所产生的经济、生态、社会效益为社会各界所认同；④1992 年林业部在大连召开了全国森林公园及森林旅游工作会议，要求凡是森林环境优美、生物资源丰富、自然景观和人文景观比较集中的国营林场都应当建立森林公园。由此在全国掀起了森林公园建设高潮，在短短 3 年时间内，共批建 218 处国家级森林公园。森林公园数量的快速增长使森林公园体系在短期内形成了较大规模，形成了较强的社会影响力，确立了该项事业在自然资源保护和林业产业发展中的重要地位。

（3）逐步规范阶段（1994—2000 年）。经过前三年的快速发展，这个阶段森林公园的数量增长明显趋缓，7 年时间里共批建国家森林公园 110 处。尽管数量增长较慢，但是在这个阶段，森林公园的各项行业管理工作得到了全面加强，形成了行业管理的基本框架。1994 年，林业部发布实施了《森林公园管理办法》，成立了中国森林风景资源评价委员会；1996 年，林业部颁布了《森林公园总体设计规范》，为森林公园的总体规划设计提供了行业标准；1999 年，国家技术监督局颁布了《中国森林公园风景资源质量等级评定》，使森林公园行业的标准化工作又上新台阶。

（4）规范发展阶段（2001—2010 年）。这一阶段森林公园的法制化、标准化建设进一步推进，行业管理力度进一步加强，在《中共中央 国务院关于加快林业发展的决定》《中共中央 国务院关于全面推进集体林权制度改革的意见》《国务院关于加快发展旅游业的意见》等重要文件中，都对建设森林公园、发展森林旅游提出了明确要求。确立森林公园的首要任务是保护，工作重心由批建森林公园转向提升建设质量和管理水平，各地建设呈现出良好发展态势。

（5）提质增效阶段（2011 年至今）。森林公园发展进入新常态，注重以满足国民休闲需求为导向，行业管理能力得到不断提升，积极接轨国际保护地体系。具体体现在政策与法制体系建设、规划与标准化建设、森林风景资源保护、人才培训、宣传推介到示范建设、国际境内外交流合作等方面；先后颁布《国家级森林公园管理办法》《国家级森林公园总体规划规范》；启动编制《全国城镇森林公园发展规划（2016—2025 年）》；举办首届中国国家森林公园国际论坛，形成了"长沙共识"；举办首届海峡两岸森林公园与森林旅游论坛；参加了首届亚洲公园大会和第六届世界公园大会。目前，我国共有国家级森林公园881处。

（二）重要作用

1. 有效保护了森林风景资源和生物多样性

森林公园尤其是国家级森林公园，拥有着众多体现大自然杰作的自然景观和人类文明活动所遗存的人文景观。国家级森林公园的建立，使得这些珍贵的国家自然文化遗产资源得到有效保护和管理，有力地促进了国家生态文明建设和自然保护事业的发展，成为森林资源和生物多样性保护以及自然文化遗产资源保护体系中一支不可忽视的生力军。

2. 普及了生态知识，传播、弘扬了生态文明

森林公园内森林类型多样、自然景观奇特、物种资源丰富，是普及自然科学知识、传播生态文明理念的理想场所。游客进入森林公园，可以领略祖国的秀美山川，激发爱国热情，增强民族自豪感，还可以感受生态文化，增强生态道德意识。目前，一大批森林公园已经成为大中小学生科普基地、夏(冬)令营基地、爱国主义教育基地、艺术创作基地，每年都会开展形式多样的科普宣传活动，开展一系列以生态教育和科普教育为主的生态旅游活动，成为广受公众欢迎的生态文化教育场所。

3. 满足了社会日益增长的旅游需求，促进了旅游业的发展

森林公园优美的自然景观和优良的生态环境，吸引着越来越多的游客走进森林公园、回归自然、享受自然。自1993年起，森林公园的年游客接待人数一直保持两位数的增长率。2002年，森林公园游客接待人数首次突破1亿人次，2012年，森林公园旅游人数超过5亿人次，直接旅游收入453.3亿元，旅游人数和收入分别比2011年度增长17.1%和20.4%。以森林公园为主体的森林旅游产业的规模和效益快速增长，已经成为林业产业中最具发展前景的新兴产业。

4. 推动了广大林农的增收就业，实现了兴林富民

建立森林公园，发展森林旅游，给林区、山区带来人流、物流、资金流、信息流、技术流等，促进了区域经济发展。越来越多的林农依托森林公园，投身到与森林旅游相关的餐饮、住宿、运输、导游服务等第三产业中，保护了资源，增加了收入，获得了显著的经济效益和生态效益。逐步实现了兴林富民和兴旅富民，出现了山林更绿了，游客更多了，百姓更富了的喜人景象。

（三）发展中存在的问题及展望

经过30余年发展，我国森林公园行业管理体系已基本成型，景区体系已基本具备，产业发展已初具规模，以森林公园为主要依托的森林旅游业已进入大众化旅游的新阶段。尽管如此，我国森林公园发展还依然面临不少问题：一是法律位阶低。森林公园行业管理主要依据林业部门规章，而部门规章往往难以处理森林公园保护与发展中的诸多复杂问题，限制了行业管理的力度。二是各级森林公园数量结构不合理。目前对市（县）级森林公园的建设数量较少，忽视了市（县）级森林公园在林业服务新型城镇化建设、弘扬生态文化中的重要作用，这不利于森林公园稳定健康发展。三是各地依托森林公园开展的森林旅游发展极不平衡。很多森林公园建设水平低、服务能力差、市场营销不到位，导致全国一小部分森林公园经常愁于节假日的人满为患，而相当大部分森林公园则门可罗雀，森林风景资源利用效率极低。四是旅游产品与富集资源不匹配。森林公园旅游产品开发和设计类型单一，导致旅游产业链不健全，制约了森林公园经济、社会效益的充分发挥。五是森林公园国际知名度和社会认可度有待提升。

新时期下，为推动全国森林公园的健康快速发展，必须尽快克服影响森林公园发展的一些突出问题，森林公园行业应进一步做好以下工作：一是强化森林公园行业管理的行政地位，积极争取把各级森林公园行业管理机构纳入行政管理系列。二是推动森林公园的立法进程，修订《森林法》增加森林公园建设管理的相关内容，争取出台《森林公园管理条例》，积极推动地方性法规建设，进一步完善相关政策和标准。三是加强森林等自然资源保护与利用的基础调查与研究，启动森林等自然资源的普查工作，清楚掌握资源基本情况和分布特征，研究制定利于提高保护性利用水平的政策和技术措施。四是建立稳定可靠的投资渠道，包括中央和社会投资渠道。五是完善人才队伍管理制度，开展各类专项人员培训及课程开发，如森林旅游解说员、森林人家服务人员、森林自然教育指导师、养生指导师等。六是学习国际先进经验和做法，合理设置森林公园的内部机构，建立特许经营制度，严格限制游客数量，强化生态教育功能，建立社区共建制度等。

三、湿地公园

湿地公园是指以保护湿地生态系统、合理利用湿地资源为目的，可供开展湿地保护、恢复、宣传、教育、科研、监测、生态旅游等活动的特定区域。

我国国家湿地公园类型多样，包括河流型、湖泊型、沼泽型、人工型、滨海和近海岸型五种类型。根据服务功能的不同，湿地公园可分为国家湿地公园和城市湿地公园。国家湿地公园是指由国家湿地主管部门批准建立的，以保护湿地生态系统、合理利用湿地资源为目的，开展湿地保护、恢复、宣传和教育、科研和生态旅游等活动的特定区域；城市湿地公园是指纳入城市绿地系统规划的、具有湿地的生态功能和典型特征的，以生态保护、科普教育、自然野趣和休闲游览为主要内容的公园，是一种独特的公园类型。

（一）发展历程

（1）起步阶段（2004—2006 年）。2004 年 6 月，国务院办公厅发出的《关于加强湿地保护管理的通知》（国办发〔2004〕50 号）明确指出湿地公园是湿地保护管理的一种重要形式，这标志着我国湿地公园正式进入起步阶段。2005 年，国家林业局出台了《关于做好湿地公园发展建设工作的通知》（林护发〔2005〕118 号），批准建立两个试点国家湿地公园，2006 年，国家林业局批准建立了四个试点国家湿地公园。杭州西溪湿地成为我国第一个国家湿地公园。

这一阶段，我国湿地公园建设还处于探索时期，批准建立的湿地公园处在试点阶段，人们对于湿地公园的认识还存在欠缺，所以国家公园发展缓慢。

（2）快速发展阶段（2007—2013 年）。2007 年，我国批准建立了 12 个试点国家湿地公园，之后我国掀起了建设湿地公园的热潮，湿地公园进入了快速发展阶段。2007—2013 年，全国共批准建立湿地公园 423 个。同时，为保障国家湿地公园的健康有序发展，国家林业局下发了一系列规范规程，并于 2011 年开始对试点国家湿地公园开始验收。

（3）规范发展阶段（2014 年至今）。2014 年以后，尽管国家湿地公园发展依然迅速，但是对已批准的国家湿地公园的管理得到加强。规范国家湿地公园建设行为，促进其健康有序发展成为国家湿地公园管监管部门的工作重点。国家林业局出台了《关于进一步加强湿国家地公园建设管理的通知》（办湿字〔2014〕6 号），对国家湿地公园规范建设和规范管理等方面做出了明确要求，对于不符合建设和管理要求的湿地公园取消其试点资格。截至 2017 年年底，全国共建立湿地公园 1699 处，其中国家试点湿地公园898 处。

（二）湿地公园的作用

1. 保护湿地生态系统的完整性和生态服务功能

湿地公园内丰富的植物群落，能改善生态环境，具有调节区域小气候、调控环境污染和净化空气等功能，对保护生物多样性、维护区域生态平衡有重要意义，是生态系统的重要组成部分。湿地可作为直接利用的水源或补充地下水，又能有效控制洪水和防止土壤沙化，具有涵养水源、保持水土的功能，湿地在蓄水、调节河川径流、补给地下水和维持区域水平衡中发挥着重要作用，是蓄水防洪的天然"海绵"。利用湿地植物来净化污染物中的病毒，有效地清除了污水中的毒素，达到净化水质的目的，因此湿地被称为"地球之肾"。

2. 科普教育场所

湿地公园是让公众了解自然、认识湿地，传播科普知识的最直接的平台之一。湿地公园的建设为传播湿地知识，教育人们热爱自然、保护自然提供平台。在国家湿地公园建设规范的建设目标中明确指出："在对湿地生态系统有效保护的基础上，示范湿地的保护与合理利用；开展科普宣传教育，提高公众生态环境保护意识；为公众提供体验自然、享受自然的休闲场所"。

3. 公众休闲、游憩场所

在现代社会，人们的生活节奏加快，生活压力加大，而人们接触大自然的机会较少。回归大自然、回到清新的天然空间成为人们身心享受的一项迫切需求。随着国民经济的持续健康发展，人民生活水平的不断提高，人们越来越重视生态环境，迫切需要改变日益恶劣的生存环境，人们对提高生活质量的要求越来越高，崇尚自然、回归自然的心情越来越迫切。湿地公园的建设给人们生活搭建了休闲娱乐、释放压力的平台，人们在休闲时可以远离喧嚣的城市，来到充满大自然气息的公园，呼吸新鲜的空气，陶冶情操，享受湿地带来的乐趣，把人与自然紧密联系在一起，满足游客的休闲游憩需要。湿地公园的建设，既达到保护湿地生态系统，维持湿地多种效益的持续发挥，改善区域生态状况；又能促进经济社会可持续发展，实现人与自然的和谐共处。

4. 创造更多的动物栖息地

湿地公园的建设，一方面通过水质保育、湿地动物栖息地保护项目的实施，保护现有的湿地动物栖息地安全和提高其质量；另一方面，通过栖息地营造、水生生物多样性恢复、水岸保护与恢复等建设，营建满足不同湿地动物对栖息地的需求，创造湿地动物"避难所"，从而为更多的动物提供良好的栖息环境，保障候鸟迁徙生态通道的安全。

5. 促进当地社会、经济、环境可持续发展

良好的生态环境是实现可持续发展的第一要素，湿地公园的建设对促进社会经济的发展有着重要的意义。湿地公园集生物多样性保护、科学研究、宣传教育、生态旅游和可持续利用等多功能于一体，将有效地带动当地经济发展，增加就业岗位，进一步提高公园所在地的知名度和创造良好的投资环境。

四、地质公园

国家地质公园是以具有国家级特殊地质科学意义、较高的美学观赏价值的地质遗迹为主体，并融合其他自然景观与人文景观而构成的一种独特的自然区域。

(一)发展历程

我国是全球建立地质公园最早的国家之一，我国地域辽阔，地质结构复杂，地形和气候差异大，在这种背景下形成了许多具有国家和世界意义的地质景观，有的甚至在世界上是独一无二的，这为建设地质公园奠定了坚实的基础。1997年，联合国教科文组织提出"创建世界地质公园网络"的号召。1999年，该组织提出了建立地质公园计划以及在全球建立500个世界地质公园的目标，并确定中国为建立世界地质公园计划试点国之一。为配合世界地质公园的建立，国土资源部于2000年8月成立了国家地质遗迹保护(地质公园)领导小组及国家地质遗迹(地质公园)评审委员会，制定了有关申报、评选方法，开始在全国组织实施国家地质公园计划。2006年，联合国教科文组织出台规定，每个国家每年只可申报2个地质公园，这促进了我国世界地质公园建设在保证质量的同时稳步推进。截至2017年，我国有35处世界地质公园，242处国家地质公园(含世界地质公园)，面积近12万km^2，约占陆域国土面积的1.25%(表14-3)。

按照地形地貌、社会经济发展状况将我国分为中、东、西三个部分。可以发现，从第二批国家地质公园批准设立开始，每次获批的东部地区国家地质公园的比例呈现下降趋势；中部地区的获批比例有所波动，但大体呈上升趋势，2014年(第七批)获批的国家地质公园高达获批总数的55%；西部地区在2011年(第六批)获批的国家地质公园占到当年总数的50%。

表 14-3　各阶段国家地质公园新增数量及面积统计

批次	新增数量(处)	占总数比	新增面积(km²)	占总面积比
第一批(2001)	11	4.55%	8277	6.90%
第二批(2002)	33	13.64%	11 559	9.64%
第三批(2004)	41	16.94%	42 245	35.24%
第四批(2005)	53	21.90%	35 255	29.41%
第五批(2009)	45	18.60%	12 410	10.35%
第六批(2011)	36	14.87%	6170	5.15%
第七批(2014)	23	9.50%	3967	3.31%
合计	242	100%	119 883	100%

(二)级别

我国地质公园分为世界级、国家级、省区级三个等级，部分地方有县市级地质公园。世界地质公园是指有明确的范围界定，有足够大的面积以便促进地方经济和文化发展，包含若干具有国际对比意义的地质遗迹，具有值得保存、保护地质景观的地质公园，由联合国教科文组织组织专家实地考察、评审通过和批准列入世界地质公园网络。我国是世界地质公园数量最多、增长最快的国家。截至 2017 年年底，我国共有世界级地质公园 35 处，面积 4.67 万 km²，在数量上占联合国教科文组织世界地质公园网络(GGN)总数的 1/4。

(三)分布

1. 世界地质公园

我国世界地质公园的分布主要有以下几个特征：

(1)集中分布在我国东部，即胡焕庸线东侧。从腾冲—黑河线两侧看，东南地区占国土面积的 42.9%，人口约占 96%。33 个世界地质公园中，只有阿拉善地质公园、敦煌地质公园、昆仑山地质公园、阿尔山地质公园、可可托海地质公园位于西侧。这说明我国东部省区在世界地质公园的申报和建设中走在前列。

(2)世界地质公园的省份分布不均衡。相比于我国国家级地质公园覆盖的 32 个省份，世界地质公园在我国很多省份还是空白，包括一些地质公园数量较多的省份，如河北、新疆等。

2. 国家地质公园

我国国家地质公园呈密集分布状态，空间上分布不均衡，具有集群和组团的特性。各省份国家地质公园数量、面积统计及其占本省(自治区、直辖市）面积的比例统计见表14-4。

表14-4　各省份国家地质公园数量面积统计

省份	数量（处）	比例	面积（km²）	比例	省份	数量（处）	比例	面积（km²）	比例
四川	16	6.64%	6284.2	6.61%	陕西	7	2.89%	340.6	0.28%
河南	15	6.22%	5622.4	6.20%	新疆	7	2.89%	3611.2	3.01%
福建	15	5.81%	2313.3	6.20%	辽宁	6	2.48%	3518.3	2.93%
安徽	13	5.39%	2480.7	5.37%	重庆	6	2.48%	1274.2	1.06%
湖南	12	4.98%	5552.2	4.96%	北京	5	2.07%	751.4	0.63%
广西	11	4.56%	1846.9	4.55%	吉林	5	2.07%	1225.4	1.02%
河北	11	4.56%	2411.2	4.55%	江西	5	2.07%	1514.8	1.26%
山东	11	4.56%	18 371.4	4.55%	江苏	4	1.65%	234.0	0.20%
甘肃	10	4.15%	2264.7	4.13%	浙江	4	1.65%	392.8	0.33%
云南	10	4.15%	2767.8	4.13%	西藏	3	1.24%	5117.1	4.27%
贵州	9	3.73%	2256.6	3.72%	宁夏	2	0.83%	138.3	0.12%
湖北	9	3.73%	2887.7	3.72%	海南	1	0.41%	108.0	0.09%
内蒙古	9	3.73%	4503.7	3.72%	湖北、重庆	1	0.41%	25 000.0	20.85%
广东	8	3.32%	2344.3	3.31%	陕西、山西	1	0.41%	30.0	0.03%
黑龙江	8	3.32%	5747.4	3.31%	上海	1	0.41%	145.0	0.12%
山西	8	3.32%	1586.0	3.31%	天津	1	0.41%	342.0	0.29%
青海	7	2.90%	6899.1	2.89%	香港	1	0.41%	0.50	—
					合计	242	100%	119 883.2	100%

　　总体来看，国家地质公园在中东部地区分布密度较高、数量较大。在山西、河南、河北交界地区以及北京、天津、河北北部交界地区密度较高。并且，它们密集分布在我国的地质构造带和地势阶梯过渡带周围。有学者研究发现，70%以上的国家地质公园集中分布在7条聚集带和8个高密度聚集核区。这充分表明，区域地质构造与地质遗迹资源是地质公园建设与空间分布的基础。大地构造是区域地质地貌的基本骨架，其控制下的地质遗迹资源是地质公园建设的物质基础。

五、海洋特别保护区

　　海洋特别保护区是指具有特殊地理条件、生态系统、生物与非生物资源及海洋开发利用特殊要求，需要采取有效的保护措施和科学的开发方式进行特殊管理的区域。根据海洋特别保护区的地理区位、资源环境状况、海洋开发利用现状和社会经济发展的需要，海洋特别保护区可以分为海洋特殊地理条件保护区、海洋生态保护区、海洋公园、海洋资源保护区等类型。海洋特别保护区与海洋自然保护区（自然保护区生态系统保护类型中的海洋和海岸生态系统类型）同属海洋保护体系，但保护目标及管理方式有所不同。海洋公园是海洋特别保护区中的特殊类型，侧重建立海洋生态保护与海洋旅游开发相协调的管理方式，在生态保护的基础上，合理发挥特定海域的生态旅游功能，从而实现生态环境效益与经济社会效益的双赢。三者比较见表14-5。

表14-5　海洋自然保护区、海洋特别保护区和海洋公园的比较

	海洋自然保护区	海洋特别保护区	海洋公园
目标	保护某些原始性、存留性和珍稀性的海洋生态环境对象	在海洋开发利用发展的条件下，通过特别的保护而达到海区资源与环境持续利用	保护海洋生态与历史文化价值，发挥其生态旅游功能
对象	海洋、海岸带生态系统以及野生动物等	海区资源与环境	特殊海洋生态景观、历史文化遗迹、独特地质地貌景观及其周边海域
侧重	保护海洋原始自然状态；基本不涉及资源开发和社会发展	海洋资源的综合开发与可持续利用价值；涉及社会、经济、自然资源、生态环境、军事、权益等多个方面；内部可以包括海洋自然保护区	保障生态环境和公众滨海休闲娱乐空间
管理方式	按区域实行不同程度的强制和封闭性管理；原则上不允许规模性开发利用；核心区严禁开发和限制无关人员进入	海洋资源可持续开发，如海洋功能区划、产业结构优化、协调管理等；鼓励海洋资源合理科学开发	在保证海洋生态环境的前提下，进行生态旅游开发
管理单位	国家海洋局、国家林业和草原局、环境保护部	国家海洋局	国家海洋局

（一）发展历程

为了贯彻实施可持续发展战略，促进海洋资源可持续利用和海洋环境保护，海洋行政主管部门在严格遵守《海洋环境保护法》的前提下，于2005年在管辖海域内发展建设了一批海洋特别保护区，并于同年10月出台了《海洋特别保护区管理暂行办法》（国海发〔2005〕24号）。与此同时，辽宁、山东、江苏、浙江、福建和海南等省相继出台海洋环境保护管理办法或条例，积极选划海洋特别保护区。作为我国第一个国家级海洋特别保护区——乐清西门岛国家级海洋特别保护区所在地，浙江省人民政府办公厅于2006年5月16日发布了《浙江省海洋特别保护区管理暂行办法》。此后，海洋特别保护区设立的速度明显加快。2011年出现了首批国家级海洋公园。截至2017年年底，我国共建立了67处国家级海洋特别保护区（海洋公园），面积7252.28 km^2（表14-6）。

表14-6　各阶段国家级海洋特别保护区（海洋公园）新增数量及面积统计

批次	数量（处）	数量占比	面积（km^2）	面积占比
2005年	2	2.99%	579.8	7.99%
2006年	1	1.49%	218.4	3.01%
2007年	1	1.49%	29.29	0.40%
2008年	4	5.97%	1473.27	20.31%
2009年	6	8.96%	454	6.26%
2010年	1	1.49%	7.7	0.11%
2011年	12	17.91%	1007.64	13.89%
2012年	14	20.90%	759.13	10.47%
2014年	12	17.91%	1487.77	20.51%
2016年	14	20.90%	1235.28	17.03%
合计	67	100%	7252.28	100%

（二）分布

我国国家级海洋特别保护区是依托海洋资源及特殊地理条件建立。67处国家级海洋特别保护区分布于我国10个省份。其中，山东省国家级海洋特别保护区的数量及面积均排名全国第一，这与山东省海洋生态系统类型多样、渔业资源丰富、涉海历史文化悠久、海洋自然遗迹和特有景观较多有关。海洋特别保护区面积第二的浙江省海域面积26万km^2，相当于两个半陆域面积；海岸线长达6696km，万吨级以上泊位的深水岸线有506km，面积500m^{2}以上的海岛有2878个，均位于世界第一，优质的海洋资源在海洋特别保护区建设方面具有一定优势（表14-7）。

表14-7　2017年各省份海洋特别保护区数量及面积统计

省份	数量（处）	数量占比	面积（km^2）	面积占比
福建	7	10.45%	236.95	3.27%
广东	6	8.96%	120.18	1.66%

（续）

省份	数量（处）	数量占比	面积（km²）	面积占比
广西	2	2.99%	59.96	0.83%
江苏	3	4.48%	577.01	7.96%
辽宁	10	14.93%	1422.07	19.61%
山东	28	41.79%	3111.42	42.90%
天津	1	1.49%	34	0.47%
浙江	7	10.45%	1517.12	20.92%
海南	2	2.99%	71.42	0.98%
河北	1	1.49%	102.15	1.41%
合计	67	100%	7252.28	100%

六、沙漠（石漠）公园

沙漠公园是以荒漠景观为主体，以保护荒漠生态系统和生态功能为核心，合理利用自然与人文景观资源，开展生态保护及植被恢复、科研监测、宣传教育、生态旅游等活动的特定区域。

（一）发展历程

早期我国对荒漠生态系统的脆弱性认知不够，没有重视荒漠生态系统的保护价值。随着对荒漠生态系统科学研究的不断加深，1982 年在甘肃省建立了首个国家级荒漠生态系统类型的自然保护区——民勤连古城自然保护区。为了介绍荒漠生态系统的功能和价值，让公众在沙漠进行游憩、旅游休闲，并受到科学文化教育，提高防沙治沙、保护生态的意识，我国于2013 年开始建设国家级沙漠公园。

为规范国家沙漠公园建设和管理，促进国家沙漠公园健康发展，国家林业局于 2013 年 10 月启动国家沙漠公园建设试点工作。2013 年，新疆的库木塔格沙漠等 9 个沙漠公园成为了全国首批国家级沙漠公园。2016 年，湖南安化云台山国家石漠公园被纳入试点，丰富了沙漠公园的类型。截至2017 年年底，共有 12 处国家石漠公园被纳入试点。

2015 年是我国国家沙漠公园建设向规范化迈进的一年。国家林业局重点组织编制了《国家沙漠公园发展规划》。这对于规范沙漠公园的建设和管理，促进沙漠生态功能的保护和荒漠化地区的生态建设，保障国土生态安全具有重要意义。《国家沙漠公园发展规划》成果充分反映了全国沙漠公园建设的实际需求，是今后一个时期国家沙漠公园建设与评估的重要指导文件。同年成立了国家沙漠公园专业委员会,批复了第一个全国防沙治沙展览馆。2017年,国家林业局印发了《国家沙漠公园管理办法》,对国家沙漠公园的申报条件、准入和退出机制、功能分区等做出了详细说明。截至2017年年底,我国国家沙漠(石漠)公园总数已达103个,面积约4000km²(表14-8)。

表14-8　各阶段国家级沙漠(石漠)公园新增数量及面积统计

年份	新增数量(处)	数量占比	新增面积(km²)	面积占比
2013年	9	8.74%	792.06	20.07%
2014年	24	23.30%	1207.05	30.59%
2015年	22	21.36%	774.1	19.62%
2016年	15	14.56%	453.9	11.50%
2017年	33	32.04%	718.44	18.21%
合计	103	100.00%	3945.55	100.00%

(二)分布

国家级沙漠公园主要分布于我国沙漠较为集中、荒漠化土地占有相当比例的中西部地区。其中,以新疆为例,新疆沙化土地面积74.67万km²,占新疆总面积的44.84%,新疆沙漠面积有43.04万km²,占中国沙漠总面积的近60%。已建立国家沙漠公园的13个省份中,新疆在数量和面积上均居于首位。

第十五章

林业信息化

　　林业信息化是指在以网络化、智能化、虚拟化和知识生产、分配、使用、完善为目标，在整个林业领域，应用各种信息技术与林业科学技术相结合，为森林生态环境为核心的生态环境建设服务，有效合理地开发利用森林资源、湿地资源，提高生态、社会、经济效益和林业生产力水平、林业生产管理的现代化水平，推动林业可持续发展的动态演进过程。

　　林业信息化建设是一个过程，就是要在林业领域内广泛采用计算机、网络、数据库、数据挖掘、传感器、遥感、卫星定位系统、地理信息系统、虚拟现实、物联网、云计算与大数据、人工智能与决策支持系统等现代信息技术在林业领域的综合运用，充分发挥信息技术在信息与知识的获取、处理、传播等方面的作用，构建各种林业信息系统、管理系统、辅助决策支持系统、办公自动化系统等系统，为林业决策者、管理者和生产者提供服务。

第一节　林业生物与环境信息获取和监测

一、林业物联网技术

　　物联网(Internet of things)最早是由麻省理工学院 Ashton 教授 1999 年在研究 RFID 时提出的。2003 年，SUN 公司发表文章 *Toward a Global "Internet of Things"* 介绍了物联网的基本工作流程并提出解决方案。2009 年 8 月 7 日，温家宝同志视察无锡时提出"感知中国"理念，使物联网概念在国内引起高度重视，成为继计算机、互联网、移动通信之后新一轮信息产业浪潮的核心领域。

　　为了深入贯彻落实根据《国务院关于推进物联网有序健康发展的指导

意见》(国发〔2013〕7号)、《国务院关于积极推进"互联网＋"行动的指导意见》(国发〔2015〕40号)等有关文件精神,国家林业和草原局印发了《关于推进中国林业物联网发展的指导意见》,指导意见阐释了林业物联网建设的总体要求,即要以促进转变林业发展方式、提升林业质量效益为宗旨,以林业核心业务物联网应用为重点,以提升林业现代化水平为目标,加快推进林业物联网建设与应用,提出了要推进物联网技术与林业核心业务高度融合,实现林业资源监管、营造林管理、林业灾害监测、林业生态监测、林业产业、林产品质量安全监管物联网应用六大主要任务,明确了林业物联网发展的保障措施。

林业物联网建设的主要任务有以下六点。

1. 林业资源监管物联网应用

(1)林业资源调查与监测。充分应用"3S"(GIS、GPS、RS)、红外感应、无人机、卫星通信、激光雷达、RFID、条码、多功能智能终端等技术,结合地面抽样调查,建立基于云计算架构的林业资源数据仓库,提高地面监测样地、样线、样木等的复位率,增进监测数据的实时性、准确性、可靠性和快速更新能力,弥补传统地面监测手段的不足。

(2)林业资源管理。应用二维码、RFID、移动互联等技术,提高林权证、采伐证、运输证等林业资源相关权证的防伪性和快速识别能力,建设全国统一的权证信息管理及共享交换平台,加强对各类权证信息的智能化管理;建立人机交互的智能信息管理平台,加强对珍贵树种、古树名木、珍稀花卉等个体识别、谱系管理及安全监控。

(3)珍稀濒危野生动物管理。应用卫星通信、"3S"、电子围栏、视频监控、移动互联等技术,根据动物的生态习性和形态结构,研制具有身份识别、卫星定位、体征传感、信息传输等功能的专用设备,对接智能信息管理平台,构建全天候立体化传感监控网络,加强动物行为及体征分析,提高实时监控与应急响应能力,促进珍稀濒危野生动物野外管理和种群复壮。

2. 营造林管理物联网应用

(1)林木种质资源保护。应用RFID、红外感应、传感器、视频监控、无线通信、移动互联等技术,构建原地和异地保护母树林传感网,加强对林木采种基地种质资源,特别是珍贵、稀有、濒危母树的保护。构建林木种质资源设施保存库立体传感监控网络,加强设施保存环境的实时监测与调控,有效保存林木种质资源。

（2）林木种苗培育及调配。应用传感器、视频监控和自动控制等技术，加强对规模化林木种苗培育基地温度、湿度、光照强度、土壤肥力等的实施监测，结合自动喷灌、自动卷帘等操作，提高种苗培育的信息化、机械化、自动化水平，实现智能化管理。

（3）营造林管理与服务。应用大气环境、土壤环境、水环境等相关传感器，强化对造林地环境与林分生长状态的智能监测与分析，结合 GIS 系统和云计算技术，实现对适地适树、测土配方、抚育管理等的决策支持，以及对林场、林农、林企等提供相关服务。应用"3S"技术、航空摄影、多功能智能终端等技术，加强对营造林、退耕还林等工程项目的核查和绩效评估，提高核查与评估的效率和质量。

3. 林业灾害监测物联网应用

（1）森林火灾监测预警与应急防控。应用由对地观测、通信广播、导航定位等卫星系统和地面系统构成的空间基础设施，以及航空护林飞机、无人机、飞艇等航空设备，构建森林火灾监测预警与应急防控的天网系统；应用地面林火视频监控、红外感应、电子围栏、气象监测、地表可燃物温湿度监测等感知设施以及各种有线、无线通信设施，构建地网系统；应用车载智能终端、手持智能终端以及多功能野外单兵装备等，构建人网系统；应用条码、RFID 等技术，构建林网系统；对接基于"3S"、云计算、大数据、移动互联等技术应用的智能信息平台，提高森林火灾的监测、预警预报以及指挥调度、灾后评估等应急响应能力。

（2）林业有害生物监测预警与防控。综合应用"3S"、视频监控、传感器等技术，加强森林和大气环境监测，结合地面巡查数据，对接专家远程诊断系统、森林病虫害预测预报系统、外来物种信息管理系统，加强数据挖掘、共享和业务协同，提高森林病虫害及外来物种危害的监测、预警预报与综合防控能力。对通过检疫的物品进行标识，建立林业有害生物检疫责任追溯制度。

（3）沙尘暴监测和预报预警。在新疆、甘肃、内蒙古等重点风沙源区和固沙治沙地区部署地面气象传感和土壤温湿度传感监测网络，结合气象卫星和遥感卫星监测，加强沙尘暴灾情监测和预报预警能力，有效降低灾情损失。

（4）陆生野生动物疫源疫病监测预警。运用集卫星定位、信息发送、生命体征传感等功能于一体的动物专用设备，建立基于卫星追踪、传感器感知、GIS 应用和地面巡查相结合的陆生野生动物疫源疫病监测系统，加强对迁徙候鸟兽活动路线及生命体征的监测分析，有效提高陆生野生动物疫源疫病监测预警能力。

4. 林业生态监测物联网应用

（1）林业生态监测。主要对森林、湿地、荒漠生态系统的有关指标进行连续观测，评估生态系统的健康状况、生态服务功能和价值。

（2）陆地生态系统监测与评估。建设或改造森林、湿地、荒漠生态系统定位研究站，构建完备的陆地生态系统定位监测网络。

（3）森林碳汇监测与评估。利用各种智能传感终端和通信手段，构建多维碳排放与碳汇监测传感网络，在水平和垂直空间对温湿度、风向风速、光照强度、二氧化碳浓度等因子进行实时监测。

5. 林业产业物联网应用

（1）森林旅游安全监管与服务。应用由对地观测、通信广播、导航定位等卫星系统和地面系统构成的空间基础设施，以及航空护林飞机、无人机、飞艇等航空设备，构建森林旅游安全监管与服务的天网系统；应用地面旅游视频监控、旅游视频观景、林火视频监控、气象监测、红外感应、电子围栏、地表可燃物温湿度监测等感知设施，以及各种有线、无线通信设施，构建地网系统；发挥移动互联技术的巨大优势，应用智能终端等，构建人网系统；应用条码、RFID、地面无线定位等技术，构建林网系统；基于三维仿真、虚拟现实、云计算等技术，构建智慧旅游信息平台。

（2）林下经济和花木培育。应用传感器、视频监控、移动互联和自动控制等技术，对接智能信息管理平台，加强对规模化花木培育基地温度、湿度、光照强度、土壤肥力等的实施监测，结合自动喷灌、自动卷帘等操作，提高花木培育的信息化、机械化和自动化水平，更好地满足市场需求。基于温度、湿度、光照、土壤肥力等传感器和视频监控、红外感应、电子围栏等设施，搭建林下传感网络，为发展林下特色种（养）殖业提供科学技术支撑，并提高防火、防盗等安全监管能力。

（3）林业资源开发利用相关权证的管理。应用二维码、RFID、移动互联、云计算等技术，构建全国统一的信息管理及共享交换平台，加强对林木种苗生产经营、野生动物驯养繁殖、野生动物经营利用等林业资源经营开发利用环节相关权证的信息化、网络化、智能化管理，提高权证的防伪性和快速识别能力。

6. 林产品质量安全监管物联网应用

（1）林产品认证和溯源。采用激光扫描、定位跟踪、移动互联等技术，对经过绿色无公害认证、原产地认证、来源合法认证等的林产品进行标识，实现林产品物流与信息流的有机统一。

（2）林产品质量安全检测认证。采用条码、RFID、定位跟踪等技术，给质量检测合格的林产品赋予专用标识，建立专用标识认证制度。

二、林业生物与环境信息获取技术

（一）林业信息感知技术

感知层能够把物品对话的最先条件，即以传感器和条码技术收集物理世界中产生的物理事件与数据，含所有物理量、身份标识、情境信息、音频和视频等数据，呈现"物"的识别。关键技术如下：

1. 传感器技术

传感器技术是林业物联网的核心技术，主要包括了土壤传感器技术、林业气象信息传感器技术和林业植物生理信息传感器技术等。

土壤传感器技术是运用物理、化学等手段和技术来观察、测试土壤的物理、化学参数变化，对影响作物生长的关键环境因素进行在线监测分析，为林业生产决策提供可靠的数据根源。土壤水分是作物水分的主要根源，土壤电导率反映了土壤实度、黏土层深度、水分保持能力等参数变化，土壤氮磷钾含量高低决定了作物营养水平。

林业气象信息传感技术是通过采用物理、化学等手段和技术来观察、测试林业小气候的物理、化学参数变化，对影响林业生产的关键环境因素进行在线监测分析，为林业生产决策提供可靠的数据来源。林业气象信息监测系统通常包括气象收集节点、数据处理中心和气象消息发布平台三部分，其中气象收集节点作为获取林业气象信息的直接手段，在监测系统中发挥了无可替代的作用，一般气象收集节点集成了大气压力传感器、风速风向传感器、温湿度传感器、太阳辐射传感器、光照传感器、二氧化碳传感器等。

林业植物生理信息传感器技术是指运用传感器来监测林业中植物的生理信息，如植物的茎流、茎秆直径和叶片厚度等。利用对植物生理信息的监测，就能更好地估计植物当前的水分、营养等生理状况，从而更好地指导灌溉、施肥等林业生产活动。林业植物生理信息传感器包括植物茎流传感器、植物茎秆直径传感器、叶绿素含量测定仪、植物叶片厚传感器等。

2. RFID 技术

林业个体的标识和识别是实现林业精准化、精细化和智能化管理的前提和条件，是林业物联网呈现林业物物关联和林业感知的关键技术之一。RFID(radio frequency identification)，即射频识别技术，也被称为电子标签，指利用射频信号通过空间耦合(交变磁场或电磁场)实现无接触信息传递并通过所传递的信息达到自动识别目的的技术。该技术可实现数字种植、精细作物生产，树木流通等过程中对作物与林木的追踪与鉴别。林业个体标识技术包括技术和条码技术。其在林业物联网中的主要运用是身份识别。目前，林业个体的标识和识别技术的发展趋势主要表现在与个人移动设备的结合及与传感器的集成等。

3. 条码技术

条码技术是集条码理论、光电技术、计算机技术、通信技术、条码印制技术于一体的一种自动识别技术。条形码是由宽度不同、反射率不同的条(黑色、白色和空色)，按照一定的编码规则编制而成，用以表达一组数字或字母符号信息的图形标识符。条码技术在林业产品的追溯中有着广泛应用。

4. 全球定位系统技术

林业生产具有很强的区域性，位置(方位)信息是林业作业的一个很重要内容。林业位置信息服务包括林业导航、物流过程跟踪、林机调度等。全球定位系统技术是指利用卫星，在全球范围内进行实时定位、导航的技术，利用该系统，用户可以在全球范围内实现全天候、连续、实时的三维导航定位和测速；另外，利用该系统，用户还能够进行高精度的时间传递和高精度的精密定位。

(二)林业信息传输技术

林业信息传输是指以网络为载体，高效、及时、稳定、安全地传输感知层获取的数值和处理层加工后的数值，于感知层与处理层之间呈现上下联动的效果。林业信息传输技术主要指将林业信息由发送位置传送到接收位置，且实现接收的技术。传输技术主要有有线通信技术、移动通信技术和林业信息无线传感器网络技术。目前，有线传输技术由于林业现场环境限制，应用较少。这里主要介绍无线传感网络技术和移动通信技术。

1. 无线传感网络技术

无线传感网络(WSN)是以无线通信方式形成的一个多跳的自组织网络系统，由部署在监测区域内大量的传感器节点组成，负责感知、采集和处理网络覆盖区域中被感知对象的信息，并发送给观察者。其中，ZigBee技术是基于IEEE802.15.4标准的关于无线组网、安全和应用等方面的技术标准，被广泛应用在无线传感网络的组建中。

2. 移动通信技术

随着林业信息化水平的提高，移动通信逐渐成为林业信息远距离传输的重要及关键技术。移动通信经历了三代的发展：模拟语音、数字语音及数字语音和数据。林业从事者的收入较低，农村的网络设施环境较差，普及计算机和互联网还有很大困难，而手机等移动设备价格相对低廉，移动网络设施也较为完善，因此，移动通信技术的开发与使用在实现我国林业信息化的战略目标中有着举足轻重的作用。

林业物联网＋传感器技术可以应用在以下方面：

（1）利用视频传感器监测火灾；利用温湿度传感器、太阳辐射传感器、降水量传感器、风速与风向标传感器、二氧化碳传感器、PM2.5传感器、土壤温度与含水量传感器、树木直径传感器等获取监测点的气象因子，建立自动无人值守生态定位观测站及信息林。

（2）利用物联网＋传感器技术对传统林木害虫诱捕器进行改造，安装特殊的监控传感器，通过无线网络传输服务器，利用机器学习图像识别技术对林木害虫进行识别监测等。

三、林业生物与环境信息智能处理技术

林业信息处理技术是以林业信息知识为基础，采用各种智能计算方法和手段，使得物体具备一定的智能性，能够主动或被动地实现与用户的沟通，也是物联网的关键技术之一。林业信息处理是林业物联网的具体运用和特征体现，是实现林业生产经营信息化、智能化、标准化的关键，也是林业物联网的末端环节。林业信息处理利用模式识别、智能推理、优化决策、复杂计算、机器视觉等各种智能化计算技术，对感知层识出生成的超大量数据实现辨析和管理，使得物体赋予思想，具备一定的智能性，成为为林业生产、经营、管理、服务提供科学决策的主要依据和手段。

1. 林业预测预警技术

林业预测是以土壤、环境、气象资料、作物生长、林业生产条件、航拍或卫星影像等实际林业资料为依据，以经济理论为基础，以数学模型为手段，对研究对象未来发展的可能性进行推测和估计；是精确林事操作及生产计划编制、监督执行情况的科学抉择的主要方法，也是改善林业经营管理的重要措施。

林业预测预警是林业信息处理方法中众多的应用领域之一，是在利用

传感器等信息采集设备获取林业现场数据的基础上，采用数学和信息学模型，对研究对象将来进展的可能性实现预测和猜想，且针对将要出现不好的情况给出提前报告和避免措施。

林业预测预警是林业物联网的重要应用之一，也是核心技术手段之一，其目的是通过对获得的众多林业现场数值、林业加工数值、林业销售数值等达到数学和信息学处理，得到适用于不同时期的林业研究对象客观发展规律和趋势，根据人对林业的具体需求，通常是最大化林业生产价值，对未来某个时期进行状态估计和预测，对不正确的发展状态及时提醒相关参与者，并提供发生的时空范围、危害程度和处理方案，以期最大程度提升林业活动收益和降低林业活动风险。

2. 林业视觉信息处理

林业视觉信息是运用相机、摄像头等图像采集设备获取的林业场景图像，是林业物联网信息的一种。林业视觉处理为运用图像处理技术对采集的林业现场图像完成处理而达到对林业场景中的对象做到识认和解读的过程。

最基础的视觉信息处理系统，要聚集照明系统、成像系统、图像数字化系统、图像处理软件系统、计算机系统，复杂一些的视觉信息处理系统还会涉及机械设计、传感器、电子线路、可编程逻辑控制器、运动控制、数据库等。

3. 林业信息智能决策技术

林业信息智能决策是智能决策支持系统在农业领域的具体应用，它综合了人工智能（AI）、商务智能（BI）、决策支持系统（DSS）、知识管理系统（AKMS）、农业专家系统（AES）及管理信息系统（AMIS）中的知识、数据、业务流程等内容，综合给出林业生产过程中的决策性意见。

第二节　林业数据库

根据中华人民共和国林业行业标准《林业数据库设计总体规范》（LY/T 2169—2013）的定义，林业数据库指根据林业生产、经营和管理特点所建立的数据库。按照《全国林业信息化建设纲要（2008—2020 年）》的规定，林业数据库是林业信息的集合。林业数据库分为公共基础数据库（基础地理信息、遥感影像数据库等）、林业基础数据库（森林、湿地、沙地和生物多样性等资源数据库）、林业专题数据库（森林培育、生态工程、防灾减灾、林业产业、国有林场、林木种苗、竹藤花卉、森林公园、政策法规、林业执法、科技、人事、教育、党务管理、国际交流等数据库)、林业综合数据库(根据综合管理、决策的需要由基础、专题数据综合分析所形成的数据库)、林业信息产品库(为各类应用服务生成的信息产品)等。

一、中国林业数据开放共享平台——中国林业数据库

中国林业数据开放共享平台——中国林业数据库(http://cfdb. forestry. gov. cn/lysjk/indexJump. do? url = view/moudle/index)由全国林业信息化工作领导小组办公室主办,具有数据覆盖范围广、安全可靠、实时更新等特点。

该数据库将海量信息、海量数据的处理需求与用户的应用趋势整合进一个单一的、可靠的综合林业数据库之内,协助用户做到林业数据分类可见、林业数据可控制与可调整,维护数据的有效和一致;并以此为基础,为林业用户应用提供支持服务,进一步提升了林业信息化决策支持服务的信息能力。

林业数据库数据按照来源主要分为三大类,分别是发改委分中心数据、国家林业和草原局数据、林科院自建数据库集,共23项内容。按照业务类别,该数据库包含林业产业数据库、荒漠化资源数据库、湿地资源数据库、森林资源数据库、林业从业人员数据库、林业教育数据库、林业投资数据库、林业重点工程数据库、森林灾害数据库、生物多样性数据库等。

二、国家林业和草原科学数据中心

国家林业和草原科学数据中心(原名:国家林业科学数据共享服务平台,简称林业数据平台,http://www. cfsdc. org/index. html)是科技部、财政部于2011年11月正式认定的23家国家级科技基础条件平台之一,是当前的28家"国家科技资源共享服务平台"之一。林业数据平台在科技部、财政部、国家林业和草原局指导下开展运行服务工作,为国家科技创新、经济社会发展提供林业科学数据支撑和技术服务。

林业数据平台整合了森林资源、草地资源、湿地资源、荒漠资源、生态环境、自然保护、森林保护、森林培育、木材科学、科技信息、科技项目和林业行业发展12个一级分类、69个二级分类的林业科学数据,提供数据共享服务。当前,该平台围绕国家战略需求持续开展重要林业科学数

据资源的收集、整理、保存工作，集成并建立了 177 个数据库(组)，数据总量达 1.2TB，初步形成了全面、系统的林业科学数据体系。同时，基于基础性数据的积累，面向用户需求，研究生产了全国林地分布数据集、中国荒漠化监测数据集、全国湿地监测数据集等专题数据产品，数据总量超过 600GB。

林业数据平台开展网络数据共享等数据应用服务。自 2004 年开始，面向社会各类用户提供在线和离线数据共享及数据应用技术服务，主要包括：①基于互联网的数据浏览、搜索、下载；②根据用户具体专业领域的应用需求，提供专题数据服务；③为用户提供数据应用与数据处理的技术支持、技术培训、技术咨询服务；④运用移动互联网，开展国家林业生态建设的宣传和林业科学普及工作；⑤为国家林业生态建设重大需求提供专题服务工作等。

林业数据平台开展科技数据资源的社会共享，面向各类科技创新活动提供公共服务，开展科学普及，根据创新需求整合林业科技数据资源，开展定制服务。在专题服务工作中，根据用户需求研究加工并提供专题数据库(集)，研究开发并提供专业数据应用软件系统，向用户提供数据应用和软件系统的技术培训，开展科技咨询服务等。已经开展的专题服务工作主要包括面向贵州石漠化治理工程的联合专题服务(2013—2015 年)、面向河南南水北调中线工程渠首水源地生态建设的联合专题服务(2014—2017 年)、面向湖北大别山革命老区林业精准脱贫攻坚的专题服务(2015 年至今)等。

三、国家林木种质资源平台

国家林木种质资源(含竹藤花卉)平台(http：//www. nfgrp. cn/index_z01. shtml)是国家科技基础条件平台的重要组成部分。平台包含林木、竹藤、花卉等多年生植物的种质资源标准化整理、整合与共享服务体系，是通过科技部、财政部认定的 23 个国家科技基础条件平台之一。国家林木种质资源平台由科技部、财政部资助，主管部门国家林业和草原局，业务依托国家林业和草原局科技司、保护司、场圃种苗总站、科技发展中心，中国林业科学研究院负责运行管理，平台办公室设在中国林业科学研究院林业研究所种质资源研究室。

国家林木种质资源平台自 2003 年开始试点建设，整合国内 70 多个资源单位、99 个国家级林木种质资源库的资源共 10 万余份，目前收录林木

（乔木、灌木、竹、藤）树种 250 科、1644 属、16 371 种（含变种、亚种及少量品种），用户可以通过平台查询树种的形态特征、地理分布、用途、同属其他树种等信息；同时收录 69 959 份种质资源信息，包括种名（亚种名）、种质名称、具体用途、主要特性、种质外文名、保存单位等信息，用户可以通过上述条件进行种质资源的检索，从而查看到详细信息。平台主要为从事林木遗传育种的科研和生产人员、种质资源和生物技术研究人员、农技推广人员、人工林经营企业等提供林木种质资源信息服务、林木种质资源实物共享服务、优异种质推荐、国外树种引种服务、技术与成果推广服务、政策咨询、技术标准、培训与考察和合作研究。

四、公共基础数据库

林业公共基础数据库包括基础地理信息库、遥感影像数据库等。

（一）基础地理信息库

国家自然资源和地理空间基础信息库（http：//www.geodata.gov.cn/web/geo/index.html）是中办〔2002〕17 号文件确定建设的电子政务四个基础信息库之一，是国家空间信息基础设施建设的核心工程，目前建设成果总计数量达 705.6TB。基础信息库由国家发改委牵头，水利部、中国科学院等 10 个部门共同参加建设。国家林业和草原局（原国家林业局）成立了林业分中心，负责林业自然资源与空间信息基础信息库的建设。

自然资源数据目录下森林资源中包含：全国森林资源国家规定特别灌木林分布图、1∶25 万分幅全国森林资源分布图、全国森林资源竹林分布图、全国森林资源针阔混交林分布图、全国森林资源阔叶林分布图、全国森林资源针叶林分布图、全国人工林资源竹林分布图、全国人工林资源国家规定特别灌木林分布图、全国人工林资源针阔混交林分布图、全国人工林资源阔叶林分布图、全国人工林资源针叶林分布图、全国天然林资源国家规定特别灌木林分布图、全国天然林资源竹林分布图、全国天然林资源针阔混交林分布图、全国天然林资源阔叶林分布图、全国天然林资源针叶林分布图、各地区天然林资源保护工程建设情况、森林资源国家规定特别灌木林数据、森林资源竹林数据、森林资源针阔混交林数据等 55 804 条记录。

（二）遥感影像数据库

国家卫星林业遥感数据应用平台建设项目于 2012 年启动实施，提供对林业资源综合监测所需的各类遥感信息及数据处理系统、数据产品发布系统及综合监测遥感数据产品，通过多源卫星遥感数据的集中接入、管理、生产和分发，实现林业各监测专题的遥感信息及平台共享，并与国家林业和草原局现有的公共基础信息、林业基础信息、林业专题信息、政务办公信息等整合，提高林业监测的效率。国家林业局卫星林业应用中心于2015年9月1日正式在国家林业局调查规划设计院正式挂牌。

国家卫星林业遥感数据应用平台的总体框架（图15-1）由林业资源监测标准规范体系、平台支撑环境、平台软件系统、林业资源监测及信息体系和平台用户五大部分组成。

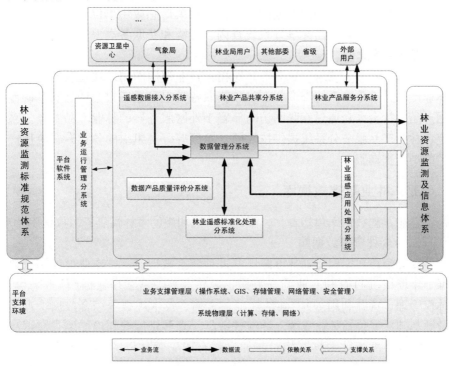

图 15-1　国家卫星林业遥感数据应用平台总体框架图

（1）林业资源监测标准规范体系。该体系是平台建设的重要基础，保障所建设的卫星遥感数据应用平台符合林业信息化系统建设规范，同时满足实际的林业遥感应用业务需要。

（2）平台支撑环境。分为系统物理层和业务支撑层两大层次。系统物理层包括计算设备、存储设备和网络设备等；业务支撑层包括操作系统、GIS系统、存储管理系统、网络管理系统、安全管理系统等。

(3)平台软件系统。从功能上划分为遥感数据接入、业务运行管理、数据管理、林业遥感标准化处理、林业遥感应用处理、林业产品共享、林业产品服务、数据产品质量评价8个分系统。

(4)林业资源监测及信息体系。为林业遥感应用处理分系统的建设提供基础信息支撑。同时，不断从卫星遥感数据应用平台获取新的遥感数据产品。

(5)平台用户。主要分为内部系统用户、林业数据用户、行业数据用户和社会大众用户四大类。

国家林业和草原局内网范围内直属的相关遥感应用单位和下属的相关林业单位通过林业产品共享分系统查询、订购和获取各类卫星遥感数据产品和基础专题产品。

气象、水利、测绘、农业等其他相关行业部门的用户通过政务外网和林业产品共享分享系统查询、订购和获取各类卫星遥感数据产品和基础专题产品。社会大众通过互联网访问部署于外网服务器的林业产品服务分系统，林业产品服务分系统提供按时间、专题等分类组织的各类专题应用产品的浏览查询服务。

五、林业基础数据库

林业基础数据库包括森林、湿地、沙地和生物多样性等资源数据库。

(一)森林资源数据库

森林资源数据包括森林资源规划设计调查数据、森林作业设计调查数据、年度核(调)查和专业调查数据、森林资源经营管理数据(林木采伐、林权管理、资源利用等)、其他标准、文档、技术规程等综合数据。森林资源基础数据包括林业资源连续清查数据、森林资源规划设计调查数据和森林资源年度变化数据。相对应的也就有国家森林资源连续清查数据库(一类清查数据库)、森林资源规划设计调查数据库(二类清查数据库或森林资源小班数据库)、森林资源作业设计调查数据库(三类清查数据库)。

(二)湿地资源数据库

湿地资源数据包括湿地保护区信息、湿地物种信息、湿地斑块信息、湿地公园信息、湿地鸟类信息、湿地湖泊库塘信息、湿地植物信息、湿地保护小区信息、湿地动物信息、重要湿地信息、湿地社会经济信息、湿地植被信息等内容。湿地资源基础数据库主要为湿地调查与监测数据库、湿地保护区数据库、国家重点湿地监测及评价数据库。

（三）沙地资源数据库

沙地资源数据主要指历次全国荒漠化和沙化土地调查基础数据，包括沙漠化、石漠化和沙化土地类型，沙尘暴观测数据，戈壁区监测数据，荒漠化、石漠化和沙化动态变化数据，全国荒漠化、石漠化和沙化土地分布图，沙漠分布图等。数据库主要是荒漠化调查与监测数据库、沙地数据库、戈壁数据库和沙漠数据库。

（四）生物多样性数据库

生物多样性数据旨在为我国重点野生动植物监测服务，为国家野生动植物和自然保护区管理业务工作服务。生物多样性数据包括森林生物多样性数据、森林公园数据、森林生态定位观测数据等。

森林生态定位监测数据库：地面气象观测数据、土壤理化（土壤容重、总空隙度、毛管空隙及非毛管空隙度）等。

自然保护区数据库：自然保护区基本状况（名称、编号、保护级别、保护类型、经纬度、行政区域、保护对象、面积、简介、保护区物种、保护区状况以及图片）；动物数据库（中文名、拉丁名、分类、科名、保护级别、形态特征、地理分布、生境条件、省内分布、数量、制作者、完成时间、图片）；保护区植物（中文名、拉丁名、分类、科名、保护级别、形态特征、地理分布、生境条件、省内分布、数量、制作者、完成时间、图片）等。

典型生态区专题数据库：生态区社会经济数据、环境数据、生态区珍稀植物数据等。

森林公园数据库：森林公园数量、面积、森林公园收入情况、旅游接待人数等。

森林生物多样性数据库：陆生植物数据、古树名木数据、物种分布、珍稀濒危植物数据、植物名录及分布等。

六、林业专题数据库

林业专题数据库包括森林培育、生态工程、防灾减灾、林业产业、国有林场、林木种苗、竹藤花卉、森林公园、政策法规、林业执法、科技、人事、教育、党务管理、国际交流等数据库。

森林培育和生态工程建设数据库包括造林作业设计数据库、营造林实绩综合核查数据库、森林经营（森林抚育间伐、森林采伐等）数据库、天然林保护工程数据库、生态公益林数据库、速生丰产林数据库、京津风沙源治理工程建设数据库、三北及长江流域等重点防护林体系工程数据库、退耕还林工程数据库、种苗数据库、林木育种数据库、森林土壤数据库、林地流转数据库、林权交易数据库、战略储备林数据库等。

灾害监控与应急指挥数据库包括森林防火数据库、林业有害生物数据库，森林病虫害发生、防治及灾害数据库，野生动物疫源疫病监测数据库，沙尘暴监测数据库，视频监测数据库和相关其他灾害数据库等。

林业科技数据库包括各类林业调查及评价数据库、林业科技成果数据库、林业实用技术数据库、林业专家数据库等。

森林保护数据库包括林业有害生物数据库、森林火灾数据库。

科技信息库包括国内外林业标准库、林业学科资源库、林业获奖成果库、林业机构名录库、林业术语词库、科技项目库等。

七、林业信息产品库和林业综合数据库

(一)林业信息产品库

林业信息产品中的林业信息指根据用户需要制作的，可直接为最终用户服务的信息；产品包括制图产品、数据产品、信息服务产品、信息应用产品。各级林业数据维护和管理支撑单位负责本级信息产品库的建立、维护和应用权限分配。

(二)林业综合数据库

林业综合数据库指根据综合管理、决策的需要由基础、专题数据综合分析所形成的数据库，包括综合分析、综合评价、综合决策、综合预测、林业区划、林业规划等数据。

(三)林地"一张图"数据库

为贯彻落实《全国林地保护利用规划纲要（2010—2020 年）》，国家林业局于 2010 年启动实施了林地"一张图"建设工作，2012 年底该数据库建成，数据量达 100TB。林地"一张图"数据库建设是指以二类调查成果为基础，利用遥感影像数据和必要的现地调查，采用地理信息系统，将林地及其利用状况落实到山头地块，建立县级林业档案数据库，并按省、国家逐级汇总提交，最后形成全国林业"一张图、一个库"。

数据库的主要数据类型包括高分辨率遥感数据、基础地理信息数据以及各类数据的元数据、行政区划代码、林业资源代码数据和文档数据等。全国林地"一张图"林地数据主要包括五个方面的因子：①林地因子：地类、土地退化类型、林地质量等级。②基础因子：省（森工局）、县（林业

局)、乡镇(林场)、行政村(林班)、小班、面积、地貌、坡度、坡向、坡位、土壤名称、土壤厚度、交通区位等。③管理因子：土地权属、林种、森林(林地)类别、工程类别、公益林事权等级、公益林保护等级等。④林分因子：起源、优势树种(组)、郁闭度(覆盖度)、龄组、每公顷蓄积量、平均胸径、每公顷株数、灾害类型、灾害等级、生态功能等级等。⑤规划因子：是否为补充林地、林地保护等级、林地功能分区、主体功能区等。

　　2014 年后，随着林地变更调查工作的推进以及各类需求的增加，为切实提高林地"一张图"服务支撑能力，推广林地"一张图"的应用范围，国家林业和草原局组织研发了"全国林地一张图政务服务平台"，该平台是在"天地图"的总体框架基础上，整合全国林地图斑数据、林地专题数据、森林资源调查数据等数据资源，开发了基于 Web 技术的门户应用系统，实现了地图基础浏览、快速搜索定位、林业专题信息的成果展示、林班数据的查询、林地数据的统计分析、多边形区域查询统计等功能，平台在线运行数据达 10TB 以上，林地图斑记录数达 7000 万个以上。

　　2018 年起，林地"一张图"互联网版上线运行，项目研建遵循 OGC WMS/WFS 等标准规范的林地一张图遥感影像、林地图斑、林地调查界线等基础数据的互联网服务接口，实现异构 GIS 平台间林地资源信息网上在线服务；围绕林地"一张图"的管理和信息服务，基于全国林地图斑数据，进行林地分布、天然林人工林分布、保护等级等专题数据制作，开发林地"一张图"专题图的信息服务接口，在线对外提供信息服务。同时，该平台不但包括林地"一张图"的数据信息，也包括未来接入该服务平台的其他数据，如采用空、天、地一体化的林业资源遥感监测网络实时获取的信息数据和依托专业传感器或移动终端采集的可共享的专题实时数据以及其元数据；反应未来林地保护利用方面的规划数据，包括林地资源保护利用的发展蓝图、林地资源红线及其元数据①等。

八、林业大数据建设

　　2016 年 3 月 24 日，《中国林业大数据发展战略研究报告》在京发布，同年 7 月出台了《关于加快中国林业大数据发展的指导意见》。指导意见提出林业大数据是生态变迁的"收集器"，是生态发展的"显示器"，是生态治

---

　　①　元数据，对数据的描述信息。主要是描述数据属性(property)的信息，用来支持如指示存储位置、历史数据、资源查找、文件记录等功能。

理的"指南针"，是经济发展的"变速箱"，并指出要在 2020 年之前实现的目标：实现林业数据资源整合共享，提高林业精准决策能力，实现生态智慧共治，形成林业信息技术自主创新能力。

指导意见进一步提出要在林业大数据建设的基础上开展生态大数据应用与研究工作，连同国家发改委，组建国家生态大数据中心，建设国家生态大数据研究院、国家生态大数据应用工程实验室，建成生态大数据研究智库平台。

指导意见明确了林业大数据建设的主要任务和示范工程。

1. 大数据建设的主要任务

（1）林业大数据采集体系。对大数据的采集规划，明确大数据的采集内容、采集对象、采集形态和采集渠道，以采集林业基础数据、生态数据、业务活动数据为基础，通过利用物联网等信息技术与方法对林业数据进行自动与人工、连续与周期监测、常规调查与特定调查等进行采集，通过数据集成策略，使分散在不同部门的数据得到有效管理，促进数据共享，形成完整的、分类清晰的、最小重复的数据元素集。

（2）林业大数据应用体系。由生态安全监测评价、生态红线动态保护、"三个系统一个多样性"动态决策、林业应急服务四个体系组成。其中"三个系统一个多样性"是林业发展规划系统、生态变迁评估系统和动态决策系统。

（3）林业大数据开放共享体系。由开放共享服务平台、政务和公众数据发布系统、舆情应对三个体系组成。

（4）林业大数据技术体系。由大数据方法、技术架构和应用架构、共享交换、标准规范四个体系组成。其中，大数据的技术架构可以概括为"五横两纵"，"五横"分别为基础设施层、数据资源层、技术平台层、应用层和展示层，"两纵"分别为安全保障体系/运维服务体系和标准体系/运营体系。

2. 大数据示范建设工程

（1）生态大数据共享服务体系项目。平台通过森林、湿地、荒漠等自然生态系统数据开放，提升公共服务能力。建设生态安全监测服务大数据、生态红线动态保护大数据、生态信息服务示范大数据、生态产业发展大数据及生态大数据共享支撑平台等工程。

（2）京津冀一体化林业数据资源协同共享平台。平台整合梳理京津冀三省（直辖市）林业数据资源，建立包含京津冀林业资源数据库、数据资源建设与更新标准和京津冀信息共享发布系统项目。

（3）"一带一路"林业数据资源协同共享平台。平台整合"一带一路"沿线重点地区森林、湿地、荒漠和生物多样性的基础数据，与生态大数据中心数据共享，实现"一带一路"生态大数据的预测和分析应用。

（4）长江经济带林业数据资源协同共享平台。平台加强长江经济带林业数据资源协同共享，形成国家林业和草原局与长江经济带省级林业主管部门的数据通路和交换机制。

（5）生态服务大数据智能决策平台。平台增强大数据对林业行业的智慧管理和创新应用，为政务建设、生态旅游、林产品交易、林业合作交流等提供分析服务和决策支持。

2017年5月17日，国家生态大数据研究院在海南陵水正式挂牌。建设生态大数据研究院是国家林业局落实党中央、国务院关于生态文明建设和大数据纲要的重要行动，是国家发改委与国家林业局联合开展生态大数据应用与研究战略合作的重要建设内容。生态大数据研究院以加强顶层设计、战略实施为重点，开展生态大数据建设的理论与实践研究，推动形成生态大数据发展的创新动力和开放模式，力争建成国内一流的生态大数据人才培养、专题培训、咨询服务、科研创新和产业化平台，为国家宏观经济运行、林业现代化建设提供大数据服务支撑。2018年，东北生态大数据中心正式揭牌，推动实现东北地区数据共享与业务协同，提高大数据宏观决策能力。全国林业信息化工作座谈会暨生态大数据论坛成功举办，深化战略合作交流，创新大数据应用，推动林业信息化高质量发展。"三大战略"大数据建设取得一批重要成果。国家林业和草原局信息中心大数据处正式成立。浙江省搭建林业"数据仓"；湖北省完成大数据工程建设，建设了"湖北林业一张图"；甘肃省林业资源管理系统上线运行，实现了全省林业资源数据大集合。

第三节　林业应用系统

根据《全国林业信息化建设纲要（2008—2020年）》，林业应用系统分为应用服务系统和业务应用系统两个部分。

一、应用服务系统

应用服务系统基于目录和交换体系，以信息资源共享服务、业务协同服务、辅助决策和公众应用服务等形式，通过内网和外网门户为用户提供共享服务。应用服务对象包括各级林业部门、上级国家机关、其他政府部门、企业、教育科研部门及社会公众。

应用服务系统的内容包括为企业和林农提供林地管理、林业资源利用、林产品进出口管理等方面的证件办理、特许经营和行政审批服务；为林业管理部门、林业企事业单位和社会公众提供林业政务、林业资源、森林生态、林业产业状况等动态信息；为各级林业管理部门提供部门间政务协同服务；为各级林业领导机关提供科学决策所需的林业信息汇总、分析服务等。

2018年2月，经大世界基尼斯总部认定，中国林业网共有4129个子站，其中纵向站群子站1308个、横向站群子站2715个、特色站群子站106个，荣获大世界基尼斯总部颁发的"规模最大的政府网站群"证书。2018年，中国林业网连续第6年在政府网站绩效评估中名列前三甲，连续第7年荣获"中国最具影响力党务政务网站"，还荣获2018政务搜索服务能力优秀网站、2018年政府网站政民互动类精品栏目奖、2018年互联网+政务服务创新应用奖、2018年度部委网站数据开放类"十大"优秀创新案例。

（一）行政审批类服务系统

2016年7月1日，国家林业局网上行政审批平台（http：//xzsp. forestry. gov. cn）正式上线运行，国家林业局行政许可事项全面实行"一个窗口"受理、一站式服务。平台的建成标志着"互联网+"林业政务服务迈上了新台阶。

国家林业局网上行政审批平台面向社会组织和公众，实现了政务服务一张网，提高了政府工作效率和为民服务水平，进一步推动了简政放权、放管结合、优化服务，为加快林业现代化做出了新贡献。2017年，国家林业局网上行政审批平台、国家林业局生态大数据建设、四川省林业厅"互联网+"智慧森防被评为电子政务优秀案例。

林信通系统上线运行，实现部分办公业务移动办理，提升沟通联络效率和水平。浙江首创实现"最多登一次"，全面建成"浙江省智慧林业云平台"，河南实现100%网上审批，广东省建设智慧林业政务外网平台，有力提升林业信息化水平。

（二）动态信息类服务系统

动态信息类服务系统为林业管理部门、林业企事业单位和社会公众提供林业政务、林业资源、森林生态、林业产业状况等动态信息。

由中国林业科学研究院林业科技信息研究所承建的我国首个基于大数据的"林业专业知识服务系统"（http：//forest. ckcest. cn/）2016 年 12 月开通试运行，2017 年 3 月开通"林业知识服务"微信公众号，2017 年 8 月林业专业知识服务系统移动端 APP 上线运行，2018 年在青岛举行的大数据智能与知识服务高端论坛暨农林渔知识服务产品发布会上正式发布。网站对实名注册用户免费开放检索、浏览网上 80% 的林业自建数据库资源。用户还可以通过关注"林业知识服务"微信公众号或者使用"林业搜索"APP 应用，快速准确获取国内外林业科技大数据和文献资源，了解林业科技前沿资讯，查找急需的文献、成果、标准、专利和统计数据。

（三）政务协同类服务系统

政务协同类服务系统旨在现有信息资源的基础上，加强信息的流转，支持工作人员有效获取有用的信息资源，提高工作效率，达到提高行业整体运作效率的目的。

2017 年国家林业局领导决策服务系统上线，并在 2018 推进以人民为中心的电子政务建设经验交流大会上荣获 2017 电子政务优秀案例奖。国家林业局领导决策服务系统依托云计算、大数据等新一代信息技术，以服务领导决策为目标，以数据资源利用为主线，以业务协同管理为核心，建立集林业数据资源共享、业务协同管理和智能决策服务为一体的决策服务系统。主要功能包括数据查询、可视化分析、个性定制、移动端应用四大功能，实现用数据说话、用数据管理、用数据决策，提高领导决策的科学性、预见性、针对性，全面提升决策质量和服务水平，推动林业高质量发展。

二、业务应用系统

业务应用系统可分为业务类、综合类和公用类三类应用系统。业务类应用系统包括林业资源监管、森林培育经营、防灾减灾、森林公安、林业政策法规、林业执法监督等系统；综合类应用系统包括综合办公、公文传输和视频会议系统等；公用类应用系统包括林业计划、财务、科技、教育、人事、党务、国际交流等系统。鉴于内容相关性的考虑，本书只对业务类应用系统进行介绍。

全国森林资源保护管理监测平台包括森林监管应用系统、森林经营管理系统、国家公益林管理系统、东北内蒙古重点国有林区森林资源管理系统、国有林场管理系统和国家保护地管理系统等。

森林资源调查数据管理系统是为了集中高效地管理现有的全国森林资源数据、基础地理信息数据、遥感影像数据和文档资料等，为国家决策人员及用户提供资源信息统计、查询与分析等辅助决策手段的综合性数据管理平台。20世纪80年代初开始，我国先后建立涉及森林资源、林业遥感、森林生态与环境保护、荒漠化、林业生态工程等多方面的森林资源信息和林业工程信息数据库，为林业信息化和林业可持续发展提供了重要信息资源。近几年来，随着对数据库技术、信息技术研究的不断深入，全国范围内已经研建了基于全国森林资源连续清查成果的数据库管理系统，各个地方省级林业相关部门也已经构建了基于森林资源二类调查数据的数据管理系统，完善了森林资源调查的外业数据管理和内业计算功能，为营林管理人员和从业者都提供了极大的便利，在一定程度上解决了森林调查中数据管理难的问题。

森林资源信息管理系统主要用于对森林资源数据进行管理，为森林培育、经营管理提供小班①数据、各种统计汇总表，从而提供生产决策支持。目前，森林资源信息管理系统从单一的信息管理平台，发展到可以提供资源调查、资源监测、资源更新、资源信息管理、资源共享一体化服务的综合性平台。

森林防火智能监控与辅助决策系统综合运用"3S"技术、决策支持技术、网络技术等多种技术，以基础空间数据库、林业资源数据库和防火数据库为支撑，实现二、三维场景下的"灾前、灾中、灾后"全过程、全方位、一体化、动态管控和决策辅助支撑平台，为森林火险监测、预警、预报、扑救、灾后评估等决策提供技术支撑和科学依据，构建智能化防火体系。

在国家课题支持下，北京林业大学林业信息化研究所开发的林业专家系统主要包含了森林培育专家系统、森林病害虫诊治专家系统等，该系统服务于基层林业局、林场、林企、林农。森林培育专家系统（造林地与造林树种选择专家系统）根据用户依次输入的立地条件，对用户输入的造林地立地因子进行推理分析，进行适地适树判别，选择适宜生长的造林和造林方案，供用户选择。系统也可由用户先选定造林树种，由系统查找与该

---

① 小班，进行森林经营、组织木材生产的最小单位，也是调查设计的基本单位。通常把立地条件、林分因子、采伐方式、经营措施相同和集材系统一致的林分划为一个小班。

方案匹配的造林地地块，并对造林方案进行详细设计，反馈给用户实施。森林病虫害诊治专家系统的设计宗旨是在林农不需要很强的专业知识的条件下也能快速准确得到诊断结果，真正做到面向基层林农。具体诊断过程中，对于害虫，用户只需要选择害虫发生的具体树种，然后选择害虫发生在树种的哪个部位，接着选择害虫危害的主要症状，经过这三个诊断节点的过滤，系统再给出符合条件的害虫的形态特征描述和对应的图片信息以及害虫危害症状的描述和对应图片信息，用户即可很容易通过比照做出正确的选择。对于病害，采取用户首先选择病害发生的具体树种、发生部位和危害症状，系统通过推理给出最终的诊断结果，同时给出诊断的森林病害详细信息和防治技术。系统在实现过程中，文字的描述结合图片，操作界面方便林农进行选择。当用户不能根据系统得出结论的，系统也提供Email、留言板等方式发送害虫的危害图片跟专家交流。

第四节　虚拟林业与重大林业工程数字化设计

一、林业虚拟现实技术

虚拟现实 VR（virtual reality）技术是根据人类的视觉、听觉的生理心理特点，由计算机产生模拟一个三度空间的虚拟世界，人们在这个三维的、多媒体的虚拟世界中游历、观察三度空间内的事物的一种信息技术。虚拟现实技术综合了计算机图形技术、仿真技术、传感器技术、显示技术等多种科学技术，在多维信息空间上创建一个虚拟信息环境，使用者通过头盔显示器和数据手套等交互设备，将自己置身于虚拟信息环境中成为虚拟环境中的一员，使用者与虚拟环境中的各种对象的相互作用，提供视觉、听觉、触觉等感官的模拟，如同在现实世界中身历其境一般。沉浸—交互—构想是虚拟现实环境系统的三个基本特性，其核心是建模与仿真。

虚拟现实技术广泛运用到了科研、航空、医学、军事、教育、娱乐、商业以及农林业等各个领域中。

林业虚拟现实技术是以虚拟现实技术为手段，构建森林对象表达及分析复杂的森林现象，进而模拟林业经营措施的新方法、新思想和新技术，其目的是为了让森林管理者和决策者从现场观测转移到桌面虚拟森林的观测，实现森林状况、林业经营的历史反演、现实再现和未来预测，让林业工作者和决策者进行定性与定量的综合分析，解决复杂森林管理问题，科学地协同决策，从而更好、更方便、更高效地经营森林，为林业可持续经营提供技术支撑服务。

虚拟现实技术在林业领域的应用有如下几方面：

1. 植物科学实验

虚拟植物技术就是利用虚拟现实技术模拟植物在三维空间中的形态结构、生长发育过程。利用虚拟植物技术，可以非常直观地对复杂的生态系统进行研究，发现传统的研究方法和技术手段难以观察到的规律。例如，利用虚拟植物技术开发的虚拟三维果树的虚拟现实系统，使人们可以在计算机显示器上观看三维果树发芽、生长、抽枝、展叶、开花、结果和果实成长，一整年的生长周期被缩至不到 1 分钟的时间。

2. 林业技术推广与培训

利用虚拟植物模型建立虚拟林场、虚拟森林，使林业生产者或参加实习的学生在计算机上种植虚拟作物和进行虚拟林场管理，观察作物生长状况的动态过程。并可通过改变环境条件和栽培措施，直观地观察作物生长状况的改变，这样可取得传统方式无法达到的效果，特别是对林业科技成果推广而言，将使生产者更易理解和掌握。

3. 园林规划设计

在风景园林领域，可以利用虚拟现实技术建立虚拟园林，并在这个虚拟系统中加入周围的建筑物和各种附属设施，这样既可直观地表达规划设计效果，也可满足虚拟旅游的要求。

4. 森林资源配置

将虚拟现实技术用于森林资源配置，建立虚拟系统，可有利于综合考虑各种因素，评估和对比设计方案，实现最优的资源配置。例如，采石厂在开工前要对所造成的影响做出研究报告，经营者要提出在工程结束时使该地区植被恢复原状的计划。利用虚拟现实技术可以显示植被恢复各阶段的全貌。

5. 林业教育教学

在教室里的计算机上，配合多媒体软件包，借助于三维数据库，学生可以利用虚拟系统学习各种植物的结构、植物生长、森林抚育间伐，或园林规划设计后的效果等。在虚拟系统中只需移动鼠标和按键，他们就可以控制在屏幕上观察的角度，非常自然地在其中漫游。这样就使教学过程更形象、直观和生动，能够从时间和空间上对生态系统或地理环境进行描述，极大地提高教学效果，激发学生的学习兴趣和增加学生对事物的认知。

二、林业虚拟现实的应用

（一）森林经营可视化

森林经营可视化是采用可视化技术，以一定范围林分整体为研究对象，利用建立的数学模型，分析、展示森林资源数据，通过图表模拟预测林分的生长状况以及造林、抚育间伐等经营活动对林分的影响，科学地评价森林经营效果，为森林经营辅助决策提供支持，提高森林集约程度，充分发挥森林的效益，提高林业经济效益。

森林经营过程中可视化应用主要体现在以下方面：

1. 森林资源数据可视化

利用可视化技术能够将森林资源数据以图表、地图、标签云、动画等容易理解的图形方式来呈现，从而能够深入观察、分析和理解数据。利用森林资源数据的多维度可视化手段从森林的生物多样性、资源范围、森林的生产功能与森林的生态公益等角度进行评价。

2. 生长收获预估二维可视化

将林分、单木的生长收获预测模型计算的数据，利用各种可视化图表曲线形式展示林分树木生长和收获结果，形象展示林分因子随不同森林经营活动的变化。

3. 森林经营三维可视化模拟

在森林经营管理系统中，通过三维可视化技术模拟林分树木形态结构，从正视图、俯视图、侧视图等不同角度观察模拟林分的生长状况，将树木之间竞争、森林经营措施效果等利用可视化技术展示出来。通过交互式的森林经营操作，模拟林分间伐、整枝等抚育措施后林分状态，帮助森林经营者合理安排森林经营计划，为森林经营管理提供辅助支持。

国内外学者根据不同地区森林资源现状以及林业管理的特点，遵循不同的设计理念，开发出风格各异的森林生长可视化模拟系统，如法国 CAPSIS、瑞典 HEUREKA、芬兰 MONSU、美国 SVS、德国 SILVA 以及中国林业科学研究院开发的 SSGS 等。这些系统能够模拟不同尺度林分的树木生长状况——通过给定林分的初始条件以及指定的生长模型，能够计算出后续每个生长期的森林状态，并将反映森林状态的森林结构信息以表格、统计图表、二维地图和三维场景的形式表现出来。

中国林业科学研究院资源信息研究所的可视化模拟与监测研究室团队

攻关的森林可视化模拟技术，是基于林业信息化的重大需求创建的树木、林分、景观与森林经营可视化模拟方法、模型与系统平台，并通过参数化建模技术模拟了树木形态结构，引入了环境因子与林分结构交互模型，研发了林分结构、生长、经营交互可视化模拟方法，利用三维仿真和可视化模拟，最终以沉浸式大型虚拟森林场景将林木生长的过程直接生动地展示出来。此成果已在湖南、内蒙古、云南、海南等地的林区开展了应用实践。

2017 年年底，浙江省建成智慧林业 VR 沉浸式体验系统，该项目以森林安全预警建设为基础，以保护"最美浙江"为主题，以森林火灾预警及扑救、"最美古道""最美古树""新昌玻璃栈道""下渚湖国家湿地公园"及"朱鹮"为原型素材，利用计算机图形技术、三维建模、交互式 UI 设计等，建立智慧林业 VR 沉浸式体验系统，通过佩戴头盔式 VR 设备，实现了森林安全警情预报模拟、航空护林灭火实景体验、珍稀林业生态资源沉浸式观赏及森林生态旅游多感知性体验。通过灾害救援人员的真实感训练，模拟各种危险地形、复杂环境、客观干扰，训练其复杂多变情况下实战能力，提高森林灾害心理应激。

（二）中国林业网络博物馆

中国林业网络博物馆（http：//bwg. forestry. gov. cn/）通过虚拟现实技术和网上展览技术融合，构造栩栩如生的三维网上博物馆。

中国林业网络博物馆分为森林馆、花卉馆、湿地馆、动物馆、野生植物馆、荒漠馆 6 个展馆。其中，花卉馆分为 7 个展厅，分别为前厅、盆景根艺赏石馆、插花花艺馆、花文化馆、盆花馆、传统名花馆、观赏苗木馆及世界之窗展厅；湿地馆分为 5 个展厅，分别为前厅、文化、湿地与人类、中国湿地、湿地与中国可持续发展；荒漠馆分为重点工程、沙产业、防沙治沙、沙化监测、执法普法、科普宣传、国际公约、沙尘暴灾害应急灯 8 个展厅；野生动物博物馆包含前厅、兽类、鸟类、爬行、昆虫和动物与人共 6 个展厅；森林馆包括主展室、经济林、特种用途林、防护林、用材林、薪炭林 6 个展厅；植物馆包括主展室、四季花园、沙漠植物、兰花凤梨及食虫植物室、热带雨林 5 个展厅。

三、重大林业工程数字化设计

林业工程根据建设目标、对象、内容、方法等不同，可分为林业生态工程、林业产业工程、森林经营工程等。2001 年，经第九届全国人大批准，天然林资源保护工程、退耕还林工程、三北和长江中下游地区等重点防护林工程、环北京地区防沙治沙工程、野生动植物保护及自然保护区建设工程、重点地区速生丰产用材林基地建设工程纳入《国民经济和社会发展第十个五年计划纲要》并相继实施。

（一）林业重点工程数字化设计

1998 年，我国六大林业重点工程相继启动。2001 年年初，国务院批准实施六大林业重点工程规划，并将其列入"十五"计划。本书对六大工程中的林业生态工程（前五项工程）进行描述。

（1）天然林资源保护工程。从根本上遏制生态环境恶化，保护生物多样性，促进社会、经济的可持续发展为目标的国家中长远计划工程，同时也是我国投资最大的生态工程。2000 年 10 月国家正式启动了天然林资源保护工程。天然林资源保护工程信息系统对天然林资源及其管护进展、经费管理、人员安置等信息进行采集、加工、处理、分析评价和信息服务。在四川、陕西、吉林、湖北等天然林资源保护工程区纷纷开发了结合当地特色的，集网络技术、数据库管理技术和"3S"技术为一体的天然林保护工程管理信息系统。

（2）三北和长江中下游地区等重点防护林体系建设工程。主要解决三北和其他地区各不相同的生态问题，具体包括三北防护林工程，长江、沿海、珠江防护林工程和太行山、平原绿化工程，是我国涵盖面最大、内容最丰富的防护林体系建设工程。三北和长江中下游等重点防护林体系工程信息系统对防护林营造、管护以及工程建设产生的水土保持与水源涵养及其防风固沙等生态效益信息进行采集、加工、处理、分析评价和为工程建设与管理决策服务。国家林业和草原局三北防护林建设管理局，在 1999—2006 年间参与了中国政府和德国政府合作实施的中德合作三北防护林工程监测管理信息系统项目，该项目在三北地区构建了三级监测网络体系，建立了三北防护林工程林地资源档案数据库、空间图形数据库、图像数据库，并且建立起三北防护林体系工程监测管理网络系统的雏形。系统实现了防护林监测、防护林生态效益评价、工程计划与进展管理、办公自动化等功能。

（3）退耕还林还草工程。从保护和生态环境出发，将水土流失严重的耕地，沙化、盐碱化、石漠化严重的耕地以及粮食产量低而不稳的耕地，有计划、有步骤地停止耕种，因地制宜地造林种草，恢复植被。退耕还林工程始于 1999 年，2012 年 10 月 13 日召开的"全国巩固退耕还林成果部际联席会议第三次会议"上，国家林业局表示："巩固退耕还林成果，继续推进退耕还林工程建设正处在一个十分关键的时期。"退耕还林工程信息系统对退耕还林工程实施进展（包括退耕地落实情况、种苗情况、资金补助情况、造林技术措施等）、工程质量（造林林种、树种、密度、成活率、保存率、水土保持与水源涵养功效等）信息进行采集、加工、处理、分析评价和服务。河南省退耕还林和天然林保护工程管理中心，实现了在线信息管理与监测。天津蓟县结合自身实际，与有关部门合作，开发研制了退耕还林管理系统，集录入、统计、汇总、检索、打印等多种功能于一体，实现了退耕还林档案管理的科学化、规范化，提高了工程档案的查全率、查准率和工作效率，确保了工程资料的安全、完整和有效利用。贵州、河北、重庆、江西、河南、四川、陕西、广西等省（自治区、直辖市）也已开发并应用退耕还林工程信息系统，规范了工程的实施。

（4）京津风沙源治理工程信息系统对工程实施进展、工程建设成效等信息进行采集、加工、处理、分析评价，为工程建设、管理与决策提供服务。北京林业大学设计了基于 GIS 的京津风沙源治理工程信息管理系统，该系统严格按照工程实施的业务流程对工程涉及的数据进行管理，具有工程辅助规划设计、工程动态管理、辅助检查验收、工程监测、工程效益评价、统计报表、系统维护等功能。

（5）野生动植物保护及自然保护区建设工程。重点开展物种拯救工程、生态系统保护工程、湿地保护和合理利用示范工程、种质基因工程等。野生动植物保护及自然保护区建设工程是我国野生动植物保护历史上第一个全国性重大工程，也是全国林业重点工程之一。2001 年 12 月 21 日，全国野生动植物保护及自然保护区建设工程正式启动，规划总体目标是：通过实施该工程，拯救一批国家重点保护野生动植物，扩大、完善和新建一批国家级自然保护区、禁猎区和野生动物种源基地及珍稀植物培育基地，恢复和发展珍稀物种资源。野生动植物保护及自然保护区建设工程信息系统对保护区的建设和成效、野生动物资源的保护与可持续利用资源进行采集、加工、处理、分析评价和信息服务。

国家高分林业生态工程监测系统以天然林保护工程和退耕还林工程的监测为两条主线。工程监测的功能包括：天保/退耕还林工程区遥感影像、文档、成果管理；工程区的高分遥感调查（造林地块识别、天然林变化监测/森林长势监测、森林分布变化提取、森林类型分布提取）；工程实施情况评价（任务落实情况、工程林合格与保存情况、木材调减量等）；效益评估(生态效益、社会效益、经济效益)。该系统紧扣《国家中长期科学和技术发展规划纲要(2006—2020 年)》中"高分辨率对地观测系统"专项之卫星遥感应用领域,针对我国林业生态工程监测业务对高分遥感的应用需求,研究解决高分遥感应用的主要关键技术,开发高分遥感应用模型和技术模块;针对高分遥感 1 号至 5 号星示范应用,建设高分遥感林业生态工程监测应用示范子系统,实现高分遥感应用专题产品生产与服务;推动新一代林业生态工程监测业务系统建设,提高监测效率,服务于国家林业生态工程建设与管理。

(二)"互联网+"林业行动计划

"互联网+"代表一种新的经济形态,即充分发挥互联网在生产要素配置中的优化和集成作用,将互联网的创新成果深度融合于经济社会各领域之中,提升实体经济的创新力和生产力,形成更广泛的以互联网为基础设施和实现工具的经济发展新形态。"互联网+"不是与传统行业简单的两者相加,而是利用信息通信技术以及互联网平台,让互联网与传统行业进行深度融合,创造新的发展生态。"互联网+"为三个层次,第一个层次即万物互联,人和人、人和机器、人和物,通过计算实现智能互联互通;第二个层次是用互联网拥抱传统产业,出现产业互联网或者行业互联网;第三个层次为智能的工作和生活。

原国家林业局发布的《林业发展"十三五"规划》中提到要"打造'互联网+'林业发展新引擎"。应用新一代信息技术,与林业各项业务深度融合,推动"互联网+"绿色生态行动,全面提升林业现代化水平。建立林业网上审批平台,搭建林业数据开发和智慧决策平台,建设林业资源数据库和动态监管系统、智慧林区综合服务平台、智慧营造林管理系统等,为林业核心业务提供精准信息服务和智慧化解决方案。加强林业网站群建设,完善优化综合办公系统,实现政务管理公开透明、智能协同。建设林业云平台、物联网、移动互联网、大数据、"天网"、信息灾备中心等,夯实和提升林业信息化基础支撑能力,形成立体感知、互联互通、协同高效、安全可靠的"互联网+"林业发展新动力。

国家林业局 2016 年 3 月 22 日正式印发的《"互联网+"林业行动计划——全国林业信息化"十三五"发展规划》中要求,"互联网+"林业建设将紧贴林业改革发展需求,通过 8 个领域、48 项重点工程的建设提升林业治理现代化水平,全面支撑引领"十三五"林业各项建设。

1."互联网＋"林业的总体框架

"互联网＋"林业是互联网跨界融合创新模式进入林业领域，利用云计算、物联网、移动互联网、大数据等新一代信息技术推动信息化与林业深度融合，建立智慧化发展长效机制，形成林业高效高质发展新模式。"互联网＋"林业的总体框架如图 15-2 所示。

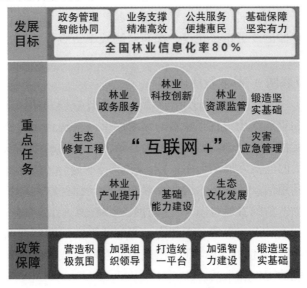

图 15-2 "互联网＋"林业的总体框架

2."互联网＋"林业的 8 个领域、48 项重点工程

（1）"互联网＋"林业政务服务领域。加快"互联网＋"与政府公共服务深度融合，提升林业部门的服务能力和管理水平。它包括全国林业网上行政审批平台建设工程、中国林业网站群建设工程、林业智能办公建设工程、林业数据开放平台建设工程、林业智慧决策平台建设工程、全国林权交易综合服务平台建设工程、国有林场林区资源资产动态监管系统建设工程、重点林区综合管理服务平台建设工程 8 项重点建设工程。

（2）"互联网＋"林业科技创新领域。发挥"互联网＋"的创新集成优势，提供林业科技成果展示、先进实用技术推介、在线专家咨询、林业标准信息共享、生态监测和成果发布分析、科技平台数据共享等综合科技服务。它包括林业科技创新服务建设工程、林业科技成果推广建设工程、林业标准化建设工程、生态定位监测信息系统建设工程、林业科技条件平台建设工程 5 项重点建设工程。

(3)"互联网+"林业资源监管领域。构建集森林、湿地、沙地和野生动植物资源监管于一体的"互联网+"林业资源监管平台，对全国林业资源进行精确定位、精细保护和动态监管。它包括生态红线监测建设工程、智慧林业资源监管平台建设工程、林木种质资源保护应用建设工程、生态环境监测信息系统建设工程、古树名木保护系统建设工程、林业智慧警务建设工程6项重点建设工程。

(4)"互联网+"生态修复工程领域。将现代信息技术全面融合运用于生态修复工程，加快推进造林绿化精细化管理和重点工程核查监督，全面提升生态修复质量。它包括重大生态工程智能监管决策系统建设工程、智慧营造林管理系统升级建设工程、全国林木种苗公共服务平台建设工程、重点区域生态建设服务平台建设工程、国家储备林信息管理系统建设工程5项重点建设工程。

(5)"互联网+"灾害应急管理领域。深化信息技术在生态灾害监测、预警预报和应急防控中的集成应用，提高森林火灾、沙尘暴、病虫害等生态灾害的应急管理能力，降低突发灾害造成的损失。它包括森林火灾应急监管系统建设工程、林业有害生物防治监测系统建设工程、野生动物疫源疫病监测防控系统建设工程、沙尘暴监测防控系统建设工程、北斗林业示范应用建设工程5项重点建设工程。

(6)"互联网+"林业产业提升领域。将新一代信息技术与林业生态补偿、林业产业培育、林产品生产加工、流通销售环节等深度结合，推动林业产业创新发展，实现林业提质增效。它包括全国林业电子商务平台建设工程、生态产业创新林农服务平台建设工程、生态产品综合服务平台建设工程、智慧生态旅游建设工程、森林碳汇监测物联网应用及交易系统建设工程、全国林产品智能溯源系统建设工程、智慧林业产业培育建设工程7项重点建设工程。

(7)"互联网+"生态文化发展领域。构建生态文化展示交流平台，加强生态文化传播能力建设，提高全社会生态文明意识，凝聚民心、集中民智、汇集民力，加快形成推进生态文明建设的良好社会风尚。它包括林业网络文化场馆建设工程、林业全媒体建设工程、林业在线教育系统建设工程3项重点建设工程。

(8)"互联网+"基础能力建设领域。从智慧设施建设、决策支撑能力建设、安全管理与运行维护建设、标准规范与制度建设四个方面提高林业信息化能力，形成立体感知、互联互通、协同高效、安全可靠的林业发展新模式，提高林业信息化水平与能力。它包括林业云平台建设工程、林业物联网建设工程、林业移动互联网建设工程、林业大数据建设工程、林业"天网"系统提升建设工程、林业智能视频监控系统建设工程、林业信息灾备中心建设工程、林业信息化标准规范体系建设工程、林业信息化安全运维体系建设工程 9 项重点建设工程。

3."互联网＋"林业应具备的特性

（1）信息资源数字化。实现林业信息实时采集、快速传输、海量存储、智能分析、共建共享。

（2）资源相互感知化。通过传感设备和智能终端，使林业系统中的森林、湿地、野生动植物等林业资源可以相互感知，能随时获取需要的数据和信息。

（3）信息传输互联化。建立横向贯通、纵向顺畅，遍布各个末梢的网络系统，实现信息传输快捷，交互共享便捷。

（4）系统管控智能化。利用物联网、云计算、大数据等方面的技术，实现快捷、精准的信息采集、计算、处理等。同时，利用各种传感设备、智能终端、自动化装备等实现管理服务的智能化。

（5）体系运转一体化。林业信息化与生态化、产业化、城镇化融为一体，使"互联网＋"林业成为一个更多功能的生态圈。

（6）管理服务协同化。在政府、企业、林农等各主体之间，在林业规划、管理、服务等各功能单位之间，在林权管理、林业灾害监管、林业产业振兴、移动办公和林业工程监督等林业政务工作的各环节实现业务协同。

（7）创新发展生态化。利用先进的理念和技术，丰富林业自然资源、开发完善林业生态系统、科学构建林业生态文明，并融入整个社会发展的生态文明体系之中，保持林业生态系统持续发展壮大。

（8）综合效益最优化。形成生态优先、产业绿色、文明显著的智慧林业体系，做到投入更低、效益更好，实现综合效益最优化。

2017 年，国家林业局发布《国家林业局关于促进中国林业移动互联网发展的指导意见》（林信发〔2017〕114 号）中提出主要任务包括以下三点。

（1）加快发展林业移动政务。利用移动互联网及相关技术，为公共服务人员提供随时随地的信息支持，减少不必要的物流和人流，提升服务质量和效率。①林业移动办公：包括掌上办公和掌上服务。②林业移动会议：包括移动会议和移动访谈交流。③林业移动办文：包括智能文档管理、智能搜索技术、智能匹配筛选、智能会务总结、掌上智能写手。④林业移动党务：林业移动党务以资讯门户为智慧党建信息展现的载体，采用网页版和手机客户端以及微信公众号三种方式进行资讯的分发，通过消息推送机制实现资讯实时推送，让广大用户第一时间了解党务工作内容。

（2）扎实推动林业移动业务。林业移动业务包括移动资源监管、移动营造林管理、移动灾害监控与应急管理、移动林权综合监管、移动林农信息服务等，通过移动互联网技术与林业业务的深度融合，实现林业业务的高效智慧管理。其包括移动资源监管、移动营造林管理、移动灾害监控与应急管理、移动林权综合监管和移动林农信息服务。

（3）积极推进林业移动服务。建立林业移动应用服务平台，嵌入各种移动终端和信息渠道，向使用者推送林业产品、旅游资源、文化活动等最新动态，随时随地为用户提供林业信息，满足不同用户的个性化需求。其包括移动林产品服务、移动森林旅游服务、移动社区服务和移动文化服务。

（三）中国林业云建设

《"互联网 ＋ "林业行动计划——全国林业信息化发展"十三五"规划》对中国林业云发展提出了具体要求。发展中国林业云，有利于降低建设运维成本，提高资源使用效率，提升林业信息安全保障水平，加强数据共享利用，提升林业信息化服务能力。2017 年，国家林业局提出《国家林业局关于促进中国林业云发展的指导意见》（林信发〔2017〕116 号），指出中国林业云建设主要包括中国林业云中心、大数据中心、云公共服务平台、云应用服务平台、云受理服务平台、云标准体系、云安全体系和云运维体系8 项重点任务。

1. 中国林业云中心建设

中国林业云中心建设包括国家级云中心、省级云中心和灾备中心建设，其中，省级云中心可以由多个地区联合组建区域级云中心。

（1）国家级云中心。中国林业云国家级云中心位于国家林业和草原局，是中国林业云平台的核心节点，也是对外提供云服务的窗口。由外网承载公有云服务，提供面向社会公众的林业公共应用支撑服务；由林业专网承载专有云服务，提供面向国家林业和草原局及省级林业主管部门的林业政务应用支撑服务。

（2）省级云中心。中国林业云省级云中心建设遵循中国林业云统一规划、统一标准的原则进行，采用与中国林业云国家级云中心同样的架构设计，主要承载本地区林业业务服务和林业数据服务。与国家级云中心通过网络连接实现应用服务和分布式数据统一分发、调用。

（3）灾备中心。中国林业云灾备中心包括同城灾备和异地灾备。同城灾备按照国家级云中心和省级云中心的建设情况，实现相距数十公里以内的核心数据的备份和恢复。异地灾备按照统一建设标准，选取适宜构建数据灾备中心的环境，建设异地灾备中心。

2. 中国林业云大数据中心建设

中国林业云大数据中心建设主要包括林业数据资源采集平台、林业数据库平台、大数据处理平台和数据服务平台，为林业大数据采集体系、林业大数据应用体系、林业大数据开放共享体系建设提供平台支撑。

（1）林业数据资源采集平台。对各类林业数据进行存储、转换、融合等数据预处理，形成全国范围内的多维度的林业实时和历史数据。

（2）林业数据库平台。重点建设公共基础数据库、林业基础数据库、林业专题数据库、林业综合数据库等。基于全国林业系统政务网络及支持多业务部门的数据集成和云交换平台，实现全国林业信息的共享。

（3）大数据处理平台。利用并行计算、流式计算、可视化、数据挖掘、分布式等技术，建立中国林业云大数据分析处理平台，对林业海量数据进行高效存储、管理和分布式运算，实现林业大数据的采集、统计分析和数据挖掘，满足林业信息共享、业务协同与林业云高效运营的要求。

（4）数据服务平台。数据服务平台建设是指将林业资源、业务管理等各类林业数据转为云资源，为全国各级林业主管部门、其他政府部门和公众提供多源、异构、多尺度的数据服务。

3. 中国林业云公共服务平台建设

中国林业云公共服务是将中国林业云国家级云中心和省级云中心的基础设施、支撑平台转换成云服务，两级中心分级提供业务运行服务和业务支撑服务，国家级云中心为国家林业和草原局提供服务，省级云中心为本省级和下级林业和草原主管部门提供服务。

4. 中国林业云应用服务平台建设

中国林业云应用服务是将林业业务应用、林业数据等内容转换成云服务由国家级云中心和省级云中心统一对外提供，服务的对象包括各级林业主管部门、涉林企业和公众。应用服务是一种通过网络提供软件的模式，应用软件统一部署，用户可根据实际需求，通过网络租用所需的应用软件服务或数据服务。在这种模式下，用户不再像传统模式那样花费大量投资用于硬件、软件、人员，而只需要租赁服务即可。

（1）林业资源监管类服务。包括森林资源监管服务、湿地资源监管服务、荒漠化沙化资源监管服务、生物多样性资源监管服务、林政综合管理服务、林业产业管理服务等。

（2）林业灾害监控与应急管理类服务。包括森林防火监控和应急指挥服务、林业有害生物防治管理服务、野生动物疫源疫病监管服务、森林资源突发破坏性事件管理服务。

（3）综合应用类服务。主要包括综合办公服务、公文传输服务、行政审批服务、视频会议服务。通常要求各业务部门进行专业定制，并与其他林业应用服务相衔接。

（4）公用类应用服务。主要包括林业计划、财务、科技、教育、人事、党务、国际交流等服务。

5. 中国林业云受理服务平台建设

中国林业云的服务对象主要有管理对象与社会公众对象两大类。中国林业云受理服务分别针对这两类服务对象提供服务申请、受理和交付的渠道。对于社会公众来说，主要提供包括服务大厅、门户网站、网上办事大厅、移动终端和政务微博等服务渠道，并保证各类服务渠道、服务方式和内容一致有效的衔接。

6. 中国林业云标准体系建设

建设中国林业云总体管理标准、基础设施标准、数据处理标准、支撑平台建设标准、应用建设标准、受理交付标准等，指导中国林业云建设和管理。

7. 中国林业云安全体系建设

构建中国林业云安全体系，对中国林业云的物理安全、网络安全、数据安全、应用安全、终端接入安全等进行总体策略规划和管理，包括访问控制、入侵检测、身份认证、网页过滤、网页防篡改、安全认证、数据备份与恢复等。建立中国林业云安全管理制度，设置安全管理机构和专职人员，提升管理人员安全管理技能，保障中国林业云安全、稳定运行。

8. 中国林业云运维体系建设

建立国家、省两级运维管理体系和国家、省、市、县四级运维服务体系，采取集中监控、上下联动、分级负责、规范服务的方式，实现统一运维人员管理、统一运维资源管理、统一运维技术管理和统一运维过程管理。

（四）金林工程

2012 年 5 月 6 日，生态环境保护信息化工程建设内容被列入国务院批复的《"十二五"国家政务信息化工程建设规划》（国函〔2012〕36 号）。生态环境保护信息化工程的建设内容：针对危害群众生命健康的突出环境问题，按照从源头上扭转生态环境恶化趋势的要求，充分利用物联网、遥感等先进技术，进一步完善土壤、森林、湿地、荒漠、海洋、地表水、地下水、大气等方面的生态环境保护信息系统。运用新一代信息网络技术，动态汇集工业企业污染监测信息，加强工业污染和温室气体排放的评估和监测能力建设。生态环境保护信息化工程以国家林业局、工业和信息化部、国土资源部、环境保护部、住房和城乡建设部、水利部、农业部、国家质量监督检验检疫总局、中国气象局、国家海洋局等部门的数据资源、软硬件平台、业务应用系统、国家电子政务网等为基础，为生态环境保护服务，实现生态环境数据快速交换，打通信息传输通道，实现信息共享和业务协同。

其中，林业部分被称为"金林工程"，"金林工程"是"生态环境保护信息化工程——林业信息化工程"的简称，旨在加快推进林业信息化建设，全面提升林业信息化水平。2013 年 5 月 23 日，"金林工程"建设工作会在北京召开。生态环境保护信息化工程（国家林业和草原局建设部分）建设覆盖森林、湿地、荒漠、生物多样性、生态（林业）功能保护五类业务，包含 17 个业务分系统，包括 38 个子系统，依托国家电子政务外网，实现与工信部、住建部、自然资源部、生态环境部、水利部、农业农村部、气象局等 9 个部门的互联通和信息共享。建设内容包括：标准规范体系建设；应用系统建设；应用支撑平台建设；数据库建设；基础设施建设；机房改造和运维保障等。

2015 年，国家林业局编制完成"金林工程"需求分析报告和项目建议书，将重庆、内蒙古、辽宁、福建、江西、湖南、广东、广西、四川、贵州、甘肃 11 个省（自治区、直辖市）确定为试点省。

辽宁省形成省、市、县、乡四级林业高带宽专网，搭建了"一个核心十大信息系统"（全省 OA 办公自动化系统、全省森林资源管理系统、全省森林防火系统、全省森林监控系统、全省档案管理系统、全省行政审批系统、全省造林作业设计系统、全省协作平台、全省统计系统等）的林业信息化支撑平台。此外，辽宁省引入了视频监控等现代化管理设施，在全省布控了 170 个重点林区远程监控点，被称为大森林里的"电子护林员"。目前，已建立了温度传感、温室控制、厂区监管、森林气象站、古树保护和候鸟迁徙观测系统等，极大提高了林业资源监管、综合营造林管理、林业灾害监控和应急管理能力。

第十六章

现代林业技术装备

第一节　国家重点研发计划

　　现代林业技术装备是指以提高林业劳动生产率为目标，运用现代科学技术和手段，为林业从良种繁育、造林营林、采伐利用，到木材加工、森林景观利用等生产全过程提供的各种装置、设备和条件保障。林业装备的发展是资源高效利用和实现林业产业振兴的重要手段。通过林业装备应用可实现林业资源的高效采集、精深加工、全树利用和资源整合，增加林业资源附加值。围绕林业资源的保护和可持续利用，其主要领域为生态建设、产业发展和文化游憩，包含林业机械装备、苗木培育、森林防火、有害生物防治、人造板加工等技术设施、动力装备、监控装置等，随着机械化、自动化、信息化、大数据和人工智能技术的不断发展，越来越多的林业技术装备在林业产业中发挥了巨大作用，极大的提高了森林生态价值和林业的劳动生产率，支撑、保障和推动了林业各项功能和作用的充分发挥。

　　"十三五"时期林业装备发展的重点任务是："现代化的设施装备和高素质的人才队伍，是林业现代化的重要标志和技术保障""要实施林业支撑保障体系建设工程，积极完善林区基础设施，大力推进林业装备现代化、提高森林防火和有害生物防治技术装备水平，加快'互联网＋'林业建设和基层站所建设，培养壮大专业人才队伍，增进林业基础保障能力。"

第二节　生态建设领域技术装备

　　构建完善的林业生态体系是确保国家生态安全和可持续发展的基础。我国生态建设技术装备以实现"双增"为目标，完成大规模生态建设任务，为建设国家生态安全屏障提供支撑，在林木种苗、营林机械、园林绿化、林火防控、有害生物防治、沙漠化防治、节水灌溉及湿地保护和监测管理8个重点领域，结合新技术发展的进程，开展了大量的装备研发。

一、林木种苗机械

我国林木育苗机械化作业的普及率还不高，大多数苗圃的播种和移植作业仍处于使用播种框、换床板的手工作业阶段，除喷灌设施普及率较高外，采用温室大棚等设施的工厂化育苗还处于珍稀树种培育和试验示范阶段，国外林业发达国家的苗木生产已实现了机械化、智能化。林业育苗技术装备可划分为苗圃田间作业技术装备和苗圃工厂化育苗技术装备两大类，其中，田间作业技术装备包括整地机械、筑床机械、播种机械、施肥打药机械、中耕除草机械、苗木移植机械、起苗机械、苗木包装储藏和运输设备以及储水喷灌设施等。林木工厂化育苗技术装备包括组织培养、营养基质制备、阳光温室大棚、智能化装播生产线等设施设备。组织培养工厂化育苗生产技术装备包括优化采光、适温的主体组培室，过渡温室大棚、网室，洗瓶机，培养基灌装机、输送机，消毒釜，超净接种台，装土移苗生产线，自动喷淋机，立体育苗架，大棚和过渡温室环境因子调控装置等。

(一)整地机械

整地包括平整、浅耕、深耕、耙地、镇压等作业，要求做到清除草根和石块、平整碎土、精耕细作、上松下实。苗木出圃后（留根除外）的圃地要及时进行深耕，并且清除草根、树根及其他杂物。苗圃整地机械大多使用铧式犁、圆盘耙、耕耙犁、旋耕机、V型镇压器等农业通用机械。

(二)筑床机械

苗圃育苗作业方式一般分为床作、畦作、垄作、平作等，床作和垄作是我国较为通用的育苗作业方式。垄作育苗一般适用于较大苗木的扦插或移植培育，如阔叶乔灌木等绿化树种，使用的起垄设备多为农业通用起垄机。床作育苗一般适用于较小苗木的播种或移植培育，如落叶松、樟子松、红松、云杉等针叶造林树种，使用的设备为林业专用的筑床机。

(三)播种机械

苗圃播种机械主要是苗床播种机，在每年春季地温适当的情况下进行播种作业。先将床面压平，再把种子按照计算播种量播到床面，播种后要覆土镇压。林木容器育苗精量播种装备是采用机械化、自动化、智能化等技术手段完成的林木育苗穴盘精量、精准播种作业的装备及其相关设备。

(四)催芽装置

工厂化催芽室用于专业工厂化育苗种子的快速催芽，通过硬件与软件设施的科学配置，实现对催芽室内环境温湿度、气流等的控制，促进种子快速健康发芽，实现工厂化批量生产。

(五)苗木移植机械

在温带和寒温带地区，落叶松、樟子松、红松、云杉等针叶造林树种的播种苗生长1~2年后还不能直接上山造林，要通过换床移植促进苗木根系的进一步生长，提高根茎比，扩大营养吸收面积，提高造林成活率和生长量。苗木移植作业是苗圃培育壮苗的一道重要工序，苗木移植机主要通过装有机械分苗装置或是预先将苗木卷在苗带上，将苗带的一端插入植苗器，实现换床移植。

(六)田间抚育管理设备

为保证苗木生长，必须加强田间抚育管理，在苗木生产中，要不定期地进行清除杂草、施肥、施药、浇水作业。除掉杂草可以避免杂草与苗木争水争肥，保持地面疏松，增加透气性，促进肥分分解，防止土壤水分蒸发。施药可以加强苗圃虫害防治，是保证苗木苗壮生长的重要措施；肥料可以提高苗木质量，加速苗木生长；施药施肥有时可同时进行。浇水对苗木的成活和发育生长都起着重要作用，在育苗培育过程中，要时刻保障苗木对水的需求。浇水一般采用喷灌设备，喷灌设备分为固定管道喷灌系统和移动式喷灌系统。

部分苗圃采用先进的微机自动控制喷灌系统，而小型苗圃多采用移动式喷灌系统或牵引多用喷灌车。温室内移动式喷灌机工作覆盖面积大、喷灌均匀、智能化程度高，能充分利用温室的种植面积，是一种比较理想的温室灌溉设备。该喷灌机多数为悬挂式支撑结构，根据其支撑喷灌机主体运行的轨道数量可分为双轨式喷灌机和单轨式喷灌机。

(七)起苗机械

起苗作业包括挖苗、拔苗、清除苗根上土壤、分级及捆包等工序。林木起苗机可分为垄作型、床作型、综合型和大苗型四种类型。①垄作起苗机：用于垄作起苗作业；②床作起苗机：用于床作起苗作业；③综合型起苗机：既能完成垄作苗木的起苗作业，也能完成床作苗木起苗作业；④大苗型起苗机：用于拖拉机不能从苗行通过的较高苗木起苗作业。

(八)育苗营养基质制备设备

苗圃通过改土或容器苗培育育苗，一般要采用专用营养基质，专用营养基质分为土壤基质和无土基质两大类。基质破碎提升机可将压缩型专业种植基质破碎而不改变其基本结构，基质破碎后将破放入装盆机或穴盘填土机的料仓内。基质搅拌机用于将各种配料混合到种植土中并进行搅拌，以满足植物的生长需要。

(九)其他相关育苗设施

育苗杯制作机、无纺布育苗杯自动装盘机、苗木自动嫁接机、林木育苗装播生产线。工厂化催芽室用于专业工厂化育苗种子的快速催芽，通过硬件与软件设施的科学配置，实现对催芽室内环境温湿度、气流等的控制，促进种子快速健康发芽，实现工厂化批量生产。

二、营造林机械

科学选择机械化营造林是目前林业建设的客观要求和今后发展的必然趋势。采用机械化营造林作业，用最少的机具品种和最佳机械组配模式，发挥最大机械效益，从而提高造林生产率和质量，降低生产成本。

(一)造林装备

机械造林主要使用挖坑机和开沟机。挖坑机有手提式和机载式，手提式挖坑机又分为单人式和双人式。悬挂式机载挖坑机主要用于栽植大树苗时的挖坑作业，挖穴机悬挂在拖拉机上。工作时，由拖拉机动力输出轴经万向传动轴带动工作部件旋转完成挖坑作业，利用液压装置控制钻头升降。连续开沟植树机用于较大面积开阔地的造林作业，其通过大功率拖拉机牵引，由开沟器、递苗装置、植苗装置、覆土压实装置及起落调节装置等组成。工作时开沟器切开、破碎和推移土壤，形成连续的栽植沟。

(二)林木抚育设备

抚育管理可以提高造林成活率，是促进林木优质、高产、速生的重要措施。抚育管理主要是清林、除草、修枝、割灌。使用的设备主要是割灌机、油锯等设备。

1. 林木枝丫修剪机

最大剪切直径可达110mm，修剪宽度可达1400mm，该机通过车载液压站提供动力驱动剪刀往复运动修剪树木枝丫，具有行走和动力输出两套独立的液压系统，在拖拉机行走过程中不影响剪切动力的输出。

2. 自动立木整枝机

自动立木整枝机也称整枝机器人，作业时人将机器套置在树干上，启动汽油机，在遥控器的控制下机器自动绕树干螺旋式上升，导板锯链式锯切机贴靠树干锯切树枝，不留枝茬，切痕平整。

(三)林木种子采收装备

大规模种子采收的技术与装备，为优良种苗培育提供充足的种子支持，具有十分重要的意义，是全世界的共识和发展趋势。采种设备按使用方式和原理进行分类，大致可以分为人工小型采种工具和机械采种设备两类。人工采种包括采种钩、采种耙、爬树器、采种梯、采摘器等，而机械采种设备按照工作特点又可分为机械辅助性采种设备和机械自行式采种设备两类。辅助性采种设备包括种子收集机、分离机、树木车和升降台等，自行式采种设备则包括采种机器人和树木振动机等。

1. 树木车

树木车通常用于攀登树干高大笔直、树冠以下无枝权的树木，适合于在直径为 30~80cm 的树十上使用，其重量较轻，便于携带，对树木的损伤较小，缺点是使用成本高，适用范围小，且使用时需对树冠以下的活枝进行清理，此外，还需对使用者进行专门的训练。

2. 采种梯

采种梯是一种使用极其普遍的上树工具，世界各国都有使用，有多级登高梯、自由站立式阶梯和三脚梯等多种类型。

3. 升降台

各国在实际采种作业中通常使用的一类大型采种辅助设备，用来提升采种人员到达树冠处。升降台一般由行走底盘、多节式升降臂等构成，升降臂可以作 360° 回转，最大起升高度从 10~40m 不等。升降台由于结构庞大，行走不便，通常用于地势平坦，道路条件较好，大面积的优良种子园区。

4. 振动式采种机

振动式采种机是将振动器产生的振动波传递给树木，树木在受到外来的振动后以一定的频率和振幅(一般与振动器的频率和振幅不同)振动，这样就使得树枝上的球果也产生振动和变速运动，变速运动的球果要受到惯性力的作用，当惯性力大于球果与树枝之间的结合力或球果翅片对种子的夹持力时，球果或种子就会掉落。

5. 采种机器人

采种机器人可在地面上远距遥控带有传感器和采摘进行球果采集的装置。日本、美国和我国均研制了专业的采种机器人，美国研制的种子采集机器人不但可以采集树木的种子，还能够应用于农场果园等的球果采收，整机采用了通过性能非常好的军用越野车作为行走机构，安置在其上的折臂式多自由度机械手可以对 2~16m 高度的球果进行快速采摘。

三、园林绿化装备

园林绿化装备的功能必须在农林机械的基本功能上根据园林植物的种植和生长特点进行相应的调整。另外，园林绿化装备的使用既不在田野间，也不在山林中，而是出没于大街小巷，穿梭于高楼大厦之间，常在房前屋后与人相邻。因此，园林绿化装备需要更加人性化，更要符合城镇的使用环境要求。园林绿化装备是服务于园林绿化工程中土壤改良、植物种植、植物养护、植物修整等植物种植及管护各项施工作业和相关辅助作业的机械化装备。按植物作业阶段的使用功能分：园林机械装备可以分为营养土制备机械，土地整理机械，营养土运输、输送机械，植物种植机械，植物灌溉机械，植物修剪机械，植物养护机械等。园林绿化的土地整理、种植和灌溉 3 个环节的生产工艺与农林生产过程相似点很多，这个生产阶段的农林机械虽然不能完全达到园林绿化特定的使用要求，但大部分机械装备都可以借用。

（一）营养土制备机械

营养土的制备通常有两种模式：一种是以原生的自然积存材料为主体，如天然草炭、泥炭，一般用于花卉、果蔬、高尔夫球场等高附加值行业；另一种是以剩余物、废弃物堆制肥料为主体，如养殖排泄物、间伐材、枝丫材等，工业生产废弃物和城市生活废弃物、天然材料下脚料、有机质纤维材料及有机质垃圾等，一般用于农林基础生产、公共绿化和生态植被恢复等社会公益建设项目。这两种生产模式的技术与装备有所不同，各个国家也都有独具一格的技术装备，基本包括营养土制备机械装备、专用运输机械和专用输送机械三种。与预拌混凝土半成品性质不同，营养土是复合材料产品，对于景观园林、工程绿化和大规模园林建设通常是提供散装或吊装袋产品，对于园艺和小规模绿化则提供密封袋装产品。

加拿大草炭土生产的技术装备由开沟排水机、翻晒干燥机、风选采集机构成，成套设备不仅有很高的生产效率，最终产品的含水率和纯净度也易于控制。

(二)土地整耕机械

平整土地是育苗前的必要准备，专用的园林耕整地机械处于起步阶段，一般苗圃公园等场所耕整地作业大多使用拖拉机组来进行。可带机具完成旋耕、开沟、中耕除草等多种作业。

(三)营养土输送机械

输送机配合输送，如德国的悬臂带式输送机。这与预拌混凝土的运作模式相同，而相关的机械装备完全是根据园林绿化工程施工需要和营养土性能特点设计制造的，适用于这个特殊的种植行业。客土喷播技术是借助流体动力实现逆向输送植物生长体和生长基质，达到在目标地貌恢复植被生态基础的目的，其技术较复杂，无论是客土配方还是输送机械，都有多种多样的形式与组合，从普通园林工程到高尔夫球场建植，从迹地景观重建到山体边坡生态恢复，喷播机械的表现都十分出色。在施工难度大，作业期要求严，工程环境复杂的公路、铁路、电站、水库、矿山等大型基础设施建设或以开挖土方为主的领域，喷播技术更能显示出其独具一格的技术优势。喷播机的软管喷射部分多使用机械手，绿化隔离带和公路边坡等喷播作业大都使用加装机械手的喷播机。大型喷播机械多用于矿区、路边的生态修复。

(四)植物种植机械

林木容器育苗精量播种装备是以采用机械化、自动化、智能化等技术手段完成林木育苗穴盘精量、精准播种作业的装备，而由一次性完成苗盘基质装填、压穴、播种、覆土、喷淋作业的育苗成套机械化装备组成的生产线为育苗装播生产线。该装备由基质装填机、苗盘压穴机构、精量播种机、覆土机、喷淋机等组成。还可以根据实际生产需要再配套基质预处理搅拌机，苗盘消毒机，种子预处理的去翅机、精选机等。

针式播种机采用气吸针式播种方式，通过更换不同种类的吸种针来实现对不同类型种子的播种，并且能够实现一穴一种和一穴多种的播种作业，播种精度及工作效率高。滚筒式播种机的最大优点是播种速度快，生产效率高，适用于大型育苗企业。其利用带小孔的滚筒通过正负压来实现种子的吸附及投放。

板式精密播种机，其播种方式为整盘播种，配有相应的播种模板，播种效率较高，但只适用于单一苗盘。

（五）植物灌溉机械

喷灌是利用专门设备将有压水送到灌溉地段，通过喷头喷射到空中，分散成细小的水滴，像降雨一样均匀散落在地面上的灌水方法。与地面灌溉方法相比，喷灌具有节水、增产、适应性强、少占耕地和节省劳力等优点，其缺点是受风的影响大，设备投资高，耗能大。喷灌装备系统一般由水源、水泵及动力设备、管道系统和喷头等部分组成。国内外已经研制并正在使用的喷灌装备（系统）主要有轻小型喷灌机、人工拆移管道式喷灌系统、绞盘式喷灌机、滚移式喷灌机、双悬臂式喷灌机、拖拉机悬挂式喷灌机、中心支轴式喷灌机和平移式喷灌机。

微灌是按照作物需水要求，通过低压管道系统与安装在末级管道上的特制灌水器，将水和作物生长所需养分以较小的流量，均匀、准确地直接输送到作物根部附近的土壤表面或土层中的一种灌水方式。与地面灌溉和喷灌相比，微灌只以少量的水湿润作物根区附近的部分土壤，因此又叫局部灌溉。微灌具有省水、省力、节能、灌水均匀、增产、对土壤和地形的适应性强和在一定条件下可以利用咸水资源等优点。其主要缺点是灌水器易堵塞，可能引起盐分积累，限制根系的发展，一次性投资大，技术比较复杂，对管理运用要求较高。典型的微灌系统通常由水源工程、首部枢纽、输配水管网和尾部设备灌水器以及流量、压力控制部件和测量仪表等组成。目前，我国微灌设备主要有内镶式滴灌管、薄壁式孔口滴灌带、压力外偿式滴头、折射式和旋转式微喷头、过滤器、施肥罐及各种规格的滴、微喷灌主支管等。

滴灌管国内主要有两种：一是用国内设备生产的微管滴头、压力外偿滴头和简易内镶滴灌管等产品；二是低压管道输水灌溉技术装备，是一种节水节能型的新式地面灌溉系统。发达国家的管道输水灌溉有如下特点：管道种类多样，且质量较好；管网具有多级性，它们由直径大小不同的管道组成，最大管径可达3m；灌水利用系数较高；量水和自动控制技术先进，科学管理水平较高，计算机操作控制在管道输水灌溉中得到广泛应用。

节水灌溉控制器的开发上也越来越成熟，且发展趋势是研制大型分布式控制系统和小面积单片机控制系统。并带有通信功能，能与上位机进行通信，并可由微机对其编程操作。同时随着人工智能技术的发展，模糊控制、神经网络等新技术为节水灌溉控制器的研制开辟了广阔的应用前景。

温室内移动式喷灌机工作覆盖面积大，喷灌均匀，智能化程度高，能充分利用温室的种植面积，是一种比较理想的温室灌溉设备。该喷灌机多数为悬挂式支撑结构，根据其支撑喷灌机主体运行的轨道数量可分为双轨式喷灌机和单轨式喷灌机。

（六）植物修剪机械

在园林绿化施工中，为营造出形状各异的草坪、树木与绿篱，可采取不同的修剪方式实现，而每一种修剪方式几乎都对应各自的修剪机械。草坪修剪机根据不同的切割方式可分为三种类型，即滚切式修剪机、剪切式修剪机与旋刀式修剪机，此外动力还有机动和手动之分。对机动草坪修剪机而言，有手推式与乘座式两种。当前最常见的草坪修剪机为推行式修剪机，体积小操作简单，主要用于庭院绿化或小型公园绿地，方便快捷。绿篱修剪机一般有手提式绿篱修剪机，分双刃绿篱机和单刃绿篱机两种，修剪幅宽从 400～760mm 不等。双刃机主要用于球形绿篱修剪，单刃机主要用于墙状绿篱修剪，是修剪绿篱常用的机械。应用绿篱修剪机可以大幅度提高工作效率，应用时应该注意工作幅度和修剪速度。

（七）植物养护机械

在园林绿化中，植物养保是一项十分重要的工作，其目的是防止园林内的植物遭受霜冻与虫害。喷雾机主要用于园林绿化中病虫害的防治工作。园林的绿化养护工作中，对中型的园林机械应用也比较常见，一般常见的有打孔机和切根机等机械设备。打孔机一般分为坐骑式以及拖拉机的悬挂牵引等形式，按照打孔的道具运行的方式可以分为滚动打孔以及垂直打孔等类型。其对草坪进行打孔主要是提高草坪的透气性以及透水性，促进植物能够更好地进行养分的吸收。而切根机在园林苗木的移植中，使用十分普遍，其在对园林苗木的移植中能够把苗木根部所带土壤进行直接的取出，这样就能够增加树苗成活率。

（八）草坪养护机械

大型生态旅游区最常用的机械之一，由于草坪的面积较大，养护项目较大，如草丛生长期的修剪、枯草清除、施肥及松土等，现代化农业机械是必不可少的，草坪养护机械是保证草坪长盛不衰的重要保障。草坪的修剪是草坪养护过程中必不可少的，由于大型生态旅游区草坪的面积较大，采用人工修剪的方式根本无法完成，只有使用现代化农机才能保证修剪的效率。草坪修剪机的类型有很多，根据修剪机刀具的不同主要分为滚刀式、旋刀式、往复割刀式等。由于大型生态旅游区草丛的种类较多，因此，需要多种草坪修剪机的综合利用。其中，滚刀式割草机主要用于地势较为平坦的草坪，旋刀式主要用于对草坪质量要求不高的草坪，而往复割刀式主要用于粗径的草木和灌木丛。

（九）草坪施肥机械

草坪施肥机械也是园林作业中一种重要的机械，可在草坪生长过程中为草坪提供重要的养分，促进草坪的生长。施肥机的施肥效率较高，根据机械分类的不同，通常有播撒、注射和点对点播等几种作业方式。

园林绿化装备向一机多用和联合作业发展，一机多用和联合作业这两者概念不同、目的不同，今后都将在园林绿化机械设备上得到广泛应用。

（十）植物废弃物处理装备

循环经济的一个重要概念是物尽其用，即自然资源的充分利用和社会资源的综合利用。综合利用技术的推广必须有机械装备的支持才有可能提高转化效率，降低利用成本，使一个行业的剩余物成为另一个行业的可用资源。农林生产有机剩余物被粉碎加工成便于运输的"木枣"，可用于改良土壤；木材工业生产加工剩余物和城市植物废弃物等用相应的专业破碎机械粉碎成为适当的颗粒，可与养殖排泄物或城市有机物垃圾混合堆沤成有机堆肥或营养土。小型堆肥场使用配备破碎筛分斗的装载机可完成翻堆作业，大型堆肥场则使用龙门式双螺旋翻堆机完成翻堆作业。北京林业大学多年来研发植物废弃物热处理循环利用技术装备，通过干湿分离、热解发酵的方式，促进植物废弃物降解，成肥，保障林地肥效，其占地小、效率高、产品稳定，生态、社会、经济效益好。

现代堆肥技术已采用成隧道式计算机控制模式的成套装备（如北京南宫堆肥场引进的德国成套设备），可以极大程度加快熟化速度，缩短堆制生产周期，同时通过干燥、筛分、混配、计量等工艺环节调节控制最终产品的含水率、颗粒度、矿物质和有机质含量等各项技术指标，保证产品的质量、数量、包装符合商品流通和最终用户的要求。北京南苑采用我国自主研发设备配套，实现产品多元化，增强了林地健康水平，促进了林地美化效果。

四、林火防控装备

森林火灾是世界上最为严重的自然灾害和突发公共危机事件之一。其具有突发性强、来势迅猛、扑救困难、极易成灾等特点。森林火灾一旦发生将给森林和生态环境带来严重危害，并造成巨大的经济损失。随着科学技术的发展和人类对森林火灾认识的不断深入，防火方法和防火装备研究也日趋活跃。

(一)单兵防火装备

单兵防火装备结构简单、便于携带,可有效地武装消防人员扑灭低强度的地表火,是地面扑火人员的主要工具。防护装备主要包括森林消防头盔、消防阻燃服装、消防手套、防火鞋、森林消防阻燃帐篷、森林消防阻燃睡袋、火场救生面罩等;灭火装置主要有扑火耙、便携式水枪及风力灭火机等。我国常用的灭火装备有:①二号和三号工具:其形状类似扫把,携带方便、成本低、经济适用,常用于扑打灭火。②灭火水枪:灭火水枪多为背负式,一次可装20kg左右的水,有效射程4~5m,多用于扑灭初发的森林火灾、弱度地表火或清理火场和水浇防火线。③风力灭火机:风力灭火机多以小型二冲程汽油机为动力,距风筒出口2.5m处的风力为20~30m/s,相当于9级以上大风。其适用于扑救火焰低于2m的林火,但不能用于扑灭暗火。另外,有的风力灭火机还可接水带或干粉盒以提高灭火效率。④灭火炮和灭火手雷:这种炮外形像迫击炮,利用高压气将炮弹打出,弹体内都是灭火粉。这种"武器"对难以靠近的山火非常有效。手雷里面也是灭火粉,其可用来扑灭近距离山火。

(二)森林消防车辆

国内外的森林消防车辆大多以军用车、工程车或普通车辆为基础改装而成。这些消防车都具有良好的越野性能和防护性能,因此,在提高消防人员机动性的同时也给他们提供了安全保障。为了满足不同的需要,灭火车上可以安装不同的设备。以喷洒水系灭火剂为主的灭火车装有大容量容器和喷洒系统,容器内的灭火剂以水为主,有时会在水里添加一些化学灭火剂以提高灭火效率。

(三)航空灭火装备

森林灭火专用飞机包括固定翼飞机和直升机。固定翼飞机载重量大、低飞性能好,有的可以自吸加水,灭火效率高;直升机对火场、机场和水源环境的要求低,既可搭载灭火人员又可以利用吊桶直接灭火,还能为地面机动泵、人力水枪等加水,是森林灭火的多面手。

(四)基于无线传感器的嵌入式森林防火智能监测系统

针对传统林火监测技术的不足,将先进的无线传感器网络技术与嵌入式技术相结合,并应用在森林防火监测中,从而提出了一种可增强林火识别率的智能森林防火监测系统。该系统采用无线网络协议 Zig Bee 来进行组网,具有组网简单、路径信息占用存储器容量小等优点,非常适合林区的监测环境，且可有效地降低系统的能耗和成本。该系统具有运行稳定及组网灵活等特点，可对森林监测区域的环境信息进行实时监测。当发现火情时，系统采用 DV 算法可自动实现准确定位并及时发送警报信息，从而为后续的林火扑救工作打下良好的基础，同时也为林业智能数字化建设工作提供了参考和借鉴。

(五)基于图像处理和定位技术的森林防火系统

基于图像处理和定位技术的森林防火系统针对某一个区域由 2 个防火基站进行联合监控，每隔几分钟的时间可以拍摄一张照片，并对照片进行对比，在发现有异常情况时，将可疑着火点位置的信息、拍摄的画面传到数据处理中心进行进一步的判断，判定是否发生森林火灾及发生火灾的具体情况，然后上报防火指挥部做进一步的处理决策。每一个基站的各个角度的摄像机应用可见光与红外光联合拍摄的模式。其中，可见光拍摄模式是普通拍摄模式，用于拍摄烟雾和火焰，红外光拍摄模式是应用红外线热辐射原理，用于发现初起林火和地下火。

(六)森林火情瞭望监测系统

森林火情瞭望监测系统主要由瞭望塔、塔路、林火视频监控点、中控系统等组成，该系统可根据烟的态势和颜色等大致判断林火的种类和距离，可使监控区森林防火的综合防控能力得以全面提升，火情瞭望监测能力、森林防火宣传教育能力、扑火装备能力得到极大的增强，使森林防火逐步由经验型向技术型转变，形成全天候、全方位林火立体监测网络，做到信息传递快速，反应迅速，到达及时、指挥有序、扑救有力的森林防火新局面，实现森林防火工作的科学化、法制化、规范化、信息化和专业化。

(七)灭火辅助设备

灭火辅助设备包括灭火人员和保障装备、安全和通信等设备。例如，利用新材料制成的各种防火隔热设备和便携式定位通信系统等。

五、有害生物防治机械

森林病虫害严重制约了我国造林绿化和生态环境建设，是林业发展的大敌，其对森林的危害远超过森林火灾产生的危害。森林病虫害防治装备种类繁多，从手持式小型喷雾器到高射程喷雾机，从地面喷洒机具到装在飞机上的航空喷洒装置。

(一)喷雾机具

喷雾机具包括：①手动喷雾机具，该类机具适用于小面积的果园或低矮灌木、苗木的施药作业，效率较低。②机动背负式喷雾机，典型的机动背负式喷雾机具为背负式弥雾机，其以发动机为动力，带动离心风机高速旋转来实现风送施药。该类机具作业效率比手动喷雾机具高，垂直射程可达15m，适用于中、幼林病虫害的施药作业。另外，这类设备造价低、易于维护。③机载移动式喷雾机，机载移动式喷雾机适用于大面积缓坡林地的病虫害防治，作业效率高。其从垂直射程上分为两种形式：一是中、低射程的喷雾机，主要用于果园风送施药防治病虫害，风送设备多选用低转速的单级轴流风机；二是高射程的喷雾机，主要用于高大树木的风送施药防治病虫害，风送设备选用高压离心风机或多级叶轮串联的轴流风机，通常垂直射程大于18m。

(二)航空施药

航空施药采用的机型主要有定翼式专用飞机、定翼式多用途飞机和旋翼式直升机三类。从防治效率和适用范围考虑，利用飞机进行航空施药防治森林病虫害是效率最高的方法，能迅速地控制住大面积森林病虫害的发生。

(三)诱杀虫灯具

害虫对光的刺激反应，也叫趋光性。了解虫子这种习性，就可用灯光诱杀，达到防治森林病虫害的效果。灯光诱杀作为一种物理治虫方法，不增强害虫抗性，又可减少农药使用量，适合经济林、古树名木的病虫害防治。

(四)烟雾机

森林病虫害防治多采用一种以脉冲式喷气发动机为动力施放烟雾的药械，即烟雾机，它通过烟雾发生器，使油溶液农药受热气化为呈烟雾状的气溶胶，发挥毒杀作用。其特点是烟雾粒径小（雾滴直径小于50μm，烟雾能长久地悬浮在空中），可随气流扩散、弥漫，可以到达一般雾滴和粉剂不能到达的空隙处，通过触杀和熏蒸作用消灭病虫害，具有良好的穿透性和附着性。

(五)打孔注药机

对病虫害发生严重、喷药困难的高大树体，可采用打孔注药防治。它是通过外力向树干内注入一定量的药剂防治病虫害，矫治缺素病，调节植物及果实生长发育的一种新的化学施药技术。这种技术可以有效避免喷雾等方式使用化学农药带来的副作用，具有施药准确、药液利用率高、对环境安全、不杀伤天敌、成本低、持效期长等优点，特别是缺水地区和风景林、古树尤为适用。对蛀干害虫、枝梢害虫、果实害虫等较难防治的害虫比较有效。

（六）智能喷药装备

在森林病虫害防治过程中，将传感器、GIS、GPS 等技术应用于植保机械作业过程中的导航（航空喷雾）、导向（地面施药）和定位，实时测知施药对象所需工作的质、量和时机等时空数据，这种方法大大提高药滴的中靶率；避免重喷、漏喷、误喷；减少农药对环境的污染以求获得最好的施药效果和最小的环境代价，从而节约资源、保护生态环境。

数字化、转基因、遥感、无人机等新技术在林业有害生物防治中的应用。例如，雷达技术的应用，雷达技术可通过定位分析功能发现树木昆虫的活动规律，并将相关数据上传至管理系统中，计算机通过分析具体数据可确定有害生物的各项指标，进而为日后的管理工作提供数据支持，但是在实际应用中由于雷达技术出于各种环境因素的限制，并不能对所有的有害生物进行合理防治。转基因技术在林业工作中的应用原理是利用基因工程改变生物的基因序列，破坏有害生物合成蛋白质的环境，进而导致有害生物灭亡的过程。

六、荒漠化防治装备

我国的荒漠化防治工作虽然取得了很大成就，但荒漠化形势仍很严峻，局部地区有所控制和改善，总体仍在扩展和恶化，治理任务依然十分艰巨，任重而道远。当前，防止土地沙漠化已成为全国防沙治沙工程建设中亟待解决的关键问题之一，已成为制约我国荒漠化防治工作的重要因素，尤其是在自然条件恶劣、造林十分困难的荒漠化地区，传统的人工治沙存在劳动强度大、工作效率低、进度慢、成本高的问题，解决好机械化种植，将是一种巨大的技术突破。

沙漠中铺设草方格技术是我国人民在长期治沙工作中总结出来的行之有效的防风固沙方法，它把工程治沙和生物治沙相结合，更科学地解决沙漠化治理问题。在沙漠和沙地的恶劣条件下人工铺设草方格，劳动程度大，效率低，成本高。由机械代替人工铺设草方格就成为一种合理的选择。运用先进的设计技术和多体系统动力学理论开展对草方格铺设机器人的研究。

（一）机械固沙即通过工程设施对风沙起到固、阻作用，是防风固沙的重要手段

选用专门的草方格铺设装备，利用机械化、信息化草沙障铺设手段，通过机械传动设备能实现牧草等作物的输送、铺设，结合横纵向刀组机构，实现不同规格草沙障的机械铺设，再运用测距、测速及激光雷达应用技术，对行驶车速、铺设高度、刀具距离、刀具方向、插入深度等参数进行实时监测。通过数据处理，可在不同地形地貌条件下实现行驶底盘与草沙障铺设装置的协同工作。采用路谱扫描及最佳路径规划策略，使行驶底盘的越障性能和地形适应性更强。结合风沙物理、植物环境、专家决策信息系统，调整插草、插条的作业选择和状态。解决荒漠化治理中的技术难题能够提高作业效率和质量，形成高质量、生态化、长寿命的治沙工程实施装备，实现高质高效、实用的防沙固沙新工艺。

（二）生物工程装备

利用现代林木植树机械、播种机械，种植树木和甘草、枸杞、梭梭林、肉苁蓉等适合当地气候条件的生物植被。充分利用机械化生态恢复与生物工程装备机械化、自动化程度高的优势，结合植物生长的特性，实现高效优质的植被恢复与种植作业。

（三）沙漠植被建造机

该技术产品采用军用车辆底盘技术，沙漠通过性、机动性能高。同时加装有料斗、摊铺机构、洒水机构、开沟播种机构等。其能够实现开沟、播种、洒水、施肥等操作一次性完成，大大提升操作效率。

另有沙漠平整机、喷洒固沙机、种子成型机、沙漠种植机、光伏滴灌设备等，在草原荒漠化治理过程中，应用现代智能技术装备，能充分发挥装备的自动化、机械化程度高的优点，形成成熟的智能机械化固沙治沙、生物治沙与遥感、大数据平台相结合的生态建设体系，可加快实现"向沙地要效益、变沙地为宝地"的目标，为形成以发展绿色经济、循环经济、生态经济为特色的沙漠新经济产业集群、促进沙化地区发展提供有力的技术支撑。智能装备在草原荒漠化治理中的应用使规模化发展沙产业成为现实，对改善生态环境、实现精准扶贫、更好地服务我国"一带一路"倡议具有深远的意义。

七、湿地保护装备

作为三大生态系统之一的湿地，被人们誉为"地球之肾"。它在调节气候、保护自然环境方面发挥着不可估量的重要作用，也越来越受到人们关注和重视，湿地保护刻不容缓。

（一）多功能水下潜水器

多功能水下潜水器由硬件系统和软件系统两大部分组成，之间通过光纤电缆联系，集水下观测、水质监测分析与水样采集多功能于一体，可全方位、立体展示水域的水温和水质等分布情况。

（二）光电杀藻设备

光催化技术是一种高级氧化杀藻技术，利用固载型光催化材料制成光电杀藻设备，能有效杀灭浮游藻类，对水体中 COD、NH_3-N 等也有一定降解作用，是一种十分有效的景观水净化设备。

八、森林资源监测装备

监测管理森林资源监测是对森林资源的数量、质量、空间分布及其利用状况进行定期定位的观测分析和评价的工作，是森林资源管理和监督的基础工作。

（一）无人机

无人机是一种自带飞行控制系统和导航定位系统的无人驾驶飞行器。无人机种类多样，在林业上应用较为广泛的主要为固定翼和多旋翼无人机。无人机在林业上主要应用于森林资源调查、森林资源监测、森林火灾监测、森林病虫害监测防治、野生动物监测、森林信息提取、营造林核查及林业执法等。

（二）森林资源数字化调查技术与应用

研究多时空森林资源信息采集与处理方法，采用遥感、GPS、视频、无线传感网络、物联网络等技术，研制多功能无线野外采集仪等终端信息采集设备，研制图像和视频数据特征提取等产品，将信息采集在空间布点上全覆盖、重点护林区、野生动物监测区，在时间上实现全天候信息采集。主要内容有：无线野外数据采集仪的开发与应用；无线传感网络布局与生态环境监测；森林认证产品物联网络系统研究与应用；遥感和视频数据特征提取与应用。

（三）森林保护与重大灾害预警与防控技术装备

覆盖全省自然保护区、森林公园、省级以上生态公益林、木检站等在内的视频监控系统，实施分级控制、分级责任，联动、协同的森林安全保护机制。在森林火险精准预测预报技术、监测点优化布局技术、基于视频的森林烟火智能识别技术、多技术协同方法的基础上，开发相关产品和森林防灾联动监管系统。采用定位观察、定点采集信息网络，开发森林质量跟踪与预警系统，通过物联网实现森林生态环境信息跟踪、种苗与林产品质量跟踪。

以森林资源监测与保护为重点，研制微小型种子种苗质量检测仪、多功能无线野外数据采集仪、森林灾害自动识别器以及林产品生产过程无损检测设备等产品。以提高监管水平、提升服务能力为根本，建立多时空数据采集与处理环境以及种子种苗和森林认证产品物联网、视频数据智能分析与重大灾害预警、森林质量跟踪与预警等一体化应用系统产品。实现林业信息服务网络化、林业资源和森林资源资产监管数字化、林业生产过程管理精确化、林业装备智能化和虚拟化。

第三节　林业产业领域技术装备

随着我国生态文明建设的深入推进，循环经济、绿色产业越来越被人们重视，木材培育、木本粮油、竹木加工、生物质能源、花卉种苗和林下种植养殖等产业发展日益壮大。林木采运、木竹加工、制材生产、家具生产、人造板生产、竹藤工业、林副产品生产及林产化工和木竹制浆产业装备的出现，为加快林业产业发展提供了保障。

一、林木采运机械

（一）林木采伐装备

林木采伐是根据林业经营的目的和要求，对林木进行砍伐的作业，是木材生产的基本工序之一。林木采伐的主要作业环节为伐木、打枝和造材，采伐方式主要有传统锯伐木、斧头伐木、油锯伐木、电锯伐木和大型机械伐木等。我国目前使用的采伐机械主要为油锯、打枝机及一些联合采伐作业机。

1. 油锯与电锯

油锯是木材采伐的主要工具，用于伐木、打枝和造材中的切削作业。电锯由切削机构、进给机构和自控系统等组成，切削机构有链锯和圆锯两种型式：链锯适用于锯截直径大的原条，圆锯造材机有单圆锯、双圆锯和多圆锯三种，其中，多圆锯造材机的生产效率较高，进给机构为链式输送机，控制系统多采用液压系统。作为固定型造材设备，电锯可与贮木场中其他作业机械(如原条卸车、原木分选、归楞、装车等机械)组成生产流水线,也可单独构成造材自动流水线。根据伐木作业特点,需推动锯类机械向着安全作业,振动、噪声小,减轻作业强度的方向发展。

2. 打枝机

手提式打枝机以内燃机或电动机作为动力,前者适于伐区作业,较机动灵活。固定型打枝机以一个旋转圆环作为切削部件,在圆环的后、前方设有伐倒木出、进料机构圆,环内安装若干把锯齿形切刀或铣刀。作业时,供料机构输送伐倒木,通过旋转圆环时,枝丫被切刀或旋转铣刀截掉。摩擦式成捆打枝机有一个体积很大的 V 形框架,框架的一侧有 8~10 组驱动链条,另一侧是带有许多挡铁的侧壁。将伐倒木用起重机装到框架内,当链条以一定的速度运转时,伐倒木随着链条向上运动,同时沿某一轴线转动,达到一定高度后跌落下来同其他树木及侧壁碰撞。由于伐倒木之间及与侧壁间的碰撞和摩擦使枝丫折断、粉碎。这种打枝机生产效率高,但打枝质量差,适用于针叶树种。

3. 木材剥皮机

木材剥皮机由一个体积较大的圆柱形筒作为主要摩擦剥皮机构,由电动机通过传动机构带动旋转。圆筒内壁有许多锐利的剥皮刀。原木放入圆筒后,在原木与原木、原木与筒壁、原木与中心轴间的撞击和摩擦作用下,将树皮除去。适用于树皮较薄的树种(如桦木)以及小径木、枝丫等短材。锐刀剥皮机是利用旋转铣刀或切刀从树干表面将树皮剥去。剥皮质量较高,但木材损失较大,适用于造纸材剥皮。钝刀剥皮机多为圆环转子式,转子内装有若干把剥皮钝刀,依靠弹簧的弹力压向树干表面,旋转钝刀将树皮剥落。这种剥皮方法木材损失小,适用于新采伐的树木及经水路流送的原木。冲击式剥皮机是利用高速旋转的冲击头将树皮打掉。原木纵向进给同时绕本身轴线旋转,在一次进给过程中可将树皮全部剥落。木材损失率低,但表面的光洁度差,适用于纸浆材剥皮。生产上一般根据实际需求及木材用途进行机械的选型。

4. 联合采伐作业设备

随着科技的发展,各类大型林木联合采伐设备相继出现,联合作业设备具有一定的特殊性,是一种现代化的伐区作业机械,能够通过 2~3 台机械来实现伐木、打枝、归堆以及装车等工序的连续化完成,不仅促进了林业采运效率的提升,切实减轻了劳动强度,同时适用于多种林地作业,几乎实现了机械化与自动化,在林业采运中得到了比较广泛的应用。近年来，现代人工智能、传感器等技术在工业上的成熟应用也推动着联合采伐机向着信息化、智能化方向发展，进一步提高了联合采伐机的作业性能。

（二）木材运输装备

木材运输是从树木伐倒后到贮木场或需材单位的全部运输作业，即在伐区集材到装车场或集运到河边楞场的木材（原条、原木等），通过陆路或水路运送到贮木场或需材单位的木材运输生产过程。其主要分为集材和运材两个阶段。

1. 集材机

集材机在森林采运原条或原木的过程中将各伐倒地点的木材汇集到山上楞场，进行集材作业。木材采运过程中方向和距离的限制因集材机自身的转载能力而得到解决，捡取木材所花的时间得以减少，木材随集材机一起移动。集材常用的机械是集材拖拉机和架空索道集材设备等，目前我国集材的主要形式是使用集材拖拉机，集材拖拉机主要用于林区运输木材，具有高通过性和机动性。除此之外，也出现了可让地表和木材免于摩擦的轮式集材机，改善了原木保护这方面的状况。

2. 伐木归堆机

伐木归堆机用于收集运输林区木材，在发达国家使用极其广泛。因它的作业效率高和机动灵活以及操作简单，可以旋转抓头以及机械臂，对木材的抓取极其方便快捷，在潮湿、多雨、寒冷地区适用性更强。其动力输出依靠拖拉机后传动轴，带动液压泵，作为液压动力来源。一般在前驾驶室内安装机械臂的控制系统，转身即可进行操作，无需作业人员下车。伐木归堆机需有一定爬坡能力，对地表破坏小，从而利于幼苗、幼树的保护。

3. 木材运材设备

陆路运输木材的过程中，大多以载重汽车、挂车以及森林铁路、窄轨蒸汽机车、内燃机车和脱节式台车、平板车等来进行运输，而在水路木材的运输过程中，通常以船舶和木排作为主要的运输机械。从目前的情况来看，运材汽车承担了全球木材短距离运输90%以上的任务量，木材运输设备近期发展特点趋于大载量的列车化。

二、林副产品加工及林产化工机械

林产化工机械指在生产林产化工产品过程中，为生产提供传热、传质、传动和反应场所的总称，主要包括树木提取物和林副产品化学加工装备、木材热解和气化装备、木材制浆造纸装备。

（一）树木提取物和林副产品化学加工装备

树木提取物是用水、水蒸气或有机溶剂提取木材所得到的有特殊用途或经济价值的产品，如栲胶（主要成分是单宁）、樟脑、树脂、色素等。林副产品化学加工即对油茶、油桐、橡胶树、漆树等经济林木，以及在某些林木上放养的白蜡虫、紫胶虫、五倍子蚜虫等进行化学加工，从而得到茶油、桐油、天然橡胶、生漆、虫白蜡、紫胶、五倍子等产品。由于树木提取物和林副产品种类繁多，其加工方法和设备更是涵盖了整个化工行业的方方面面，故在此不做赘述，只举例介绍以下两种设备。

1. 提取物生产设备

此设备（图16-1）首先需将原料投入提取罐内，加原料的5～10倍的溶媒，如水、乙醇等。开启提取罐直通和夹套蒸汽阀门，使提取液加热至沸腾20～30分钟后，用抽滤管将1/3提取液抽入浓缩器。关闭提取罐直通和夹套蒸汽、开启加热器阀门使液料进行浓缩。浓缩时产生二次蒸汽，通过蒸发器上升管送入提取罐作提取的热源和溶液，维持提取罐内沸腾。二次蒸汽继续上升，经冷凝器冷凝成热冷凝液，回落到提取罐内作新溶剂加入，新溶剂由上而下高速通过原料层到提取罐底部，原料中的可溶性有效成份溶解于提取罐内溶剂。提取液经抽滤管抽入浓缩器、浓缩产生的二次蒸汽又送到提取罐作热源和新溶剂，这样形成的新溶剂大回流提取，故原料中溶质密度与溶剂中含溶质密度保持高梯度，原料中的溶质高速溶出，直至完全溶出（提取液无色），此时，提取液停止抽入浓缩器，浓缩的二次

图16-1　一种提取物生产设备

蒸汽转送冷却器，浓缩继续进行，直至浓缩至所需比重，放出备用。提取罐内的无色液体，可放入贮罐作下批复用，原料残渣从出渣门排掉，若是用有机溶剂提取，则先加适量的水，开直通和夹套蒸汽，回收溶剂后，将渣排掉。

由于各类提取物化学成分复杂，在传统的生产过程中提取分离工艺也相对复杂，导致分离效率低下、成本高、环境污染严重以及劳动强度大。随着提取技术的不断进步，近年来出现了如二氧化碳超临界萃取、超声波强化提取、微波提取等工艺技术，与之相应的提取物加工设备也取得了一定的进展。

2. 天然橡胶初加工设备

天然橡胶初加工设备是天然橡胶初产品生产的主要生产工具，是提高劳动生产率、减轻劳动强度和发展制胶生产的重要手段，是衡量天然橡胶初加工技术水平的标准之一。天然橡胶初加工中的设备主要有下面七种类型.

（1）胶乳分离机。胶乳分离机属于沉降式高速离心机，由于转鼓内有许多碟片，又称碟片式离心机。变频调速技术在胶乳离心分离机中的应用很大程度上提高了设备运行的平稳性、产品质量及生产效率。

（2）绉片机。绉片机是天然橡胶初加工的一种脱水机械，其有六种规格，按其生产线的生产能力配以不同规格的绉片机，该机按照国家标准生产、控制，产品质量稳定，性能可靠。

（3）洗涤机。洗涤机是配合绉片机组生产绉片胶的主要机器。各制胶厂普遍使用的洗涤机结构大同小异，只是生产能力不同。

（4）锤磨式造粒机。锤磨式造粒机是广泛用于生产标准胶的造粒机械，它既可用于生产新鲜胶乳标准胶和杂胶标准胶，也可用于杂胶的洗涤，国外于1960年应用这类机器洗涤杂胶，在颗粒胶生产出现后，从1968年开始它生产颗粒胶。我国锤磨式造粒机于20世纪70年代初研制成功，目前已在生产上推广使用。

（5）干燥设备。干燥设备用于橡胶干胶的干燥，使干胶水分不超过1%，利于保存。是干燥柜、干燥车、推进器、渡车和供热系统等设备的总称。其供热系统设备有：燃油机、燃油炉、风机和风道等。目前已出现更为先进的干燥方式——远红外干燥。

（6）打包设备。橡胶成品装包用到液压打包机。我国液压打包机的研制应用起步于20世纪80年代中期。目前，天然橡胶初加工厂中使用最广的为'YDB-980 型'液压打包机。

热带农业生产的发展对制胶生产技术水平有了新要求，促进了原有机械设备的技术革新和设备升级，如海南某集团研发推广的新型割胶机器人。同时，随着橡胶新产品的开发与应用，橡胶初加工技术将有新的发展，新型设备也将层出不穷。

(二)木材热解和气化装备

木材热解和气化即在隔绝空气或控制进气量的条件下，使木材受热分解，从而得到固态(如木炭)、液态(如木醋液、木焦油等)和气态(如木煤气)产品的过程。

1. 木材干馏与炭化设备

木材干馏与木材炭化是木材热解的两种方法，虽然都能制取木炭，但反应条件和设备不同，所得产品也有差异。

木材干馏所用设备包括木材干燥、木材干馏、蒸汽气体混合物的冷凝冷却、木炭冷却和供热等过程用到的所有设备。干馏釜是木材干馏工艺过程中重要的热解设备，分为车辆式干馏釜、内热立式干馏釜、明子干馏釜等类型。其中，内热立式干馏釜所得木炭强度高，每立方米炭化室每小时炭化木材量为车辆式干馏釜的 6~9 倍，工作条件好，可实现机械化和自动化，但存在着冷凝困难的问题。木材炭化设备包括炭窑、移动式炭化炉、果壳炭化炉、液态化炉、螺旋炉、回转炉等多种类型。虽然国内炭化设备的控制精度、自动化程度整体水平较低，但近些年有人提出了一种真空炭化设备的自动控制系统设计方案，其自动化程度高、稳定性强、易操作，保证了木材炭化质量和炭化效率，且该控制系统的安装与调试工作已经在黑龙江省某木材加工企业完成，未来有希望大规模投入生产。

2. 木材液化设备

木材液化是木材综合利用的有效途径，能最大限度地将木材中的活性基团转化为液态的有机物质，其产物可用来制造各种新型材料。早先使用的木材液化装置大多设置模式单一，在对木材的粉碎以及与酸性催化剂混合搅拌时均采用不同的加工设备进行，增加了设备的使用成本，同时也严重降低了加工效率，存在较大弊端。2018 年国内某公司研发了一种机械式木材液化装置，其结构简单、操作方便，可同时实现木材的刨削以及木屑的混合搅拌操作，很大程度上降低了劳动强度，提高了融合效率，缩短了液化时长，具有原料来源丰富、环保等优点，解决了传统技术装备存在的问题。

3. 木材气化设备

木材气化是木材热解的一个重要方面，是综合利用木材废料、森林采伐剩余物和其他有机物的有效方法。实现木材气化的主要设备是煤气发生炉，按气化剂种类可分为空气煤气发生炉、水煤气发生炉、混合水煤气发生炉；按气化剂与物料接触方式又可分为输送床、沸腾床、固定床三种水煤气发生炉，其中，固定床水煤气发生炉又分上吸式、下吸式和平吸式三种。气化剂由炉底部送入，自下而上通过原料层，生成的煤气从上部导出的称上吸式；炉内气流方向相反的称下吸式；气化剂从炉的一侧以水平方向向另一侧出口处流动的称平吸式。常见的是上吸式煤气发生炉，其按高度大致分三个区：木材干燥区、木材炭化区(干馏区)和木材气化区，其中发生的气化反应是含氧气化剂在高温下与固体含碳材料的反应。目前，木材气化已从常压气化发展为加压气化，对气化设备有了更高要求，从而促进了木材气化设备的更新与发展。

(三)木材制浆造纸装备

木材制浆造纸是指将木材纤维解离成纸浆再抄造成纸的生产过程。制浆造纸设备是实现制浆造纸工艺过程的重要载体，因此制浆造纸装备的科技水平，在很大程度上直接影响和决定着制浆造纸工业的发展水平。眼下，我国制浆造纸装备技术虽然取得了一定发展成果，但无法形成有自主知识产权的产品和核心技术，与国外先进水平依然存在不小差距。

1. 制浆设备

制浆是按照抄纸的要求，用化学、物理或两者相结合的方法，从木材等植物纤维原料中分离和净化纤维的过程。制浆方法可分为机械制浆、化学制浆、化学机械制浆等。机械法生产木浆的主要设备是磨木机，磨木机由磨石、料箱、加压送料机构和浆坑等构成，此外还有刻石装置，机械装木装置等设备。磨木机种类很多，按操作的连续性可分为连续式和间歇式两大类，目前使用最为广泛的是一种链式磨木机。化学法中需要指出的是亚硝酸盐法制浆的特殊性，亚硝酸盐蒸煮锅均为固定直立式，由于亚硝酸盐蒸煮液对锅炉钢板有强烈腐蚀性，所以同蒸煮液相接触的钢板表面需用耐酸层加以保护。根据制浆方法和原料的不同，目前我国取得了不同发展成果，其中，化学法制浆设备和废纸制浆设备，主要集中在设备成套化、节能化、大型化发展上，而高得率制浆设备体现在产品适应性、运行质量和材料寿命等的提升上。

2. 纸浆洗涤设备

纸浆洗涤是为了把蒸煮过程中溶解于蒸煮液和附着于纤维表面以及夹杂于纤维之间的一些非纤维性的可溶物,用水或稀废液溶出,并与纤维分离,获得干净的纸浆。纸浆洗涤的设备按工作原理于特性可分为扩散(置换)洗涤设备、过滤洗涤设备、挤压式洗涤设备三类。扩散洗涤设备以纤维内外废液的浓度差为推动力实现浆料洗涤,主要有水平带式真空洗涤机和连续置换洗涤器两种设备。过滤洗涤设备主要有圆网浓缩机、测压浓缩机、真空洗涤机、落差洗浆机、压力洗浆机、洗浆池等类型。挤压式洗涤利用机械挤压作用产生的压力差将废液挤压除去,主要设备有双辊挤浆机、双筒挤浆机、螺旋压榨机等。在实际生产中,可根据实际需求进行合理的设备选型,为下段工序的筛选、净化、漂白创造有利条件。

3. 纸浆筛选设备

为保证浆与纸的质量,防止设备被浆料中的杂质损坏或堵塞,必须把浆料中的纤维性杂质及矿物杂质去除。由于纸浆杂质的来源及性质各异,因此,用到的纸浆筛选设备种类繁多。根据原理不同,可分为筛浆机和除渣设备两大类。筛浆机利用纤维与杂质的几何形状不同来除杂,主要有离心式和振动式两种,振动式筛浆机又可分为振动平筛和圆筛两类。除渣设备利用纤维与杂质密度不同来除杂,主要设备有沉砂盘、涡轮除渣器、立式离心除渣机等。除此之外,利用比表面积以及纸浆的高速流动和电位等原理为研制新型纸浆筛选设备提供了新思路;同时,也有学者通过编制纸浆筛选系统软件,简化了物料平衡计算的复杂度,提高了工作效率、设计合理性和成功率。

4. 纸浆漂白设备

纸浆漂白不仅为了使纸浆具有洁白的颜色,也为了除去蒸煮后浆料内余留的部分木素和色素,提高浆料纯度。漂白过程中首先将漂剂与浆料混合进行化学反应,再把生成物等从浆料中洗涤出来。漂浆机一般用于次氯酸盐单段漂白,是中小型纸厂普遍采用的漂白设备。连续式多段漂白把不同漂剂分别加入各漂段浆料中来漂白,其包含最基本的三个过程:在氯化塔中进行的氯化过程、在碱处理塔进行的碱处理过程、在漂白塔中进行的次氯酸盐漂白过程。现阶段,我国漂白设备中,除了洗涤阶段逐步提升了国产化率之外,其他环节设备均依赖进口。

5. 纸浆浓缩与贮存设备

纸浆精选后的浓度偏低,需要进行浓缩以减少所占体积和输送动力消耗。中小型纸厂采用较多的浓缩设备是测压浓缩机和圆网浓缩机。浓缩以后的纸浆需要用贮存池来贮存，以保证生产的连续性，同时还可起到调节浓度，缓冲前后工序的生产以及稳定质量的作用。随着行业发展，中高浓造纸技术有取代传统低浓造纸技术的趋势，因此，适合中高浓制浆造纸技术的纸浆浓缩设备是未来应用与推广的重点。

6. 打浆设备

经过以上步骤加工后的纸浆还不适合直接用于抄纸，需要打浆使纤维的形状及物理性质发生切断、分丝等改变。打浆设备可分为间歇式和连续式，间歇式目前使用的主要是打浆机，连续式有锥形精浆机、圆柱精浆机和盘磨机。由于盘磨机具有结构简单、占地小、效率高、电耗低等优点，能保证打浆质量的均一与稳定，因此在国内被广泛使用。近年来，我国在打浆设备的核心构件适应性、设备结构紧凑性、主要构件寿命性、运行过程磨合性、运行时间精确性等方面都获得了相应进展，同时对产品的大型化、节能化和自动化也给予了一定提升。

7. 造纸机

一般造纸机由浆料流送设备、网部、压榨部、烘干部、压光机、卷纸机、传动机构等基本部分组成。其主要类型有长网类、夹网类、圆网类和复合造纸机等，其中，长网造纸机用途广泛，可生产绝大多数品种的纸张和纸板。这些年，国内始终在围绕造纸机的高速、宽幅、节能、紧凑和自动化等方面开展研究，虽然在整体设备上还没有升级完善，但在一些单装备上已经实现了对其中一些功能的满足，研发升级还在进一步发展之中。

三、人造板生产设备

人造板机械是现代木工机械（锯机、木工刨床、木工铣床和开榫机等）中的一个新的组成部分，是相对独立的人造板工业体系中加工机械设备的总称。近十年来，中国人造板和板式家具的产量已跃居世界前列，这些成绩得益于人造板生产设备的高速发展。未来五年，中国人造板机械行业将变成世界的生产中心，将为中国板式家具工业的自动化做出贡献。

人造板行业经过多年来的发展，其产品种类繁多，除了传统的胶合板、刨花板、纤维板之外，还出现了细木工板、集成材、单板层积材等各式各样的新板种。虽然人造板种类繁多，生产工艺复杂，但一般都包含切削加工、干燥、施胶、成型和加压、后处理五个基本的工艺流程，因此，下面围绕这五个工艺流程介绍各工段使用的主要人造板生产设备。

（一）切削加工设备

人造板厂首先应对原材料进行处理，因此，必须使用切削设备将木材切削成不同形状的单元，如加工单板使用的旋切机、刨切机，加工木片、刨花的削片机、刨片机，纤维分离使用的削片机、热磨机等。近年来，数字控制技术在旋切机中得以应用，出现了数控旋切机，其生产加工不仅提高了单板的质量和精度，还提高了生产效率和整机的自动化程度，其中，数控无卡轴旋切机已成为胶合板生产线或单板生产线上的重要设备。纤维板生产方面，当今热磨设备也把机械设计与电气、液压、气压等自动化控制技术紧密结合起来，实现了多台设备的集中控制并对影响磨纤的各种因素进行自动调节。

（二）干燥设备

人造板生产上所指的干燥主要包括单板干燥、刨花干燥、干法纤维板工艺中的纤维干燥及湿法纤维板的热处理。与成材干燥不同，人造板所用片状、粒状材料的干燥是在相对高温、高速和连续化条件下进行的，加热阶段结束立即转入减速干燥阶段，干燥的热源，大多是用蒸汽或燃烧气体。人造板生产的干燥设备主要有胶合板使用的箱式干燥机，刨花干燥使用的转子干燥机、三通道干燥机，纤维干燥使用的管道干燥设备等。值得一提的是，刨花干燥方面，经过多年研究与发展，高温烟气干燥技术已趋于成熟，大产能、低能耗、高可靠性和高安全性的刨花干燥设备取得了阶段性的成果。着眼于未来，终含水率的精准控制、锅炉与干燥系统的一体化自动控制、更高的安全性、低温干燥技术等将是刨花干燥设备发展的趋势。

（三）施胶设备

施胶设备主要指单板涂胶、刨花及纤维施胶所用设备。对于单板，常用滚筒涂胶机和淋胶机，其中，淋胶方法适宜于整张化中板和自动化组坯的工艺过程。对于刨花及纤维施胶主要用喷胶的方式进行，设备有环式拌胶机等。近年来，使用木质素等材料进行无胶胶合技术的研究已取得初步成果，其施胶设备也会随之更新。

（四）成型和加压设备

成型设备如胶合板组坯使用的拼板机，刨花板纤维板使用的机械分级铺装机组等。加压分预压及热压，使用无垫板系统时必需使板坯经过预压，它使板坯在推进热压机时不致损坏。热压工序是决定企业生产能力和产量的关键工序，人造板工业中常用的热压设备主要是多层热压机，此外，单层大幅面热压机和连续热压机也逐渐被采用。刨花板工厂多用单层热压机，中密度纤维板制造中使用单层压机就可以实现高频和蒸气联合使用的复式加热，有利于缩短加压周期和改善产品断面密度的均匀性。热压机是人造板生产中最重要的设备之一。热压机的生产能力决定了人造板生产线的产量，而热压机的技术水平也在很大程度上决定了人造板产品的质量。近年来我国中密度纤维板行业的超快速发展为我国压机技术的发展提供了广泛的发展空间。遗憾的是，目前我国还不具备连续压机的生产能力，国内需要的连续压机还需要从国外进口，这严重影响了我国人造板机械行业整体水平的提高。

（五）后处理设备

板材从热压机卸出后，首先经过翻板冷却机冷却和含水率平衡的阶段，再利用横截锯、裁边锯进行横截、锯边，利用砂光机进行砂光。根据使用要求，有些板材还需进行浸渍、油漆、覆面、封边等特殊处理，这些工序都有相应的专业设备，如浸渍干燥机、覆膜机、封边机等。近些年，我国这些技术及设备不断改进创新，如砂光机已拥有多项自主知识产权；封边机的水平也已渐渐追赶上国外，今后研究重点是从仿形、控制、异形板材加工等方面提高封边机性能和适应性。

人造板机械的发展，经历了由单机到机组、再到生产线的发展历程，在单机与机组机械化的基础上，发展到生产线的自动化。人造板工业是大规模生产线生产的高技术产业，各类自动化生产线的出现是形势必然。

20 世纪 80 年代，通过引进联邦德国比松公司的技术并与其合作生产，我国的人造板机械装备上了一个新台阶，制造水平跨入了生产线的机械化与继电器控制自动化阶段。伴随着计算机软件控制技术的发展与提升，再加上中密度纤维板生产线在我国的兴起，用户对产品的质量与产量要求不断提高，对生产线的装备与控制提出了更高的要求，我国人造板生产线的计算机软件应用水平也在不断提升，从而推动我国人造板生产线的技术水平进入了软件控制的自动化阶段。连续压机生产线逐步代替单层及多层压机生产线，是行业发展水平升级、提高整体效率的需要。如今，代表着人造板机械装备最先进水平的连续压机生产线逐渐成为市场主流，我国已有部分企业完成了连续压机生产线的开发，并在市场上占有了一定的地位。我国人造板机械装备已完成了数字化控制水平的蜕变，开始与国际先进水平的人造板生产线制造商同台竞争，并且也开始了对生产线智能化控制的探索。

另外，随着市场需求的不断变化，出现了较多人造板新品种，也促使生产线装备不断改造技术。工艺上也有较多更先进的技术、新胶种、新添加剂，满足工艺要求的装备必须跟着完善提高，如设计 LVL、PSL、OSB、重组木、胶拼板、竹材模压型材、模压门、木纤维保温板、防火板、贴面板等产品的小规模柔性生产线，采用专用数控设备实现在一条生产线上生产同种类型的各个规格型号的专业化小型人造板生产线。

四、木工家具机械

目前，市场上的定制家具大多数为衣柜、橱柜等柜类家具，结构多为板式结构。板式家具是指以经表面装饰的人造板为主要基材、以板件为基本结构的拆装组合式家具。板式家具设计规范、结构简单，便于实现自动化生产。因此，大多数定制家具厂家选择生产板式家具。除各种人造板材外，实木也可用于定制家具。此时，也多采用板式结构，即家具主体部分使用实木加工的板材制作。

(一)传统木工设备

传统木工设备是木材加工、木制品制作以及建筑木构件预制、安装过程中所用机械的统称，包括制材机械、细木工机械和木工附属机具等。传统木工设备可分为锯割机械、刨削机械、木工车床、铣削机械、钻孔机械、磨光机械、木工刀具修磨机械以及其他辅助机械。

1. 锯割机械

锯机是以锯作为刀具，通过条锯或带锯往复运动或圆盘锯旋转运动来锯割刻分木料。常见的锯机有带锯机和圆锯机。

带锯机是以一条开出锯齿的无端头的锯条为刀具，锯条由高速回转的上、下锯轮带动，实现直线纵向剖解木材的木工机械。各种类型带锯机的共同问题是锯条悬空段长、自由度大、刚性差。容易出现振动、锯条自锯轮上脱落、锯条断裂等问题。带锯机是木工机械中结构比较复杂的一种。

圆锯机是板式家具生产的主机设备，主要用于人造板的开料及家具部件的齐边。开料锯由主机及推台两大部分组成。主机部分和普通台式圆锯机相近，有的在主锯片前方安装有划线锯片。锯轴相对于工作台能做升降运动，有的锯片相对于工作台能做倾斜运动，使锯片与工作台平面呈大于或等于45°的角，从而满足不同的锯割要求。

2. 刨削机械

木工压刨床用于刨削板材和方材，以获得精确的厚度。单面木工压刨床的刨刀轴做旋转的切削运动，位于木料上下的四个滚筒使木料做进给运动，沿着工作台通过刀轴。双面木工刨床由两个刀轴同时加工，按刀轴布置方式的不同，可刨削工件的相对两面或相邻两面。三面木工刨床利用三个刀轴同时刨光工件的三个面。四面木工刨床利用4~8根刀轴同时刨光工件的四个面，生产率较高，适用于大批量生产。

3. 木工车床

木工车床又称旋床，能将木材或坯件旋削成圆形断面的木工机械。一般由机座、转轴、刀架、尾架和电动机等组成。用于加工圆柱、圆盘、桌椅腿、柱顶、拉手、把柄等木制件。

普通木工车床把工件装夹在卡盘内，或支承在主轴及尾架两顶尖之间做旋转运动。车刀装在刀架上，由溜板箱带动做纵向或横向进给运动，也可手持车刀靠在托架上进给。普通木工车床用于车外圆、车端面、切槽和镗孔等加工。

仿形木工车床靠模与工件平行安装，靠模可固定不动或与工件同向等速旋转。刀具由靠模控制做横向进给，由刀架带动做纵向进给。这种机床有立式与卧式、单轴和多轴之分，用于加工家具的香炉腿、步枪枪托等复杂外形面。

圆棒机用两对进料滚压紧方形木料使之作纵向进给，空心主轴内有刀头高速旋转，木料通过空心主轴即被切削成圆棒。

4. 铣削机械

铣削机械是用铣刀对工件进行铣削加工的机床。铣刀旋转做主体运动，工件相对刀具做直线进给运动。铣削加工用于铣平面、斜面、成形面、沟槽、花键、齿轮及螺纹等。由于铣削所用铣刀是多刃刀具，因此，生产效率比刨削要高得多。铣床的主要规格尺寸是工作台面宽度。铣床的分类方法很多，按控制方式可分为普通铣床、仿形铣床、程序控制铣床和数字控制铣床；按结构可分为升降台铣床、单柱铣床、单臂铣床、工作台不升降铣床、龙门铣床及各类专用铣床等。

5. 钻孔机械

钻孔机械是用钻头在工件上加工通孔或盲孔的木工机床。木工钻床有卧式和立式，单轴和多轴之分，主要用于木料钻孔、加工圆榫孔和修补节疤等。立式单轴木工钻床与切削金属的立式钻床结构相似，钻头夹持在主轴下端的钻夹上，由电动机带动旋转，工件放在工作台上，可用手动或自动进给。多轴木工钻床用于加工板式家具的圆榫孔，有单排和多排之分。

每排钻轴由单独电动机通过齿轮驱动，钻轴中心距为 32mm 或其倍数。相邻钻头转动方向相反，要用左、右旋钻头。安装每排钻轴的溜板可在床身上调整位置，各排钻轴还可在溜板上倾斜角度。

6. 磨光机械

磨光机械是用磨具对各种板材、木制品、木构件进行定厚加工和表面精细加工的机械。根据磨削机构的结构形式，砂光机可以分为辊筒式砂光机、带式砂光机、盘式砂光机和刷式砂光机。带式砂光机又可分为普通带式砂光机和宽带式砂光机。普通带式砂光机主要应用于家具制造和木模制造。刷式砂光机适用于加工成型表面，尤其是复杂表面的砂光。人造板工业中，主要采用辊筒式砂光机和宽带式砂光机。

7. 封边机

封边机是木工机械中的一种，属实木机械类。封边机顾名思义就是用来封边用的，将传统的手工操作流程用高度自动化的机械完成，包括直面式异形封边中的输送—涂胶贴边—切断—前后齐头—上下修边—上下精修边—上下刮边—抛光等诸多工序。封边工序使用的设备是封边机，包括直线封边机和曲线封边机两种。

全自动直线封边机是将实木、PVC 等封边材料封贴于板材边缘的设备。该设备将熔化的热熔胶涂布到板件端面，再将封边材料压贴在板件上。热熔胶迅速固化形成胶黏力，将封边材料与板件结合。

手动曲线封边机一般用于曲线边、内直角边或不规则形的封边。其封边的主要工序和直线封边基本一致，基本工序都是涂胶、施压封边、切除余边、修边。不同之处在于直线封边机用压辊将板材压紧，靠链条轨道将板材拖过各道工序，而曲线封边机则需要人工控制各个工序。

8. 涂饰设备

（1）浸涂设备。浸涂槽是浸涂工艺的主要设备，按工作方式可分为间歇式和连续式两种。间歇式浸涂槽主要用于小批量生产，槽体较小，一般为矩形或柱形槽体，工件的起吊采用人工或行吊的方式。连续式浸涂槽主要用于大批量生产，槽体较大，一般为船形槽体，工件的运输主要通过悬链来完成。

（2）高压空气喷涂设备。高压空气喷涂的主要设备是喷枪，其性能决定着涂层的喷涂质量。按压缩空气的供给方式可分为内混式和外混式两种；按涂料的供给方式可分为重力式、吸上式和压送式三种。重力式喷枪主要用于喷涂样板及小面积修补用。吸上式喷枪主要用于小批量生产，压送式喷枪适用于批量大的工业化涂装。

（3）静电喷涂设备。静电喷涂设备主要有高压静电发生器和静电喷粉枪。高压静电发生器有电子管式和晶体管式。微处理式高压发生器属新一代产品，发生器输出的负高压可以无级调节数字显示，一般最高输出电压为100kV，最大允许电流为200～300μA，采用恒流—反馈保护电路，当线路发生意外造成放电打火时，即会自动切断高压，保证安全，微处理式高压发生器具有高压接地保护、高压短路自动保护，声光信号报警和显示工作状态的功能，设备使用寿命长。喷枪主要功能是使喷出的粉末具有良好雾化状态并充分荷电，以保证粉末能均匀高效地吸附到工件表面。同时还要考虑到它的安全可靠、结构轻巧、使用方便等综合因素。

（4）电泳涂装设备。电泳涂装生产线由前处理设备、电泳涂装设备、水洗设备、输送被涂物设备、烘干室等组成。根据输送被涂物的方式不同，电泳涂装生产线分为连续通过式、间歇固定式与小型手动式三大类。

9. 覆膜机

真空覆膜技术可以实现零件的单面或双面覆膜。真空覆膜技术使用的设备是真空覆膜机，也叫真空吸塑机。它利用抽真空获得负压对贴面材料施加压力，可以在异型表面上均匀施压，主要适合对各种橱柜门板、覆膜、软包装饰皮革等材料表面及四面覆PVC、木皮、装饰纸等，可将各种PVC膜贴覆到家具、橱柜、音箱、工艺门、装饰墙裙板等各种板式家具上，并可在加装硅胶板后用于热转印膜和单面木皮的贴覆工作。

铝型材覆膜可以使用型材包覆机加工。可包覆多种型材的也叫"万能包覆机"。万能包覆机适用于木质、铝塑型材、发泡材料等各种型材的表面上贴覆PVC、装饰油漆纸、实木皮的生产。

（二）先进加工设备

1. 电子开料锯

电子开料锯又名电脑裁板锯，是手推锯、往复锯的升级产品，它的操作工人只需1～2人。电子开料锯开料精度高，裁板高效，生手可操作、省人工，傻瓜式开料，人机一体化操作，在触摸屏或者PC机上输入需要开料的数据，启动后自行对板材进行精准加工。

2. 数控钻孔机

数控钻孔机可以自动完成多孔的定位，钻孔主要应用在自动生产线中，是大型生产厂家的主要钻孔方式，其加工钻孔的要求要比手工加工更加严格。

3. 数控铣床

数控铣床又称 CNC(computer numerical control)铣床，是指用电子计数字化信号控制的铣床。数控铣床是在一般铣床的基础上发展起来的一种自动加工设备，两者的加工工艺基本相同，结构也有些相似。数控铣床有分为不带刀库和带刀库两大类。其中，带刀库的数控铣床又称为加工中心。

4. 数控加工中心

数控加工中心是由机械设备与数控系统组成的适用于加工复杂零件的高效率自动化机床。数控加工中心是目前世界上产量最高、应用最广泛的数控机床之一。它的综合加工能力较强，工件一次装夹后能完成较多的加工内容，加工精度较高，就中等加工难度的批量工件，其效率是普通设备的 5~10 倍，特别是它能完成许多普通设备不能完成的加工，对形状较复杂，精度要求高的单件加工或中小批量多品种生产更为适用。它把铣削、镗削、钻削、攻螺纹和切削螺纹等功能集中在一台设备上，使其具有多种工艺手段。

随着科技的不断发展，设备的自动化程度越来越高，所消耗的人力资源越来越低，家具加工的效率越来越高。但面对全球化市场的激烈竞争，家具企业有必要进一步通过运用高新加工技术，来提高生产效率和市场竞争力。

五、竹木制浆装备

(一)切竹机

切竹机按机械结构可分为：①切削刀装在刀盘上的刀盘切竹机。其中又按刀盘相对于水平面得安装角度分为与水平面成垂直安装的直刀盘式切竹机和与水平面成倾角的斜刀盘式切竹机。②切削刀装在空心转鼓上的鼓式切竹机。其结构与用于木材的鼓式削片机结构相同。③切削刀装在实心刀辊上的刀辊式切竹机。

市场最常用的是刀辊切竹机。这种切竹机主要用于小直径竹子。当切削大径竹子时，需配套辅机——压竹机压溃后再切削。刀辊式切竹机有两对喂料辊：第一对起压裂竹子的作用，第二对起压紧传递作用。刀辊结构与刀辊式切草机相似，三把飞刀与轴线成倾角安装。刀辊上方有罩，切竹时产生的尘埃由罩内负压吸走送到除尘净化系统去。

(二)竹片筛选机

竹片筛选机有转鼓式与振动斜筛式两种，主要是筛去粗大的竹片和碎片，以保证竹片的均匀性。

（三）洗浆机

洗浆机是一种制造机器，是造纸制浆提取黑液的设备。洗浆机包括底座、位于筛板内的主轴、主轴的两端有轴承座支撑并通过联轴器与减速机主轴相连，在一侧轴承座与挡水板之间的主轴上安装推力轴承座，进浆口位于筛板上方，出浆口设置在筛板下方，筛板由筛板架支撑，筛板内的主轴上固定螺旋形叶片，叶片由进浆口到出浆口螺距渐小，筛板上的筛孔为条缝式。

为了达到洗涤的要求而又能提取蒸煮的黑液，有利于碱回收，一般洗涤设备为真空洗浆机或水平带式洗浆机。许多中小厂没有碱回收系统，还都采用园网浓缩机或侧压浓缩机进行洗涤。

（四）竹浆筛选机

1. 除节机

除节机用来除去蒸煮后的化学纸浆中较大的未蒸解的木节、草及混杂在纸浆原料中的金属块、砂石等各种重物。

2. 离心式筛浆机

离心式筛浆机是制浆造纸行业的一种筛选设备，主要用于洗涤后的粗选，去除浆料中的未蒸解分、纤维束及其他杂物，它是在'CX 型离心筛'基础上改进提高的新型设备。离心式筛浆机保留了'CX 型离心筛'直径小、转速高、形成浆环好的特点。该离心筛功率消耗低，占地面积小，操作维护简单。

3. 除渣机

除渣机是清除炉料的设备，它主要由渣斗、底盖、纵梁、重锤架、配重锤、主轴及轴承、缓冲制动器、喷水器、溢水器、限位器等部分组成。

（五）竹浆打浆设备

竹浆打浆设备过去大都采用打浆机。现在大多采用圆盘磨浆机、圆柱精浆机。国内的生产设备能力较小，大型厂一般引用国外设备。

1. 圆盘磨浆机

圆盘磨浆机是一种比较优越的连续磨浆设备，近 20 多年以来，国外使用压力圆盘磨浆设备有很大的发展，并能处理浆种含硫酸盐法浆、半化学浆、化学机械浆等。压力盘磨机的主要优点是能得到均匀与质量优良的浆料，较低的单位电力消耗及维修和操作费用。

2. 圆柱精浆机

精浆机打浆实质是通过机械作用，将纤维横向切断及纵向细纤维化。精浆机打浆度越高，成纸强度越高，成纸匀度越好，但浆料脱水能力相应降低，反之，则成纸强度低，成纸匀度也就降低，浆料脱水能力相应提高，因此，合理控制精浆机打浆是保证纸机稳定生产，保证成纸质量的关键过程。

第四节 文化游憩领域技术装备

生态游憩逐步成为人们认识自然、欣赏自然、保护自然的重要途径，生态旅游设施、生态文化保护装备、生态环境保护、林区环境监测、森林保健康复和生物多样性保护装备为生态旅游基础建设和生态文化体验提供了有力支撑。

一、生态旅游设施绿化管理所需机械

生态旅游设施绿化管理在生态旅游区园林建设中起着非常重要的作用，其主要工作内容包括绿化的整体外观维护，植物的修剪，浇水施肥、花卉的选择和种植等；而这些工作离不开园林机械的支持，而将现代化农机设备引入到生态旅游区的园林作业中，对于提高作业效率和质量具有重要的意义。首先需要根据园林的具体规划分析园林机械设备的需求，主要包括园林的种植、移植和养护等方面，确定需求后分析现代农机装备能否符合园林作业需求，如果满足，可以引入农业机械。

二、气象站

伴随着气象现代化业务的飞速发展，全国已逐步建成了种类齐备、布局相对合理的庞大的自动气象站观测网，其建设规模居于世界前列。然而，这些数量庞大的观测站既增强了对天气和气候的监测能力，但同时又对运行监控、维护维修和装备供应等环节均提出了更高的要求。

三、草坪建植机械

草坪的种植是最基础的工作，其效率和质量直接影响草坪后期的美观性和养护问题。其中，草坪的种植机械主要包括草坪的喷播机械、播种机械和移植机械。喷播是一种草坪出芽率比较高的机械作业方式，利用草坪

喷播机将催芽后的种子以一定的比例搅拌均匀，其中加入水、肥料和黏合剂等，利用离心泵和管路将种子喷播到土壤里；另一种是直接利用播种机种植，将草的种子直接均匀地播撒在土壤里；在草坪生长的过程中，某些地方会发生破损，可以利用草坪移植机械对破损的地方进行修补。

四、病虫害防治机械

病虫害的防治是非常关键的，生态旅游区在树木生长期会遇到各种病虫害，如果处理不当会造成草坪面积的大幅度减少，因此，需要对草坪及时喷施农药。大型生态旅游区的面积较大，适合使用现代农机自动化喷药设备。无人自动化喷药机，采用无人自动化喷药装置的喷药效率高，新型的无人自动化喷药装置每小时可以作业达百亩，有效地降低了施药的成本，在短时间内可以实现病虫害的群防群控，降低病虫害的危害。采用现代喷药设备要比传统喷药设备作业效率提升很多，作业质量较高，成本降低很多。

五、其他机械设备

生态旅游区园林和植被的作业机械还有很多，如梳草机、滚压机、修边机及清洁机等，采用现代化农机设备不仅可以有效提高园林和植被作业的效率，还可以提高作业质量，节省人力、物力，对于生态旅游区的发展具有重要的意义。

第十七章

林业软课题

第一节　林业发展战略研究

习近平总书记在党的十九大报告中指出，人与自然是生命共同体，人类必须尊重自然、顺应自然、保护自然。我们要建设的现代化是人与自然和谐共生的现代化，既要创造更多物质财富和精神财富以满足人民日益增长的美好生活需要，也要提供更多优质生态产品以满足人民日益增长的优美生态环境需要。这为当前和今后一个时期林业发展战略的制定和研究提供了重要指南和根本遵循。

一、林业发展战略概述

林业发展离不开战略。林业发展战略对于林业自身乃至整个经济社会的可持续发展都起着决定性作用。制定并实施符合本国国情和林情的林业发展战略，能够有效保护森林资源与生态环境，一方面提高森林资源利用效率，避免森林资源的掠夺式开发、粗放式经营；另一方面保护森林生态环境，更有效地发挥森林生态服务功能，提高森林的经济效益、社会效益和生态效益。2005 年 8 月 24 日习近平在《浙江报》的"之江新语"栏目中就提出了"既要绿水青山，又要金山银山"的著名论断，他指出："我们追求人与自然的和谐，经济与社会的和谐，通俗地讲，就是既要绿水青山，又要金山银山。"通过现代林业发展，探索绿水青山就是金山银山的实现途径。建设生态文明，需要在坚持创新、协调、绿色、开放、共享发展理念的基础上，坚持造福全体人民、满足社会需求、适应时代发展的需要，制定科学合理的发展战略，分析判断林业发展的主客观条件，对林业建设做出纲领性、全局性、长远性的谋划指导。

林业发展战略需要适应时代的发展。林业建设事关经济社会可持续发展，发展林业是全面建成小康社会的重要内容，是生态文明建设的重要举措。党的十八大以来，我国深入实施以生态建设为主的林业发展战略，着力维护生态安全，大力推进绿色惠民，加快林业改革发展，林业现代化建设取得明显成效，在许多方面发生了深层次变革，取得了历史性成就，有力地推进了生态文明建设。虽然取得了显著成效，但我国仍然是缺林少绿、生态脆弱、生态产品供应不足的国家，全国林业发展水平与人民群众对优美生态环境的需要相比，与维护生态安全、建设生态文明和美丽中国、建成全面小康社会的需求相比，还存在很大差距。党的十九大提出，加快生态文明体制改革，建设美丽中国。这是党中央在中国特色社会主义进入新时代做出的重大部署，吹响了新时代生态文明建设号角。新时代，我们制定和实施林业发展战略需要深入学习贯彻习近平新时代中国特色社会主义思想和党的十九大精神，以更大力度、更有效举措，推进生态文明建设迈进新时代，实现新作为。

林业发展战略需要一切从实际出发。由于国情、林情的差异性，世界各国林业发展战略各有不同，主要包括三大类别：以德国、奥地利为代表的森林经济、社会和生态三大效益一体化发展战略，以法国、新西兰、澳大利亚为代表的森林多效益主导利用发展战略，以美国、日本、瑞典为代表的森林多效益综合经营林业发展战略。长期以来，我国一直将林业摆在经济社会发展的突出地位，并根据国民经济和社会发展需要不断调整战略目标、完善具体内容。近年来，党中央、国务院陆续调整出台一系列林业大政方针政策，确定了以生态建设为主的林业发展战略，启动并实施了天然林保护工程、三北和长江中下游地区等重点防护林体系建设工程、退耕还林还草工程、京津风沙源治理工程、野生动植物保护及自然保护区建设工程、重点地区以速生丰产用材林为主的林业产业建设工程六大林业重点工程，林业在国家经济和社会发展大局中的地位和作用得到大幅提升。党的十九大报告站在中国发展新的历史方位上，论述了大力推进生态文明建设的伟大意义，对加快生态文明体制改革、建设美丽中国进行了全面部署。新时代，我国的林业发展战略需要从实际出发，从国情出发，聚焦"美丽中国"这个新时代社会主义现代化建设的重要目标和战略任务，立足于建设生态文明这个中华民族永续发展的千年大计，坚持人与自然和谐共生，树立和践行绿水青山就是金山银山的理念，尊重自然、顺应自然、保护自然，加快林业发展体制改革，建设美丽中国。

20 世纪 90 年代初期到 21 世纪的第一个 10 年，我国的林业发展战略真正进入国家发展战略的轨道，强调走可持续发展战略，开始实施一大批林业重点生态工程，强调大规模国土绿化，突出保护生态环境。2007 年 10 月，党的十七大召开，基于"人与自然和谐相处"的理念进一步明确提出"生态文明建设"的战略目标，把生态建设当作实现中国特色社会主义现代化战略目标的重要组成部分。

党的十八大以来，我国的林业发展战略开启了生态文明建设的新征程，林业逐渐成为生态文明建设的主体性、基础性和先导性工作，开始凸现"山水林田湖草"是一个有机整体，十八届五中全会提出"创新、协调、绿色、开放、共享"的新的发展理念，坚持节约资源和保护环境的基本国策，坚持绿色发展，坚定走生产发展、生活富裕、生态良好的文明发展道路，推进美丽中国建设。"新的发展理念的提出，标志生态建设不仅成为国家新的发展理念，而且是基本国策，是美丽中国的根本途径。由此，生态建设战略在理念与实践的结合上实现了高度统一，"一体化"的生态建设战略成为全面建设小康社会和中国特色社会主义现代化建设的伟大实践。

2019 年 4 月 8 日，习近平总书记在参加首都义务植树活动时强调，今年是新中国植树节设立 40 周年。40 年来，我国森林面积、森林蓄积分别增长一倍左右，人工林面积居全球第一，我国对全球植被增量的贡献比例居世界首位。同时，我国生态欠账依然很大，缺林少绿、生态脆弱仍是一个需要下大气力解决的问题。这为当前和今后一个时期林业发展提出了战略目标和战略重点。

二、我国的林业发展战略

党的十八大以来，习近平总书记围绕林业发展和生态文明建设发表一系列重要讲话，做出一系列重要批示指示，提出一系列新理念、新思想、新战略，深刻阐述了社会主义生态文明建设和林业发展的重大意义、重要理念和重大方略。习近平关于生态文明建设和林业发展的战略思想，内涵丰富、博大精深，丰富发展了马克思主义自然观和发展观，成为习近平新时代中国特色社会主义思想的重要组成部分，为建设美丽中国、全面建成小康社会、实现人与自然和谐发展提供了思想指引、理论指导和行动指南。我们必须深刻领会把握，全面贯彻落实，大力推动新时代生态文明建设。

（一）林业发展战略思想

坚持把建设生态文明作为林业发展的根本方向。保护生态环境就是保护生产力，改善生态环境就是发展生产力。坚持保护优先、自然修复为主，坚持数量和质量并重、质量优先，加强森林生态安全建设，加快国土绿化进程，开展山水林田湖生态治理，开展森林城市建设，加强林业生态资源科学经营，全面提升自然生态系统稳定性和生态服务功能。

坚持把做强绿色富民产业作为林业发展的强大活力。绿水青山就是金山银山，发挥森林是水库、钱库和粮库的重要功能，深刻认识生态和产业、公益和经济的辩证关系，发展林业特色和新兴产业，改造提升传统产业，增强林业发展活力，实现林业精准扶贫，在国土上创造和积累生态资本和绿色财富，促进绿色富国、绿色惠民。

坚持把保护资源和维护生物多样性作为林业发展的基本任务。全面保护天然林、湿地、沙地植被，以及典型生态系统、生物物种及遗传基因的多样性，实施森林质量精准提升工程，严格保护林地、湿地。加快珍稀濒危野生动植物抢救性保护，建设国家公园，强化野生动植物进出口管理。培养公民生态价值观，促进人与自然和谐共生。

坚持把改革创新作为林业发展的关键动力。加强林业改革顶层设计，健全国有林和集体林管理体制，创新产权模式，广泛调动全社会力量发展林业的主动性和创造性。发挥科技创新的引领作用，实现由要素驱动向创新驱动转变，推动大众创业、万众创新，不断释放改革红利、创新红利，全面提升林业生态效益、经济效益、社会效益。

坚持把依法治林作为林业发展的可靠保障。加快林业科学立法、民主立法，加强林业执法和普法，形成完备的林业法律规范体系、高效的法治实施体系、严密的法治监督体系、有力的法治保障体系，保护产权、规范公权，不断完善出台重大规划和制度方案，扩大林业公共财政覆盖面，逐步提高林业生态补偿标准，探索形成全面保护自然资源、推进重点领域改革和多元投入的林业支持保障体系，不断完善林业治理体系和提高治理能力。

坚持把深化开放合作作为林业发展的重要路径。以国际履约和合作交流为平台，以"一带一路"为契机，深度参与全球应对气候变化、林业合作和生态治理，积极服务国家政治外交大局，统筹国际国内两种资源、两个市场，形成全方位林业对外开放新格局，为维护全球生态安全做出新贡献。

(二)林业发展战略目标

在中国特色社会主义新时代,建设社会主义现代化国家,必须有良好的生态、发达的林业。必须把推进林业现代化建设作为新时代林业工作的根本任务。推进林业现代化建设,要全面贯彻党的十九大精神,以习近平新时代中国特色社会主义思想为指导,以建设美丽中国为总目标,以满足人民美好生活需要为总任务,坚持稳中求进工作总基调,认真践行新发展理念和绿水青山就是金山银山理念,按照推动高质量发展的要求,全面深化林业改革,切实加强生态保护修复,大力发展绿色富民产业,不断增强基础保障能力,全面提升新时代林业现代化建设水平,为实施乡村振兴战略、决胜全面建成小康社会、建设社会主义现代化强国做出更大贡献。

我国林业发展战略的根本目标是提升森林资源的社会效益、经济效益和生态效益,协调产业经济发展、社会全面进步、生态文明建设之间的关系,保护修复森林生态环境、提高森林资源利用率,建成具有中国特色的现代化林业体系,实现林业可持续发展。

(1)稳固国土生态安全屏障。进一步优化林业生产力布局,提升生态承载力,改善生态环境质量,基本形成生态安全屏障,全面保护天然林、湿地、重点生物物种资源。

(2)完善林业生态公共服务。不断增强绿色惠民、公平共享、科学发展,提供优质生态林产品以满足社会需求。

(3)完善林业民生保障机制。转型升级林业产业,优化产业结构布局,提升林业职工和林农收入水平,并逐步改善生产生活条件,不断增强利用吸纳就业能力。

(4)提高林业综合治理能力。稳步推进林业改革,将国有林区、国有林场作为绿化国土和林业建设的主力军,进一步释放集体林业活力,强化林业科技创新和依法治林,加大林业基础设施和装备条件投入力度,培养建设优秀专业人才队伍,建立健全林业制度体系。

(三)林业发展战略特点

我国林业发展战略的发展历程表明,在形成新的林业发展战略的过程中,政府具有主导地位和重要作用。我国政府历来高度重视林业的发展,林业在国民经济和社会发展中的地位和作用不断提升。林业的四个地位,是我国政府根据林业特点做出的科学判断,同时明确了我国林业的历史使命。

(1)与时俱进,不断完善。为了更好地服务于国民经济总体发展战略,我国林业发展战略从 20 世纪 80 年代以适应国内经济社会发展需要为导向，到 21 世纪以来兼顾适应国际政治经济形势发展需要为导向，适时调整，与时俱进。今后，随着我国国际地位的不断提升，适应国际形势需要将会是我国林业发展战略调整的重要因素。

（2）涉及面广、综合性强。我国林业发展战略涉及自然、人文、经济、金融、政治、法律等诸多领域，在制定与实施时必须综合考虑各个层面影响因素的作用。当前，良好生态环境已成为人民群众最强烈的需求，绿色林产品已成为消费市场最受青睐的产品。推进新时代林业现代化建设，必须顺应人民对美好生活的向往，始终坚持发展为了人民、发展依靠人民、发展成果由人民共享。要探索形成生态共建共治共享的良好机制，调动广大人民群众的创造性和积极性，既吸引群众积极参与林业建设，开展身边增绿行动，又确保群众公平分享发展成果，让人民群众更好地亲近自然、体验自然和享受自然。在保护修复好绿水青山的同时，要大力发展绿色富民产业，创造更多的生态资本和绿色财富，生产更多的生态产品和优质林产品。扩大林业对外开放，实现理念互鉴、经验共享、合作共赢，积极参与全球生态治理，共建生态良好的地球美好家园。

（四）林业发展战略布局

党的十九大提出，要实施一系列重大发展战略。林业必须发挥优势，抓住机遇，积极作为。要推动实施乡村振兴战略，全面加强乡村原生植被、自然景观、古树名木、小微湿地和野生动植物保护，大力弘扬乡村生态文化。实施乡村绿化美化工程，抓好四旁植树、村屯绿化、庭院美化等身边增绿行动，着力打造生态乡村。建设一批特色经济林、花卉苗木基地，确定一批森林小镇、森林人家和生态文化村，加快发展生态旅游、森林康养等绿色产业，促进产业兴旺和生活富裕。推动实施脱贫攻坚战略，抓好林业精准扶贫和定点扶贫工作，提高森林生态效益补偿标准，继续在深度贫困地区吸纳有劳动能力的贫困农民就地转成护林员，让更多的贫困农民通过参与林业建设和保护实现稳定就业和精准脱贫。推动实施区域协同发展战略，支持老少边穷地区加快发展林业、实现转型发展。坚持生态先行、率先突破、共抓大保护。

以国家"两屏三带"生态安全战略格局为基础，以服务京津冀协同发展、长江经济带建设、"一带一路"建设为重点，综合考虑林业发展条件、发展需求等因素，按照山水林田湖草生命共同体的要求，优化林业生产力布局，以森林为主体，系统配置森林、湿地、沙区植被、野生动植物栖息地等生态空间，引导林业产业区域集聚、转型升级，加快构建"一圈三区五带"的林业发展新格局。

（五）林业发展战略任务

林业具有生态、经济和社会等多种效益，是生态产品的主要提供者、重要的基础产业和绿色富民产业，在改善生态状况、促进就业增收等方面发挥着越来越重要的作用。新时代社会主要矛盾的变化，既为林业改革发展带来重大机遇，更要林业发挥独特优势和重要作用。

1. 加快推进国土绿化行动

开展大规模国土绿化行动，加强林业重点工程建设，系统修复森林、湿地、荒漠生态系统，增加森林、湿地面积和森林蓄积量，巩固和扩大生态空间，增强自然生态功能，构筑国土绿色生态安全屏障。我国生态系统脆弱，生态问题突出。推进新时代林业现代化建设，必须把生态保护修复放在首要位置，始终坚持保护优先、自然恢复为主，优化生态安全屏障体系，提升森林、湿地、荒漠生态系统的质量、功能和稳定性。统筹山水林田湖草系统治理，实施重要生态系统保护和修复重大工程，开展大规模国土绿化行动，推进森林城市建设，扩大退耕还林，加强防护林体系建设、湿地保护恢复和荒漠化治理。

2. 做优做强林业产业

充分挖掘林业产业在绿色发展中的优势和潜力，以政策引导、示范引领、龙头带动为抓手，发展特色产业，扶持新兴产业，提升传统产业，打造产业品牌，优化产业结构，培育龙头企业，壮大产业集群，推进林业一、二、三产业融合发展。通过政策扶持，引导农民积极发展特色经济林、木本油料、竹藤花卉、林下经济等产业，提升林业对农民增收的贡献率。组织实施森林生态标志产品建设工程，在乡村培育更多名特优新林产品生产基地，让更多的农民实现稳定就业增收。大力发展森林旅游与休闲服务业，建设一批森林康养基地、森林小镇、森林乡村、森林人家，努力将绿水青山转化为金山银山。在贫困地区，争取继续扩大生态护林员规模，让更多贫困农民稳定脱贫。

3. 全面提高森林质量

按照因地制宜、分类施策、造管并举、量质并重的森林可持续经营原则，强化系统管理，实施科学经营，加快培育多目标、多功能的健康森林。全面实施森林质量精准提升工程，加快培育国家储备林，保护好天然林资源。

4. 强化资源和生物多样性保护

保护生态首先要保护资源和生物多样性，构建生态廊道和生物多样性保护网络，全面保护天然林资源、湿地资源和野生动植物资源，严格保护林地资源，强化野生动植物进出口管理。

5. 全面深化林业改革

全面推进国有林区和国有林场改革，进一步完善集体林权制度改革，发挥国有林区林场在绿化国土中的带动作用，增加林业发展内生动力。推进新时代林业现代化建设，必须全面深化改革创新，在关键领域寻求突破，把改革的红利、创新的活力、发展的潜力有效叠加起来，加快形成持续健康的发展模式。要突出抓好集体林权制度和国有林场、国有林区改革，进一步完善林业体制机制，全面增强林业发展内生动力。积极推进林业供给侧结构性改革，不断扩大优质林产品有效供给。积极推进国家公园体制和国有自然资源资产管理体制试点，建立以国家公园为主体的自然保护地体系。探索建立多元化、可持续生态补偿机制，推进国有自然资源有偿使用，完善天然林保护、森林和湿地等补偿制度和保护立法。

6. 大力推进创新驱动

实施科技引领新战略，培育国土绿化新机制，构建林业管理新模式，打造"互联网＋"林业发展新引擎。

7. 切实加强依法治林

完善林业法治体系，提高林业法治水平，用最严格的制度、最严密的法治为推进林业现代化提供可靠保障。

8. 发展生态公共服务

大力发展森林城市、建设美丽乡村，满足广大人民群众对良好生态的新期待，努力把良好的生态成果和生态效益有效地转化为生态公共服务，加快推进生态保护扶贫；构建内容丰富、规模适度、布局合理、满足不同群体需要的生态公共服务网络。

9. 夯实林业基础保障

重点解决林业装备落后、管理手段粗放、应急能力不足、信息化薄弱、科技含量低等突出问题，全面提升林业设施装备保障能力，提高生态风险防控能力，奠定林业现代化基础。

10. 扩大林业开放合作

建立健全林业国际合作体系、林业对外开放体系、林业应对气候变化体系，充分发挥林业独特优势和作用，拓宽林业发展的外部空间和环境，提升发展水平，服务国家外交战略和对外开放战略。

第二节 森林资源价值核算

党的十八大以来，习近平总书记多次强调，生态环境保护能否落到实处，关键在领导干部。要落实领导干部任期生态文明建设责任制，实行自然资源资产离任审计，认真贯彻依法依规、客观公正、科学认定、权责一致、终身追究的原则，明确各级领导干部责任追究情形。对造成生态环境损害负有责任的领导干部，必须严肃追责。各级党委和政府要切实重视、加强领导，纪检监察机关、组织部门和政府有关监管部门要各尽其责、形成合力。

实行自然资源资产离任审计的重要基础是科学核算森林资源价值。森林资源价值核算研究具有全局性、战略性、前瞻性，对科学合理利用森林资源、发展现代林业、建设生态文明、促进经济社会可持续发展具有重要意义。科学、系统、准确、完备的森林资源价值核算有助于人们更加科学、全面地认识森林的功能和价值，提升人们的生态文明意识，有助于深化森林资源的资产管理体制改革，是健全国家自然资源资产产权制度和用途管制制度、建立自然资源资产管理体系的重要基础，是衡量绿色发展的重要内容和实现森林资源资产化管理的重要途径，有助于促进生态文明制度建设，是有利于推进生态文明建设的积极行动，以森林资源的量化指标推动资源节约和绿色发展，有利于建立符合生态文明要求的发展方式。

一、森林资源价值核算概述

森林资源是陆地森林生态系统内一切被人类所认识可利用的资源总称，是保证社会经济可持续发展的重要物质财富。过去，公众对森林价值的认识，基本停留在提供木材资源等朴素的感性认识上，对森林具有什么样的生态效益、这种效益到底价值几何、它与个人和社会又有何关系等，均没有明确的认识。森林资源核算的目的，就是对森林的功能和价值有一个科学、客观、量化的认识，让人们明确看到森林在生态、文化、美学、休闲等诸多服务领域对经济社会发展的价值，从而牢固树立起生态保护意识，自觉把森林当作财富加以保护和可持续地利用。

党的十八届三中全会决定提出要"健全国家自然资源资产管理体制"。而开展森林资源核算，不仅可以有效地反映森林资源资产的存量和变动情况，也为森林资源资产化管理奠定基础，可以说是适应社会主义市场经济发展的必然要求。

森林资源核算能够帮助人们深入认识森林的功能、效益及内在价值，为森林资源的统筹管理提供有效指导，为市场经济活动提供基本依据，为绿色 GDP 核算提供依据，有利于准确反映森林的地位和作用、指导建立绿色经济评价体系、科学评价生态文明建设成效，尤其在现如今掠夺式开发、粗放式经营导致森林资源数量日趋短缺的趋势下，森林资源核算的重要性日益凸显。

二、森林资源价值核算发展历程

西方国家对森林资源的价值核算开展起步较早。大约 18 世纪或更早，西方国家就开始关注林木资源的价值计量。随着资源与环境问题的出现以及日益尖锐化，森林资源的环境价值受到了日趋广泛的关注，其计量问题也成为人们思考的重点问题。从 20 世纪 60 年代开始，一批环境经济学家就利用非市场物品的价值概念及其计量方法的研究成果，构建出一个森林价值计量基础框架。随后，各国相继对不同区域的森林资源价值进行案例分析，得到了一些富有意义的研究成果，并将森林资源价值评估导向了更高的境地。目前，国际上有代表性的成果主要有欧共体于 2000 年编制的《森林的环境与经济综合核算欧洲框架》中提出的森林资源价值核算的方法，其在联合国、国际热带木材组织等国际机构得到广泛应用，并在丹麦、德国、法国、奥地利、芬兰和瑞典等国进行了试验和试点推广，取得了一定效果。20 世纪 80 年代初，森林资源价值核算主要集中于木材价值的核算，对其社会价值和生态价值较少涉及。1992 年的联合国环境与发展大会以及我国制定的《中国 21 世纪议程》中，都提倡对森林的社会价值和生态价值进行计量，并将其纳入国民经济核算体系中。随着对森林资源的非木材价值及其他功能认识的深入，逐步展开了森林资源环境价值和社会价值的核算。到 20 世纪 90 年代初，随着生态经济学、环境经济学等相关理论的发展和引入，森林资源的生态价值核算问题逐渐引起关注。

早在 20 世纪 80 年代我国就开始了林地资源工作的调查及有关数据资料的积累，并长期开展森林资源清查和公益林管理，有关森林的要素和数据都较为齐全。2008 年，中华人民共和国林业行业标准《森林生态系统服务功能评估规范》的正式印发实施，为林地生态资产核算提供了技术支撑。森林资源性价值和生态价值的核算早在 2004 年就开始启动，是由国家林业局和国家统计局首次联合组织开展的森林资源及生态服务价值核算。2013年5月，国家林业局和国家统计局再次联合，启动了"中国森林资源核算及绿色经济评价体系研究"，前瞻性地探索了森林资源核算的理论和方法，科学地核算出全国林地林木资产经济价值和森林生态服务价值。截至2013年，全国林地林木价值21.29万亿元，森林提供的生态服务价值12.68万亿元。研究对于编制森林资源资产负债表、相关统计和监测体系的建立运行，推进生态文明制度建设提供了科学的理论基础和实践参考。

三、森林资源价值核算范围

1. 森林实物资源价值

包括林木、林地、林产品、其他森林动植物等价值。

2. 森林资源环境价值

包括森林固碳制氧、涵养水源、保护土壤、净化环境、防护农田、维持生物多样性、改善生存生活环境等功能价值。

3. 森林资源社会价值

包括提供就业、促进当地产业发展、改善生产生活环境、发展生态文化等社会价值。

四、森林资源价值主要核算方法

(一)森林实物资源价值核算

1. 林木资源价值核算

在已有的文献资料中，对林木资源价值的核算主要是根据不同的林种，选择适合的评估方法和林分质量调整系数进行评定估算。目前，单纯评价林木资源价值的核算方法主要有市场法、剩余法、收获现值法和重置成本法。对不同的林种，所采用的评估方法有所不同。对用材林，大多根据林木生长的幼龄林、中龄林、近熟林、过熟林等不同阶段，采用重置成本法、收获现值法、市场价倒算法等评估方法；而对于经济林，则首选收获现值法进行评估。若为新造的尚无收入的经济林，则宜采用重置成本法进行评估。竹林的价值评估通常采用收获现值法进行。其中，在林木定价的研究中，比较有代表性的研究有国民经济核算体系中提出的立木价格由要素价格、基本价格和市场价格三部分构成，以及中国环境与发展国际合作委员会(CCICED，简称"国合会")提出的边际机会成本定价的方法，即把立木价格分为边际生产成本、边际使用者成本和边际外部成本三个部分，这种方法将森林的外部成本也考虑进来，很好地统一了森林的实物价值和生态价值，体现了森林的外溢效益。

2. 林地资源价值核算

在我国，林地是一种所有权不准买卖而使用权可以转移的特殊商品，其价值构成有别于一般商品。主要由两部分构成：一是林地本身的价值；二是林地经营价值。所以林地资源价值主要是通过在林地上生长的林木所能创造的经济价值来确定。从目前的理论研究和价值核算实践来看，林地资源价值评估中应用较普遍的方法主要集中在：收益现值法、现行市价法、重置成本法和清算价格法。由于林地比较固定，不可能重置或作为清算资产，所以重置成本法与清算价格法并不是林地资源价值评价的理想方法。在我国林业实际工作中，收益现值法和现行市价法是较常用的林地资源评估方法。

(二) 森林资源环境价值核算

环境价值的核算方法主要有以下几种：①模拟市场价格法，可以人为模拟市场，认为森林的生态功能效益的价值与市场上同效益的商品的价值是一致的。②费用支出法，用于评价森林旅游的价值。③旅行费用法，通过观察人的市场行为，以旅行费用作为自变量，调查旅游者的居住地和旅游地周围不同地区的人口总数，建立旅游费用游憩需求模型。④直接成本法，以"生产者"开发、经营和管理游憩区所投入的各种资源、设备等财务和劳务的总和作为森林游憩的价值。⑤机会成本法，为了做出最有效的经济选择，必须找出社会经济效益最大的方案，选择了这一种使用机会就放弃另一种使用机会，把其中获得的最大效益称为该资源选此种方案的机会成本。⑥影子工程法，是恢复费用技术的一种特殊形式，影子工程法是在环境破坏后，人工建造一个工程来代替原来的环境功能，以此工程投资来计算破坏的经济损失。

1. 森林涵养水源价值核算

森林涵养水源价值是指因森林植被涵养而增加的地表有效水量、地下有效水量以及因水质改善而增值的价值。综合国内外有关文献，其评估方法较多地采用替代法进行。主要是对涵养水源价值内含的每一子项价值，分别采用不同的方法进行评估。

2. 森林保育土壤价值核算

对森林保育土壤的价值核算主要从削减侵蚀性降雨、削减地表径流的侵蚀等方面进行计算。

3. 森林净化空气价值核算

森林的净化空气功能主要包括吸收有害物质、阻滞粉尘、杀除细菌、降低噪声及释放负氧离子等。目前，对森林净化空气价值的评估主要运用替代费用法并侧重于对森林在吸收二氧化硫和滞尘两个方面上的价值评估。森林对二氧化硫的吸收功能价值，是以二氧化硫的平均治理费用法来评价；森林对粉尘的阻滞功能价值，以削减粉尘的单位治理费用来估算。

4. 森林固碳释氧价值核算

森林生态系统对二氧化碳吸收与氧气释放的作用是森林资源环境价值评估的重要组成部分，其计算方法分两个步骤，先计算固定二氧化碳量和释放氧气量，然后再计算固定二氧化碳和释放氧气价值。

5. 森林生物多样性价值核算

森林多样性具体包括森林的生态多样性、物种多样性和遗传基因多样性。尽管世界各国对森林多样性的价值评估都有所研究，但仍没有形成一个统一的、普遍被接受的评估方法，仍处于积极的探索之中。主要采用分别对森林生物多样性的不同价值应用不同的方法进行评估的方法。对森林多样性的使用价值多采用直接市场评价法，而对非使用价值多采用支付意愿法。

（三）森林资源社会价值核算

传统的森林资源价值评估，只重视经济和生态价值的评估，而忽视了森林的社会价值与功能作用，如在增加就业机会、提供景观和游憩、增加国防效益、提供科学文化价值及防灾减灾等方面的表现，从而难以完全反映森林资源的真实价值。但由于技术层面上的原因，目前国内外林业经济学者对森林资源社会价值的评估主要侧重于增加就业和森林游憩两个方面，而对森林提供的科学、历史和文化等功能还没有形成共识，尚处于探索之中。

1. 社会文明进步价值核算

社会文明进步价值采用条件价值评估法中的投标卡方法，了解当地居民对森林带来的教育与艺术、宗教与文化、体育与娱乐、社会安全与社会凝聚力等方面支付意愿的最大金钱数量和不愿支付的最小金钱数量，并做动态比较，以反映森林带来的社会文明进步价值的现值及其增减变化情况。

2. 人类健康价值核算

森林对人类健康价值，可采用支付意愿法、费用支出法、等效益替代法来分析计算。支付意愿法是根据对无林地居民对森林疗养保健功能的年支付值的问卷调查数据，通过统计计算来近似地代替同类型有林地区的年森林疗养保健效益支付意愿值。等效益替代法是以工业制氧或杀菌素所需消耗的价值作为森林制氧和释放杀菌素所产生的对人类健康的效益值，同样对于森林系沉积吸收有毒元素、净化空气而对人类健康产生的价值采用等效益替代法进行计算。费用支出法主要通过森林对改善人类生存环境从而减少人类及其他生物资源发生病虫害的损失来反映森林对人类健康的价值。

3. 社会生活价值核算

森林对社会生活价值采用问卷调查法和实际统计计算等方法反映森林对被调查地区环境美化、劳动力及就业、产业结构优化和劳动生产力提高等方面发挥的作用。

4. 森林总社会价值核算

森林总社会机制是一个动态指标，它伴随着森林体系逐步完善以及人们认识水平的提高而发生变化，一定时期森林总社会价值应为以上各项效益之和。当然森林所产生的不同社会效益应采用与其相适合的估算方法，然后再将所得的森林不同社会价值相加。

五、森林资源价值核算注意事项

(一)区分功能与效益

分辨天然林、人工林在生物多样性保护等方面的生态功能与效益的差异。核算森林资源价值应通过实际观测、考察、调查访问、分析历史数据等多种手段，确定森林的功能是否具备发挥效益的环境条件。根据森林所处的具体位置计算森林的效益价值，根据田边、路边、村庄、水边、荒郊、近郊、城区、市中心确定其功能与效益指标。

(二)选取适当指标

选取各种森林类型共有的指标建立价值核算指标体系，便于同一地区或相同立地类型森林资源价值的纵向比较，也便于不同地域森林资源价值的横向比较；指标能够从不同方面比较全面地表示森林的功效，各个指标能够被定量化表示，特别是有关生态指标应该是生态学研究中被广泛采用、认可的指标，具有可测性。在评估体系中各个评估核算指标位于同一个层次上，相对独立，不能重复或包纳其他指标。评估荒漠或湿地等特殊区位的森林资源价值，可在通用指标体系的基础上增减个别指标。

六、森林资源价值核算体系存在的缺陷

第一，由于森林资源功能的特殊性和复杂性，要准确定量森林资源的价值有较大的难度，尚未形成统一的核算标准和核算体系；由于森林资源的生态功能难于量化，使得完全清楚界定森林资源生态价值有较大的难度，导致同一价值重复计量，个别价值又无法计量的现象发生，核算内容存在重复或遗漏。

第二，指标层次不清，监测指标与核算指标混用。监测指标是反映行为过程动态或中间变化状态的指标，核算指标是反映行为最终结果的指标。目前的核算所用的指标既有核算指标，也有监测指标。核算层次混乱，导致同一价值重复计量，个别价值又无法计量的现象发生。

第三，价值汇总重复计算。核算森林资源的价值，一般从实物价值与环境价值两方面考虑。如果森林被砍伐利用或者出售，它所具有的只是实物价值，砍伐利用的同时，就失去了环境价值；如果森林作为防护林而不被砍伐利用，它所表现出来的只是环境价值，实物价值只是潜在的。或者说，实物价值与环境价值是不能同时出现的，但在有些研究案例中，核算森林资源的价值就是累加森林的实物价值与环境价值。

第三节　山水林田湖草系统重大战略规划研究

林业发展必须以习近平新时代中国特色社会主义思想为指导，深入贯彻党的十九大和十九届二中、三中全会精神，全面贯彻习近平生态文明思想，紧紧围绕统筹推进"五位一体"总体布局和协调推进"四个全面"战略布局，按照党中央、国务院决策部署，坚持新发展理念，坚持统筹山水林田湖草系统治理，积极回应人民群众所想、所盼、所急，大力推进生态文明建设，提供更多优质生态产品，着力在构建现代林业发展制度体系、优化国土空间布局，推动形成人与自然和谐共生的现代化建设新格局，谱写美丽中国新篇章。

一、山水林田湖草系统重大战略规划的形成过程

党的十八大以来，习近平总书记从生态文明建设的宏观视野提出山水林田湖草是一个生命共同体的理念，在《关于〈中共中央关于全面深化改革若干重大问题的决定〉的说明》中强调"人的命脉在田，田的命脉在水，水

的命脉在山，山的命脉在土，土的命脉在树。用途管制和生态修复必须遵循自然规律""对山水林田湖进行统一保护、统一修复是十分必要的"。按照国家统一部署，2016 年 10 月，财政部、国土资源部、环境保护部联合印发了《关于推进山水林田湖生态保护修复工作的通知》，对各地开展山水林田湖生态保护修复提出了明确要求。2017 年 8 月，中央全面深化改革领导小组第三十七次会议又将"草"纳入山水林田湖同一个生命共同体，山水林田湖草系统重大战略思想初步形成。党的十九大报告中习近平总书记再次强调"统筹山水林田湖草系统治理，坚定走生产发展、生活富裕、生态良好的文明发展道路"的山水林田湖草系统重大战略思想。

总体而言，山水林田湖草系统重大战略就是在树立生态文明价值观的基础上，统筹考虑各要素保护需求，健全生态环境和自然资源管理体制机制，推进生态系统整体保护、综合治理、系统修复，以矿山环境治理恢复、土地整治与土壤污染修复、生物多样性保护、流域水环境保护治理、区域生态系统综合治理修复等为重点内容，以景观生态学方法、生态基础设施建设、近自然生态化技术为主流技术方法，因地制宜设计实施路径。

二、山水林田湖草系统重大战略思想体系

山水林田湖草生命共同体是由山、水、林、田、湖、草等多种要素构成的有机整体，是具有复杂结构和多重功能的生态系统。山水林田湖草生态系统既给人类提供物质产品和精神产品，又给人类提供生态产品。人类不仅需要更多的物质产品和精神产品，同时也需要更多的生态产品。人类如果只注重开发自然资源，从自然界获取物质产品，忽视了对自然界的保护，就会破坏山水林田湖草生命共同体。破坏了山水林田湖草生命共同体，也就破坏了我们生存和发展所需要的物质产品、精神产品和生态产品，也就破坏了人与自然这个生命共同体。人类可以通过社会实践活动有目的适度地开发利用自然资源，而不是一味索取。

山水林田湖草生命共同体从本质上深刻地揭示了人与自然生命过程之根本，是不同自然生态系统间能量流动、物质循环和信息传递的有机整体，是人类紧紧依存、生物多样性丰富、区域尺度更大的生命有机体。田者出产谷物，人类赖以维系生命；水者滋润田地，使之永续利用；山者凝聚水分，涵养土壤；山水田构成生态系统中的环境，而树草依赖阳光雨露，成为生态系统中最基础的生产者。山、水、林、田、湖、草作为自然生态系统，与人类有着极为密切的共生关系，共同组成了一个有机、有序

的"生命共同体"。

"人的命脉在田，田的命脉在水，水的命脉在山，山的命脉在土，土的命脉在树"，这充分阐述了各要素生态过程相互影响、相互制约的关系。各要素在"生命共同体"中所处的层级、位置和作用不同，须充分分析山水林田湖草所构成的景观格局特征和形成机制，比较生态要素不同配置格局下的生态服务价值和环境成本效益，不断优化格局，提升服务功能。山水林田湖草生态系统是一个有机整体，山、水、林、田、湖、草等自然资源、自然要素是生态系统的子系统，是整体中的局部，而整个生态系统是多个局部组成的整体。人类开发利用山、水、林、田、湖、草其中一种资源时必须考虑对另一种资源和对整个生态系统的影响，要加强对各种自然资源的保护和对整个生态系统的保护，必须考虑局部与整体的关系，要综合考虑资源间的相互影响和资源开发对生态环境的影响。习近平总书记指出，要用系统论的思想方法统筹山水林田湖草系统治理。如果种树的只管种树、治水的只管治水、护田的只管护田，就容易顾此失彼，造成生态系统的失衡和破坏。也就是说要运用系统论的思想方法管理自然资源和生态系统。山水林田湖草生态系统，既具有山、水、林、田、湖、草等各类丰富的自然资源，又具有强大的调节气候、保持水土、涵养水源、保护生物多样性的生态环境功能。要根据生态系统的多种用途、人类开发利用保护自然资源和生态环境的多重目标和我们所处时代的约束条件，运用系统的、整体的、协调的、综合的方法做好山水林田湖草自然资源和生态环境的调查、评价、规划、保护、修复和治理等工作，保持和提升生态系统的规模、结构、质量和功能。新时代组建自然资源部和生态环境部，其目的就是要按照习近平总书记提出的"山水林田湖草是生命共同体"等六大推进生态文明建设的原则，建立生态文明五大体系，统筹兼顾、整体施策、多措并举，促进生态系统的整体保护、系统修复、综合治理，全方位、全地域、全过程推进生态文明建设。

三、山水林田湖草系统重大战略规划实践路径

（一）实施自然资源资产统一管理

长期以来，我国自然资源管理以资源开发利用管理为主，资产管理制度没有真正建立健全，全民所有自然资源资产的所有者职责不到位，所有权边界模糊。传统的自然资源管理体制实施的是分割式管理，在横向上是按资源类型分别由国土、水利、农业、林业、海洋等部门管理自然资源，

人为地割断了自然资源和生态系统之间的有机联系，重资源开发利用，轻生态价值和社会价值保护；重单种资源开发，轻多种资源综合利用和生态系统保护；重局部修复治理，轻整体系统修复和综合治理。同时，传统的自然资源管理体制在纵向上是将管理权按行政单元分级行使又层层下移，许多资源由基层政府直接配置，各种权利主体在资源开发利用和保护过程中的义务和责任不到位，往往导致各自为战、开发过度、保护不足，缺少整体统筹和规划，难以在一个较大范围内兼顾上下游、左右岸、全区域的利益。

为了改变传统自然资源管理体制的弊端，新成立的自然资源部就是要整合分散在原国土资源部、原农业部、原林业局、原海洋局以及水利部等部门的自然资源管理职责，负责管理由中央直接行使所有权的自然资源资产，实现资源管理与资产管理的统一，单种资源管理与整体资源管理的统一，资源管理与生态环境管理的统一。具体地讲，就是负责对全民所有的矿藏、水流、森林、山岭、草原、荒地、海域、湿地、滩涂等各类自然资源资产进行统一调查统计，统一确权登记，统一标准规范，统一信息平台，建立统一的国土空间规划体系和用途管制制度，建立自然资源产权市场和交易规则，实施自然资源有偿使用制度，完善价格形成机制和评估制度，依法征收自然资源资产收益，推进生态系统实施整体保护、系统修复、综合治理。

(二)构建国土空间开发保护制度

我国人口众多，大多数自然资源人均拥有量不足世界平均水平。我国还处于中等收入国家水平，要跨越"中等收入陷阱"进入高收入国家行列，建成社会主义现代化强国，社会经济发展任务还很重，需要大量的自然资源和雄厚的生态环境基础作保障。必须建立科学的严格的国土空间开发保护制度，为我国建设社会主义现代化强国提供强大的自然基础。

建立空间规划体系和用途管制制度。整合目前各部门分头编制的各类空间性规划，编制统一的空间规划，推进市县"多规合一"，划定生产空间、生活空间、生态空间，明确城镇建设区、工业区、农村居民点等的开发边界和耕地、林地、草原、河流、湖泊、湿地等的保护边界。实施国土空间用途管制，完善开发和保护政策，控制开发强度、规范开发秩序，形成人口、资源和环境相协调的国土空间开发格局。

完善主体功能区制度。主体功能区制度是国土空间开发保护的基础制度，要推动主体功能区战略在市县层面精准落地，健全不同主体功能区差异化协同发展长效机制，完善生态保护红线、永久基本农田、城市开发边界三条控制线划定工作，健全基于城市化地区、农产品主产区、重点生态功能区的不同功能定位的区域政策，实现国土空间开发保护格局优化。

（三）推进生态系统的整体保护、系统修复、综合治理

推进生态系统整体保护。优化生态安全屏障体系，构建生态廊道和生物多样性保护网络，开展生物多样性保护，提升生态系统质量和稳定性。加强流域与湿地的保护，推进生态功能重要的江河湖泊水体休养生息。建立以国家公园为主体的自然保护地体系，改革各部门分头设置自然保护区、风景名胜区、文化自然遗产、地质公园、森林公园等的体制，对上述保护地进行功能重组，建立国家公园制度，实施最严格的保护。

推进生态系统的系统修复。生态修复要坚持保护优先、自然恢复为主的原则，人工修复应更多地尊重自然、顺应自然，要有系统性、整体性方案。长期以来，我国高强度的国土资源开发导致许多生态系统出现了比较严重的退化。针对这些生态退化，国家相继组织开展了一系列生态修复和治理工程，提高了林草植被、森林覆盖率，但由于工程之间缺乏系统性、整体性考虑，存在着各自为战、要素分割的现象，局部效果较好但整体效果差。对山水林田湖草生态系统的修复治理，要统筹山上山下、地上地下、陆地海洋以及流域上下游，依据区域突出生态环境问题与主要生态功能定位，确定生态保护与修复工程部署区域。要抓紧修复重要生态功能区和居民生活区废弃矿山、交通沿线敏感矿山山体，推进土地污染修复和流域生态环境修复，加快对珍稀濒危动植物栖息地区域的修复。

推进生态系统的综合治理。综合治理生态系统，就是要根据习近平总书记提出的加快构建生态文明五大体系的要求，综合运用教育、技术、经济、行政、法律和公众参与等方法治理山水林田湖草生态系统。习近平总书记强调"要提高环境治理水平""要充分运用市场化手段，完善自然环境价格机制，采取多种方式支持政府和社会资本合作项目，加大重大科技攻关，对涉及社会经济发展的重大生态环境问题开展对策性研究"。综合整治和生态修复往往是连在一起同时运用，并且是分不开的。比如，在生态系统类型比较丰富的地区，将湿地、草场、林地等统筹纳入重大治理工程，对集中连片、破碎化严重、功能退化的生态系统进行系统修复和综合整治，通过土地整治、植被恢复、河湖水系连通、岸线环境整治、野生动物栖息地恢复等手段，逐步恢复生态系统功能。

(四)强化领导干部统筹山水林田湖草系统治理责任

自然资源和生态环境破坏问题,有的是发生在一个行政管理单元内,有的是发生在跨行政区域。必须坚持强化各级领导干部统筹山水林田湖草系统治理责任,加强生态系统所在自然区域自然资源和生态系统的全面管理,既要按行政区域又要按自然区域管理自然资源和生态环境。推进自然资源资产负债表编制和领导干部自然资源资产离任审计制度。资源环境是公共产品,对其造成损害和破坏必须追求责任。领导干部作为一个地方重大事项的决策者,对资源环境保护要负总责、负全责。自然资源资产负债表编制要覆盖行政区的全部生态系统,并考虑到与其他区域的关系,体现生态系统的整体性、均衡性和系统性。对领导干部进行自然资源资产离任审计制度,落实领导干部任期生态文明建设责任制,建立最严格的责任追究制度。

全面推行河长制、湖长制。由各级党政负责同志担任河长、湖长,作为河湖治理的第一责任人,明确河湖治理主体和职责,同时严格考核问责,实行水安全损害责任终身追究制。河长制、湖长制是流域生态管理制度的一个创新。这项制度表明,河长、湖长不仅对河流、湖泊中的水体健康负责,也对河湖空间及其水域岸线健康负责。各级党政负责同志必须扛起保护流域自然资源和生态环境的重任,通过水陆共治、综合整治、系统修复,改善河湖生态环境,实现河湖功能永续利用。

推进联防联控联治。处理好行政管理区域与自然区域的关系。山水林田湖草是生命共同体,加强生态合作具有自然合理性。跨行政区域的自然资源和生态系统保护,要打破行政界限,加强行政管理区域间的沟通合作,创新管理机制与方式,以全局观念、整体思维、系统方法,推进联防联控联治。联防联控联治包括污染治理、自然资源开发利用和保护、生态系统保护修复和治理。要按照统一的思路和标准编制生态功能区划,统一生态保护红线,确定生态合作重点区域与重点任务。以山水林田湖草生态系统自然区域为管理单元,探索建立市场化、多元化生态补偿机制。

(五)落实发展新理念

五大发展理念,是全面建成小康社会决胜阶段的行动指南,也是林业发展的行动指南。统筹山水林田湖草系统治理,坚定走生产发展、生活富裕、生态良好的文明发展道路,需要坚持创新发展理念,大力实施林业创新驱动发展战略,集中力量组织实施一批林业重大科研项目,用先进的现代化技术装备发展林业,提高林业信息化、标准化、机械化水平,强化科技对现代林业发展的支撑。坚持协调发展理念，在巩固提高森林生态系统建设水平和保护优势的同时，抓紧补齐湿地以及生物多样性保护方面的短板，实施一批林业重大生态修复工程，促进林业全面、协调、可持续发展。坚持绿色发展，引导各地正确处理好经济发展与生态环境保护的关系，强化生态红线观念，节约、集约使用林地、湿地等资源，切实保护好生态环境，为子孙后代留下天蓝地绿、山清水秀的美好家园。坚持共享发展理念，用共享发展理念凝聚现代林业建设的各方力量，充分认识"良好生态环境是最公平的公共产品，是最普惠的民生福祉"，坚持走"建设人人参与，成果人人共享"的现代林业建设道路。坚持开放发展理念，广泛吸收社会资本参与，充分调动社会各方面力量投入现代林业建设的积极性。进一步扩大林业对外合作领域，通过与"一带一路"沿线国家加强合作，完善多边合作机制，互助合作开展造林绿化，共同改善环境，积极应对气候变化等全球性生态挑战，为维护全球生态安全做出应有贡献。

参考文献

艾中全，1946. 林区纪游[J]. 木业界(新5)：100－102.

白帆，吴昊，肖冰，等，2018. 国内外林木育苗生产技术装备概述[J]. 林业机械与木工设备(1)：4－12.

白译保美，1922. 德意志在青岛之森林经营[J]. 张福延，译. 中华农学会报(4)：33－37.

才丽华，王振东，李凯捷，2011. 森林病虫害施药防治技术与装备概述[J]. 林业机械与木工设备(12)：13－15.

曹善华，顾迪民，2001. 中国七木建筑百科辞典：工程机械[M]. 北京：中国建筑工业出版社.

陈嵘，1933. 造林学各论[M]. 南京：中华农学会.

陈嵘，1934. 历代森林史略及民国林政史料[M]. 南京：中华农学会.

陈遐林，2003. 华北主要森林类型的碳汇功能研究[D]. 北京：北京林业大学.

陈幸良，2013. 中国现代林业技术装备发展战略与技术创新对策[J]. 农业工程(4)：1－5.

陈永富，刘华，孟献策，2011. 国家重点林业生态工程监测与管理系统[M]. 北京：中国林业出版社.

陈玉民，2014. 对林业企业采运机械安全使用的分析[C]//中国林业机械协会. 当代林木机械博览(2011—2013)[M]. 中国林业机械协会，北京：中国林业出版社，156－157.

成金华，尤喆，2019. "山水林田湖草是生命共同体"原则的科学内涵与实践路径[J]. 中国人口·资源与环境(2)：1－6.

崔坽，2015. 森林资源价值核算方法浅析[J]. 国土与自然资源研究(1)：34－36.

大隅真一，等，1984. 森林计测学[M]. 于璞和，等译. 北京：中国林业出版社.

范新强，2017. 我国刨花干燥新装备和新工艺的发展[J]. 中国人造板，24(10)：10－13.

冯夷宁，2019. 板材封边机专利技术综述[J]. 南方农机(5)：80.

高彦，2010. 辽宁林业省、市、县三级协同办公系统的实现[J]. 科技传播(12)：199＋201.

戈峰，2002．现代生态学[M]．北京：科学出版社．

顾华，张丽娟，刘霞，等，2018．多功能潜水器在水环境监测中的应用[J]．北京水务（5）：14－17．

郭克君，张伟，渠聚鑫，2009．森林防火装备的现状及展望[J]．林业机械与木工设备（7）：7－10．

郭英琦，李晓双，侯毅苇，2019．低空无人机遥感技术与其在森林资源监测中的应用[J]．电子技术与软件工程（8）：251－252．

郭永鸣，2018．浅谈基层森林防火措施及现代装备运用[J]．现代园艺（19）：199－200．

胡双台，张永良，彭岳华，2014．林业科技发展的重点任务及措施[J]．绿色科技（10）：38－39．

韩东涛，2018．现代智能装备技术在草原荒漠化治理中的应用[J]．内蒙古林业（5）：30－32．

侯书林，刘英超，2011．国内外节水灌溉技术装备与自控技术综述[J]．中国农村水利水电（6）：49－51＋54．

黄家瀚，1994．浅谈我国天然橡胶初加工技术与设备的现状及今后发展方向[J]．热带作物机械化（2）：16－20．

江志军，王庆杰，梁银川，等，2010．国家卫星林业遥感数据应用平台的建设与发展[J]．卫星应用（3）：37－40．

姜红德，2012．辽宁示范"金林工程"[J]．中国信息化（2）：26－27．

井上由扶，1982．森林经理学[M]．陆兆苏，等译．北京：中国林业出版社．

孔登魁，马萧，2018．构建"山水林田湖草"生态保护与修复的内生机制[J]．国土资源情报（5）：22－29．

李世东，2012．中国林业信息化发展战略[M]．北京：中国林业出版社．

李世东，2012．中国林业信息化建设成果[M]．北京：中国林业出版社．

李霆，等，1985．当代中国的林业[M]．北京：中国社会科学出版社．

李卫卫，张伟伟，赵振智，2019．一种多功能沙漠压沙种草机的设计[J]．汽车实用技术（20）：137－138．

李文华，赵景柱，2004．生态学研究与展望[M]．北京：气象出版社．

李兴军，孙雯，2015．浅析绿色经济背景下林业发展的机遇与挑战[J]．林业经济（9）：124－128．

李忠魁，陈绍志，张德成，等，2016．对我国森林资源价值核算的评述与建议[J]．林业资源管理（1）：9－13．

梁希，1985．林业制造化学[M]．北京：中国林业出版社．

林崇德，姜璐，王德胜，1994．中国成人教育百科全书：物理·机电[M]．海口：南海出版公司．

刘鹏举，2018．推进山水林田湖草生态修复 建设美丽中国[J]．环境与发展（10）：

6 – 7.

刘艳丽，2017. 刨花板生产线中砂光机的应用[J]. 中国人造板(10)：16 – 18.

刘尧飞，曾丽萍，沈杰，2018. 新时代我国林业发展的新思考——兼论习近平的林业发展观[J]. 林业经济(3)：3 – 6 + 10.

马相文，张宏江，1989. 板材开料圆锯机简介[J]. 木材加工机械(3)：37 – 39.

马岩，2018. 中国人造板机械发展趋势及供给侧改革方向探讨[J]. 木工机床(3)：1 – 6.

孟灵菲，2014. 园林绿化机械现状分析及发展策略[J]. 黑龙江科学(8)：68.

牛治军，王宝金，俞敏，2012. 热磨机的研究现状与发展趋势[J]. 林业机械与木工设备，40(12)：8 – 13.

上海社会科学院经济研究所，等，1989. 中国近代造纸工业史[M]. 上海：上海社会科学院出版社.

盛振湘，2016. 人造板机械智能化产品开发的控制策略与设计方法初探[J]. 中国人造板(9)：1 – 5.

孙笑飞，2018. 论以生态建设为主的林业发展战略[J]. 环境与发展(1)：175 – 176.

孙玉忠，2013. 木材运输工艺与技术[J]. 科技创新与应用(2)：213 – 214.

孙毓棠，1962. 中国近代工业史资料(第1辑·下册)[M]. 北京：中华书局.

台湾省政府农林处林产管理局，1948. 森林火灾预防方法[J]. 林产通讯(8)：3 – 4.

唐代生，2010. 基于螺旋模型的区域森林资源数字规划研究[D]. 武汉：武汉大学.

图星哲，2019. 新时代林草人才队伍建设问题初讨[J]. 国家林业和草原局管理干部学院学报(2)：51 – 53 + 64.

王本洋，罗富和，陈世清，等，2014. 1978年以来我国林业发展战略研究综述[J]. 北京林业大学学报(社会科学版)(1)：1 – 8.

王波，王夏晖，张笑千，2018. "山水林田湖草生命共同体"的内涵、特征与实践路径——以承德市为例[J]. 环境保护(7)：60 – 63.

王洪荣，2010. 京津风沙源治理工程县级信息管理系统的研建[D]. 北京：北京林业大学.

王辉，2004. 国家林业局全国视频会议系统功能和结构设计[J]. 林业资源管理(2)：59 – 63.

王进峰，2016. 旋切机工作原理及技术特点[J]. 吉林农业(14)：68 – 69.

王绍清，2014. 纸浆筛选系统设计研究[D]. 淄博：山东理工大学.

王夏晖，何军，饶胜，等，2018. 山水林田湖草生态保护修复思路与实践[J]. 环境保护(Z1)：17 – 20.

温贵常，1988. 山西林业史料[M]. 北京：中国林业出版社.

吴昊，董希斌，2011. 林木种子采收技术与装备研究进展[J]. 森林工程(4)：24 – 29.

吴琼，衣旭彤，2018. 林业扶贫的成效和问题[J]. 林业经济(6)：16 – 19 + 59.

习近平，2014. 关于《中共中央关于全面深化改革若干重大问题的决定》的说明［J］. 学理论（1）：11 – 15.

习近平. 决胜全面建成小康社会 夺取新时代中国特色社会主义伟大胜利［N］. 人民日报，2017，10-28（1）.

向斌，2017. 园林机械在园林绿化养护上的运用［J］. 建材与装饰（30）：62 – 63.

肖冰，白帆，吴昊，等，2018. 国内外营造林机械及森保、采运设备概述［J］. 林业机械与木工设备（12）：15 – 31.

肖智慧，叶金盛，2011. 广东省县级林地保护利用规划档案数据库建设方法探讨［J］. 林业建设（3）：15 – 17.

谢晋豪，覃桂港，2019. 新技术在林业有害生物防治中的应用［J］. 江西农业（14）：84.

谢鸣珂，1921. 福州木材集散之状况［J］. 森林（2）：52.

邢美华，黄光体，张俊飚，2007. 森林资源价值评估理论方法和实证研究综述［J］. 西北农林科技大学学报（社会科学版）（5）：30 – 35.

熊大桐，等，1990. 中国近代林业史［M］. 北京：中国林业出版社.

徐鑫，郭克君，满大为，等，2017. 国内外林木采伐及林地清理装备现状分析［J］. 林业机械与木工设备（2）：4 – 9 + 14.

徐志辉，金桃花，1994. 云南森林旅游资源开发建设的研究［J］. 生态经济（4）：31 – 37.

许等平，李晖，庞丽杰，等，2015. 全国林地"一张图"数据库建设及扩展应用［J］. 林业资源管理（5）：36 – 43 + 171.

许毓青，冯德林，2016. 林业采运机械类型与应用的探讨［J］. 科技经济市场（8）：172 – 173.

严宙耕，1936. 江浦老山林木生长量之调查［J］. 林学（6）：137 – 151.

杨春梅，郭明慧，马岩，等，2017. 真空木材炭化设备控制系统的设计与实现［J］. 林产工业（10）：41 – 44.

杨龙光，曾伟，刘祥凤，2012. 绿色GDP中森林资源核算研究进展［J］. 中国林副特产（6）：86 – 88.

杨永坤，李开明，胡和平，等，2008. 复合生态滤床和光催化技术用于景观水治理［J］. 中国给水排水（6）：63 – 66.

云南省志·林业志编纂委员会编辑办公室，1989. 云南林业志资料（第3集）［M］. 昆明：云南人民出版社.

云南省志·林业志编纂委员会编辑办公室，1989. 云南林业志资料（第4集）［M］. 昆明：云南人民出版社.

曾斗轩，1948. 江西木材调查与经营［J］. 中农月刊（2）：31 – 33.

张建龙，2016. 为实现中华民族永续发展筑牢生态基础——深入学习领会习近平总书记关于森林生态安全的重要论述［J］. 国土绿化（6）：8 – 10.

张建龙, 2018. 实施以生态建设为主的林业发展战略[J]. 国土绿化(4): 8 – 9.

张进先, 2000. 压力圆盘磨浆机[J]. 西南造纸(5): 37.

张世鑫, 陈明光, 吴陈亮, 等, 2019. 生物质利用技术进展[J]. 中国资源综合利用(4): 79 – 85.

张笑千, 王波, 王夏晖, 2018. 基于"山水林田湖草"系统治理理念的牧区生态保护与修复——以御道口牧场管理区为例[J]. 环境保护(8): 56 – 59.

张颖, 2004. 欧洲森林资源核算的估价方法[J]. 绿色中国(5): 46 – 48.

赵平, 2011. 国外园林绿化装备现状及发展趋势[J]. 林业机械与木工设备(3): 10 – 17.

赵平, 2011. 园林绿化装备的定义及分类[J]. 林业机械与木工设备(2): 4 – 8.

赵新勇, 2019. 园林机械在园林绿化养护中的应用现状与对策[J]. 绿色科技(17): 73 – 74.

郑英, 2019. 一种机械式木材液化装置[P]. CN109434997A, 03 – 08.

中国科学院生物多样性委员会, 2002. 生物多样性保护与区域可持续发展[M]. 北京: 中国林业出版社.

中国林学会, 2009. 2008—2009 林业科学学科发展报告[M]. 北京: 中国科学技术出版社.

中国林学会, 2018. 2016—2017 林业科学学科发展报告[M]. 北京: 中国科学技术出版社.

中国农业百科全书总编辑委员会森林工业卷编辑委员会, 中国农业百科全书编辑部, 1993. 中国农业百科全书·森林工业卷[M]. 北京: 农业出版社.

周宏平, 2005. 森林病虫害防治机械的生产现状及发展趋势[C]//中国林业机械协会. 当代林木机械博览(2004). 中国林业机械协会, 北京: 中国林业出版社, 68 – 77.

周重光, 1943. 拉子里河重要林木之树干解析[J]. 洮河林区丛著, 22.

朱国玺, 王华滨, 陈守谦, 等, 1989. 中国现代制材生产线的研究[M]. 哈尔滨: 东北林业大学出版社.

1978—1985 年全国科学技术发展规划纲要(草案)[EB/OL]. 2008-12-01. http: // scitech. people. com. cn/GB/126054/139358/140048/8438932. html

http: //finance. people. com. cn/n1/2019/0213/c1004 30642222. html

http: //www. shidi. org/unit. html

Strauss SH, Boer Jan W, Chiang VL, et al. , 2019. Certification for gene-edited forests [J]. Science, 365(17): 767 – 768.